Knowledge of Earth Retaining Temporary Structure

개정판

가설흙막이 설계기준 가이드

㈜핸스 지음

이철주 감수

발간사

종전의 책자로 만들어진 기준인 '가설공사 표준시방서(2002년 제정)'를 2016년 건설기준 코드체계 전환에 따라 코드화로 통합 정비하면서 가시설물 설계기준(KDS 21 00 00) 내에 가설흙막이 설계기준(KDS 21 30 00), 가설교량 및 노면복공 설계기준(KDS 21 45 00)과 표준시방서에 가설흙막이 공사(KCS 21 30 00) 기준이 2022년 새롭게 개정되었다.

각각 운영되던 기준들을 통폐합하여 기준간 중복·상충 부분을 정비하고, 개정이 쉽도록 코드화를 추진하였지만, 종전의 설계기준이나 시방서에 포함되어 있던 해설이 없어 설계하는 실무자로서는 설계기준 적용에 어려움이 많아, 실무자의 이해를 돕기 위하여 개정된 설계기준을 대상으로 가이드를 출판하게 되었다.

현재 가설흙막이의 설계에서는 상당한 혼란을 겪고 있다.

첫째는 설계 방법이다. 건설과 관련된 설계 방법은 허용응력설계법, 강도설계법, 한계상태설계법으로 변천하는 과정에서 흙막이 설계는 지금까지 허용응력설계법을 사용하고 있지만, 인용하거나 참조하던 교량설계기준은 대부분 한계상태설계법을 적용하면서 허용응력설계법과 관련된 기준인 2008년, 2010년 도로교설계기준을 참조하여 설계하고 있다.

둘째는 흙막이에서 많이 사용하는 강재에 대한 KS 규격이 2016년 개정되면서 종전의 설계기준에 수록된 강재의 기준을 사용할 수 없게 되면서 혼란이 가중되고 있다. 이와 같은 현재 상황에서 설계실무자에게 조금이나마 도움을 주고자 이 책을 출판하게 되었다. 책의 내용 중에 일부는 ㈜핸스가 주관적으로 작성한 부분도 있으니, 어디까지나 참고자료로 활용하기 바라며, 추후 공론화 과정을 거칠 필요가 있는 사항이기도 하다.

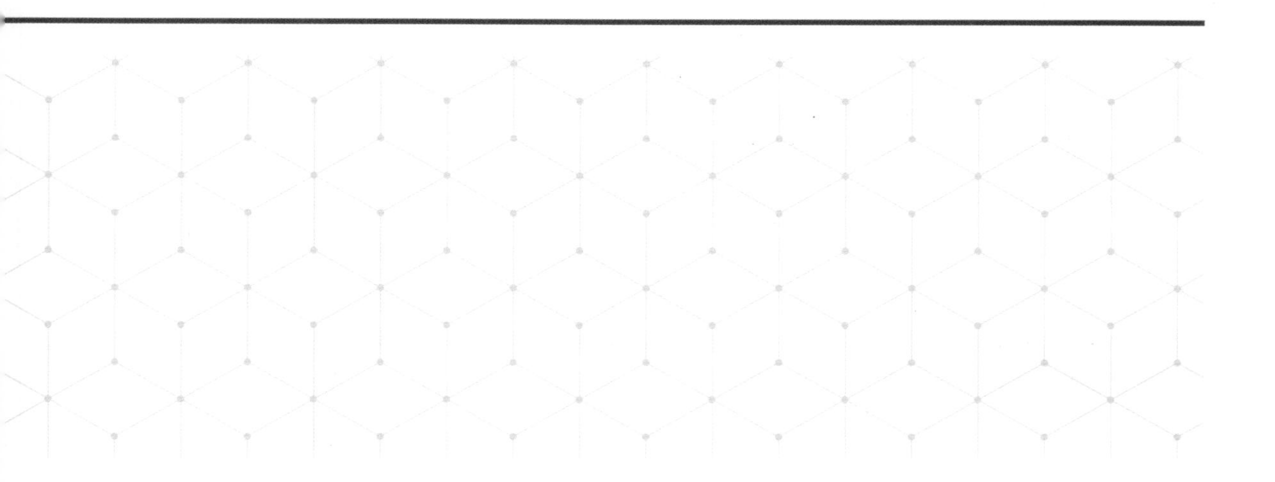

다행히도 2024년 4월 1일에 KS F4602 강관 말뚝이 개정되었다. 그동안 강관버팀용 규격이 없어 설계에 많은 어려움을 겪었으나 이번 개정 내용에는 강관버팀대용으로 4가지 규격이 전부 포함되어 있으므로 강관버팀대의 설계 표준화가 이루어질 것이다.

최근 구조물이 대형화될 뿐 아니라 고층화, 대심도화하고 있으므로 설치 장소의 지형, 지질, 환경 조건이 엄격해져 가설구조물 또한 대규모로 설계와 시공이 복잡·다단해지고 있다.

이에 대응하기 위해서 흙막이 설계에 참여하는 기술자들을 위해 체계적이고 규격화된 흙막이 가시설의 설계가 될 수 있도록 ㈜핸스는 지원을 다할 것이다. 끝으로 이 책이 출판되도록 도와주신 에이퍼브프레스의 김성배 사장님과 직원들에게 깊은 감사를 드린다.

2024년 4월

㈜핸스

추천사

흙막이 가시설은 각종 토목공사는 물론이고 건축, 주택, 플랜트 등 거의 모든 건설공사에 포함되는 매우 중요한 공정입니다. 그러나 의외로 많은 사람들이 건설 실무에서 이를 가볍게 생각하여 많은 사고가 끊임없이 발생하고 있는 것이 안타까운 사실입니다. 흙막이 가시설의 붕괴는 거푸집의 붕괴와 함께 가장 흔한 건설재해 가운데 하나이며, 인명사고는 물론이고 인근 주민들에게 막대한 피해를 발생시키기도 합니다.

최근 국내에서는 지하터파기 작업과 관련된 땅꺼짐 사고가 이어지고 있는데 2018년 발생한 상도동 유치원 붕괴, 2022 강원도 양양에서 발생한 편의점 건물 붕괴 등 각종 사고가 빈발하고 있어서 건설기술자에 대한 비난은 물론이고 국민들의 불안감이 증가하고 있습니다. 또한 현재 국내 최대의 터파기 공사인 영동대로 지하공간 개발사업이 건설인들의 관심을 크게 받으면서 진행 중에 있습니다.

흙막이 가시설의 설계와 시공을 위해서는 건설대상 부지의 지반공학적인 특성은 물론이고 터파기면을 지지하는 흙막이 벽체와 지지시스템의 구조적인 특성을 명확하게 이해해야 하는데, 이때 지반기술자들이 가시설의 구조적인 특성을 잘 이해하는 것은 매우 중요합니다. 이러한 사실은 2004년 싱가포르에서 발생한 대규모 굴착면 붕괴사고인 Nicoll highway 사고를 통해 널리 알려졌습니다.

즉 이 사고는 가시설 설계시 지반해석상의 오류와 함께 터파기면에 대한 지지시스템인 버팀보와 띠장이 결합되는 일부 구간에서 구조적인 취약성이 존재했기 때문에 발생한 것으로 보고된 바 있습니다. 많은 경우 지반기술자들은 흙막이 구조물의 설계 및 시공과정에서 지반공학과 관련된 부분을 위주로 검토를 수행하고 그 구조적 측면에 대해서는 상대적으로 간과하는 경우가 있는데 Nicoll highway 사고는 우리가 반면교사로 삼아야 할 큰 교훈이라고 생각합니다.

최근에는 전산 프로그램의 성능이 크게 발달하여 편리해진 점도 있으나 흙막이 가시설에 대한 해석 및 그 결과가 적절한지를 따져보는 것이 과거보다 오히려 더 어려워진 측면이 있는데, 지반기술자들은 이럴수록 기본으로 돌아가서 흙막이의 설계 및 시공과 관련된 각종 이론은 물론이고 각 부재에 대한 구조검토법을 숙지할 필요가 있다고 봅니다.

특히 최근 대규모 터파기 공사에서 그·적용이 확대되고 있으나 아직까지 구체적인 설계기준이 정립되어 있지 못한 강관버팀보 공법에 대해 해설한 부분은 실무기술자들에게 큰 도움이 될 것이라고 판단합니다.

이와 같이 본 도서는 흙막이 가시설의 설계 및 시공과 관련된 이론, 설계 및 시공 관련 다양한 분야를 적절하게 다루고 있어서 건설 실무에 종사하는 기술자는 물론이고 지반공학을 전공하는 학생들에게도 큰 도움이 될 것이라고 생각합니다. 특히 본 도서에서 상세히 설명된 각 부재에 대한 검토과정을 잘 살펴보면 흙막이 가시설 실무에서 큰 도움이 될 수 있을 것이라고 생각합니다.

이에 흙막이 가시설의 설계 및 시공에 종사하는 분들에게 본 도서를 추천하는 바입니다.

2022년 9월

강원대학교 토목공학과

교수 이철주

C O N T E N T S

Part 03 가설흙막이 설계

Part 03 가설흙막이 설계

Part 04 참고자료

Part
01

일반사항

일반사항

1. 목적

> 이 기준은 가시설물을 설계하기 위해 필요한 기술적 사항을 기술함으로써, 가시설물의 안전성을 확보하는 것으로 그 목적으로 한다.

가설흙막이 설계기준 (2022), 1.1 목적

구조물이나 시설물을 설치하기 위해서 지반을 굴착하는 행위를 터파기라고 하는데, 이때 주변 지반의 붕괴를 방지하기 위하여 토압, 수압 및 기타 하중을 받는 흙막이벽과 그것을 지지하는 지보구조로 구성된 것을 일시적 또는 영구적으로 설치하기 위한 가설구조물이라고 한다. 대부분이 흙막이라고 하면 육상에서의 작업으로 알고 있지만, 수중(하천, 바다, 호수 등)에서의 터파기도 가시설에 해당한다. 다만, 이 기준에서는 물막이에 대해서는 언급이 없어, 이 책에서는 가시설에 대하여 다음과 같이 정의한다.

가시설은 흙막이와 물막이를 총칭하는 용어로 사용한다. 흙막이는 육상에서 지하구조물을 축조할 때 지하수의 차수 및 흙의 붕괴 방지를 위하여 설치하는 가설구조물로 이 공법을 흙막이공법이라고 한다. 물막이는 물속에서 굴착 부분을 완전히 마감하고 주로 토압, 수압 또는 양자에게 저항시키는 가설구조물로 이 공법을 물막이공법이라고 하는데 이에 따른 상세한 분류는 그림과 같다.

목적에서 가장 핵심은 '가시설물의 안전성 확보'이다. 최근의 흙막이공은 작업공간이 협소하거나 대규모이며, 지하 시설물이 복잡한 곳에서의 공사가 많으며, 주변 환경에 대한 규제가 매우 엄격해지는 등의 제약 조건이 점점 강화되고 있다. 이런 제약조건과 구조물의 대형화에 의한 공사비의 증가로 인하여 흙막이공이 차지하는 위치는 안전보다는 경제성이 우선 요구되고 있는 것이 현실이다. 이러한 건설 환경의 정서 속에서 최소의 공사비로 최대의 안전성을 확보하기 위한 흙막이를 설계하기 위해서는 계획은 대단히 중요한 사항이다. 안전성 확보를 위한 검토사항은 '6 검토사항'에서 상세하게 다루기로 한다.

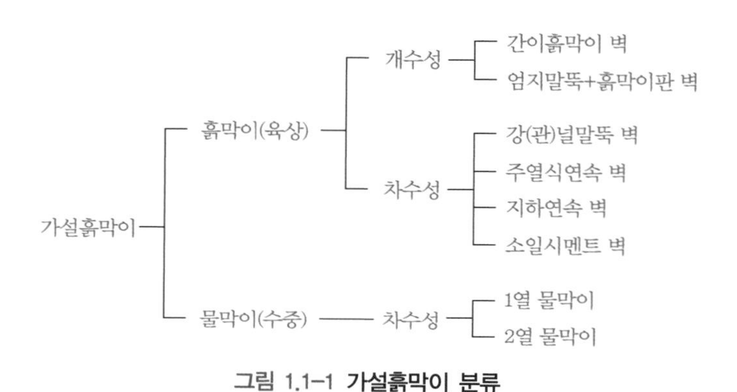

그림 1.1-1 **가설흙막이 분류**

가설흙막이 분류는 일반적인 공법을 나열한 것으로 특수공법이나 특허공법은 포함하지 않았음

2. 적용 범위

> (1) 이 기준은 지반굴착으로 인한 굴착지반 및 주변 구조물의 안정성 확보와 피해를 방지하기 위하여 지반굴착 시공 중에 설치되는 가설흙막이의 설계에 적용한다.
> (2) 이 기준에 명시되지 않은 사항은 관련 기준(KCS 21 30 00 등)을 참고하여 적용한다.

가설흙막이 설계기준 (2022), 1.2 적용범위

가설흙막이 설계의 가이드 작성은 KDS 21 30 00인 **가설흙막이 설계기준**으로 범위를 정하였다. 따라서 가설교량 및 노면복공 설계기준, 가설공사 표준시방서는 이 책에서 다루지 않는 것으로 하였다.

(1) 항목에서 가설흙막이에 대한 적용 범위를 '설계'에 한하여 적용 범위로 정하였다. 그렇다면 굴착지반 및 주변 구조물의 안정성 확보와 피해방지를 위한 굴착 깊이와 너비에 대한 기준이 없다. 이 설계기준에서 정한 공법이나 방법으로 무한정 깊고 넓게 굴착 해도 되는지에 대한 명확한 범위가 설정되지 않으므로 물리적인 범위에 대한 기준이 필요한 시점이다. (2) 항목에서 관련 기준인 KCS 21 30 00은 '**가설공사 표준시방서**'로 시공에 관한 내용이다. **표 1.2-1**은 이 책에서 설계에 관한 가이드를 제시하기 위해 참고한 설계기준이다.

표 1.2-1 참고한 가설흙막이 설계기준 및 도서

기준 명	제정일	발행처
가설흙막이 설계기준(KDS)	2022. 02	국토교통부
구조물기초설계기준·해설	2014. 05	(사) 한국지반공학회
도로설계요령 제3권 교량	2001. 12	한국도로공사
철도설계기준(노반편)	2004. 12	(사) 대한토목학회
고속철도설계기준(노반편)	2005. 09	한국철도시설공단
호남고속철도설계지침(노반편)	2007. 09	한국철도시설공단
가설공사 표준시방서	2014. 08	(사) 한국건설가설협회
지하철설계기준	–	지방자치단체 기준
시설물설계·시공 및 유지관리편람	2001. 11	서울특별시

주) 2022년 4월까지 조사한 자료이므로 이후에 발행된 자료는 추가하지 않았음

3. 참고기준

1.3.1 관련 법규
내용 없음
1.3.2 관련 기준
- KCS 21 30 00 가설 흙막이 공사
- KCS 21 45 10 노면 복공
- KS D 3503 일반 구조용 압연 강재
- KS F 4603 H형강 말뚝
- KS F 8024 흙막이 판

가설흙막이 설계기준 (2022), 1.3 참고기준

기준에서 관련 기준을 5개 항목만 규정하고 있는데, 가설흙막이 공사 기준에는 관련 기준이 아래와 같이 기재되어 있으므로 참고하기를 바란다.

가설흙막이 공사 KCS 21 30 00(2022), 1.2.2 관련 기준

- KCS 10 50 00 계측
- KCS 11 20 10 땅깎기(절토)
- KCS 11 20 15 터파기
- KCS 11 20 25 되메우기 및 뒤채움
- KCS 11 30 45 지반 그라우팅
- KCS 11 50 20 널말뚝
- KCS 11 60 00 앵커
- KCS 11 70 05 네일
- KCS 11 70 10 록볼트
- KCS 11 73 10 콘크리트 뿜어붙이기
- KCS 21 40 00 가설물막이, 축조도로, 가설도로, 우회도로
- KS B 1002 6각 볼트
- KS B 1012 6각 너트 및 6각 낮은너트
- KS D 3503 일반 구조용 압연 강재
- KS D 3504 철근 콘크리트용 봉강
- KS D 3515 용접 구조용 압연 강재
- KS D 7004 연강용 피복 아크 용접봉
- KS D 7006 고장력 강용 피복 아크 용접봉
- KS F 4603 H형강 말뚝
- KS F 8024 흙막이판
- KS L 5201 포틀랜드 시멘트

4. 용어의 정의

가설흙막이 설계기준 (2022), 1.4 용어의 정의

내용 없음

용어는 국가건설기준센터에서 '**국가건설용어집**'을 2022년 4월에 개정증보판을 배포하였으므로 참고하기를 바라며, 다만 이 책에서는 일반적으로 설계업무에 많이 쓰이는 다음과 같은 용어를 사용한다.

(1) 가설구조물공(temporary structure)
지반을 굴착하여 구조물을 구축 및 되메우기까지의 사이에 노면하중, 토압, 수압 등을 지지하여 굴착지반 및 주변 지반의 안정을 확보하기 위하여 임시로 설치하는 구조물. 위에서 설명한 것처럼 현재는 여러 가지 용어로 사용되고 있다.

(2) 흙막이(earth retaining)
개착공법에 따라 굴착을 할 때 주변 토사의 붕괴를 방지하는 것. 또 차수를 목적으로 설치하는 가설구조물을 말한다. 흙막이벽과 지보공으로 이루어져 있다. 흙막이벽에는 엄지말뚝+흙막이판 벽, 강널말뚝 벽, 강관널말뚝 벽, 주열식연속벽, 지하연속벽 등이 있다. 일부 책에서는 토류벽이라는 용어를 사용하는데 이 말은 일본에서 도도메(土留め)라고 하는 표현을 그대로 한국어로 번역해서 사용하기 때문에 붙여진 용어라고 생각된다.

(3) 엄지말뚝(soldier pile)
흙막이벽 시공 시에 수평으로 나무나 콘크리트판을 끼울 수 있도록 일정 간격으로 설치하여 벽체를 형성할 수 있게 사용한 "H" 모양의 강재를 말한다. 이 용어도 일본에서는 '親抗'이라고 사용하는데, 이것을 그대로 번역하여 엄지말뚝이라고 사용하고 있다.

(4) 널말뚝(sheet pile)
토사의 붕괴와 지하수의 흐름을 막기 위하여 굴착면에 설치한 말뚝으로 재질에 따라서 강널말뚝(Steel Sheet Pile)과 콘크리트 널말뚝(Concrete Sheet Pile) 등이 있다. 지하수위가 높은 곳에서 차수를 겸해서 사용한다. 널말뚝은 판 형태로 이루어져 있어 수평력에 취약한데 이것을 보완하기 위하여 강관의 이음새를 용접하여 서로 연결할 수 있도록 한 널말뚝인 강관널말뚝(Steel Pipe Sheet Pile)이 있다. 다른 벽체에 비하여 수평 저항력이 매우 커서 대심도의 굴착이나 해상의 파압 등 수평력이 크게 작용하는 곳에서 사용한다.

(5) SCW벽(soil cement wall)

원지반을 고화재로 치환 또는 원지반과 고화재를 혼합하여 H형강 등 심재(응력재)를 삽입하여 구축하는 주열식연속벽의 하나이다. 엄지말뚝이나 강널말뚝 벽보다 강성이 크기 때문에 지반변형에 문제가 되는 곳에 사용한다. 기준에는 소일시멘트 벽으로 사용되고 있다.

(6) 지하연속벽(slurry wall, diaphragm wall)

안정액을 사용하여 벽체 모양으로 굴착한 사각형 안에 철근망을 조립하고, 콘크리트를 타설하여 구축하는 연속 흙막이벽을 말한다. 지중연속벽이라고도 한다. 지하연속벽은 지하구조물의 외벽을 겸해서 사용하기도 한다.

(7) 흙막이 판(lagging board, sheathing board)

굴착 시 토압에 저항하기 위하여 엄지말뚝 등의 흙막이 말뚝 사이에 설치하는 판을 말하는데, 나무와 콘크리트, 경량 강재 등이 사용된다. 토류판이라는 용어를 사용하기도 한다.

(8) 지보공(supporting, timbering)

띠장, 버팀보, 흙막이앵커(네일), 보강재 및 사보강재 등의 부재로 된 흙막이벽을 지지하는 가설구조물을 말하는데, 지지구조 또는 지보재라는 용어로 사용된다.

(9) 띠장(wale)

흙막이벽을 지지하는 지보재의 하나로, 벽면에 따라 적당한 깊이마다 수평으로 설치한 부재. 흙막이 벽체에 작용하는 토압을 버팀보나 흙막이 앵커 등에 전달하는 휨 부재이다.

(10) 버팀보(strut)

흙막이벽에 작용하는 토압이나 수압 등의 외력을 직접 받는 벽체나 띠장을 지지하는 수평부재이다. 버팀대라고도 불린다.

(11) 사보강재(bracing)

버팀보에 사용되는 부재로 띠장의 유효 폭을 작게 하여 휨모멘트를 감소시키는 역할을 한다. 사보강재는 버팀보에 사용하는 버팀보용 사보강재와 코너부의 띠장과 띠장에 설치하는 코너 사보강재로 구분된다. 다중으로 설치하는 경우가 많은데, 그래서 일부 기준에서는 까치발 또는 경사보강재라고도 한다.

(12) 경사고임대(raker)

지보재의 하나로 굴착바닥면에 설치하여 경사지게 흙막이벽을 지지하는 방식이다.

(13) 흙막이앵커(ground anchor, earth anchor)

지보재의 하나로 흙막이 배면 지반에 고강도강선 또는 강봉을 사용하여 정착시켜 토압 및 수압을 지지하는 구조이다. 어스앵커 또는 그라운드앵커라고도 한다.

(14) 소일네일(soil nail)

지보재의 하나로 흙막이 앵커와 지지구조는 유사하나 보강재(철근)를 사용한다는 것이 다르다.

(15) 타이로드(tie-rod)

이 공법은 비교적 양호한 지반에서 낮은 굴착에 적합한 공법으로 흙막이 배면 지반에 H형강이나 널말뚝 등의 대기말뚝을 설치하고, 흙막이벽과 타이로드로 연결하여 지반의 저항에 따라 흙막이벽을 지지하는 공법이다.

(16) 록 볼트(rock bolt)

록 볼트는 대규모 굴착을 할 때 단단한 암이 있는 곳에 사용하는 지보재이다. 주로 굴착 배면 암반 내의 불연속면을 봉합하기 위하여 암반 내에 삽입하고 적절한 방법으로 암반과 접착하는 볼트를 말한다.

(17) 중간말뚝(middle pile)

중간말뚝은 굴착 폭이 넓어 버팀보가 길어져 좌굴이 발생할 때 벽과 벽 사이에 설치하여 버팀보의 좌굴을 방지하기 위하여 설치하는 말뚝이다.

상기 외에도 가설구조에 사용하는 용어 중에서 여러 가지를 사용하는 경우가 많은데, **벽체**라는 용어를 보면 ‘측벽’, ‘말뚝’, ‘파일(Pile)’ 등 여러 가지 용어로 표기하고 있다. **과재하중**도 상재하중이라는 용어로 사용되기도 한다. 이 책에서는 과재하중으로 표기하도록 한다. 또한 이 책에서는 토압 및 수압을 통틀어 **측압**이라는 용어로 사용한다.
그리고 근입깊이라는 용어가 있다. 흙막이 말뚝을 땅속에 근입 시키는 길이를 말하는데, 기준에 보면 '근입깊이' 또는 '근입길이'라는 용어로 사용한다. 국어사전에 보면 깊이는 "위에서 밑바닥까지 또는 겉에서 속까지의 거리"로 표현하고 있다. 반면 길이는 "한끝에서 다른 한 끝까지의 거리≒장(長)"으로 쓰여 있다. 따라서 이 책에서는 **근입깊이**라는 용어를 사용하기로 한다. 따라서 상기 외에 이 책에서 사용하는 용어를 정리하면 다음과 같다.

(1) 관용계산법(usage method)
버팀보 축력의 측정값 등에서 통계적으로 정리하여 구한 겉보기 측압(토압, 수압 등)을 사용하여 버팀보나 가상지지점을 지점으로 한 단순보나 연속보로 가정하여 흙막이벽의 단면력을 산정하는 방법
(2) 탄소성법(elasto plasticity method)
흙막이벽을 유한길이의 보, 굴착측 지반을 탄소성판, 버팀보 등을 탄성받침으로 가정하여 흙막이벽의 단면력과 변형량을 산정하는 방법
(3) 개착공법(open cut method)
지표면에서 흙막이를 시공하면서 소정의 위치까지 굴착을 하여 굴착면이 노출된 상태에서 구조물을 시공하는 공법
(4) 굴착 흙막이공(excavation earth retaining)
개착공법에 따라 배면의 측압을 저항하는 벽의 총칭으로 엄지말뚝, 널말뚝, 연속벽 등으로 분류된다.
(5) 자립식 흙막이공법(self-supported earth retaining wall method)
굴착부 주변에 흙막이벽을 설치, 근입부의 수동저항과 흙막이벽의 강성으로 측압을 지지하는 공법이다.
(6) 버팀보식(strut type) 흙막이공법
흙막이벽에 작용하는 측압을 버팀보·띠장 등의 지보공으로 균형을 맞추어 지지하면서 굴착을 진행하는 공법으로 일반적으로 가장 많이 사용하

는 공법이다.

(7) 케이블식(cable type)(앵커, 네일, 타이로드) 공법

흙막이벽 근입부의 수동저항과 함께 배면의 안정된 지반에 케이블(앵커, 네일, 타이로드 등), 띠장 등의 지보공에 의하여 측압을 지지하면서 굴착하는 공법이다.

(8) 아일랜드(island)공법

흙막이벽이 자립할 수 있도록 경사면을 굴착한 후에, 중앙부에 구조물을 구축하고, 남아있는 사면 부분을 굴착한 후에 나머지 구조물을 축조하는 부분 굴착공법이다.

(9) 트렌치 컷(trench cut)공법

흙막이벽을 굴착 주위에 이중으로 설치하고 그사이를 개착한 후에 바깥쪽 구조물을 축조하고 나서, 이 구조물을 흙막이벽으로 이용하면서 내부를 굴착한 후에 구조물을 축조하는 부분 굴착공법이다.

(10) 보조공법

개착공사에 있어서 지반이 불안정하여 굴착이 곤란한 경우 혹은 굴착 때문에 주변 지반이나 구조물에 영향을 미칠 때 흙막이공과 함께 사용하는 공법으로 지반개량공법, 지하수위저하공법 등을 말한다.

(11) 노면복공(load decking)

도로를 개착할 때에 굴착한 도로에 차량이나 사람의 통행을 위하여 씌우는 것으로 복공판, 주형, 주형지지보 등의 부재로 구성된 가설구조물.

(12) 굴착바닥면의 안정

흙막이를 단계별로 굴착해가면서 토질의 상황에 따라서 굴착바닥면에 보일링, 히빙, 파이핑, 라이징 등의 현상이 발생할 가능성이 있는 경우에 하는 안정 검토를 말한다.

(13) 보일링(boiling)

사질토 지반에서 굴착바닥면과 흙막이벽 배면의 수위 차이가 큰 경우에 굴착면에 상향의 침투력이 생겨 유효중량을 초과하면 모래 입자가 솟아오르는 현상.

(14) 파이핑(piping)

흙막이벽 부근이나 중간말뚝에 흙과 콘크리트 또는 강재 등 약한 곳에

세립분의 침투류에 의하여 씻겨 흐르면서 물길이 생기는 현상. 물길이 확대되면 보일링 형태의 파괴에 이른다.

(15) 히빙(heaving)

점성토 지반에서 굴착 배면의 흙 중량이 지지력보다 크게 되면 지반 내의 흙이 활동을 일으켜 굴착바닥면이 부풀어 오르는 현상. 팽상이라고도 한다.

(16) 라이징(rising)

굴착바닥면 아래에 불투수층이 존재하고, 그 아래에 피압대수층이 있는 경우에 피압수압이 피압대수면에서 위쪽 방향의 저항력보다 커지면 굴착바닥면이 솟아올라 보일링현상이 발생하는 것을 말하는데, 보일링현상은 사질토 지반에서 발생하지만 라이징은 점성토 지반에서도 발생하기 때문에 구분하여 라이징이라 하며, 양압력이라고도 한다.

(17) 불투수층(impervious)

지하수가 침투하기 어려운 지층으로, 구성하는 입자 간의 간극이 작아 투수계수가 작은 지층을 말한다. 점토층 및 실트층이 여기에 해당한다.

(18) 피압대수층(confined/artesian/pressure aquifer)

지하수가 불투수층 사이에 끼어서 대기압보다 큰 압력을 받는 대수층. 즉, 불투수층 아래 대수층 중의 지하수의 수두가 불투수층 아래쪽 경계면보다 높은 상태에 있는 투수층을 말한다.

(19) 토압(earth pressure)

지반의 내부 혹은 지반과 구조물과의 경계면에 작용하는 압력을 말한다. 전자는 지중토압, 후자는 벽면토압이라 한다. 벽체의 변위에 따라서 정지토압, 주동토압, 수동토압으로 구분한다.

(20) 토압계수(coefficient of earth pressure)

임의 면에 작용하는 토압과 그 지점에서의 연직토압과의 비. 일반적으로 지반 속의 연직토압은 그 지점의 유효토피압에 상재하중에 의한 압력을 더한 값으로 한다.

(21) 수압(water pressure)

지하수에 의한 압력을 말한다.

(22) 선행변위(preceling displacement)

버팀보를 설치할 때 설치지점에 있어서 이미 발생한 흙막이벽의 수평변위.

(23) 근입깊이(embedment depth)

최종굴착바닥면에서부터 아래쪽의 흙막이벽 길이

(24) 버팀보 선행하중(strut pre-load)

버팀보 설치 후, 굴착을 하기 전에 버팀보에 미리 도입하는 축력.

(25) 토압의 재분포

토압의 형태가 초기의 굴착단계에서는 캔틸레버 보의 변형패턴을 보이지만, 그 이후에는 굴착의 진행에 따라서 점차 활모양의 형태로 변한다. 이 현상을 토압의 재분포라 부른다.

(26) 극한평형법(limit equilibrium method)

극한평형법은 흙막이 말뚝이 전방으로 변위가 발생하여 지반이 완전히 소성화한 것으로 가정하고, 흙막이 말뚝의 배면에는 주동토압, 근입부의 전면에는 수동토압을 작용시켜 해석하는 방법을 말한다.

(27) 앵커체(anchor body)

PC 강재의 인장력을 지반에 전달하기 위하여 주입재를 주입하여 지반에 조성하는 앵커의 저항 부분을 말한다.

(28) 앵커두부(anchor head zone)

앵커두부는 흙막이 구조에서의 힘을 인장부에 전달하기 위한 부분을 말하는데 정착구, 지압판, 좌대 등으로 구성된다.

(29) 앵커정착장(fixed anchor length)

앵커의 힘이 지반에 유효하게 전달되도록 하기 위한 앵커체의 길이를 말한다.

(30) 앵커자유장(free anchor length)

구조물 및 지반에 대하여 프리스트레스를 유효하게 가할 수 있도록 가공된 앵커의 일부로 주변 지반에 대하여 부착에 의한 힘이 전달되지 않는 부분의 길이를 말한다.

(31) 앵커길이(anchor length)

실제로 사용하고 있는 앵커의 길이를 말하는데 자유장, 정착장, 여유장을 더한 길이를 말한다.

(32) 긴장력(prestressed force)

인장재에 인장력으로서 주어지는 힘을 말한다.
(33) 초기긴장력(initial prestressed force)
인장재를 인장하여 정착하기 위하여 초기에 인장재에 가하는 인장력을 말한다.
(34) 겉보기토압(apparent earth pressure)
본래 부정정구조물인 흙막이 구조를 정정구조물로 치환하여 토압 분포 형태를 구하는 것을 공학적으로는 겉보기토압이라고 한다.
(35) 웰포인트공법(well point method)
지하수위 저하공법의 하나로 흙막이벽을 따라 pipe를 1~2m 간격으로 설치하고 선단에 부착한 well point를 사용하여 펌프로 진공 흡입하여 배수하는 공법이다.
(36) 깊은우물공법(deep well method)
지하수위 저하공법의 하나로 지반을 굴착하고 casing strainer를 삽입, filter재를 충진하여 deep well의 중력에 의하여 지하수를 모아, 수중펌프 등을 사용하여 양수하는 공법이다.
(37) 심층혼합처리공법(deep chemical mixing method)
이 공법은 고압분사 주입공법이라고도 하는데 굴삭방법에 따라 분사교방방식과 기계교반방식이 있다. 이 공법은 주로 지반의 강도증가나 지반의 지수성 증가를 목적으로 사용한다.
(38) 생석회말뚝공법(chemical pile method)
지중에 생석회를 적당한 간격으로 타입하여 생석회에 의한 수분의 흡수 및 팽창압에 의해 주변지반을 압밀하여 지반의 강도를 증가시키거나 간극수의 탈수를 목적으로 하는 공법이다.
(39) 약액주입공법(chemical feeding grouting)
주입재(약액)를 지반 속에 압력으로 주입하여 토입자의 간극이나 지반 속의 균열에 충진하여 지반의 지수성의 증가나 강도증가를 도모하는 공법이다.
(40) 동결공법(freezing method)
지중에 매설한 강관 속에 냉각액을 순환시켜 동토벽을 조성하는 공법으로 직접법(저온액화가스방식)과 간접법(브라인(brine)방식)이 있다.

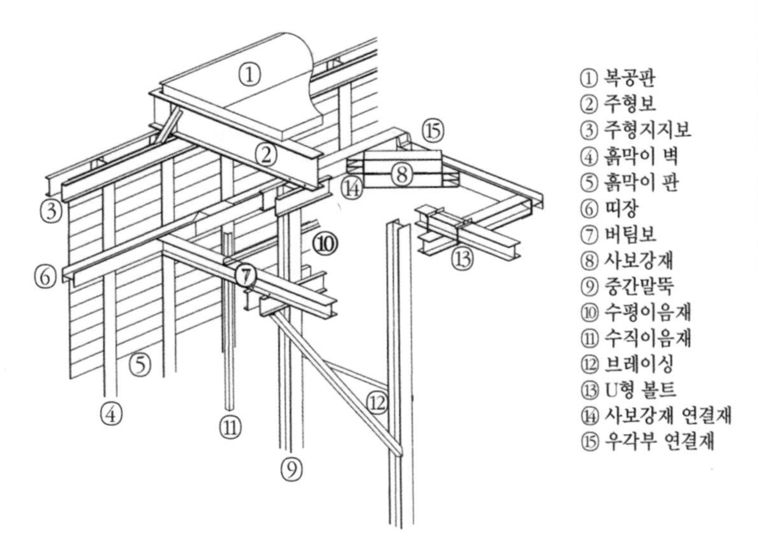

그림 1.4-1 엄지말뚝 흙막이 및 노면복공 명칭

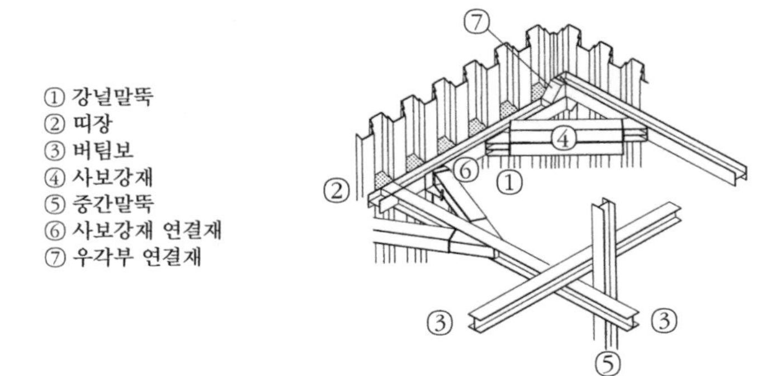

그림 1.4-2 강널말뚝 흙막이의 명칭

5. 기호의 정의

내용 없음

기호는 설계기준마다 다르고 내용이 없으므로 설명을 생략한다.

가설흙막이 설계기준(2022), 1.5 기호의 정의

6. 검토사항

(1) 가설흙막이 벽과 지지구조의 형식에 대한 설계 시 지형, 지반조건, 지하수 처리, 교통하중, 인접 건물하중, 작업 장비하중 등 굴착면의 붕괴를 유발시키는 인자뿐만 아니라, 지반변형에 의해 야기될 수 있는 주변 구조물 및 지하 매설물의 피해 가능성, 공사비, 공기 등의 경제성 및 시공성 영향 가능성, 환경 등의 민원발생 가능성 등을 종합적으로 고려하여야 한다. 즉, 가설흙막이 벽의 안정성, 지지구조의 안정성, 굴착저면의 안정성에 대한 검토는 필수 항목이며, 주변 구조물에 대한 안정성 검토와 지하수 처리에 관한 문제도 반드시 고려하여야 한다.

(2) 가설흙막이 벽체 후면 지하수위가 조사수위 이상으로 상승될 가능성이 있는 경우에는 가설흙막이 벽체 설계 시 현장 여건을 감안하여 침투해석을 실시하고 변경된 지하수위를 적용하여 설계하여야 한다.

(3) 지반침하(함몰) 관련사항을 검토하여야 한다.

(4) 지층조건과 지하수위 등을 고려하여 차수공법 적용을 검토하여야 한다.

(5) 가설흙막이 구조물 설계에서는 굴착단계별로 벽체자체의 안정성을 검토뿐만 아니라 해체 시 안정성도 검토하고 지하매설물과 인접구조물에 미치는 영향을 검토하여야 한다.

(6) 설계 시 현장여건에 부합하는 계측 및 분석계획을 수립하여 시공 중 안전성을 확보해야 한다.

가설흙막이 설계기준(2022), 1.6 검토사항

6.1 지반조건 및 환경조건에 관한 검토사항

첫 번째 항목을 요약하면 '안정성'에 관한 사항으로 흙막이를 설계하는 모든 요소를 검토하여 공법을 선정하도록 하였다. 이에 가장 중요한 자료인 지반과 환경조건에 대하여 살펴보면 다음과 같다.

6.1.1 지반조건 조사

흙막이의 계획, 설계, 시공에 필요한 지반조사는 반드시 결정해야 할 일정한 단계가 있는 것은 아니지만 일반적으로 ① 예비조사 ② 본 조사 ③ 추가조사 등의 3단계로 분류할 수 있다. 중요한 시설물이나 대규모 공사 등의 경우에는 이와 같은 일련의 단계를 거쳐 각 조사가 이루어지는데, 일반적인 공사에서는 이와 같은 단계를 구별하지 않고 ② 본 조사에 해당하는 조사가 '지반조사'로 실시되는 것이 많다. 따라서 본 조사 후의 설계변경에서 조사의 추가가 필요한 경우나 본 조사의 결과에서 지반 상황이 특수 혹은 복잡하게 되어 있어 시공 시에 문제가 될 소지가 발생할 가능성이 있는 경우 한하여 관련된 조사가 추가되고 있다.

표 1.6-1 흙막이 설계와 지반정보

흙막이 설계에서 지반과 관련이 있는 항목		필요한 지반정보
흙막이벽 및 지보재의 설계	• 배면 측 측압 • 굴착바닥면 쪽 초기측압 • 굴착바닥면 쪽 수동측압 • 근입깊이 • 흙막이벽 또는 중간말뚝의 연직지지력	• 단위중량 • 내부마찰각 • 점착력 • N값 • 일축압축강도 • 지하수위, 간극수압 • 변형계수
굴착바닥면의 안정	• 보일링 • 파이핑 • 히빙 • 라이징 • 흙막이 전체 안정(사면안정)	• 단위중량 • 비배수전단강도 • 일축압축강도 • 지하수위, 간극수압 • 탄성계수
지하수의 처리	• 불투수층의 확인 • 양수량 • 침투수량	• 단위중량 • 투수계수 • 투수량계수 • 지하수위, 간극수압
주변 지반의 영향	• 양수에 의한 지하수 저하량 및 지하수 저하 범위 영향 • 흙막이벽의 변형에 의한 영향	• 단위중량 • 점착력 • 내부마찰각 • 포아송비 • e-log P곡선 • 압밀항복응력, 압밀계수 • 압축지수 • 체적압축지수(지반탄성계수)

흙막이 계획을 위한 조사에서 중요한 것은 본체 구조물을 설계하기 위

한 지반조사와 가설흙막이를 설계하기 위한 지반조사 정보가 서로 다르다는 점이다. 따라서 본래는 흙막이 설계를 위해서 독자적인 지반조사를 하는 것이 원칙이다. 그러나 현실은 가설흙막이 설계를 위한 지반조사를 별도로 실시하는 경우는 매우 적고, 지하구조나 기초구조의 계획과 설계를 위한 지반조사 결과를 토대로 흙막이 설계에 이용하는 경우가 대부분이다. 본체구조설계를 위한 지반조사는 설계자가 기초형식이나 내력을 결정하는 데 필요한 데이터를 얻는 것을 목적으로 하여 실시되기 때문에 이것만으로는 흙막이 설계에 필요한 정보로서 충분하지 않다는 것이다. 이점에 관해서 토목공사와 건축공사의 경우에 다소 사정이 다르다. 토목공사에서는 설계자 혹은 발주자가 흙막이의 기본계획을 제시하는 경우가 있지만, 흙막이를 위한 지반조사가 이루어져 있는 경우가 거의 없다. 한편 건축공사에서는 특정 흙막이공사를 지정하는 경우나 흙막이공법에 대한 설계자의 지식이나 관심이 높은 경우를 제외하고 흙막이를 고려한 지반조사가 이루어지지 않는 것이 보통이다.

(1) 예비조사

예비조사는 현장의 지반에 대한 개략적인 상황을 파악하여 예상되는 흙막이공법의 검토에 필요한 본조사의 계획을 세우기 위한 조사이다. 예비조사의 방법은 기존의 문헌 등에 의한 자료조사와 실제로 기술자가 현장을 답사하는 현지 조사가 있다. 자료조사 중에서 가장 중요한 것은 현장 부근에 대한 지반 및 지하수에 관한 기록이 있는 조사보고서나 공사기록이다. 특히 주변의 공사기록은 지반을 개략적으로 파악할 뿐만 아니라 흙막이공법을 예상할 수 있는 중요한 자료이다. 기타 자료로서는 해당 지역의 지질도나 지형도, 재해기록, 고문서 등도 참고로 한다. 현지조사에서는 실제로 현지에서 지형이나 지표면의 상황을 관찰하고, 때에 따라서는 현장 내에서 시험굴착을 한다.

(2) 본 조사

본 조사는 예비조사에서 파악된 지반의 개략적인 상황을 기준으로 하여 굴착공법, 흙막이공법, 흙막이벽의 종류를 선정하기 위하여 어떤 정보가 필요한지 충분히 검토하여 상세한 조사 방법을 결정하여 실시한다. 기본적으로는 현장에서의 시추 조사, 채취한 시료의 토질시험 및 지하수 조사가 중요하며, 각각 지층구성, 지반의 물리적 성질, 역학적 성질 및 지하수위나 투수성에 관한 지하수의 성질을 파악하는 것을 목적으로 한다. 조사의 범위, 위치, 심도, 내용, 방법, 개수 등은 예비조사 결과와 공사의 규모, 난이도에 따라서 결정한다. 즉, 굴착면적이나 굴착심도와 같은 공사 규모에 관한 조건, 지반의 성질과 형상, 지하수위 위치, 지층 경사의 유무와 같은 지반 고유의 조건, 현장에 충분한 여유가 있는지 혹은 도심지에 있어서 근접시공과 같은 주변 조건을 고려하여 필요로 하는 지반정보를 얻을 수 있도록 조사한다.

山留め設計施工指針(2002) 그림 2.3.1 (15쪽)

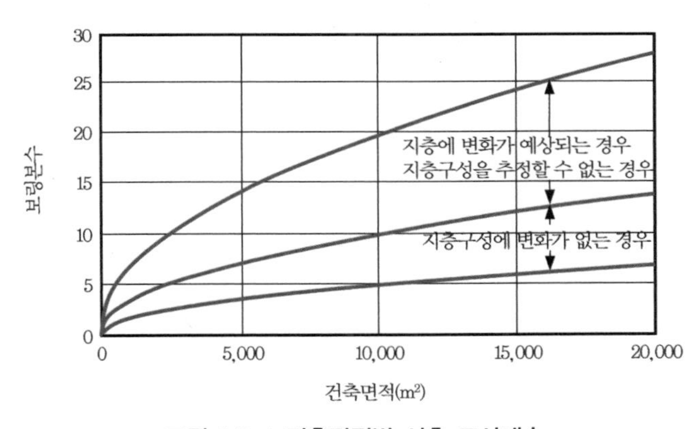

그림 1.6-1 **건축면적별 시추 조사개수**

시추조사 공의 개수를 몇 개로 할 것인지에 대해선 중요구조물이나 대규모 공사와 같이 별도의 시방서에 의하여 개수를 지정하여 실시하는 경우가 있지만, 일반적인 공사에서는 개수를 몇 개로 할 것인지에 관한 규정이 없다. 따라서 일본의 흙막이 설계시공지침(2002년)에 보면 건축면적에 따라 시추 조사개수를 정하는 방법이 있는데 다음과 같다. **그림 1.6-1**과 같이 기본적으로는 건축면적의 넓이에 따라 정하게 되어 있는데, 다만 지층이 택지 내에서 경사져 있는 경우에는 시추 개수를 늘려서 조사하고, 공사의 난이도나 주변 조건을 고려하여 결정하도록 하고 있다. 건축면적이 5,000 m^2 전후에서 지층구성에 변화가 없는 경우에는 1,000

m^2당 1개소, 변화가 있다고 예상될 때는 500 m^2에 1개소 정도로 한다. 최소 시추 개수는 지층구성에 변화가 없는 것이 명확한 경우나 소규모공사를 제외하고 2개소 이상으로 한다.

(3) 추가조사

발주자나 설계회사에서 제시한 지반조사에서 흙막이 설계를 위한 정보가 불충분한 경우에는 당연히 추가조사가 필요한데, 이런 경우에는 본조사에 해당하는 사양으로 조사한다. 이렇게 한 후에도 흙막이 시공에 중요한 문제가 있다거나 시공 도중에 흙막이의 안정성에 대하여 확신할 수 있는 판정을 내릴 수 없는 경우에는 지반조사나 토질시험을 추가하여 실시한다.

6.1.2 환경조건 조사

흙막이 계획에 있어서 현장 내외의 주변 상황에 대한 조사가 필요하다. 조사 항목은 **표 1.6-2**에 표시한 것과 같이 많은 것이 있는데, 본체 구조물 설계를 위한 조사와 겹치는 부분이 많다. 각 흙막이공법에는 각각 시공이 가능한 근접거리나 적용한계가 있으므로 현장 경계선의 위치나 지상, 지하의 장애물 여부가 흙막이 계획이나 공법선정을 좌우한다. 이것을 이설이나 일시적으로 철거할 때 관계기관이나 소유자 등의 인허가가 있어야 하는 경우가 있다.

현장 부근의 주민에 대한 조사도 중요하다. 인접 주민과의 다툼을 피하고자 흙막이 계획 및 공법에 대하여 사전설명회를 개최할 때도 있다. 현장 부근에 병원이나 교육기관 등의 입지 상황이나 공장 등과 같은 지역산업의 특성도 파악하여야 한다. 또한 흙막이공법에 관계되는 법적 규제, 상하수도 공급능력, 도로교통, 기상 등에 대해서도 조사가 필요하다. 또한 기준에서의 안정성 검토를 요약하면 다음과 같다.

- 가설흙막이 벽
- 지지구조
- 굴착바닥면
- 주변 구조물

- 지하수 처리

위의 5가지 항목은 "Part 3 가설흙막이 설계"에서 상세하게 설명한다.

표 1.6-2 환경조건의 조사

조사 항목	조사 내용	조사 결과 기록
현장 위치의 조사	소재지, 이용하는 교통기관, 용도지구의 종류, 도시계획 및 도로계획의 관계, 의료 및 경찰 등 피해 발생 시의 연락기관과의 관계	안내도, 통보기관 위치도
현장 내의 상황조사	경계선(관계자에 의한 경계 설정 입회), 현장의 기준표고와 내외의 고저 차, 부동점, 방위 등	경계말뚝의 설정·기준높이의 설정
현장 내 매설물 조사(지장물)	잔존구조물(지하실, 기초말뚝, 정화조 등)의 위치와 크기 및 깊이, 우물, 상하수도, 공동 등	지장물도, 지장물 철거 계획도
현장 내외의 지상물 조사	공작물(전화 부스, 화재경보기, 소화전, 전주, 우편함, 교통표식, 신호, 가로등, 전기 및 전화 설비, 가드레일 등), 가로수	지상물건 현황도, 철거 및 이설, 복구도
인접 구조물 조사	위치(경계와의 관계), 형상, 크기, 높이, 구조, 기초(지하실), 중량구조물의 상황(침하, 경사, 균열, 파손, 누수, 노후도 등) 사용현황, 특수구조물(석축, 옹벽, 철도, 교량, 고속도로 등)	인접 구조물 상호위치도, 인접 구조물 조사도
현장 주변의 매설물	상하수도관, 전신·전화·전기 케이블, 공동구, 가스관, 급유관, 맨홀, 지하철 등의 치수·구조·깊이·위치·매설상황·용량·사용현황, 상하수도·전기·가스의 스톱밸브	매설물 조사도, 매설물 이설계획도, 긴급시 처리계획도
현장 부근의 상황조사	호우시의 유수의 흐름이나 하수도·소하천·제방의 상황, 지반침하 부근의 다른 지하공사의 상황, 도로(포장)의 상황, 일상의 소음·진동	소음·진동 측정기록
현장 부근 거주민의 조사	최근 타 공사에서의 주민과의 분쟁, 주민의 활동상황(생활, 영업, 취미활동), 주민운동, 주민의 사회적 의식 등	

6.2 지하수위에 관한 검토사항

지하수조사는 계획, 설계 및 시공상 중요한 조사 항목이며 주변 환경에 미치는 영향 등과 크게 관련되기 때문에 충분히 조사하여 그 성질을 파악할 필요가 있다. 지하수조사는 지하수 자체의 조사와 대수층의 조사로 나뉘는데 **표 1.6-3**에 지하수조사의 주요 항목을 표시하였다.

지하수가 없거나 적은 모래자갈 층이 난투수 층 아래에 존재하거나 유기질을 포함한 부식토 층이 난투수 층으로 덮인 모래층이나 모래자갈 층 아래에 존재할 때는 이들 모래층이나 모래자갈 층의 간극 중에는 산결공기나 유해가스가 채워져 있을 수 있다. 이럴 때는 간극 속 공기의 조성, 가스의 성질 등을 조사해야 한다.

표 1.6-3 지하수조사

조사 항목	조사 내용	조사 방법
지하수조사	지하수위 간극수압 유속 및 흐름 수질	우물, 보링을 이용한 수위 측정 간극수압계 등에 의한 측정 유속실측법 각종 화학분석, pH 시험
대수층 조사	분포범위, 두께 투수성(지하수위, 저류계수, 투수량계수 또는 투수계수)	보링, 전기검층 양수시험

6.3 지반침하(함몰)에 관한 검토사항

흙막이 굴착공사의 시공과정에 있어서 주변 지반 및 구조물의 변위 요인은 **표 1.6-4**와 같이 여러 가지가 있는데 다음과 같이 정리할 수 있다.

① 굴착에 의한 변위 (흙막이벽의 변형에 의한 제 반 변위)
② 지하수위 저하에 의한 변위 (점성토 지반 및 느슨한 사질토 지반의 변위)
③ 굴착바닥면의 변형에 의한 변위 (보일링, 히빙 및 라이징)
④ 흙막이 해체에 의한 변위(지보재 해체에 의한 흙막이벽의 변형, 흙막이벽 또는 중간말뚝의 해체에 의한 변위)

표 1.6-4 변위에 영향을 미치는 요인

구분	요인	변위와의 관계
흙막이벽	강성	일반적으로 벽체의 강성이 크면 변위는 작아진다.
	근입깊이	어느 정도 이상의 근입깊이가 아니면 벽체 선단의 변위가 커져, 원지반의 변형이 커지게 될 가능성이 있다.
	근입선단	근입선단이 단단한 지반에 타입되어 있으면 지반

	조건	이 돌아 들어가는 것을 줄이는 것이 가능하다.
	시공순서	역타공법으로 시공하면 일반적으로 벽체의 변형은 작아진다.
지보공	버팀보	버팀보의 강성이 커지면 벽체의 변형은 작아진다. 또한 버팀보와 띠장, 벽체와의 조화가 벽체의 변형을 좌우한다.
	간격	간격이 좁으면 벽체의 변형은 작아진다.
	선굴량 (여굴량)	여굴량이 작아지면 변형은 작아진다. 특히 1차 굴착깊이를 작게 하는 것이 좋다.
	선행하중 (프리로드)	버팀보의 선행하중 또는 앵커의 선행하중이 크면 벽체의 변형은 작아진다. 또한 과대한 선행하중은 토압의 증가, 휨응력이 증가하므로 위험하다.
굴착바닥면, 주변 지반	안정계수	안정계수가 작아지면 지반의 변형량이 작아진다.
	굴착바닥면 아래의 연약층 두께	층 두께가 크면 지반의 변형량은 커지게 된다.
	지하수위	배면측 지하수위를 떨어트리면 주변 지반의 변형이 커지게 된다.

6.3.1 굴착에 의한 변위

흙막이벽의 변형을 산정하기 위해서는 일반적으로 탄소성법을 사용하지만, 입력값이 계산 결과에 큰 영향을 미치기 때문에 신중하게 검토하여야 한다. 흙막이벽의 변형에 의한 주변 지반 및 구조물에 대한 영향은 굴착 과정에 따라 **그림 1.6-2**와 같이 된다. 1차 굴착에서는 흙막이 상단의 변형이 최대가 되는데, 이 때문에 지표면 지반의 침하도 흙막이벽에 가까운 쪽이 최대가 된다. 그 후의 굴착에서는 버팀보 등의 지보공이 설치되어, 흙막이벽은 지보공 설치 위치에서 수평 변위가 구속되기 때문에 굴착바닥면 부근에서 최대가 되는 활모양으로 변형이 발생한다. 이 때문에 지표면의 침하분포는 1차 굴착 시보다 흙막이벽에서 먼 위치까지 변형이 발생하는데, 지표면 방향에서 거의 90° 회전시키는 형상에 가깝게 변위가 발생한다. 이 경우에 흙막이의 최대수평 변위는 지보공의 설치 위치에도 발생하지만, 굴착바닥면 부근에서도 발생한다. 그러나 굴착바닥면 아래의 연약층이 두껍고, 근입깊이가 긴 경우는 근입부분에서 최댓값을 나타내는 것도 있다. 이것은 배면지반이 굴착측으로 회전하려는 형태의 변형이 일어나는 경우로 주변 지반의 변형이 크며,

또한 영향범위도 넓어지므로 주의가 필요하다.

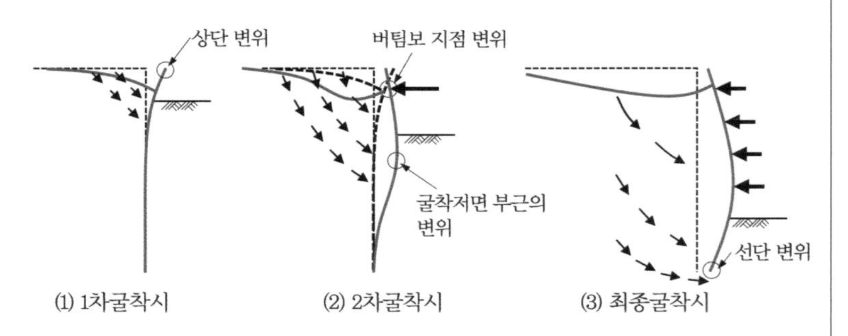

그림 1.6-2 **굴착 과정에 의한 흙막이벽의 변형과 지반의 변위**

6.3.2 지하수위 저하에 의한 변위

지하수위보다 아래를 굴착할 때에는 굴착에 따라 흙막이벽 주변 지반의 지하수위가 저하하게 된다. 시공성, 안전성을 확보하기 위하여 깊은 우물공법(Deep well method) 등에 의하여 사전에 수위를 저하시키는 경우가 있다. 또한 굴착바닥면 아래에 모래자갈층과 같은 피압대수층이 있는 경우에도 굴착바닥면의 안정성을 확보하기 위하여 지하수위저하공법을 적용하는 경우가 있다. 이때 굴착대상 지반에 점성토층이나 부식토층 등이 있는 경우에는 압밀침하가 발생할 가능성이 있다. 압밀침하는 대상층의 지하수위가 저하하기 전의 유효토괴압에 지하수위 저하에 의한 유효응력의 증가분을 더한 값이 현 지반의 압밀항복응력보다 큰 경우에 발생한다. 예상되는 압밀침하량이 크고 주변의 영향이 우려될 때는 차수성이 큰 흙막이를 선정하는 등 지하수위가 저하되지 않도록 대책을 세워야 한다.

지하수위저하공법은 넓은 범위의 지하수위를 저하시킬 수 있으므로 굴착 장소에 압밀대상층이 존재하지 않더라도 현장에서 떨어진 장소에 존재하는 점성토층의 압밀침하를 유발할 수 있다. 이와 같은 영향을 검토하기 위해서는 지하수위 저하에 의한 영향범위를 현장양수시험이나 침투류해석 등을 사용하여 예측한다거나, 영향범위에 있는 점성토층의 유무를 사전에 조사하는 것이 중요하다. 이외에도 차수성의 흙막이를 설치하는 것에 따라 지하수 흐름이 차단되어 상류 쪽의 수위는 상승하고 하류 쪽에서는 저하하는 경우가 있다. 이 경우에 하류 쪽에 점성토층이 존재하면 압밀침하가 발생할 가능성이 있으므로 흙막이의 시공에 따른 지하수의 흐름을 사전에 파악해 두는 것이 중요하다.

6.3.3 굴착바닥면의 변형에 의한 변위

히빙, 보일링, 라이징 등에 의한 굴착바닥면의 변화에 따라 주변 및 주변 구조물에 대한 영향을 고려하여야 한다. 라이징은 굴착에 따른 배토중량의 응력해방에 수반하여 굴착바닥면 및 주변 지반이나 구조물이 부상하는 현상이다. 부상하는 양은 굴착바닥면의 중앙 부분이 가장 크고 흙막이벽에 가까울수록 작아지는 것이 일반적이다. 역타공법에 의한 시공에서는 슬래브를 지지하는 중간말뚝이 위쪽 방향으로 부상하는 것에 의하여 슬래브에 예상외의 힘이 작용할 수 있으므로 주의가 필요하다. 또한 굴착바닥면 아래에 매설관이나 지하구조물이 있는 경우에 라이징에 의해 구조물에 변형이 발생할 수 있으므로 주의하여야 한다.

6.3.4 흙막이 해체에 의한 변위

흙막이공은 벽체, 중간말뚝, 지보재 등 강제 제품의 해체를 전제로 하여 계획된 것이다. 이와 같은 것을 해체할 때 발생하는 진동, 인발 후에 생기는 지반의 느슨함이나 공극에 의하여 주변 지반에 변형이 일어나는 경우가 있다. 따라서 흙막이를 해체할 때는 진동이 작고 주변 지반에 영향이 작은 공법을 검토하거나, 해체 후에 공극을 신속하게 되메우기를 하여 다짐을 하여야 한다.

6.4 차수공법에 관한 검토사항

차수공법은 흙막이에 있어서 보조공법의 일종이므로 여기서는 차수를 포함한 보조공법에 대하여 해설한다.

흙막이공의 설계에 있어서 지반 조건, 환경조건 등에서 흙막이만의 계획보다는 보조공법을 병행한 것을 전제로 계획하는 것이 경제적이고 안정된 흙막이공이 되는 경우가 많다. 굴착깊이에 대하여 지하수위가 높은 경우, 굴착바닥면 아래쪽에 피압지하수가 존재하는 경우, 지반이 연약한 경우 등에서는 흙막이벽이나 굴착바닥면의 안정을 얻을 수 없다거나 굴착작업의 능률이 저하되는 것을 예상할 수 있다. 또, 주변에 구조물이나 지하매설물이 있는 경우에는 지반의 변위 등에 의하여 구조물에 영향을 줄 수 있다. 이런 경우에 흙막이공법만으로 대처하는 것보다도 보조공법을 병행하는 것이 안전하고 경제적으로 되는 예도 있으므로, 보조공법의 효과를 충분히 검토하여 설계하는 것이 좋다. 보조공법을 사용하는 목적은 여러 가지를 들 수 있는데, 대표적인 것은 다음과 같다.

- 지하수위 저하
- 투수계수의 개선
- 지반의 강도 증대
- 차수벽의 구축
- 불투수층의 조성
- 측압의 조정(수압의 저감 및 수동토압의 증대 등)
- 함수비의 저하

이처럼 보조공법은 여러 가지의 목적에 사용되는데, 국내의 설계기준에는 주로 지반개량공법(그라우팅공법) 위주로 기술되어 있다. 이것은 설계기준의 검토사항 중에서도 차수를 목적으로 하기 때문이다. 하지만 보조공법을 사용하는 이유는 흙막이의 안전한 시공을 위한 것이기 때문에 보조공법을 사용함으로써 효과를 발휘하기 위해서는 아래의 같은 현상이 발생할 가능성이 있는 곳에서는 이 현상에 적합한 보조공법으로 설계가 이루어져야 한다.

- 굴착바닥면의 안정현상방지(보일링, 히빙, 파이핑, 라이징 등)
- 흙막이벽의 응력 및 변형의 저감
- 지수 및 차수
- 인접구조물의 영향방지
- 흙막이벽의 결손부 방호
- 굴착토사의 작업성 개선(워커빌리티, 트래피커빌리티, 컨시스턴시)

따라서 다양한 목적에 따라 효과를 발휘할 수 있는 보조공법의 종류와 선정 방법에 대하여 해설한다.

6.4.1 지하수위 저하공법

(1) 웰포인트공법(well point method)

이 공법은 흙막이벽을 따라 Pipe를 1~2 m 간격으로 설치하고 선단에 부착한 Well Point를 사용하여 펌프로 진공 흡입하여 배수하는 공법이다.

- 비교적 투수계수가 큰 모래층에서 투수계수가 낮은 모래질 실트까지 넓은 범위의 지반에 적용이 가능
- 배수 가능한 깊이는 6 m 정도가 적합
- 히빙이나 보일링현상이 발생할 가능성이 있는 곳에 사용
- 공사 기간 단축 및 공사비 절감
- 압밀침하로 인하여 주변 지반 및 도로균열이 발생
- Filter 재료는 원지반보다 투수성이 큰 재료를 사용

(2) 깊은우물공법(deep well method)

지반을 굴착하고 Casing Strainer를 삽입, filter 재를 충진하여 deep well의 중력에 의하여 지하수를 모아, 수중펌프 등을 사용하여 양수하는 공법으로 용수량이 많아 well point 공법의 적용이 어려운 곳에 사용한다. 특징은 다음과 같다.

- 용수량이 많은 곳과 비교적 투수성이 좋은 지반에 적용(모래층, 자갈층)한다.
- 웰포인트공법과 비교하여 준비 작업이 복잡하고 공사비도 고가이다.
- 히빙이나 보일링현상이 발생할 가능성이 있는 곳에 사용

6.4.2 지반개량공법

(1) 심층혼합처리공법(deep chemical mixing method)

이 공법은 고압분사 주입공법이라고도 하는데 굴착방법에 따라 분사

교반방식과 기계교반방식이 있다. 이 공법은 주로 지반의 강도 증가나 지반의 차수 증가를 목적으로 사용한다.

1) 분사교반방식

이 방식은 20,000~60,000 kN/m^{2}의 고압제트에 의하여 지반을 절삭하여 흙과 고화재를 교반 혼합하거나, 절삭에 따라 생긴 공극에 고화재를 충진하여 지반을 개량하는 공법이다. 흙의 절삭방법에는 고화재를 고압으로 분사하는 방법, 고화재와 공기를 고압으로 분사하는 방법 및 고압수와 압축공기를 분사하여 공극을 만들어 고화재를 충진하는 방법이 있다.

- 모래 지반을 제외하고 모든 지반에 적용이 가능
- 완전한 겹침이 가능하므로 불투수층의 조성이 가능
- 대구경의 개량체 조성이 가능

2) 기계교반방식

기계교반방식은 교반날개 또는 오거를 회전시키면서 소정의 깊이까지 관입시켜 시멘트나 석회계통의 고화재를 압송하여 원위치 흙과 혼합 교반하여 개량체를 형성하는 공법이다.

- 모래 지반을 제외하고 모든 지반에 적용할 수 있으며, 기계교반공법에 비하여 고강도의 개량이 가능
- 완전한 겹침 시공이 곤란하므로 고압분사공법과 병용하여 사용
- 시공기계는 3점 지지식 항타기 또는 백호우 타입을 사용
- 시공기계는 기본적으로 소형인 보링머신을 사용
- 기계교반공법에 비하여 고가이다

(2) 생석회말뚝공법(chemical pile method)

지중에 생석회를 적당한 간격으로 타입하여 생석회에 의한 수분의 흡수 및 팽창압에 의해 주변 지반을 압밀하여 지반의 강도를 증가시키거나 간극수의 탈수를 목적으로 하는 공법이다.

- 연약한 점토 지반에 사용
- 물이 연속으로 공급되는 대수모래층에는 효과를 기대할 수 없음
- 근접시공인 경우는 지반 융기 등에 주의하고, 배토식 타설기계를 이용하거나 완충 구멍에 의한 대책이 필요
- 개량효과가 충분히 발휘되기 위해서는 4주 정도의 시간이 필요
- 케이싱의 압입이나 팽창압에 의하여 흙막이벽에 영향을 주는 경우가 있으므로 타입 간격, 벽체와의 거리 등에 대하여 검토가 필요
- 생석회는 위험물로 지정되어 있으므로 취급에 주의가 필요

(3) 약액주입공법

주입재(약액)를 지반 속에 압력으로 주입하여 토입자의 간극이나 지반 속의 균열에 충진하여 지반의 지수성 증가나 강도 증가를 도모하는 공법이다. 약액주입공법은 다양한 종류가 있지만 S.G.R(Space Grouting Rocket)공법과 L.W(Labiles Waterglass)공법이 많이 사용되고 있다.

- 기본적으로 사질토 지반에 사용
- 목적에 따라 주입재, 주입공법이 다르므로 대상 지반과 목적에 적합한 주입계획이 필요
- 기존구조물의 융기, 이동, 균열, 주입재의 유입 등을 방지하기 위하여 철저한 시공관리가 필요
- 주변 환경의 영향에 대하여 주의가 필요

(4) 동결공법

지중에 매설한 강관 속에 냉각액을 순환시켜 동토벽을 조성하는 공법으로 직접법(저온액화가스방식)과 간접법(브라인방식)이 있다.

- 직접법은 현장에 냉동설비가 필요 없으므로 급속 동결이 가능하지만, 간접법과 비교해 동결대상토량이 많은 경우에 공사비가 고가
- 간접법은 설비가 대규모이다.
- 동토벽의 형성에는 비교적 장기간이 소요된다.

- 동결에 의한 지반의 융기에 대하여 완충 구멍 등에 의한 대책이 필요하다.

보조공법의 선정에 있어서는 사용 목적, 지반 조건, 환경조건 등을 고려한 것 중에서 안정성, 신뢰성, 경제성 및 공정 등을 검토하여 적절한 공법을 적용한다. **표 1.6-5**는 보조공법의 사용 목적과 적용공법의 예를 나타낸 것이며, **그림 1.6-3**은 보조공법의 적용 예이다.

표 1.6-5 보조공법의 사용 목적과 적용공법 예

보조공법의 사용 목적	적용할 수 있는 보조공법	보조공법의 효과	대상 지반
히빙현상 방지	생석회말뚝공법 심층혼합처리공법	지반의 강도증가	점성토
보일링현상 방지	약액주입공법 심층혼합처리공법	투수계수의 개선	사질토
	지하수저하공법	사용수압의 저감	사질토
라이징현상 방지	약액주입공법 심층혼합처리공법	불투수층의 조성 흙막이벽과의 부착력 증가	점성토, 사질토
	지하수저하공법	사용수압의 저감	사질토
흙막이벽의 응력 및 변형 저감	생석회말뚝공법 심층혼합처리공법	수동토압의 증가 지반반력계수의 증가	점성토, 사질토
흙막이벽 손실부 방호	약액주입공법 심층혼합처리공법 동결공법	대체 벽의 조성	점성토, 사질토
지수, 차수	약액주입공법 심층혼합처리공법 동결공법	불투수층의 조성	사질토
기존구조물의 변형 등 방호	심층혼합처리공법 강널말뚝공법	완충벽의 조성 차단벽의 구축	점성토, 사질토
굴착시의 워커빌리티, 트래피커빌리티의 향상	생석회말뚝공법 심층혼합처리공법	지반의 강도 증가 굴착토사의 함수비 저하	점성토
굴착토사의 Consistency 개선		함수비의 저하	점성토

① 지하수위 저하공법

● 보일링의 방지

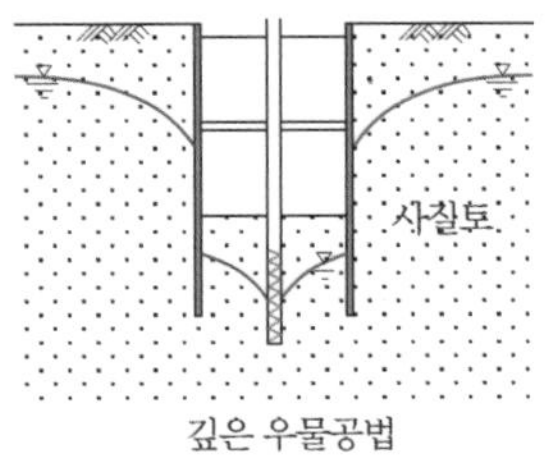

깊은 우물공법

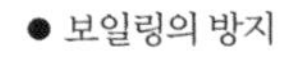
● 보일링의 방지

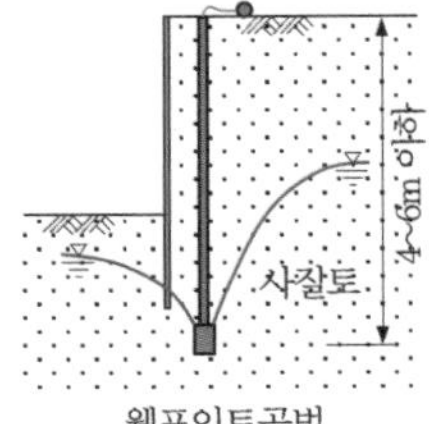

웰포인트공법

● 라이징의 방지
(피압대수층의 감압)

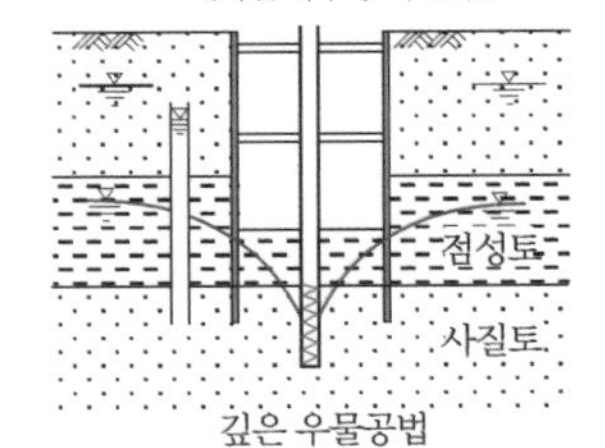

깊은 우물공법

② 약액주입공법

● 보일링의 방지

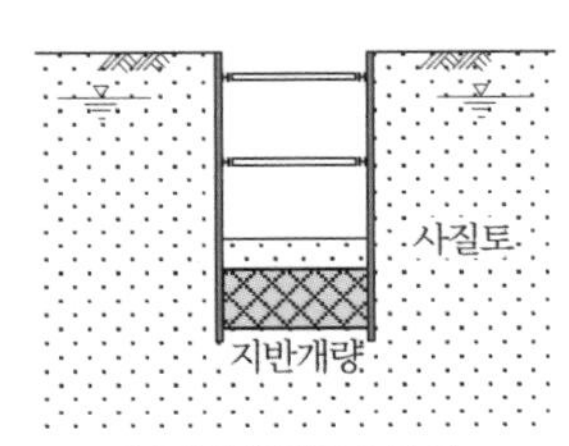

(라이징의 검토가 필요)

● 라이징의 방지

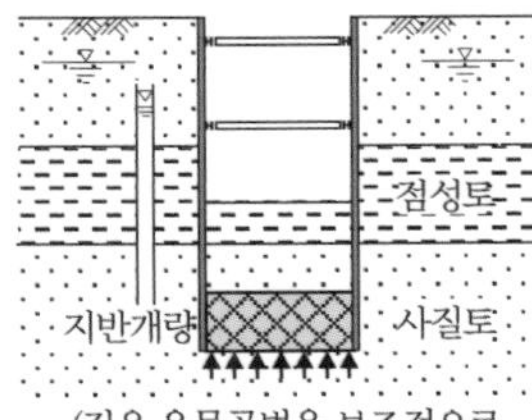

(깊은 우물공법을 보조적으로 사용하는 경우가 있다)

● 흙막이벽 결함부 지수처리

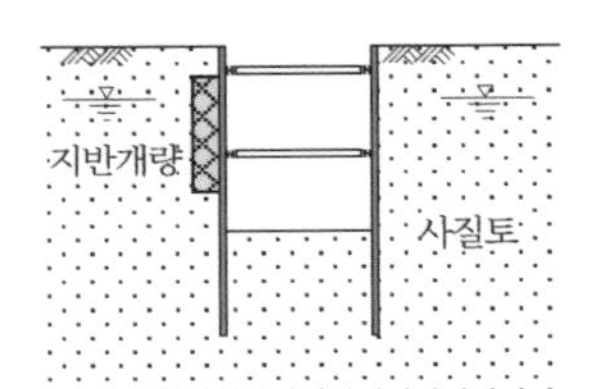

(흙막이벽이나 기존구조물의 주입압에 대한 주의가 필요)

③ 심층혼합처리공법

● 히빙의 방지
(굴착저면지반 개량)

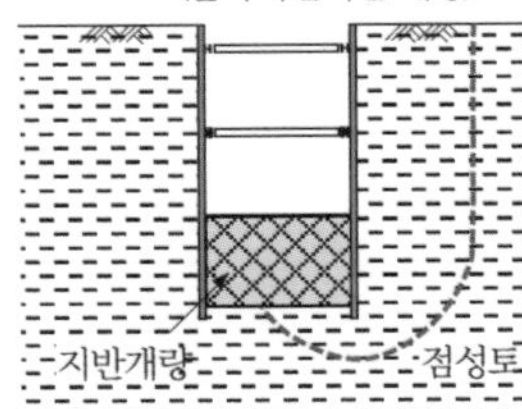

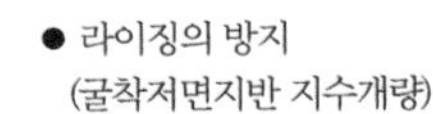
● 라이징의 방지
(굴착저면지반 지수개량)

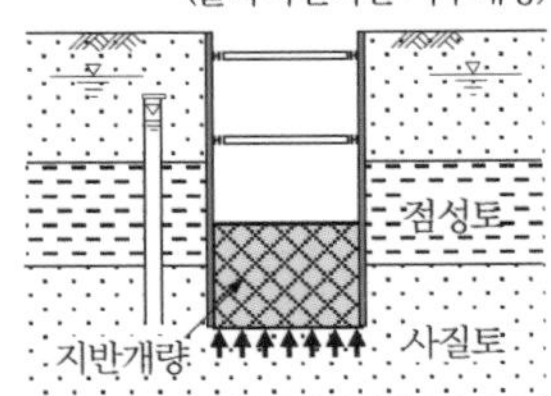

● 수동저항의 증강
(선행지중보)

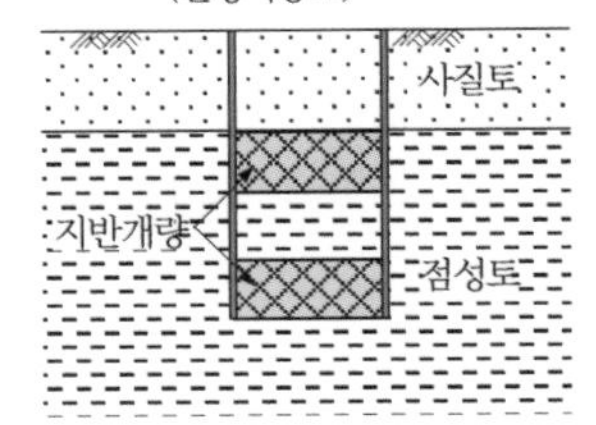

④ 생석회말뚝공법

- 수동저항의 증강
- 히빙의 방지
- 트래피커빌리티의 향상

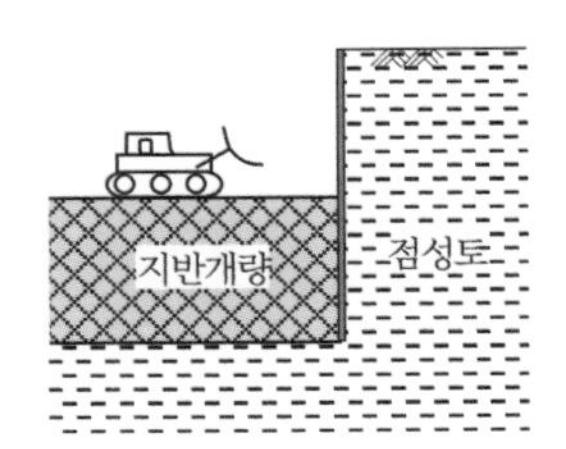

그림 1.6-3 **보조공법의 적용 예**

6.5 지하매설물과 인접 구조물에 미치는 영향

주변 구조물에 영향을 미치는 주요 요인에는 다음과 같은 것들이 있다.

- 흙막이벽의 변형에 따른 지반변형
- 지하수위 저하에 따른 지반침하
  지하수위의 저하로 사질토 층에서는 간극수의 탈수로 인한 침하, 점성토 층에서는 압밀침하가 발생할 수 있다.
- 흙막이벽의 인발에 따른 지반침하
  강널말뚝이나 H형강을 인발하여 철거할 때, 인발 말뚝에 부착된 흙의 부피와 같은 공극이 생긴다. 이 공극이 무너지면 지반에 느슨함과 이동이 생기고, 인발한 부근에 지반침하가 발생한다.
- 응력해방에 의한 리바운드
  굴착 바닥이 굴착에 따른 제거 하중으로 인해 부풀어 오를 수 있다. 일반적으로 리바운드 영향은 적지만 지하 매설물이 근접해 있을 때는 이 영향을 무시할 수 없다.

주변 구조물이 영향범위 내에 있으며 검토 결과 주변 구조물에 미치는 영향이 예측될 경우, 그 원인에 대응한 대책공법을 시행해야 한다. **지반변형의 주된 요인은 흙막이벽의 변형과 지하수위의 저하**이다. 따라서 주변 구조물에 미치는 영향을 최대한 줄이기 위해서는 이 두 가지 요인을 저감시킬 필요가 있다. 일반적으로 사용되는 대책 방법을 다음에 열거한다.

(1) 흙막이벽의 변형을 억제하는 방법

(a) 고강성 흙막이벽 또는 지보재 적용

(b) 선행하중 도입

(c) 굴착면 측의 지반개량을 통한 수동토압 저항 증대

(d) 선행 지중보의 시공

(e) 부분 굴착에 의한 분할 시공

(f) 지보재의 연직 간격 축소

(2) 지하수위의 변동을 억제하는 방법

(a) 차수성이 높은 흙막이벽 채택

(b) 흙막이 선단의 불투수층 근입깊이(흙막이벽을 관입시키면 지하수 흐름을 변화시킬 우려가 있음)

(c) 굴착면 측 지반개량을 통한 차수 향상

(d) 굴착 배면 측 지반개량을 통한 차수 향상

6.6 계측 및 분석계획

계측관리의 목적은 건설 중 흙막이 및 주변 지반과 구조물의 거동을 측정하여 위험한 현상의 징후를 신속하게 감지하고 안전 확보, 주변 환경 보전 및 교통 기능을 확보하기 위한 사전 조치를 가능하게 하는 것이다. 또한 계측관리는 안전관리의 육안 점검과 서로 보완하는 것으로 육안 점검만으로 공사의 안전을 기대할 수 없을 때 실시한다. 굴착 시의 흙막이와 지반의 거동에 있어서는 많은 연구가 되어 있지만, 설계(사전 예측)대로 거동하지 않기 때문에 사전의 계획만으로는 안전을 확보하는 것이 어렵다. 따라서 공사 중의 계측에 의한 관리와 시공의 피드백이 중요하다.

6.6.1 계측계획

계측계획은 지반의 형상이나 주변의 환경조건, 흙막이의 특성, 굴착 및 배수공법을 고려하여 위험한 현상의 징후를 신속하게 발견할 수 있도록 계측항목, 계측위치, 계기의 종류, 계측시스템, 계측빈도 등에 대하여 검토한다. 또 계측결과를 효과적으로 피드백하기 위해 관리기준 값, 관리체계에 대해서도 검토한다. 계측관리의 순서는 **그림 1.6-4**와 같다.

6.6.2 계측항목과 계측위치

(1) 계측항목

계측관리 필요성 및 계측항목은 굴착에 따라서 일어나는 흙막이의 각종 현상, 거동을 충분히 이해한 후에 굴착의 규모, 설계의 가정조건, 인접 구조물의 유무·중요도를 고려하여 흙막이 시공 난이도에 따라 결정한다.

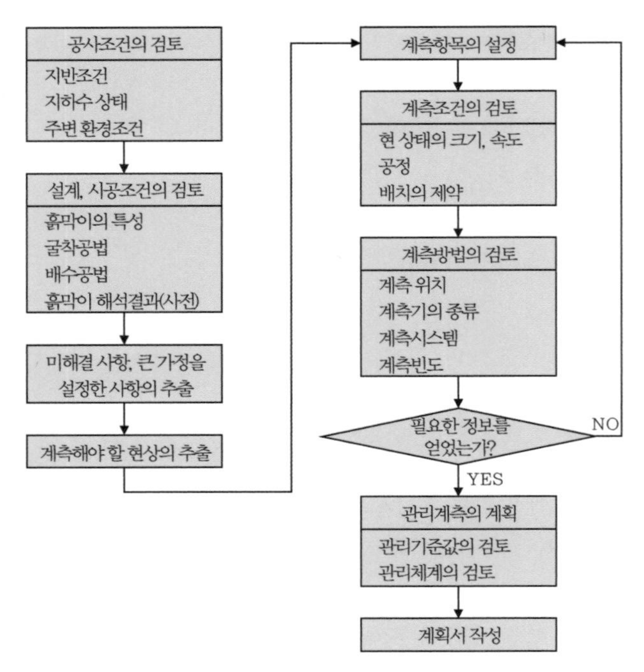

그림 1.6-4 계측계획의 순서

표 1.6-6에 주요한 계측항목과 그 조합을 나타낸 것인데, 이 표는 어디까지나 목표이므로 현장의 조건에 따라서 계측항목을 설정하고 합리적인 계측관리를 하여야 한다.

(2) 계측 위치

계측 위치는 계측목적에 합치된 지점을 선정한다. 일반적으로 다음과 같은 점을 기준으로 위치를 결정하는 것이 좋다.

① 안전관리에 가장 필요하다고 생각하는 지점
② 흙막이를 대표하고 있는 지점
③ 굴착을 선행하는 지점
④ 근접하여 중요구조물이 있는 지점
⑤ 하나의 면, 하나의 선을 따라 연속된 변형, 응력을 측정할 수 있는 지점
⑥ 공사의 시공에 따라서 계측작업이 지장이 없는 지점
⑦ 부동점에서의 대조를 확실하게 할 수 있는 지점

흙막이벽 깊이 방향에 설치하는 계측기의 위치는 버팀보 위치나 버팀보와 버팀보 중간 위치를 동시에 연속으로 경향을 파악할 수 있는 위치를 선정한다.

표 1.6-6 계측항목과 선정 기준

<table>
<tr><th colspan="2" rowspan="2">계측 대상</th><th rowspan="2">계측항목</th><th colspan="3">굴착깊이</th></tr>
<tr><th>10m 이하</th><th>10~20m</th><th>20m 이상</th></tr>
<tr><td colspan="2" rowspan="3">흙막이벽</td><td>흙막이벽의 변형</td><td>○</td><td>○</td><td>○</td></tr>
<tr><td>흙막이벽의 응력</td><td></td><td>△</td><td>○</td></tr>
<tr><td>측압 및 수압</td><td></td><td></td><td>△</td></tr>
<tr><td colspan="2" rowspan="2">지보공</td><td>버팀보에 작용하는 축력
(흙막이 앵커 포함)</td><td></td><td>○</td><td>○</td></tr>
<tr><td>버팀보 온도</td><td colspan="3">버팀보 축력의 계측과 동시에 실시</td></tr>
<tr><td rowspan="3">굴착
저면</td><td>보링</td><td>흙막이벽 선단부근의 모래층 수압</td><td colspan="3" rowspan="3">위험도*에 따라 실시</td></tr>
<tr><td>히빙</td><td>바닥면의 융기, 지중 수평변위</td></tr>
<tr><td>라이징</td><td>바닥면의 융기, 피압대수층의 수압</td></tr>
<tr><td colspan="2" rowspan="2">주변 지반</td><td>주변 지반의 침하, 수평변위</td><td>○</td><td>○</td><td>○</td></tr>
<tr><td>주변 지반의 침하수위</td><td>△</td><td>○</td><td>○</td></tr>
<tr><td colspan="2">주변구조물</td><td>구조물의 침하, 경사, 수평변위</td><td colspan="3">근접 정도에 따라 실시</td></tr>
</table>

○ : 계측이 요구되는 것, △ : 상황에 따라 실시하는 것
* : 안전율 여유의 크기와 설계조건(지층구성, 지반강도, 수압, 보조공법의 효과 등)의 확실한 정도
출처 : 日本道路土工-仮設構造物工指針(1999), 표 3-9-2(266쪽)

6.6.3 계측시스템과 계측기

(1) 계측시스템

계측시스템은 수동계측, 반자동계측, 자동계측 3가지 방식이 있으며 계측의 목적, 계측점 개수, 계측빈도 및 비용 등에 따라 선정한다.

(2) 계측기의 선정

계측에 사용하는 계측기의 선정은 다음과 같은 점에 유의한다.

① 내수성, 방진성, 내충격성에 우수한 것일 것
② 다루기가 간단할 것
③ 이해와 간파 등을 순간적으로 할 수 있을 것
④ 용량에 여유가 있을 것

⑤ 전체 측정 기간을 통하여 측정기능에 안정성이 있을 것

이것 외에 계측시스템 전체의 구성에서 동일 시스템으로 운용될 수 있는 기종의 계측기로 통일하는 것이 좋다.

(3) 계측 방법

계측항목에 대하여 계측 위치, 계측점 개수, 계측빈도, 데이터 정리의 난이도를 고려하여 목적과 일치하고 현장에 따른 계측방법을 선정한다. 각 계측 방법에 따라서는 다음 사항에 유의해야 한다.

1) 흙막이벽의 변형

흙막이벽 변형 측정은 흙막이벽 두부(지상 상단)만을 계측하는 경우와 이것에 맞추어 흙막이벽 깊이 방향의 측정을 하는 때도 있다. 전자는 자립식 흙막이의 계측에 많이 이용되며, 흙막이벽 두부에 적당한 간격으로 측점을 설치하고, 기준점에서 측량기로 계측한다(그림 참조). 이 경우 기준점은 굴착의 영향을 받는 말뚝 위치가 되지만 이것이 곤란한 경우에는 흙막이벽의 코너부를 편리 적으로 기준점으로 해도 좋다.

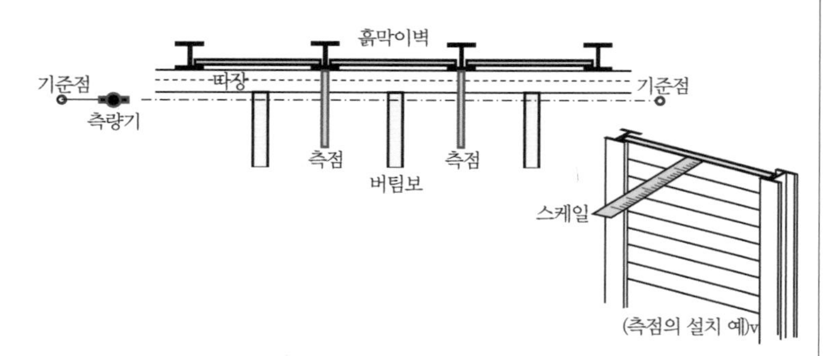

그림 1.6-5 흙막이벽 두부의 변위 계측 예

후자는 ①추와 하향 조정에 의한 방법(그림 참조), ②삽입식 경사계에 의한 방법, ③고정식 경사계에 의한 방법이 있다. ①의 방법은 굴착이 진행되면서 측점을 늘려가는 방법으로 측점설치 이전에 발생한 변위는 측정할 수 없어 흙막이벽 전체의 변형을 파악할 수 없지만, 안전관리 측

면에서 간단하게 사용할 수 있어 소규모 굴착공사에 특히 계측기가 없는 경우에 사용된다. 이것보다 ②, ③의 방법은 흙막이벽 설치 직후부터 변형을 측정하는 방법이다. 또한 이것에 의한 측정은 상대 변위를 구할 수 있어 부동점을 미리 정해 놓으면 절대변위도 구할 수 있다.

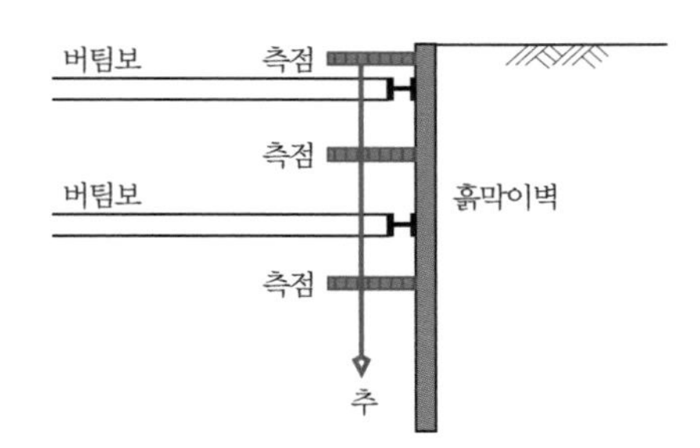

그림 1.6-6 추에 의한 변위 계측 예

2) 흙막이벽의 응력

흙막이벽 응력의 측정 방법은 변형계 또는 철근계를 설치하는 방법이 일반적이다. 엄지말뚝, 강널말뚝 등에 대해서는 변형계, 지하연속벽의 경우에는 철근계가 주로 사용되고 있다. 이들 계측기는 동일 단면의 인장측과 압축측 양쪽에 각 하나씩 설치한다. 또한 삽입식 경사계에 의해 얻어진 변형으로 흙막이벽에 발생하고 있는 단면력을 추정하는 게 가능하여 간단하게 이용되고 있다.

3) 흙막이벽에 작용하는 측압

흙막이벽에 작용하는 측압은 미리 흙막이벽에 토압계를 설치하여 깊이 방향의 분포를 측정한다. 흙막이벽에는 주동토압과 수동토압이 작용하므로 양자를 계측할 수 있도록 계측기를 배치할 필요가 있다. 토압계는 설치가 좋고 나쁨에 따라 데이터의 신뢰성에 큰 영향을 미치므로 흙막이벽 설치 시의 측압 거동을 감시하여 측정값의 신뢰성을 확인한다.

4) 흙막이벽에 작용하는 수압

흙막이벽에 작용하는 수압의 측정은 미리 흙막이벽에 벽면 간극수압계를 설치하여 계측하지만, 때에 따라서는 흙막이벽 근처 지중에 삽입형 간극수압계를 설치하여도 좋다. 벽면 간극수압계는 토압계와 함께 사용하면 토압(측압과 수압의 차이)을 구할 수 있다.

5) 버팀보 축력

버팀보에 작용하는 축력 측정 방법에는 매설형과 부착형이 있다. 전자는 변형률계가 대표적이며, 후자는 유압식하중계, 로드셀 등을 이용하는 방법이다.

변형률계는 국부적인 변형을 측정하는 것이므로 응력의 흐트러짐이 적은 장소에 설치할 필요가 있다. 일반적으로 사보강재 및 중간말뚝에서 H형강 높이의 2배 이상의 거리가 되게 설치한다. 또한 응력의 흐트러짐 및 휨의 영향을 고려하여 동일 단면에 2개소 이상 설치한다(그림 참조).

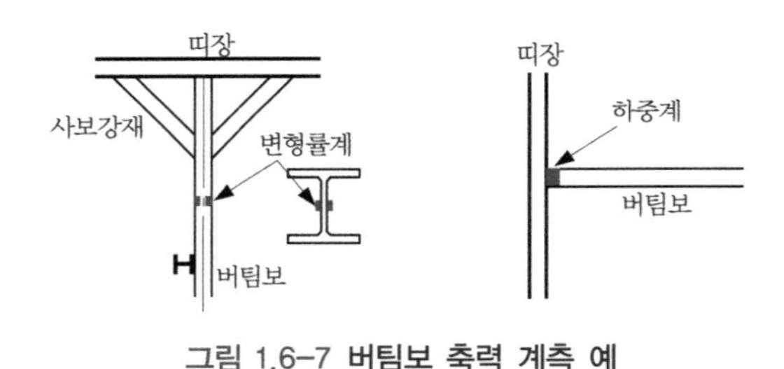

그림 1.6-7 **버팀보 축력 계측 예**

6) 버팀보 온도

버팀보 온도는 기온에 따라 큰 영향을 받으므로 버팀보 축력과 함께 온도를 동시에 측정하는 것이 좋다. 버팀보 표면의 온도를 직접 측정할 때는 표면형의 온도계를 사용하지만, 일반적으로 버팀보 각 부위의 온도는 편차가 크므로 주변 기온으로 대신하는 예도 있다.

7) 배면 지반 및 굴착바닥면의 변위

지표면의 지반 변위 측정은 침하 핀에 의한 레벨 또는 침하계로 계측한다. 또 지중 변위에 대해서는 연직 변위는 층별 침하계를 사용하며 수평 변위는 삽입식 경사계를 사용하는 것이 많다. 지반 변위의 측정과 아울러 중간말뚝의 연직 변위를 측정하는 것이 좋다.

8) 주변구조물의 변위

침하 핀 또는 침하계로 측정한다.

9) 지하수위

지하수위의 관측은 확실히 그 위치의 수위를 잴 수 있도록 한다. 수위의 측정은 자기수위기록계 또는 정기식 수면검출기에 의한다. 또, 간극수압계를 이용하는 예도 있다.

6.6.4 계측 기간과 계측빈도

모든 계측은 공사의 영향을 받기 전에 초기값을 설정한다. 이때에는 계측기 설치도 포함한 측정값의 신뢰성을 확인하는 것과 동시에 측정값의 변동량 범위를 파악하여 시공 중 측정값의 변화가 시공에 의한 것인지를 판단하기 위한 자료로 사용한다.

계측 기간은 초기값의 설정 시점에서 각 계측 항목별로 각각의 목적이 달성된 시점까지로 하고 매몰이 완료할 때까지가 기준이 된다. 또 매몰이 완료되어도 측정값에 변동이 있으면 계속 측정하여 공사에 영향이 미치지 않다는 것을 확인한 후에 계측을 종료하여야 한다.

계측 빈도는 계측의 목적과 중요성 및 공사의 진척 상황을 고려하여 계측항목별로 설정한다. 또 공사의 안전성에 문제가 있다고 예측되면 계측빈도를 늘린다.

7. 설계조건

> (1) 지반굴착 시 가설흙막이 벽체에 작용하는 설계외력은 배면토 자중에 의한 토압, 지하수위에 의한 수압, 장비하중 등의 상재하중, 굴착영향 범위에 있는 인접건물하중, 인접도로를 통행하는 교통하중 등이며, 이외에 벽체에 작용할 수 있는 하중을 포함하여야 한다.

가설흙막이 설계기준 (2022), 1.7 설계조건

설계기준에서의 정한 설계 외력을 정리하면 다음과 같다.

- 토압
- 수압
- 과재하중(상재하중)
- 인접 구조물 하중
- 교통 하중
- 벽체에 작용할 수 있는 하중

설계기준의 '1.7.2 토압 (1) 일반사항에 있는 "① 가설흙막이는 여러 가지 시공조건을 고려하여 설계하여야 한다."에 대해서는 "1.6.1 지반조건 및 환경조건"의 "(2) 환경조건의 조사"를 참조하기를 바란다.

또한 "② 가설흙막이 설계에 적용되는 고정하중, 활하중, 충격하중 등을 고려하여야 한다."에 대해서는 다음과 같은 하중을 고려한다.

- 측압(토압 및 수압)
- 고정하중
- 활하중(충격 포함)
- 온도변화의 영향
- 기타 하중

흙막이 구조물의 설계에서 고려해야 하는 하중의 종류를 열거하였지만, 가설구조의 종류나 시공 장소에서의 제반 조건을 고려하여 적절히 선택하여야 한다. 국내의 설계기준이나 지침 등에는 건설 환경에 따라서 고려하여야 하는 하중이 다르므로 목적에 따른 다양한 하중을 고려하도록 하고 있다. 흙막이를 설계할 때의 하중조합은 구조물을 설계할 때의 하중처럼 가장 불리한 조합조건을 찾아 설계하여야 한다. 따라서 여러 기준을 종합하여 하중은 물론이고 복공이 있는 경우와 없는 경우, 차수를 목적으로 하는 경우와 하지 않는 경우 등 세분화하여 **표 1.7-1**과 같이 정리하였다. 다만 이 표는 일반적인 시공 조건에서의 하중조합이므로 특수한 환경에서는 이 표를 참고로 추가하여야 한다.

표 1.7-1 흙막이 가설구조의 하중조합

구분			고정하중	활하중	충격	과재하중	토압	수압	온도하중
차수를 목적으로 하지 않는 흙막이벽	근입깊이					○	○		
	지지력	복공 있음	○	○	○	○			
		복공 없음							
	단면	복공 있음	○	○	○	○	○		
		복공 없음				○	○		
차수를 목적으로 하는 흙막이벽	근입깊이					○	○	○	
	지지력	복공 있음	○	○	○	○			
		복공 없음							
	단면	복공 있음	○	○	○	○	○	○	
		복공 없음				○	○	○	
중간말뚝	지지력	복공 있음	○	○	○				
		복공 없음	○						
	단면	복공 있음	○	○	○				
		복공 없음	○						
띠 장	단면					○	○	○	○
버팀보	단면					○	○	○	○
사보강재	단면					○	○	○	○
노면복공	복공판	처 짐		○					
		단면	○	○	○				
	주 형	처 짐		○					
		단면	○	○	○				
	주형지지보	단면	○	○	○				

7.1 측압(토압 및 수압)

가설흙막이 설계기준 (2022), 1.7.2 토압

(1) 일반사항
  ① 가설흙막이는 여러 가지 시공조건을 고려하여 설계하여야 한다.
  ② 가설흙막이 설계에 적용되는 고정하중, 활하중, 충격하중 등을 고려하여야 한다.
  ③ 토압은 가설흙막이 벽체 종류 선정 시 지층 조건에 따라 종합적으로 평가하여 적용하여야 한다.

설계기준에서 토압(측압)은 굴착 단계별 토압, 경험토압, 수압 3가지 항목으로 구분되어 있는데, 좀 더 세분화하여 주동토압, 수동토압과 정지토압, 근입 깊이 계산에 사용하는 토압으로 구분하여 정리하였다.

※ 이 책에서는 토압과 수압을 통틀어 '측압'으로 표현

7.1.1 굴착단계별 토압

가설흙막이 설계기준 (2022), 1.7.2 토압

① 가설흙막이 벽체 설계 시 토압은 굴착 및 지지구조 설치 또는 해체 중에는 굴착단계별 토압인 삼각형 토압을 적용하고, 굴착과 지지구조 설치가 완료된 후에는 경험토압을 사용하여야 한다.
② 가설흙막이 벽체를 본 구조체로 설계할 경우에는 굴착 및 지지구조 설치·해체 중 또는 설치완료 후의 안정해석 시 정지토압을 적용할 수 있다.
③ 굴착 및 지지구조 설치·해체 시 토층 및 암반층의 상태가 설계 시 가정한 상태보다 취약한 경우 지반의 강도정수를 감소시킬 수 있다.
④ 가설흙막이 벽체 설계 시 토압은 굴착 및 지지구조 설치 또는 해체 중에는 굴착단계별 토압인 삼각형 토압을 적용하고, 굴착과 지지구조 설치가 완료된 후에는 경험토압을 사용하여야 한다.
⑤ 가설흙막이 벽체를 본 구조체로 설계할 경우에는 굴착 및 지지구조 설치·해체 중 또는 설치완료 후의 안정해석 시 정지토압을 적용할 수 있다.
⑥ 굴착 및 지지구조 설치·해체 시 토층 및 암반층의 상태가 설계 시 가정한 상태보다 취약한 경우 지반의 강도정수를 감소시킬 수 있다.

굴착단계별 토압은 탄소성법에 사용하는 측압으로 주동토압, 수동토압, 정지토압, 수압 등이 있으며, 대표적인 계산 방법은 **표 1.7-2~1.7-5**와 같이 여러 종류의 계산식이 제안되어 있다.

표 1.7-2 주동토압에 의한 측압의 산정 방법

<table>
<tr><th colspan="3">방법</th><th>주동토압 식</th></tr>
<tr><td rowspan="2">이론식</td><td>주동 ①</td><td>Rankine-Resal 식</td><td>$P_a = K_a(q+\gamma z - P_w) - 2c\sqrt{K_a} + P_w$
$K_a = \tan^2(45 - \phi/2)$</td></tr>
<tr><td>주동 ②</td><td>Coulomb 식</td><td>$P_a = K_a(q+\gamma z - P_w) - 2c\sqrt{K_a} + P_w$
$K_a = \dfrac{\cos^2\phi}{\left[1+\sqrt{\dfrac{\sin(\phi+\delta)\sin\phi}{\cos\delta}}\right]^2}$</td></tr>
<tr><td rowspan="2">측압계수를 직접주는 방법</td><td>주동 ③</td><td>삼각형 분포</td><td>$P_a = K\gamma z$
<table>
<tr><th colspan="2">지반</th><th>측압계수</th></tr>
<tr><td rowspan="2">모래지반</td><td>지하수위가 얕은 경우</td><td>0.3~0.7</td></tr>
<tr><td>지하수위가 깊은 경우</td><td>0.2~0.4</td></tr>
<tr><td rowspan="2">점토지반</td><td>연약한 점토</td><td>0.5~0.8</td></tr>
<tr><td>단단한 점토</td><td>0.2~0.5</td></tr>
</table></td></tr>
<tr><td>주동 ④</td><td>일본토목학회식</td><td>• 굴착면보다 얕은 곳 : $P_a = K_{a1}(\gamma z + q)$
• 굴착면보다 깊은 곳 : $P_a = K_{a1}(\gamma H + q) + K_{a2}\gamma(z - H)$
<table>
<tr><th rowspan="2">점성토 N값</th><th colspan="2">K_{a1}</th><th rowspan="2">K_{a2}</th></tr>
<tr><th>추정식</th><th>최솟값</th></tr>
<tr><td>$N \geq 8$</td><td>0.5~0.01h</td><td>0.3</td><td>0.5</td></tr>
<tr><td>$4 \leq N < 8$</td><td>0.6~0.01h</td><td>0.4</td><td>0.6</td></tr>
<tr><td>$2 \leq N < 4$</td><td>0.7~0.025h</td><td>0.5</td><td>0.7</td></tr>
<tr><td>$N < 2$</td><td>0.8~0.025h</td><td>0.6</td><td>0.8</td></tr>
</table></td></tr>
</table>

여기서, K_a : 임의 점에서의 사질토의 주동토압계수
γ : 흙의 습윤단위중량
z : 지표면에서 검토 점까지의 깊이
P_w : 검토 점에서의 지반의 간극수압
q : 지표면의 과재하중
H : 굴착깊이
K_{a1} : 굴착바닥면보다 얕은 곳의 검토 점에 대하여 점성토의 배면측 토압계수
K_{a2} : 굴착바닥면보다 깊은 곳의 검토 점에 대하여 점성토의 배면측 토압계수
c : 검토 점에서의 흙의 점착력
ϕ : 검토 점에서의 흙의 내부마찰각

표 1.7-3 수동토압에 의한 측압의 산정 방법

방법			수동토압 식
이론식	수동 ①	Rankine-Resal 식	$P_p = K_p(q+\gamma z - P_w) + 2c\sqrt{K_p} + P_w$ $K_p = \tan^2(45+\phi/2)$
	수동 ②	Coulomb 식	$P_p = K_p(q+\gamma z - P_w) + 2c\sqrt{K_p} + P_w$ $K_p = \dfrac{\cos^2\phi}{\left[1-\sqrt{\dfrac{\sin(\phi+\delta)\sin\phi}{\cos\delta}}\right]^2}$

여기서, K_p : 수동토압계수
γ : 흙의 습윤단위중량
z : 굴착면에서 검토 점까지의 굴착깊이
q : 굴착면의 과재하중
P_w : 검토 점에서의 지반의 간극수압
c : 검토 점에서의 흙의 점착력
ϕ : 검토 점에서의 흙의 내부마찰각
δ : 흙막이벽과 지반과의 마찰각($\delta = \phi / 2$)

표 1.7-4 정지토압에 의한 측압의 산정 방법

토질	방법	토압 식	Ko를 구하는 방법	
사질토	정지 ①	$P_o = K_o(\gamma \cdot h - P_w) + P_w$	K_0=1−sin ϕ (Jaky식)	
	정지 ②	$P_o = \gamma h$	—	
점성토	정지 ③	$P_o = K_o(q+\gamma h)$	점성토 N값	K_o
			$N \geq 8$	0.5
			$4 \leq N < 8$	0.6
			$2 \leq N < 4$	0.7
			$N < 2$	0.8
	정지 ④	$P_o = K_o(q+\gamma h)$	점성토 N값	K_o
			$N \leq 4$	0.85
			$4 < N$	0.80
	정지 ⑤	일본수도고속도로공단 식 $P_o = \left\{\left(\dfrac{10K_o}{H^2+10}\right)+\left(\dfrac{1.1H^2}{H^2+10}\right)\left(\dfrac{K_o^3B^2+850}{B^2+700}\right)\right\}\gamma h$ $+6.7(1-K_o)\sqrt{H}\dfrac{B^2}{B^2+500}$	점성토 N값	K_o
			$N \geq 8$	0.5
			$4 \leq N < 8$	0.6
			$2 \leq N < 4$	0.7
			$N < 2$	0.8

여기서, K_0 : 정지토압계수
γ : 흙의 습윤단위중량
h : 굴착면에서 검토 점까지의 굴착깊이
P_w : 검토 점에서의 지반의 간극수압
q : 굴착면의 과재하중

표 1.7-5 근입깊이 계산용 토압의 계산 방법

구분	설명도	계산식
토압 ①	Rankine-Resal의 방법 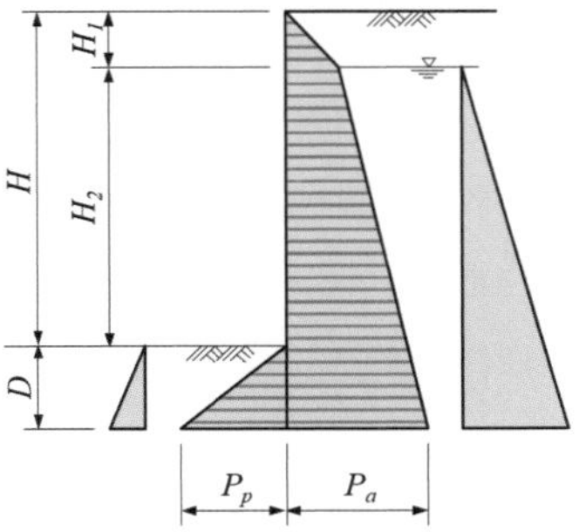	• 주동토압 $P_a = \{\gamma H_1 + \gamma'(H_2 + D)\}K_a - 2c\sqrt{K_a}$ $K_a = \tan^2(45 - \phi/2)$ • 수동토압 $P_p = \gamma' D K_p + 2c\sqrt{K_p}$ $K_p = \tan^2(45 + \phi/2)$ 여기서, γ : 흙의 단위중량 γ' : 흙의 수중단위중량 ϕ : 흙의 내부마찰각 c : 흙의 점착력
토압 ②	Coulomb의 방법 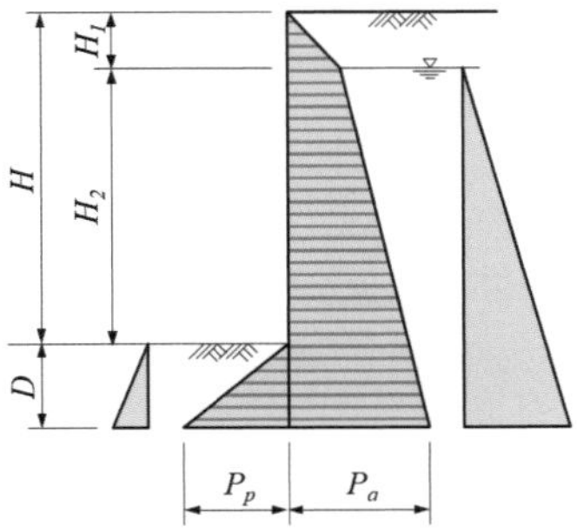	• 주동토압 $P_a = K_a\{\gamma H_1 + \gamma'(H_2 + D)\}$ $K_a = \tan^2(45 - \phi/2)$ 단, $K_a \geq 0.25$ • 수동토압 $P_p = K_p \gamma' D$ $K_p = \dfrac{\cos^2}{\left[1 - \sqrt{\dfrac{\sin(\phi + \delta)\cdot\sin\phi}{\cos\delta}}\right]^2}$ 여기서, δ : 벽면마찰각 ($\delta = \phi/2$)
토압 ③	측압계수에 의한 방법 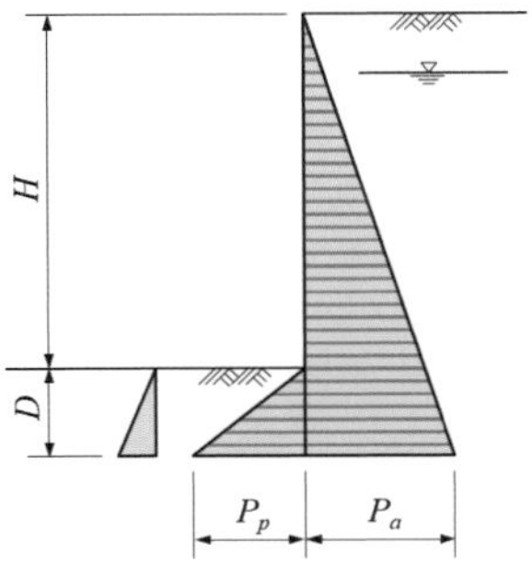	• 주동토압 $P_a = K\gamma_t(H + D)$ K : 측압계수 - 사질토 지반일 경우 지하수위가 높은 경우 : $K = 0.3 \sim 0.7$ 지하수위가 낮은 경우 : $K = 0.2 \sim 0.4$ - 점성토 지반일 경우 연약하다 : $K = 0.5 \sim 0.8$ 단단하다 : $K = 0.2 \sim 0.5$ • 수동토압 $P_p = K_p \cdot \gamma' D + 2c\sqrt{K_p}$ $K_p = \tan^2(45 + \phi/2)$

탄소성해석에 사용하는 대표적인 측압 계산식을 정리하였는데, 여기서는 주동토압, 수동토압, 정지토압을 분리하여 표시하였다. 이것은 탄소성해석에서는 굴착 단계에 따라서 토압이 3가지 유형으로 변하기 때문에 세분화하여 구분하였다.

가설흙막이 설계기준을 살펴보면 굴착단계별과 단면계산용 측압으로 구분하여 적용하게 되어 있는데, 근입깊이를 계산할 때 사용할 수 있는 측압에 대해서는 기준이 없다. 흙막이 구조에 있어서 토압이나 수압을 전부 같은 것을 사용하면 좋겠지만, 근입깊이 계산에서는 극한평형상태를 가정하고 있는 것에 대하여, 단면계산에서는 극한평형상태를 가정하지 않기 때문에 같은 측압을 사용할 수 없다. 따라서 근입깊이 계산용 토압은 삼각형 분포, 굴착이 완료된 후에 단면 계산에 사용하는 토압은 경험토압공식을 사용하는 것이 일반적이다.

7.1.2 경험토압

가설흙막이 설계기준 (2022), 1.7.2 토압

① 경험토압 분포는 굴착과 지지구조 설치가 완료된 후에 발생하는 벽체의 변위에 따른 토압 분포로 벽체 배면지반의 종류, 상태 등에 따라 여러 연구자들이 제안한 경험토압 분포가 있으며, 제안한 연구자가 기술한 제한조건 등을 검토하여 적용하여야 한다.

② 경험토압 분포는 벽체 배면의 수압은 고려하지 않으므로 차수를 겸한 가설흙막이 벽체의 경우는 수압을 별도로 고려하여야 한다. 이 토압 분포는 굴착 깊이가 6 m 이상이고 굴착폭이 좁은 굴착공사의 가시설 흙막이 벽을 버팀대로 지지한 현장에서 계측을 통하여 얻어진 것이다. 지하수위는 최종굴착면 아래에 있으며, 모래질은 간극수가 없고 점토질은 간극수압을 무시한 조건이다. 그림 1.3-1은 Peck(1969)이 제안한 수정토압 분포도이고, 그림 1.3-2는 Tschebotarioff(1973)이 제안한 토압 분포도를 나타낸 것이다. 지하수위가 굴착면 상부에 위치하는 경우 토압 외에 수압을 고려하여 설계하여야 한다.

③ 사질토나 자갈층(투수계수가 큰 지층)에서 흙막이 벽이 차수를 겸할 경우에는 토압 분포에 수압을 별도로 고려하여야 한다.

④ 암반층 등 대심도 굴착 시 토사지반에서의 경험토압을 적용하면 실제보다 과다한 토압이 산정될 수 있으므로 토압산정 시 신중하게 한다.

⑤ 암반층에 뚜렷한 방향성 및 균열 발달과 불연속면이 존재하는 경우 점착력 C값 및 전단저항각 φ를 감소시켜 적용할 수 있다.

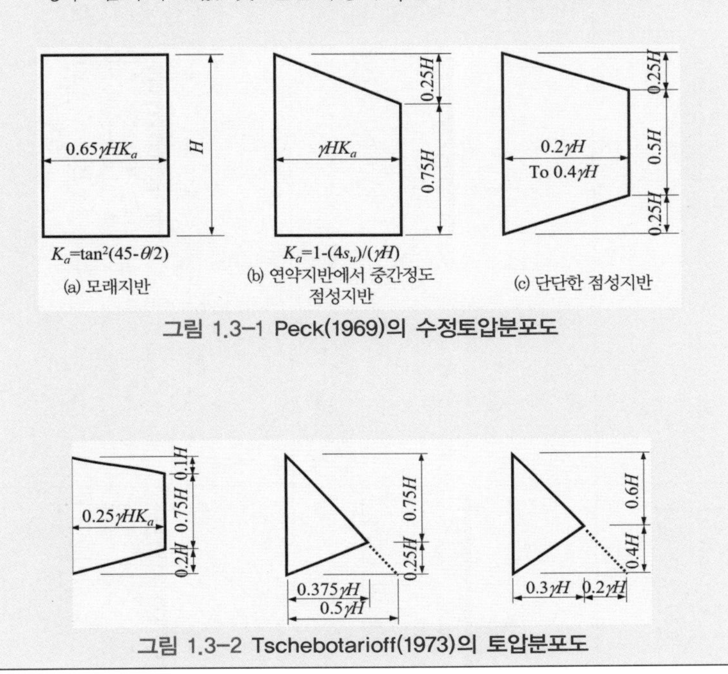

그림 1.3-1 Peck(1969)의 수정토압분포도

그림 1.3-2 Tschebotarioff(1973)의 토압분포도

단면계산용 토압은 Peck의 수정토압과 Tschebotarioff의 토압을 제시하였는데, **표 1.7-6**에 수압을 고려한 계산식을 포함하여 기재하였다. 다른 기준에서도 비교적 상세하게 수록되어 있는데, 대부분이 경험토압을 사용하는 것으로 되어 있다. 대표적인 단면계산용 토압은 아래와 같은 것이 있다.

- Peck의 수정토압
- Tschebotarioff의 토압
- 일본토목학회식

각 기준에서는 위의 식을 기본으로 하여 각기 특성에 맞게 수정하여 적용하고 있다.

표 1.7-6 경험토압

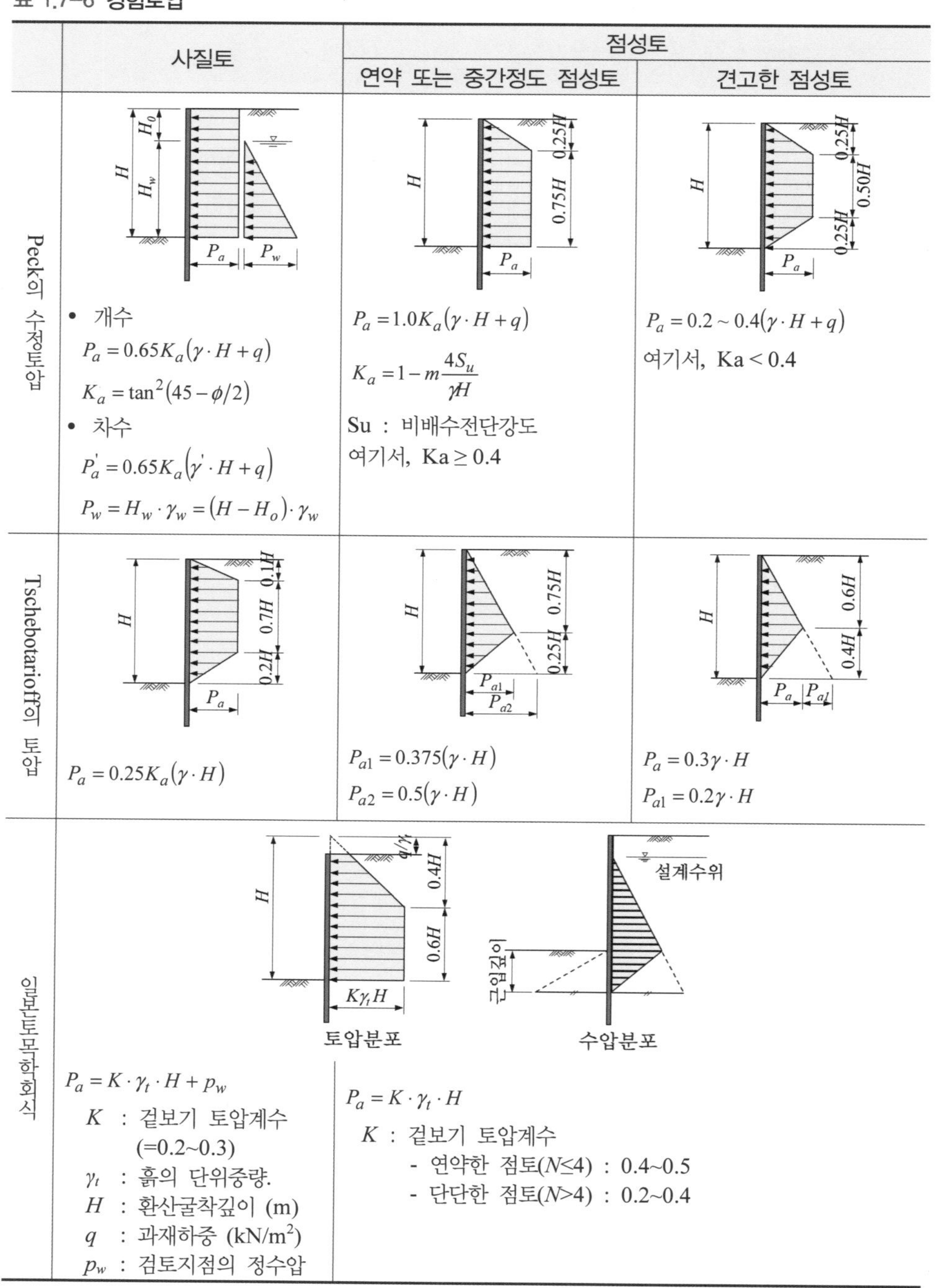

	사질토	점성토: 연약 또는 중간정도 점성토	점성토: 견고한 점성토
Peck의 수정토압	• 개수 $P_a = 0.65K_a(\gamma \cdot H + q)$ $K_a = \tan^2(45-\phi/2)$ • 차수 $P_a' = 0.65K_a(\gamma' \cdot H + q)$ $P_w = H_w \cdot \gamma_w = (H - H_o) \cdot \gamma_w$	$P_a = 1.0K_a(\gamma \cdot H + q)$ $K_a = 1 - m\dfrac{4S_u}{\gamma H}$ Su : 비배수전단강도 여기서, Ka ≥ 0.4	$P_a = 0.2 \sim 0.4(\gamma \cdot H + q)$ 여기서, Ka < 0.4
Tschebotarioff의 토압	$P_a = 0.25K_a(\gamma \cdot H)$	$P_{a1} = 0.375(\gamma \cdot H)$ $P_{a2} = 0.5(\gamma \cdot H)$	$P_a = 0.3\gamma \cdot H$ $P_{a1} = 0.2\gamma \cdot H$
일본토목학회식	토압분포 $P_a = K \cdot \gamma_t \cdot H + p_w$ K : 겉보기 토압계수 (=0.2~0.3) γ_t : 흙의 단위중량. H : 환산굴착깊이 (m) q : 과재하중 (kN/m²) p_w : 검토지점의 정수압	수압분포 $P_a = K \cdot \gamma_t \cdot H$ K : 겉보기 토압계수 - 연약한 점토(N≤4) : 0.4~0.5 - 단단한 점토(N>4) : 0.2~0.4	

7.1.3 수압

가설흙막이 설계기준 (2022), 1.7.2 토압

① 가시설 배면 지반의 지하수위는 지반조사 보고서를 참조하되, 굴착심도, 지반의 특성, 계절적 요인, 가설벽체의 종류에 따라 변하므로 시공여건을 고려하여 가시설 벽체에 작용하는 수압을 설계에 반영하여야 한다.
② 수압의 크기는 흙막이 벽의 차수성 여부와 벽체가 불투수층에 도달한 정도에 따라 달리 적용하여야 한다.
③ 균질 토사지반에서 벽체가 불투수층에 도달하지 않은 경우에는 유선망 이론으로 각 위치별 압력수두를 구하여 적용하여야 한다.
④ 완전 차수성 흙막이 벽이 불투수층 지반에 이상적으로 시공되어 침투현상이 일어나지 않는 경우에는 수동측의 정수압을 제외한 수압을 적용하여야 한다. 다만, 누수 발생의 우려가 있는 차수성 벽체(SCW계열, 주열식 벽체)에서 수압의 감소가 발생하는 경우에는 감소된 수압을 평가하여 적용할 수 있다.
⑤ 비차수성 흙막이 벽은 지반조건과 벽체조건을 고려하여 유선망 해석이나 수치해석법에 의해 정량적으로 구하여야 한다.
⑥ 암반지반에 작용하는 수압은 암반의 투수성이 작은 경우와 투수성이 큰 경우 또는 암반 내에 파쇄대가 발달하는 경우 등을 조사하여 합리적으로 적용하여야 한다.
⑦ 가시설 배면의 지층에 피압대수층, 불투수층, 암반 등이 존재할 경우 지하수위에 의한 정수압과는 다른 수압이 작용할 수 있으므로 벽체 배면 지반의 수리학적 특성을 고려하여 별도의 수압을 적용할 수 있다.
⑧ 현장주변 지표에 등분포하중이 작용할 경우 하중에 토압계수를 곱하여 수평토압으로 환산하여 적용한다.

지하수위에 있어서는 유효토압과 간극수압으로 나누어 생각할 수 있는데, 지하수위가 계절에 따라 변하거나, 굴착이나 흙막이벽의 변형에 따라 간극수압의 변화를 정량적으로 파악하는 것이 어려운 것을 고려하여 설계 수위에서의 정수압 분포를 고려하는 것으로 하고 있다. 이것은 간극수압을 정확히 파악하는 것이 어려우므로 정수압 분포를 사용하는 것으로 약간의 안전한 값을 얻을 수 있다.

설계기준에서는 지하수위의 차수성과 비차수성에 대하여 구분하여 적용하게 되어 있지만, 설계 단계에서는 벽체의 차수성과 비차수성 구분에 따라 설계하지만, 시공에 따라 누수가 발생하는 경우를 대비하기는 곤란하므로, 시공단계에서 차수성 벽체에 누수가 발생하는 경우는 현장에서 피드백을 통한 설계로 신속하게 대처할 수 있도록 한다.

표 1.7-7 수압에 의한 측압의 산정방법

수압 ① (사질토 지반인 경우)	수압 ② (점성토 지반인 경우)
삼각형 분포(동수구배 고려)	상층지반이 점성토인 경우
$i=\dfrac{H_w}{H_w+2D}$ $K_{w1}=1-i \quad p_{w1}=K_{w1}h_w$ $K_{w2}=1+i \quad p_{w2}=K_{w2}h_w$	점성토층 $K_{w1}=K_{w2}=1.0 \quad p_{w1}=K_{w1}h_w$ $p_{w2}=K_{w2}h_w'$
수압 ③ (점성토 지반인 경우)	**수압 ④ (점성토 지반인 경우)**
아래층 지반이 점성토인 경우	층 사이에 대수층이 있는 경우
점성토층 $K_{w1}=K_{w2}=1.0,\ p_{w1}=K_{w1}h_w,\ p_{w1}=K_{w1}$	점성토층 피압대수층 점성토층 $K_{w1}=K_{w2}=1.0$

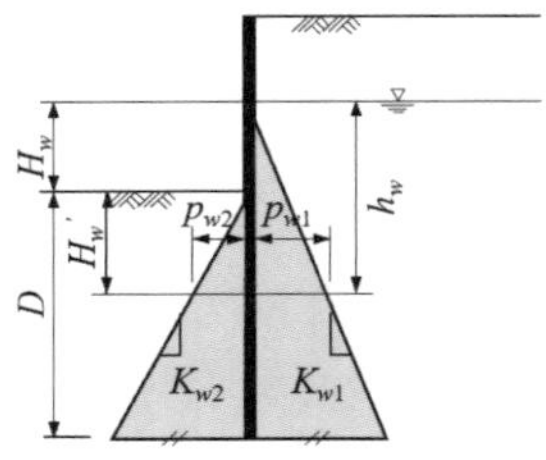

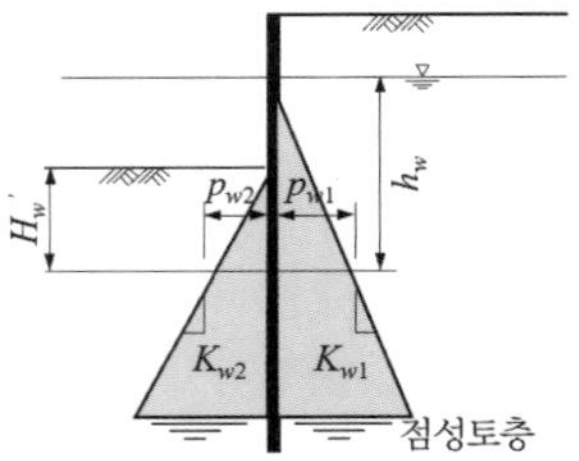

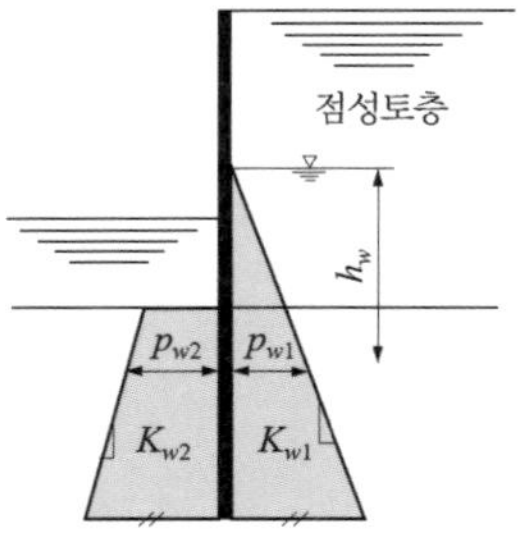

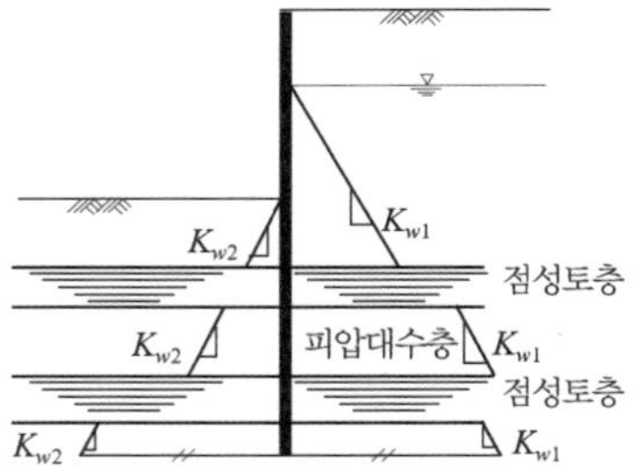

사질토 지반에서는 지하수위가 변동됨에 따라 수압이 변화하기 쉬우므로 토압과 수압을 분리해 그 합계에 따라 측압을 구하여야 한다. 점성토 지반에서는 일반적으로 투수계수가 작으므로 지하수위가 변동되더라도 점성토 중의 물은 당분간 유지될 것으로 보고 토압과 수압을 일체로 계산한다. 주동측압도 사질토에 대해서는 토압과 수압을 분리한 계산식

을, 점성토에 대해서는 토압과 수압을 일체로 한 계산식을 이용하는 것이 좋다.

각 계산 단계별 수압 상태에 유의하여 굴착 저면의 안정을 도모할 수 있도록 적절한 수압을 설정하여야 하는데, 수압 상황이 불명확한 경우에는 사질토 지반에서의 간극수압은 흙막이벽 선단이 투수층일 때 배면측보다 굴착면측으로 지하수가 침투하여 흙막이벽의 하단에서 배면측과 굴착면측에서 수압이 같게 된다고 생각되므로 수압①을 사용하는 것이 좋다. 또, 수압②, ③과 같이 하층 지반 혹은 상층지반에 점성토층이 있는 경우의 수압계수 $K_w(K_{w1}, K_{w2})$는 $K_{w1}=K_{w2}=1.0$으로 해도 좋다. 또한 층 사이에 대수층이 있는 경우의 수압은 일반적으로 수압④와 같은 수압 분포를 생각할 수 있다.

7.2 고정하중

고정하중의 산출에는 원칙적으로 재료의 실제 중량을 사용한다. 가설구조의 설계기준에는 고정하중과 관련된 기준이 없으므로 아래의 표와 같이 교량설계기준을 참고로 하여 표시하였다.

표 1.7-8 재료의 단위체적중량 (kN/m^3)

재료	단위중량	재료	단위중량
강, 주강, 단강	77	프리스트레스트 콘크리트	24.5
연철	76.5	인공경량골재콘크리트	15~17
주철	71	모르타르	21
목재	8	방수용 아스팔트	11
도상(자갈 또는 쇄석)	19	석재	26
무근콘크리트	23	모래, 자갈, 부순돌, 흙	16~20
철근콘크리트	24.5	석탄, 탄가루	10

주 1) 표에 제시된 값은 각종 측정치의 평균치보다 조금 큰 값을 취하였음.
2) 목재의 중량은 수령과 함수비에 따라 다르고, 8 kN/m^{3}는 흔히 사용되는 목재에 비해 좀 과대한 편이지만 못, 꺾쇠, 볼트 등의 쇠붙이를 포함하는 것으로 보고 표 4.1-1의 값으로 정하였음.
3) 도로교설계기준에 따라 단위체적중량을 달리 규정하고 있는 경우가 있으므로 설계에 사용할 때는 주의하여야 한다.

KDS 24 12 20(2021) 교량설계하중(일반설계법), 표 4.1-1

☑ 주의사항
적용하는 설계기준에 따라 단위중량에 차이가 있으므로 설계에서는 항상 해당 기준의 값을 적용해야 한다.

표 1.7-9 **흙의 단위중량 (kN/m³)**

지반	토질	느슨한 경우	촘촘한 경우
자연지반	모래 및 모래질 자갈	18	20
	사질토	17	19
	점성토	14	18
성토	모래 및 모래질 자갈	20	
	사질토	19	
	점성토	18	

KDS 24 12 20(2021) 교량설계하중(일반설계법) 표 4.1-2

※ 원칙적으로 지반조사 결과를 반영하여야 하나 조사 결과가 없으면 적용

7.3 활하중

흙막이 가설구조물에 작용하는 활하중으로서는 자동차하중, 군집하중, 건설용 중기 등의 하중을 고려하는 것이 일반적이다. 또, 이외에 도로에서의 공사에서는 환산 자동차하중으로 가설구조물 범위 외에 과재하중을 고려할 필요가 있다. 활하중의 일반적인 재하 상황은 **그림 1.7-1**과 같은데 이것은 노면복공을 설치하는 경우이다. 노면복공이 없는 경우에는 일반적으로 지표면의 과재하중만을 고려한다.

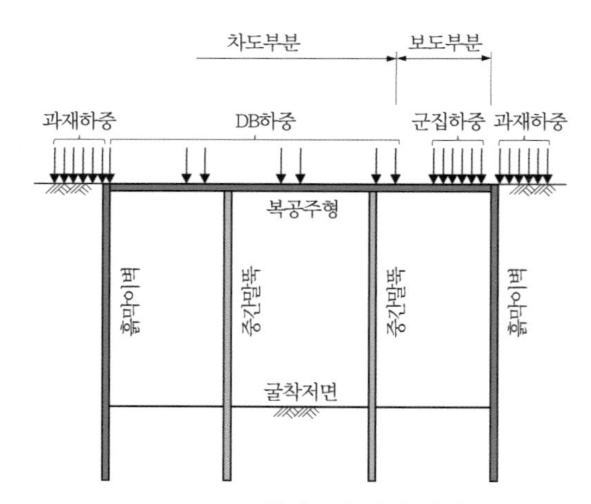

그림 1.7-1 **활하중의 재하 상태**

7.3.1 표준트럭하중

현재의 설계기준(KDS 24 12 21 : 2021)에는 **그림 1.7-2**와 같이 표준트럭하중을 규정하고 있다.

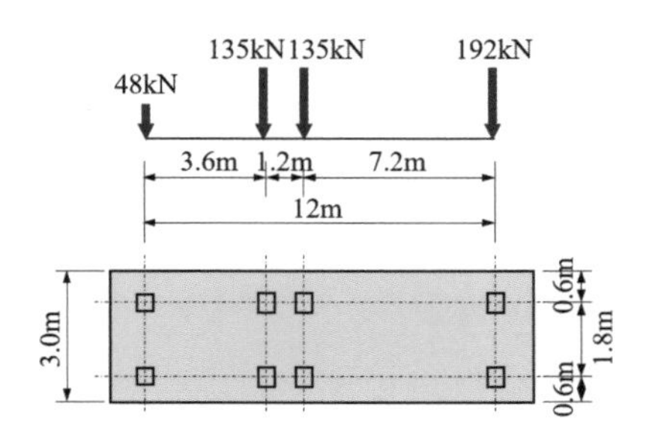

그림 1.7-2 **표준트럭하중**

KDS 24 12 21(2021) 교량설계하중(한계상태설계법), 그림 4.3-1

※ 이 기준은 한계상태설계법에서 적용하는 트럭하중임

가설교량 및 노면복공 설계기준에서는 설계차량하중에 대하여 표준트럭하중(DB 하중)을 사용하고 있으므로 흙막이 구조에서도 이 하중을 사용하는 것이 바람직하다. 특히 복공을 설치할 때는 이 기준에 따라 다음과 같이 재하 한다.

표 1.7-10 DB 하중

교량등급	하중등급	중량 W (kN)	총하중 1.8W (kN)	전륜하중 0.1W (kN)	후륜하중 0.4W (kN)
1등급	DB-24	240	432	24.0	96.0
2등급	DB-18	180	324	18.0	72.0
3등급	DB-13.5	135	243	13.5	54.0

KDS 21 45 00(2022) 가설교량 및 노면복공 설계기준, 표 1.7-2

(1) 복공주형이 차량진행방향과 평행인 경우

☑ 주의사항
주형보 간격을 2m로 배치하였을 경우의 예시임

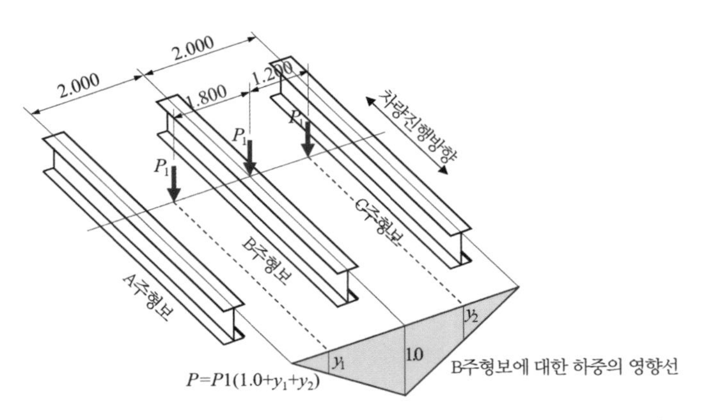

그림 1.7-3 **휨모멘트 검토를 위한 하중배열(차량진행방향과 평행)**

차도부분에는 DB 하중을 재하 한다. DB 하중은 종방향으로는 차로당 1대를 원칙으로 하고, 횡방향으로는 재하 가능한 대수를 재하 하되 설계 부재에 최대응력이 일어나도록 재하 한다.

(2) 복공주형이 차량 진행 방향과 직각인 경우

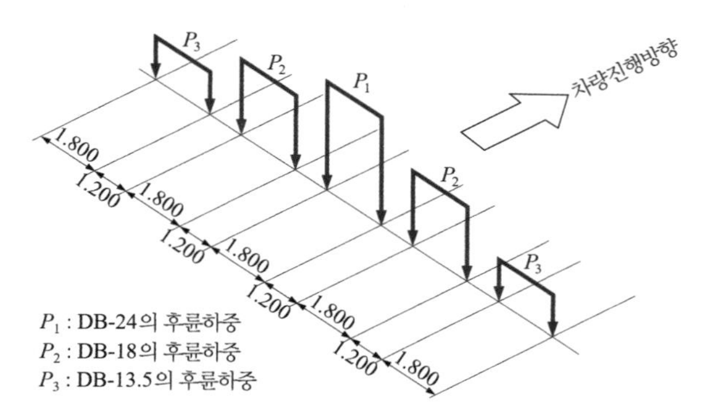

그림 1.7-4 **휨모멘트 검토를 위한 하중배열(차량진행방향과 직각)**

교축직각방향으로 볼 때, DB 하중의 최외측 차바퀴 중심의 재하 위치는 차도부분의 끝부분으로부터 300mm로 한다.

7.3.2 충격하중

활하중에는 충격하중을 고려한다. 가설구조물에는 일반적으로 충격계수 $i=0.3$을 지간길이에 상관없이 활하중에 곱하여 설계에 사용한다. 일반적인 충격계수에는 $i=20/(40+L)$의 계산식을 사용하지만, 산출된 부재의 응력에 큰 차이가 없고, 실질적으로 구조물에 주는 영향이 적으므로 0.3을 사용한다.

표 1.7-11 **충격계수 i 값**

기준	주형 설계 시		복공판 설계 시
	계산식	최댓값	
설계기준	i=15/(40+L)	3.0	3.0

KDS 21 45 00(2022) 가설교량 및 노면 복공 설계기준, 식 1.7-1

7.3.3 군집하중

군집하중은 '도로교설계기준 공통편(2010)'에 의하여 5.0kN/m²를 등분포하중으로 보도부에 재하 하는 것으로 한다.

7.3.4 과재하중에 의한 측압

흙막이 설계에서 지표면에 재하 하는 하중을 측압으로 고려하여야 하는데, 지표면 재하하중, 자동차하중, 열차하중, 건설용 중기하중, 건물(구조물)하중 등이 있다.

(1) 지표면 재하하중

흙막이 설계에 있어서는 가설구조의 범위 외에 원칙적으로 10 kN/m²의 과재하중을 고려한다. 철도기준에서는 자동차에 의한 과재하중을 등분포하중 15 kN/m²를 재하 하도록 규정되어 있다.

(2) 건설용 중기하중

가설용 중기에 대해서는 시공 장소나 방법에 따라 시공계획의 시점에서 충분히 검토하여야 한다. 트럭크레인의 경우는 버팀목을 매달아 올릴 때도 있으므로 하중을 한쪽에만 재하 하는 등의 검토가 필요하다. 가설교량 및 노면복공 설계 기준에서는 공사차량하중에 대하여 다음과 같이 규정하고 있다.

KDS 21 45 00(2022) 가설교량 및 노면복공 설계기준 1.7.4

(1) 공사를 위한 특수장비하중 외 상부 거더 가설, 크레인, 트레일러, 궤도형 장비하중의 적용에 해당한다.
  ① 가설교량 위에서 크레인 작업이 이루어질 경우
    가. 하이드로 크레인 작업 시 아우트리거(outrigger) 편심하중 편심측 70%, 반대측 30%를 적용한다.
    나. 크롤러 크레인 작업 시 편심 궤도 바퀴에 85%, 반대측 15%를 적용한다.
  ② 교량거더와 같이 특수한 적재물(중량물)을 운반할 경우 적재물의 중량을 고려한 실제 차량 축하중으로 설계하여야 한다.

현재 설계에서 참조하고 있는 건설용 중기하중은 "토목건축 가설구조물의 해설(건설문화사, 1986년)"의 218~224쪽에 있는 내용을 참조하는 경우가 많다. 하지만 이 데이터는 1986년도의 자료이므로 현재의 차량 중량과는 조금 차이가 있다. 따라서 일본의 가지마출판회가 최근에 발간한 "가설구조물"에 실린 내용을 참고로 소개한다.

이 책에서는 시공계획에서 중기 배치, 조합을 고려하여 하중을 설정할 필요가 있으며, 건설용 중기의 주행 및 작업 시에 대하여 최대응력이 발생하도록 재하 하도록 하고 있다. 크레인 계통의 중기나 굴착기 계통의 중기 주행은 자중과 적재물 충격을 고려하지만, 적재물 편심 영향은 고려하지 않아도 좋다. 다만 작업 시에는 자중, 매달기 하중 등의 부가하중, 하중의 편심 영향 외에 말뚝의 타입, 인발 작업과 같이 충격하중이 발생하는 작업에서는 충격하중을 고려한다. 이 건설용 중기하중에 관해서는 중장비제조회사마다 구체적인 접지압을 계산하는 경우가 많으므로 참고하기를 바라며, 여기서는 예로서 **표 1.7-13** 및 **표 1.7-14~16**에 하중 예를 표시하였다.

표 1.7-12 중기하중 참고(단위 : kN)

SUNEX 프로그램 참조

하중종류	자중	적재중량	합계중량	집중하중율	비고
크롤러크레인	220	30	250	0.9	
	200	89	289	0.9	
	280	220	500	0.9	
트럭크레인	132	49	181	0.7	
	155	10	265	0.7	
	230	130	360	0.7	
덤프트럭	95	100	195	0.4	
	132	255	387	0.4	
레미콘트럭	115	138	253	0.4	
	146	207	352	0.4	
백호우	185	100	285	0.9	
	295	180	475	0.9	
DB24	240	192	432	0.4	
DB18	180	144	324	0.4	
DB13	135	108	243	0.4	
펌프카	110	20	130	0.7	
	280	20	300	0.7	
	320	20	340	0.7	
	390	20	410	0.7	
	400	20	420	0.7	

※ 집중하중율은 바퀴 한 개가 최대로 부담하는 하중비율

표 1.7-13 작업기계에 의한 하중분포 예

하중 종류	차량중량 (kN)	전체중량 (kN)	하중 배치
레미콘트럭 ($3m^3$)	75	144	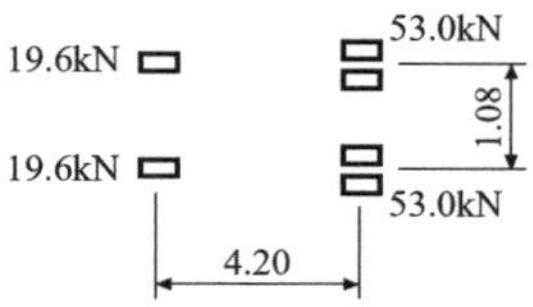 19.6kN 53.0kN 1.08 19.6kN 53.0kN 4.20
레미콘트럭 ($5m^3$)	84	216	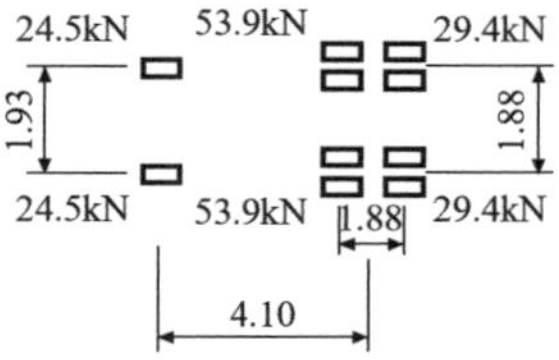 24.5kN 53.9kN 29.4kN 1.93 1.88 24.5kN 53.9kN 1.88 29.4kN 4.10
덤프트럭	91	189	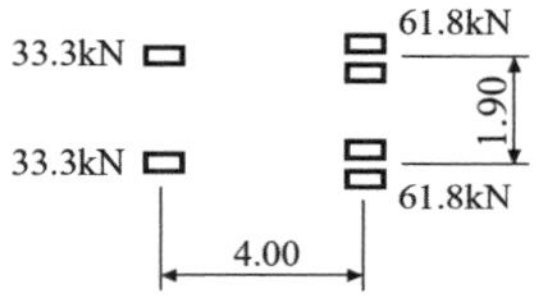 33.3kN 61.8kN 1.90 33.3kN 61.8kN 4.00
크람쉘	216	245	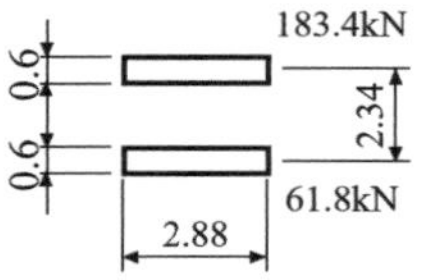 183.4kN 0.6 0.6 2.34 0.6 61.8kN 2.88
크롤라크레인	-	588	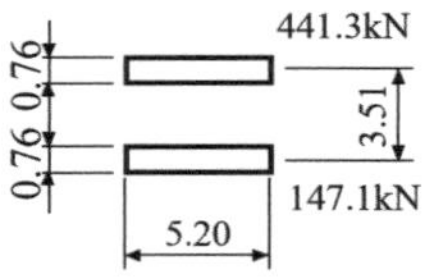 441.3kN 0.76 0.76 3.51 0.76 147.1kN 5.20
트럭크레인	314	529	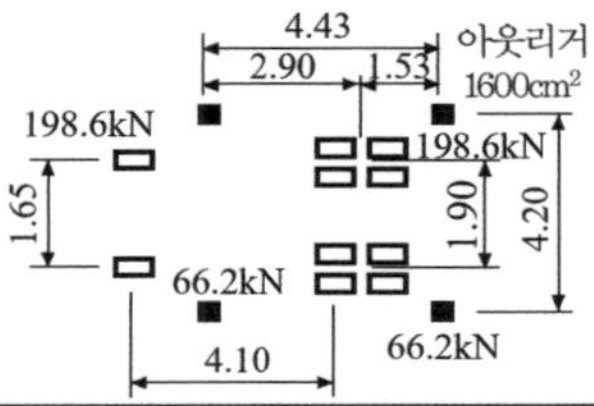 4.43 2.90 1.53 아웃리거 $1600cm^2$ 198.6kN 198.6kN 1.65 1.90 4.20 66.2kN 66.2kN 4.10

가설구조물(鹿島出版会, 2020) 표 4-5(276쪽)

크레인 지지력 산정은 안전보건공단(kosha.or.kr) KOSHA GUIDE C-99-2015 이동식 크레인 양중작업의 안정성 검토 지침 참조

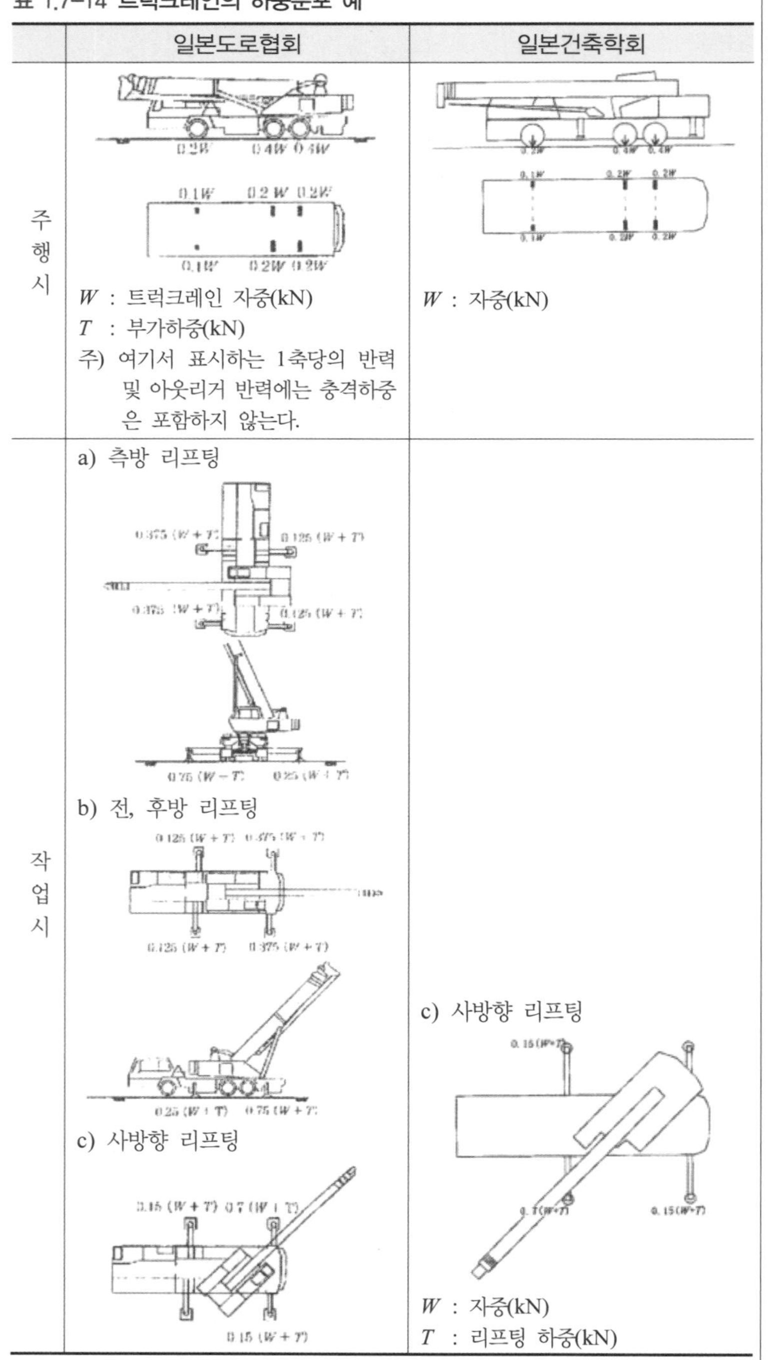

표 1.7-14 트럭크레인의 하중분포 예

	일본도로협회	일본건축학회
주행시	W : 트럭크레인 자중(kN) T : 부가하중(kN) 주) 여기서 표시하는 1축당의 반력 및 아웃리거 반력에는 충격하중은 포함하지 않는다.	W : 자중(kN)
작업시	a) 측방 리프팅 b) 전, 후방 리프팅 c) 사방향 리프팅	c) 사방향 리프팅 W : 자중(kN) T : 리프팅 하중(kN)

가설구조물(鹿島出版会, 2020) 표 4-5(276쪽)

크레인 지지력 산정은 안전보건공단 (kosha.or.kr) KOSHA GUIDE C-99-2015 이동식 크레인 양중 작업의 안정성 검토 지침 참조

표 1.7-15 라프타 크레인의 하중분포 예

	일본도로협회	일본건축학회
주행시	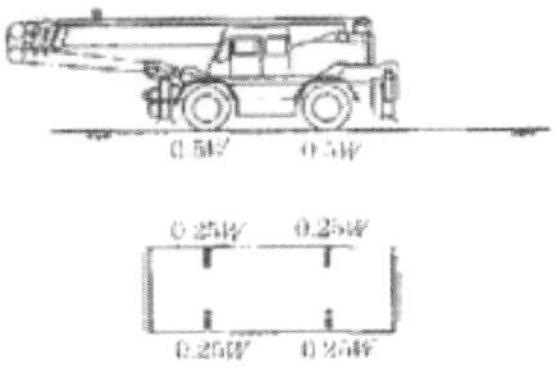 0.5W 0.5W 0.25W 0.25W 0.25W 0.25W W : 라프타크레인 자중(kN) T : 부가하중(kN) 주) 여기서 표시하는 1축당의 반력 및 아웃리거 반력에는 충격하중은 포함하지 않는다.	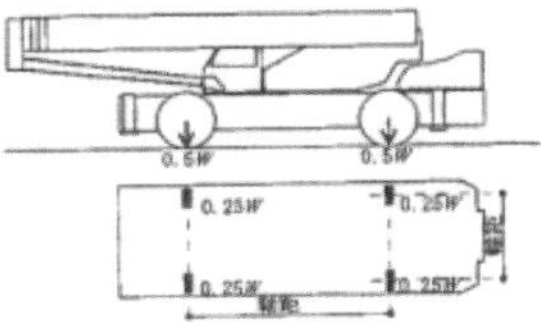 0.5W 0.5W 0.25W 0.25W 0.25W 0.25W W : 자중(kN)
작업시	a) 측방 리프팅 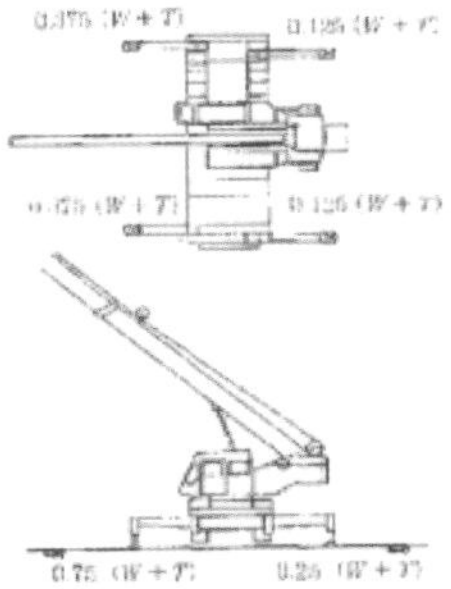 0.375 (W + T) 0.125 (W + T) 0.375 (W + T) 0.125 (W + T) 0.75 (W + T) 0.25 (W + T) b) 전, 후방 리프팅 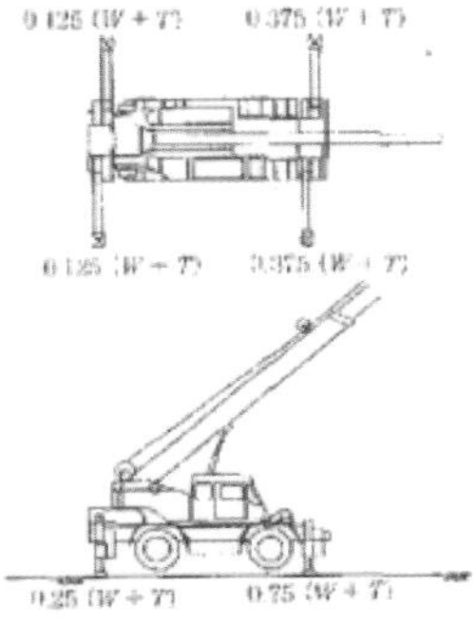 0.125 (W + T) 0.375 (W + T) 0.125 (W + T) 0.375 (W + T) 0.25 (W + T) 0.75 (W + T) c) 사방향 리프팅 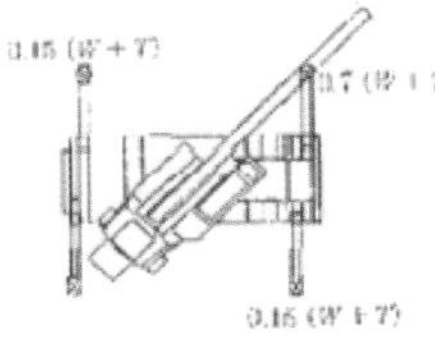 0.15 (W + T) 0.7 (W + T) 0.15 (W + T)	c) 사방향 리프팅 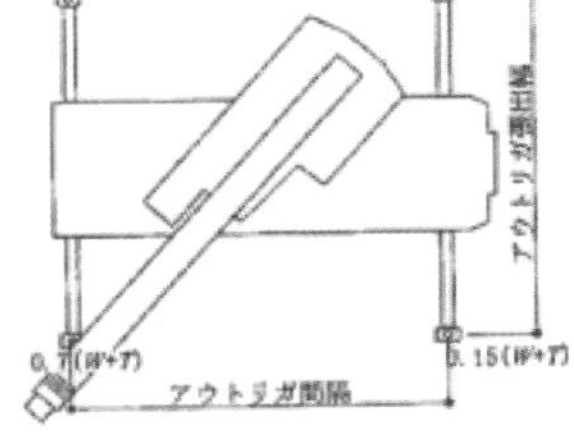 0.15(W+T) 0.7(W+T) 0.15(W+T) アウトリガ間隔 W : 자중(kN) T : 리프팅 하중(kN)

가설구조물(鹿島出版会, 2020) 표 4-5(276쪽)

크레인 지지력 산정은 안전보건공단 (kosha.or.kr) KOSHA GUIDE C-99-2015 이동식 크레인 양중 작업의 안정성 검토 지침 참조

표 1.7-16 크롤라 크레인의 하중분포 예

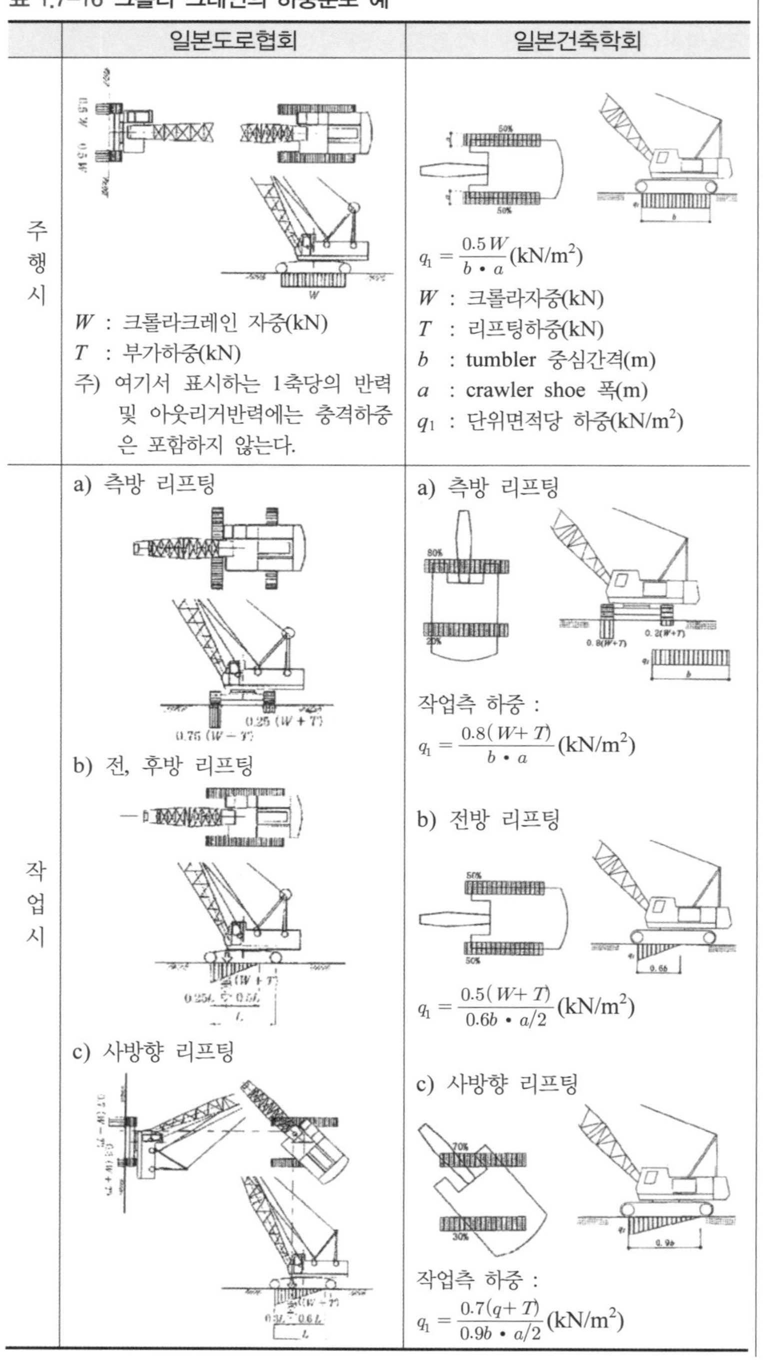

	일본도로협회	일본건축학회
주행시	W : 크롤라크레인 자중(kN) T : 부가하중(kN) 주) 여기서 표시하는 1축당의 반력 및 아웃리거반력에는 충격하중은 포함하지 않는다.	$q_1 = \dfrac{0.5W}{b \cdot a}$ (kN/m²) W : 크롤라자중(kN) T : 리프팅하중(kN) b : tumbler 중심간격(m) a : crawler shoe 폭(m) q_1 : 단위면적당 하중(kN/m²)
작업시	a) 측방 리프팅 b) 전, 후방 리프팅 c) 사방향 리프팅	a) 측방 리프팅 작업측 하중 : $q_1 = \dfrac{0.8(W+T)}{b \cdot a}$ (kN/m²) b) 전방 리프팅 $q_1 = \dfrac{0.5(W+T)}{0.6b \cdot a/2}$ (kN/m²) c) 사방향 리프팅 작업측 하중 : $q_1 = \dfrac{0.7(q+T)}{0.9b \cdot a/2}$ (kN/m²)

가설구조물(鹿島出版会, 2020) 표 4-5(276쪽)

크레인 지지력 산정은 안전보건공단(kosha.or.kr) KOSHA GUIDE C-99-2015 이동식 크레인 양중 작업의 안정성 검토 지침 참조

(3) 건물(구조물)하중

건물이나 인접 구조물에 관한 국내 규정이 없어 일본 기준을 토대로 설명한다. 참조한 기준은 일본건축학회가 발행한 흙막이 설계시공지침인데, 2017년 3차 개정되면서 단위면적당 개략 값이 2002년 기준에서 일부 변경되었다.

건물의 위치·규모는 외관이 명확한 것은 비교적 쉬우므로 건물하중은 **표 1.7-17**을 사용하여 계산할 수 있다. 또한 모든 구조물은 기초가 지중에 있으므로 재하 되는 면은 지표면 아래에 있다. 말뚝으로 지지가 된 구조물이면 말뚝과 근입깊이의 관계 및 말뚝의 지지 형태에 따라서 **그림 1.7-5**와 같이 재하 면을 고려한다. 단, 하중작용면이 굴착바닥면보다 아래인 경우는 건물하중을 고려하지 않는다. 건물하중에 대한 취급은 앞에서도 언급하였지만, 과재하중으로 고려하는 경우가 대부분이지만 여기서는 측압으로서 다음과 같이 고려한다.

설계기준에는 건물하중에 대한 구체적인 고려 방법이 기재되어 있지 않으므로 일본의 건축학회가 발생한 흙막이설계시공지침에 기재되어 있는 사항을 기준으로 하여 **그림 1.7-6과** 같이 고려한다. 그림에서 q 값은 **표 1.7-17**의 값을 참조하여 적용한다.

표 1.7-17 단위면적당 건물하중의 개략 값(단위 : kN/m²)

山留め設計施工指針(2017) 표 4.2.4(95쪽)

용도	주택		사무실		
구조별	RC조	SRC조	S조	RC조	SRC조
최상층 *1	13.2 7.7~18.7	15.8 10.7~20.9	10.4 5.5~15.3	16.0 10.5~21.5	13.6 10.1~17.1
일반층 *1	12.8 10.7~14.9	13.3 11.1~15.5	7.3 5.7~8.9	12.8 10.8~14.8	10.1 8.4~11.8
1층 *1	16.1 10.2~22.0	17.9 12.5~23.3	12.9 3.6~22.2	16.8 11.2~22.4	13.4 8.3~18.5
지하층 *1	32.6 9.1~55.6	27.9 14.8~41.0	25.6 14.7~36.5	22.8 13.5~32.1	33.4 11.3~55.5
기초 *2	H=10m까지 10, H=15m까지 15, H=20m까지 20(H=건물높이)				

*1 : 建築物荷重指針·同 解說(일본건축학회)
*2 : 개략 값(말뚝하중은 포함하지 않는다)
※ 표에서 상단은 평균값, 하단은 ±1배 표준편차 영역의 범위

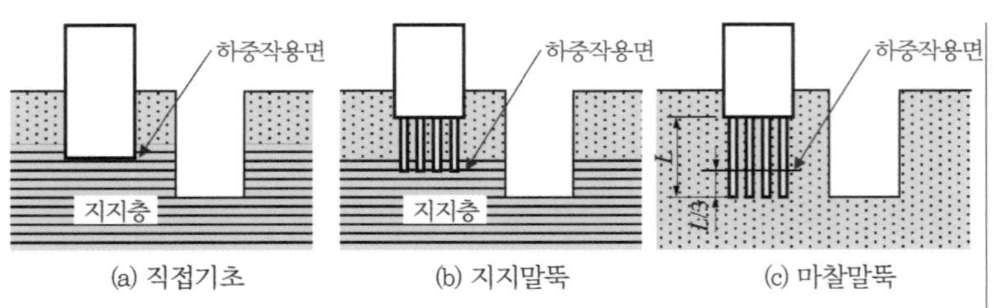

그림 1.7-6 기초구조물의 하중작용면 위치

山留め設計施工指針(2017) 그림 4.2.8(95쪽)을 편집

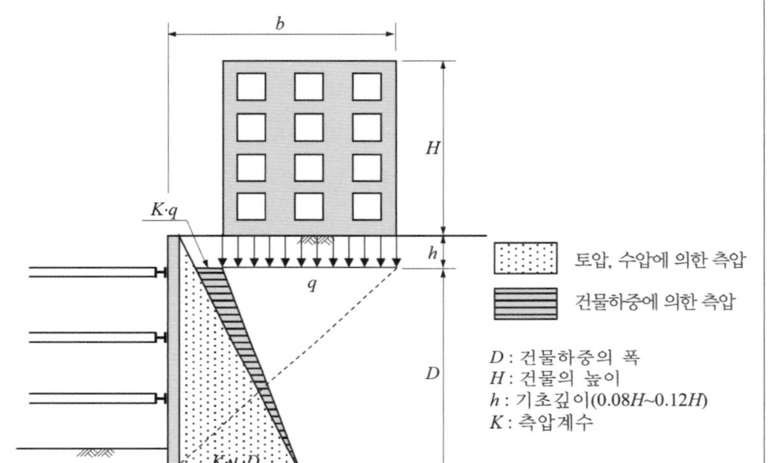

그림 1.7-7 건물하중에 의한 측압

山留め設計施工指針(2002) 그림 1.2.24(102쪽)

7.4 온도변화의 영향

직사광선을 받는 강재 버팀보는 온도의 상승에 따라서 압축응력이 증가하기 때문에 응력을 검토할 필요가 있다. 버팀보의 양단은 완전하게 고정되어 있지 않으므로 축력의 증가는 열팽창계수를 사용하여 계산한 값보다도 작아진다. 실측에 따르면 양단을 고정으로 한 경우의 이론적인 값에 대하여 18~19%에 이르며, 기온이 1℃ 상승하면 11.0~12.5 kN 정도의 반력이 증가하는 것으로 보고되어 있다.

하절기와 동절기의 기온 차에 의한 축력은 흙의 크리프에 의하여 흡수된다고 보고 1일 최고와 최저의 기온 차이를 10℃ 정도로 하면, 축력의 증가량은 약 120 kN 정도이므로 복공판을 설치할 때는 이 정도의 온도

변화 영향을 고려하는 것이 좋다. 특히 다단으로 설치하는 버팀보 공사에서 버팀보 가설에서 해체까지의 상세한 계측데이터에 의하면 버팀보 고정도의 최댓값은 버팀보 설치 직후의 프리로드시 및 그 직후의 굴착시 또는 하단버팀보가 해체된 시점에서 발생한 보고가 있다. 따라서 이 시기의 기온변화를 충분히 조사하여 온도응력을 적용할 필요가 있다.

일본토목학회의 기준을 보면 다음과 같은 내용을 소개하고 있다. 선행하중의 시공에 따른 접합부의 느슨함의 감소나 배면 지반이 홍적지반인 경우의 배면 지반의 강성 증가 등, 온도변화에 따른 버팀보 축력의 증가분이 커지게 되는 요인이 늘어나게 되므로 위의 값에 얽매이지 말고 신중하게 평가할 필요가 있다. 일반적으로 버팀보 축력의 증가분 $\varDelta P$는 다음식과 같다.

$$\Delta P = \alpha_t \cdot A \cdot E \cdot \beta \cdot \Delta T_s \quad (1.7\text{-}1)$$

山留め設計施工指針 (2002) (1.5)식(104쪽)

여기서, $\varDelta P$: 온도응력에 의한 버팀보 축력의 증가량(kN)

α_t : 고정도(흙막이 벽체와 배면 지반의 강성을 포함한 버팀보 지점의 구속 정도. 단, $0 < \alpha_t \leq 1$)

$$\alpha_t = \frac{\text{버팀보 온도응력}}{\text{버팀보 단부가 완전히 고정되었을 때 온도응력}}$$

A : 버팀보 단면적(m^2)

E : 버팀보의 탄성계수(kN/m^2)

β : 버팀보 재료의 선팽창계수(1/℃)

$\triangle T_s$: 버팀보의 온도변화량(℃)

고정도 α_t 를 결정하는 요인으로서는 버팀보 접합부의 느슨함, 버팀보 길이, 흙막이벽과 배면 지반의 강성 등이 있다. **표 1.7-18**은 일본건축기준에 기재된 지반에 따른 고정도의 값이다.

표 1.7-18 고정도

지반	고정도
충적지반	0.2~0.6
홍적지반	0.4~0.8

山留め設計施工指針 (2002) 표(1.2)(104쪽)

7.5 기타 하중

가설구조물의 설계에 있어서 일반적인 하중 이외에 시공 장소, 지형, 지질 및 특수한 시공법의 적용 등에 따라서 적절한 하중을 설정하여 그 영향을 고려하여야 한다. 현장의 상황에 따라서 반드시 고려하여야 하는 하중이 있는데 다음과 같이 것이 있다.

7.5.1 지진하중

일반적인 가설구조는 설치기간이 짧고 지중에 시공되며 자중이 가벼운 구조체이기 때문에 지진과 거의 같은 진동을 하므로 큰 영향을 받지 않는 것으로 보기 때문에 원칙적으로는 지진의 영향은 고려하지 않는다. 다만 가설구조의 존치 기간이 긴 경우이거나, 중요구조물일 경우에는 '내진설계 일반 KDS 17 10 00: 2018'에 준하는 내진설계를 적용한다.

7.5.2 설하중

설하중을 고려할 필요가 있는 경우에는 충분히 압축된 눈 위를 차량이 통행하는 상태 혹은 적설량이 많아 자동차 통행이 불가능할 때 눈만의 하중으로서 작용하는 상태를 고려하는 것이 좋다. 중간적인 상태, 예를 들면 적설 때문에 자동차의 통행에 어느 정도 제한이 가해질 때도 위 모두에 대하여 설계하는 것이 안전하다.

전자는 적설이 어느 정도 이상이라면 규정의 활하중이 통행하는 기회는 극히 적어지게 되므로 규정의 활하중 외에 고려하는 설하중으로 일반적으로 1.0 kN/m^2(압축된 눈으로 약 15cm 두께) 정도를 보면 충분하다. 후자는 다음 식으로 구해진다.

$$W_s = P \cdot Z_s \tag{1.7-2}$$

鐵道構造物設計標準·同解說-開削トンネル(2001年), 解4.2.6-1(184쪽)

여기서, W_s : 설하중 (kN/m^2)

P : 눈의 평균 단위중량 (kN/m^3)

Z_s : 설계 적설깊이 (m)

눈의 평균 단위중량은 지방이나 계절 등에 따라 다르지만, 눈이 많이 오는 지역에 있어서는 일반적으로 3.5 kN/m^3 정도를 적용한다. 또, 설계 적설깊이는 기존의 적설 기록 및 적설 상태 등을 생각하여 적절한 값을 설정하여야 하지만, 일반적일 때는 10년에 상당하는 연간 최대 적설깊이를 적용한다.

7.5.3 버팀보 및 흙막이앵커의 선행하중

흙막이벽의 변형을 억제하고 주변의 영향을 저감시키는 것을 목적으로 하여 버팀보 및 흙막이앵커에 의하여 흙막이벽에 프리로드(선행하중)를 도입하는 경우가 있다.

흙막이벽에 선행하중을 도입할 때는 흙막이벽의 응력, 변형 계산에 있어서 선행하중을 반드시 고려하여야 한다. 이 경우, 선행하중은 토질 조건 등을 고려하여 설정할 필요가 있지만, 과거의 사례 등에서는 일반적으로 버팀보 설계 축력의 50~80 % 및 설계 앵커력의 50~100 % 정도를 작용시키는 경우가 많다.

7.5.4 흙막이앵커의 연직성분

지보공으로 흙막이앵커를 사용할 때는 축력의 연직성분이 흙막이벽에 작용하기 때문에 흙막이벽의 단면설계 및 지지력의 계산에서 반드시 고려하여야 한다. 우리나라 설계기준이나 지침에는 이에 관한 규정이 없어서 생략하는 경우가 많은데, 흙막이의 안전을 위하여 설계에서는 반드시 반영하여야 한다.

흙막이앵커의 연직성분에 대한 사항은 "Part 3의 가설흙막이 설계"에 상세하게 기재하였으니 참고하기를 바란다.

Part
02

가설흙막이 재료

1. 물리상수
2. 토질상수
3. 재료 및 허용응력

Part 02 가설흙막이 재료

설계기준에서 재료와 관련된 사항은 “내용 없음”으로 작성되었다. 그러나 재료와 관련된 사항은 “3. 설계”에 포함되어 있으므로 재료와 관련된 제원 값에 대해서 이곳에 따로 정리하였다.

내용 없음

가설흙막이 설계기준 (2022), 2. 재료

1. 물리상수

1.1 강재

흙막이 설계에 사용하는 강재의 탄성계수 값은 **표 2.1-1**의 값을 사용한다. 이 표는 강구조설계(허용응력설계법) 기준에 있는 값을 표기하였다. 이 값은 설계기준에 따라 달리 적용하고 있는데, 탄성계수는 강재의 허용응력 값에 영향을 미치므로 신중하게 적용한다.

표 2.1-1 강재의 탄성계수

종류	탄성계수 (MPa)
강, 주강	210,000
PS강선, PS강봉	205,000
PS강연선	195,000
주철	100,000
철근	200,000

강구조 설계 일반사항 (허용응력설계법) KDS 14 30 05 (2019), 표 3.3-6
※ 적용하는 기준에 따라 값이 다름에 주의

또 다른 기준인 콘크리트구조 설계 강도설계법에는 다음과 같이 규정하고 있다.

콘크리트구조 해석과 설계원칙 KDS 14 20 10 (2021) 식(4.3-5), 식(4.3-6), 식(4.3-7)

- 철근 : 200,000 (MPa)
- 긴장재 : 200,000 (MPa)
- 형강 : 205,000 (MPa)

1.2 콘크리트

콘크리트의 탄성계수는 별도 규정에 따라 다음 식을 사용한다.

콘크리트구조 해석과 설계원칙 KDS 14 20 10 (2021), 식 4.3-1

$$Ec = 0.077 m_c^{1.5} \sqrt[3]{f_{cm}} \tag{2.1-1}$$

여기서, E_c : 콘크리트 할선 탄성계수(MPa)

m_c : 단위용적질량(kg/cm^3)

f_{cm} : 콘크리트 평균 압축강도(MPa)

2. 토질상수

가설구조물의 설계에 있어서 토질상수의 설정이 작용토압이나 저항토압 혹은 굴착바닥면의 안정 등에 크게 영향을 미친다. 따라서 토질상수의 설정에 있어서는 원칙적으로 지반조사 및 토질시험을 시행하여 그 결과를 종합적으로 판단하여 정하여야 한다. 흙막이 설계에 사용하는 토압의 산정에 있어서는 사질토 및 점성토에 대하여 각각 다른 산출 방법을 사용하고 있다. 따라서 세립토분(입경이 75㎛ 이하)의 함유율 등을 고려하여 적절히 사질토와 점성토를 구분하여야 한다. 사질토와 점성토의 구분에 관해서는 흙에 포함된 세립분이 대략 30% 미만인 흙을 사질토로 취급하고, 30% 이상인 흙을 점성토로 구분하고 있는 보고[1]도 있다.

1) 倉田藤田:모래와 점토 혼합토의 공학적 성질에 관한 연구, 운수기연보고, 제11권제9호, 1961.10

2.1 흙의 단위중량

토압이나 하중의 계산에 사용하는 흙의 단위중량은 토질시험에서 얻어진 실제의 중량을 사용하는 것이 원칙이지만, 충분한 자료를 얻을 수 없는 경우에는 **표 1.7-9(Part 1, 7.2 고정하중)**를 참고로 한다.

관용계산(경험토압)법의 토압 계산에 사용하는 흙의 단위중량은 일반적으로 습윤상태의 중량으로 설정하기 때문에 지하수위보다 아래에 있는 흙의 단위중량을 산정할 때는 흙의 포화상태와 습윤상태의 단위중량 차이를 10.0 kN/m^{3}로 가정하여 흙의 습윤단위중량에서 9.0 kN/m^{3}를 공제한 값을 사용한다. 보일링의 검토에 있어서 지반의 유효중량을 계산하는 경우는 물의 단위중량을 $\gamma_w = 10.0$ kN/m^3 (단, 해수를 고려하는 경우는 $\gamma_w = 10.3$ kN/m^3)로 하여 습윤단위중량에서 공제한 값으로 한다. 되메우기 흙의 단위중량은 그 재료 및 다짐 방법에 따라 다르지만, 실제의 중량을 사용하는 것을 원칙으로 한다. 토압계산의 기준으로 보면 $\gamma = 18.0$ kN/m^{3}를 사용하는 경우가 많다.

2.2 사질토의 강도상수

사질토의 전단저항각 ϕ을 직접 실내토질시험에서 구하는 것은 샘플링 자체에 문제가 있어 대단히 곤란하므로 사질토의 전단저항각 ϕ 는 N 값에서의 환산 식을 이용하여 구하는 것이 일반적이다. ϕ 와 N 값의 관계에 있어서는 지금까지 많은 계산식이 발표되어 있지만, 일반적으로 다음 식을 사용한다.

$$\phi = \sqrt{15N} + 15 \leq 45^{\circ} (\text{단}, N > 5) \tag{2.2-1}$$

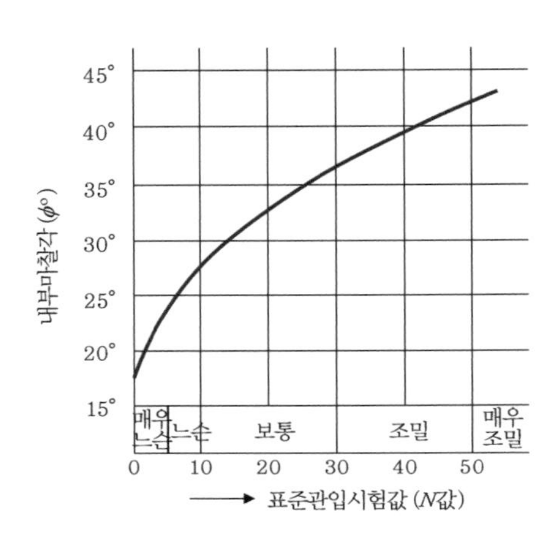

그림 2.2-1 **사질토의 내부마찰각과 N값과의 관계**

사질토의 점착력은 설계상 무시하는 경우가 많지만, 단단하게 굳은 홍적(洪積)모래층 및 홍적모래자갈층의 경우에는 해당 지역의 실험 결과 등을 참고로 하여 비배수전단강도(점착력)를 고려하여야 한다. **그림 2.2-1**은 사질토 지반에서 N 값과 내부마찰각의 관계를 나타낸 것이다.

$$\phi = 1.85 \left(\frac{N}{\sigma_v^{'}/100 + 0.7} \right)^{0.6} + 26 \tag{2.2-2}$$

여기서, ϕ : 사질토의 내부마찰각 (°)

N : 표준관입시험의 N 값

σ_v' : 지반조사 시에 해당 위치의 유효상재압 (kN/m^2)

$\sigma_v^{'} = \gamma_t \cdot h_w + (\gamma_t - \gamma_w) \cdot (z - h_w)$.

단, 50 kN/m^{2}를 최소로 한다.

γ_t : 흙의 습윤단위중량 (kN/m^3)

h_w : 지반조사 시 지표면에서 지하수위까지의 깊이 (m)

γ_w : 물의 습윤단위중량 (kN/m^3)

z : 지표면에서 해당 지점까지의 깊이 (m)

참고로 일본수도고속도로공단에서는 다음과 같이 규정하고 있다.

$$\phi = 4.8 \ln N_1 + 21 \text{ (단, } N > 5) \qquad (2.2\text{-}3)$$

日本首都高速道路公団(2003), 解3.3.1(20쪽)

여기서, ϕ : 모래의 전단저항각 (°)

N_1 : 유효상재압 100 kN/m^{2}에 상당하는 N값. 단 원위치의 σ_v'가 50 kN/m^2 이하인 경우는 σ_v'= 50 kN/m^{2}로 산출. $N_1 = 170N/\sigma_v' + 70$

N : 표준관입시험의 N값

σ_v' : 유효상재압 (kN/m^2)

$$\sigma_v' = \gamma_{t1} \cdot h_w + \gamma_{t2} \cdot (x - h_w)$$

γ_{t1} : 지하수위 위쪽의 흙의 단위중량 (kN/m^3)

γ_{t2} : 지하수위 아래쪽의 흙의 단위중량 (kN/m^3)

x : 지표면에서의 깊이 (m)

h_w : 지표면에서 지하수위까지의 깊이 (m)

2.3 점성토의 강도상수

점성토의 비배수전단강도 S_u 는 교란되지 않은 시료를 채취하여 비압밀 비배수 상태에서의 삼축압축시험에서 구하는 것이 요구된다. 단, 충적층(沖積層)의 점성토에서는 일반적으로 일축압축시험에서 구한 일축압축강도 q_u 를 사용하여 $S_u = q_u/2$의 관계가 확인되었으므로 그 값을 이용하는 것이 좋다. 실내시험 등을 하지 않아 충분한 자료가 없는 경우에는 참고로 **표 2.2-1**에 표시한 값을 사용하여도 좋다. 충적층의 점성토 지반에서는 깊이 방향으로 비배수전단강도가 증가하기 때문에 설계상수의 설정에 있어서는 충분히 지반상황을 파악할 필요가 있다.

※ 99쪽에 비배수전단강도와 점착력에 대한 자료 참고

표 2.2-1 점성토의 비배수전단강도와 N값의 관계

구분	매우 연약	연약함	중간	단단함	매우 단단함	고결
N값	2 이하	2~4	4~8	8~15	15~30	30 이상
비배수전단강도 S_u (kN/m^2)	12 이하	12~25	25~50	50~100	100~200	200 이상

日本道路土工-仮設構造物工指針(1999), 表2-2-3(30쪽)

2.4 지반의 변형계수

흙막이 설계에 탄소성법을 사용하는 경우나 자립식 흙막이를 설계할 때는 수평방향 지반반력계수가 필요하게 되는데, 그 때문에 지반의 변형계수를 설정할 필요가 있다. 변형계수는 다음에 표시하는 값이 사용된다.

① 공내 수평재하시험에 의한 측정값
② 공시체의 일축 또는 삼축압축시험에서 구한 값
③ 표준관입시험의 N 값에 의해 $E_o = 2800 \cdot N$ (kN/m^2)으로 추정한 값

일반적인 흙막이에서는 가설구조를 위한 지반조사가 별도로 이루어지지 않고 본체 구조물을 설계하기 위한 지반조사 결과를 사용하므로 ③의 N 값에 의한 변형계수를 사용한다. 따라서 정밀한 해석이 필요한 대규모 굴착 또는 유한요소법(FEM)에 따라 해석할 때는 반드시 시험에서 산출한 값을 사용한다.

3. 재료 및 허용응력

재료 및 허용응력에서는 설계기준의 "3. 설계 – 3.3 가시설 구조물 설계"에 수록된 재료의 허용응력을 이곳에서 설명한다.

3.1 허용응력 할증계수

가설흙막이 설계기준(2022), 3.3.1 재료의 허용응력

(1) 허용응력 할증계수
① 이 기준에서 제시된 허용응력 값들에 다음과 같은 할증계수를 곱하여 적용한다.
가. 가시설구조물의 경우 : 1.5(철도하중 지지 시 1.3)
나. 영구구조물로 사용되는 경우
(가) 시공도중 : 1.25
(나) 완료 후 : 1.0
다. 공사기간이 2년 미만인 경우에는 가설구조물로, 2년 이상인 경우에는 영구구조물로 간주하여 설계한다. 만약, 가설구조물로 설계된 구조물이 2년 이상 경과하면 안정성을 보장할 수 없으므로 안전점검 또는 안전진단을 실시하여 흙막이벽의 상태를 파악하여야 하며 잔여공사기간을 고려하여 안전성을 확보할 수 있도록 대책을 수립하여야 한다.
라. 중고 강재 사용 시 : 신 강재의 0.9 이하로 하되 시험치를 적용할 수 있으나, 중고 강재의 손상상태가 충분히 반영된 시험결과이어야 한다.

가설구조물의 허용응력은 구조물의 중요도, 하중 조건, 재료의 마모, 노후도 등을 고려하여 정할 필요가 있는데, 하나의 개념으로 규정하기에는 문제가 많아 상한값을 정하는 경우가 대부분이다. 따라서 설계에 있어서는 이와 같은 조건을 고려하여 허용응력의 상한값을 저감시켜 사용하여야 한다. 강재는 반복 사용 된 중고품을 이용하는 것이 많아 손상, 변형, 재질의 노화, 마모 등에 대해서 잘 점검할 필요가 있다. 가공재료를 사용할 때는 단면의 결손 등 보수로 인한 단면성능이 저하되는 것도 고려할 필요가 있으며, 특히 중요한 경우에는 KS규격에 합격한 것 또는 동등한 제품을 사용하는 것이 바람직하다.

가설구조물의 허용응력은 영구구조물의 허용응력에 50%를 할증하여

사용하는 것이 일반적인데, 이 경우의 안전율은 강재의 항복점에 대하여 1.14, 콘크리트의 압축강도에 대하여 2.0(휨압축)이 된다. 가설구조물로 본체 구조물을 겸할 때는 가설 시와 완성시 의 하중 상태가 다른 것과 완성 시의 구조물에 해로운 영향을 주지 않는 경우, 또 중요구조물에 인접하여 시공하는 가설구조물에 대해서도 하중 및 계산 방법을 안전율을 낮게 고려하여 허용응력을 종합적으로 정할 필요가 있다.

표 2.3-1 강재의 할증계수 비교표

구 분	가설흙막이 설계기준	구조물기초 설계기준	도로설계 요령	철도설계 기준	비고
일반 경우	1.5(1.3)	1.5	1.5	1.5	( ) 철도하중
시공 도중	1.25	1.3	1.25	1.25	
영구시설	1.0	1.0	1.0	1.0	2년 이상

각 설계기준에서 정한 할증계수를 정리하여 비교표 작성

3.2 철근 및 콘크리트

(2) 철근 및 콘크리트
① 콘크리트의 허용응력
가. 허용휨압축응력

$$f_{ca} = 0.40 f_{ck} \quad (3.3\text{-}1)$$

나. 허용전단응력

$$V_a = 0.08\sqrt{f_{ck}} \quad (3.3\text{-}2)$$

② 철근의 허용(압축 및 인장) 응력
가. 허용휨인장응력

$$f_{sa} = 0.45 \sim 0.5 f_y \quad (3.3\text{-}3)$$

나. 허용압축응력

$$f_{sa} = 0.4 f_y \quad (3.3\text{-}4)$$

가설흙막이 설계기준(2022), 3.3.1 재료의 허용응력

콘크리트의 허용응력은 기준에서는 설계기준강도에 따라 정해져 있는데, 흙막이에서 콘크리트를 사용하는 것은 일반적으로 벽체(주열식연속벽, 지하연속벽) 및 콘크리트 흙막이판 등이 있지만, 벽체나 흙막이판은 주로 수중에서 현장타설로 시공되는 경우가 많고, 버팀보 등은 일반적인 대기 중에서 시공되는 경우가 많으므로 가설구조에서의 콘크리트는 대

기, 수중, 인공 니수(안정액)로 구분하여 콘크리트의 시공 장소나 사용 목적에 따라서 허용응력을 구분하여 사용해야 한다.

3.2.1 대기 중의 콘크리트

표 2.3-2는 도로설계요령에 기재되어 있는 사항으로 설계기준에 기재되어 있는 값과는 차이가 있다. 이것은 가설구조물에 사용하는 허용응력을 50% 할증한 것이다. 참고로 일본의 가설지침에는 대기 중에서 시공하는 콘크리트의 허용응력은 **표 2.3-3**과 같이 규정되어 있다.

표 2.3-2 콘크리트의 허용응력

도로설계요령 (2010) 3.3.2 콘크리트 (CGS 단위계에 주의)

종류	철근콘크리트	무근콘크리트
허용 휨압축응력 (축방향력이 작용하는 경우 포함)	$f_{ck}/2$	$1.5 \cdot f_{ck}/4$ (단, 82.5kgf/cm^2 이하)
허용 휨인장응력 (축방향력이 작용하는 경우 포함)	0	$1.5 \cdot f_{ck}/7$ (단, 4.5kgf/cm^2 이하)
허용 지압응력	$0.45 \cdot f_{ck}$	$0.45 \cdot f_{ck}$ (단, 90kgf/cm^2 이하)
부착응력	24kg/cm^2	–
허용 전단응력	10.5kg/cm^2	–

f_{ck} : 콘크리트의 28일 설계기준강도 (kgf/cm^2)

표 2.3-3 대기 중에서 시공하는 콘크리트의 허용응력 (MPa)

日本道路土工-仮設構造物工指針(1999), 表2-6-6(52쪽)

응력의 종류 \ 설계기준강도		21	24	27	30
허용압축응력	휨압축응력	10.5	12.0	13.5	15.0
	축압축응력	8.0	9.5	11.0	12.5
허용전단응력	콘크리트만으로 전단력을 부담하는 경우	0.33	0.35	0.36	0.38
	사인장철근과 같이 전단력을 부담하는 경우	2.40	2.55	2.70	2.85
허용부착응력	원형	1.05	1.20	1.27	1.35
	이형	2.10	2.40	2.55	2.70

3.2.2 수중콘크리트

설계기준 및 국내의 가설구조와 관련된 기준에는 수중콘크리트에 관한 규정이 없다. 참고로 일본의 가설지침에는 **표 2.3-4**와 같이 규정하고 있다.

표 2.3-4 수중에서 시공하는 콘크리트의 허용응력 (MPa)

콘크리트의 호칭강도		30	35	40
수중콘크리트의 설계기준강도		24	27	30
압축응력	휨압축응력	12.0	13.5	15.0
	축압축응력	9.5	11.0	12.5
전단응력	콘크리트만으로 전단력을 부담하는 경우	0.35	0.36	0.38
	사인장철근과 같이 전단력을 부담하는 경우	2.55	2.70	2.85
부착응력	이형봉강	1.8	1.9	2.1

日本道路土工-仮設構造物工指針(1999), 表2-6-7(53쪽)

3.2.3 소일시멘트

소일시멘트의 허용응력은 구조물기초설계기준에 유일하게 규정되어 있는데, 허용압축응력은 소일시멘트의 일축압축강도의 1/2, 허용전단응력은 일축압축강도의 1/3을 고려하고 있다. 일본의 가설지침에는 **표 2.3-5**와 같이 규정되어 있다.

표 2.3-5 소일시멘트의 허용응력 (MPa)

압축	인장	전단
Fc/2	–	Fc/6

주) Fc : 기준강도

日本道路土工-仮設構造物工指針(1999), 表2-6-8(53쪽)

3.2.4 철근

철근의 허용응력은 **표 2.3-6**의 값에 할증을 주어 사용한다. 참고로 일본의 가설지침에는 **표 2.3-7**과 같은 값을 사용하게 되어 있다. 이것은 40%를 할증한 값이다.

표 2.3-6 철근의 허용응력(MPa)

응력의 종류 \ 철근의 종류	SD300	SD350	SD400
허용인장응력	150	160	160
허용압축응력	150	175	180

도로교설계기준 해설(2010), 표 3.6.2(3-75쪽)
강교 설계기준(허용응력설계법) KDS 24 14 30 :2019 (표 4.9-2)

표 2.3-7 철근의 허용응력(MPa)

철근 종류	SR235	SD295A SD295B	SD345
인장	210	270	300
압축	210	270	300

日本道路土工-仮設構造物工指針(1999), 表2-6-4(49쪽)

3.3 강재의 허용응력

가설흙막이 설계기준(2022), 3.3.1 재료의 허용응력

(3) 강재의 허용응력

① 구조용 강재

가. 일반구조용 압연강재의 허용응력은 **표 3.3-1**의 값 이하로 한다.

표 3.3-1 가시설물에 사용되는 강재의 허용응력 (MPa)

종류		SS275, SM275,SHP275(W)	SM355, SHP355W	비고
축방향인장(순단면)		240	315	160×1.5=240 210×1.5=315
축방향압축(총단면)		$l/\gamma \leq 20$: 240	$l/\gamma \leq 16$: 315	l(mm) : 유효좌굴장 γ(mm) : 단면2차반경
		$20 < l/\gamma \leq 90$: $240 - 1.5(l/\gamma - 20)$	$16 < l/\gamma \leq 80$: $315 - 2.2(l/\gamma - 16)$	
		$l/\gamma > 90$일 경우 $\left[\dfrac{1{,}875{,}000}{6{,}000 + (l/\gamma)^2}\right]$	$l/\gamma > 80$일 경우 $\left[\dfrac{1{,}900{,}000}{4{,}500 + (l/\gamma)^2}\right]$	
휨응력	인장연(순단면)	240	315	
	압축연(총단면)	$l/\beta \leq 4.5$: 240	$l/\beta \leq 4.0$: 315	l:플랜지의 고정점 간 거리 β:압축플랜지 폭
		$4.5 < l/\beta \leq 30$ $240 - 2.9(l/\beta - 4.5)$	$4.0 < l/\beta \leq 27$ $315 - 4.3(l/\beta - 4.0)$	
전단응력(총단면)		135	180	
지압응력		360	465	강관과 강판

용접 강도	공장	모재의 100 %	모재의 100 %	
	현장	모재의 90 %	모재의 90 %	

주) 1) 엄지말뚝으로 H형강을 사용할 경우에는 KS F 4603 (SHP)의 적합한 제품을 사용한다(참조. KCS 21 30 00).
2) 그 외 강재의 허용응력기준은 강교 설계기준(허용응력설계법)을 참조한다(KDS 24 14 30).

② 강널말뚝

나. 강널말뚝의 허용응력은 **표 3.3-2**의 값 이하로 한다.

표 3.3-2 강널말뚝의 허용응력(MPa)

종류	SY300 SY300W	SY400 SY400W	비고
휨인장응력	180	240	Type-W : 용접용
휨압축응력	180	240	
전단응력	100	135	

③ 현장의 자재수급계획에 따라 설계와 다르게 재사용 강재를 사용할 경우 재사용 강재의 허용응력은 책임기술인이 반복사용 정도, 부식 정도, 변형상태, 볼트구멍 등을 종합적으로 검토하여 강재종류별, 용도별로 응력 보정계수를 설정하여 사용한다.

④ 노면복공 현장에 사용되는 구조용 형강은 KCS 21 45 10과 KS F 4603 (SHP)에 적합하여야 한다.

⑤ KS D 3503 강재(SS) 적용은 비용접부재로 한정한다. 다만, 판 두께 22 mm 이하의 가설자재로 사용하는 경우에는 용접 시공시험을 통해 용접성에 문제가 없음을 확인한 후 사용 가능하다.

3.3.1 구조용 강재

기준에는 강재의 할증계수를 50% 적용한 값으로 규정하고 있는데, 가설구조물에서의 강재 할증은 '3.1 허용응력 할증계수'와 같이 상황에 따라 다르게 사용하므로 헷갈리기 쉽다. 또한 새로운 KS규격으로 되어 있지만, 기준에 없는 강재는 아직도 구 KS규격을 사용해야 하므로 관련 허용응력 기준을 정리하여 수록하였다. KS규격별로 강재를 정리하면 **표 2.3-8**과 같다. 표에서 보면 인장응력이 상향된 것을 알 수 있다.

표 2.3-8 인장응력 별 강재 구분(MPa)

구분	허용인장응력	강종
구 KS 규격	140	SS400 SM400
	190	SM490 STK490
	215	SM490Y SM520 SMA490
	270	SM570 SMA570 STK590
신 KS 규격	160	SS275 SM275 SHP275 SHP275W SRT275
	210	SM355 SHP355W SGT355 SRT355
	245	SS410 SHT410
	275	SS450 SM460 SHT460

또한 '기준의 **표 3.3-1**'에는 50% 할증을 한 값이므로 할증계수를 주지 않은 허용응력을 다음과 같이 별도로 정리하였다.

표 2.3-9 할증이 없는 강재의 허용응력(MPa)

종류		SS275, SM275,SHP275(W)	SM355, SHP355W	비고
축방향인장 (순단면)		160	210	
축방향압축 (총단면)		$l/\gamma \le 20$: 160	$l/\gamma \le 16$: 210	l(mm) : 유효좌굴길이 γ(mm) : 단면2차반지름
		$20 < l/\gamma \le 90$: $160-1.0(l/\gamma-20)$	$16 < l/\gamma \le 80$: $210-1.466(l/\gamma-16)$	
		$l/\gamma > 90$: $\left[\frac{1,250,000}{6,000+(l/\gamma)^2}\right]$	$l/\gamma > 80$: $\left[\frac{1,267,000}{4,500+(l/\gamma)^2}\right]$	
휨응력	인장연 (순단면)	160	210	
	압축연 (총단면)	$l/\beta \le 4.5 : 160$	$l/\beta \le 4.0 : 210$	l : 플랜지의 고정점간 거리 β : 압축플랜지 폭
		$4.5 < l/\beta \le 30$ $160-1.933(l/\beta-4.5$	$4.0 < l/\beta \le 27$ $210-2.867(l/\beta-4.0)$	
전단응력 (총단면)		90	120	
지압응력		240	310	강관과 강판
용접 강도	공장	모재의 100 %	모재의 100 %	
	현장	모재의 90 %	모재의 90 %	

☑ 주의사항 : 기준의 표 3.3-1을 단순하게 할증을 뺀 것이므로 실제와는 다를 수 있으니 "3.3.8 허용응력 기본식"을 참조

개정된 설계기준의 허용응력이 할증에 애매한 부분이 있어 참고로 구 규격을 사용할 경우, 도로교설계기준(2010)의 허용응력은 다음과 같다.

표 2.3-10 **강재의 허용응력(도로교설계기준 : 2010) (MPa)**

종류		SS400, SM400, SMA490	SM490	SM490Y, SM520 SMA490
축방향 인장(순단면)		140	190	215
축방향 압축 (총단면)		$140 : l/r \le 18.6$ $140-0.82(l/r-18.6)$: $18.6 < l/r \le 92.8$ $\dfrac{1,200,000}{6,700+(l/r)^2}$: $92.8 < l/r$	$190 : l/r \le 16.0$ $190-1.29(l/r-16.0)$: $16.0 < l/r \le 80.1$ $\dfrac{1,200,000}{5,000+(l/r)^2}$: $80.1 < l/r$	$215 : l/r \le 15.1$ $215-1.55(l/r-15.1)$: $15.1 < l/r \le 75.5$ $\dfrac{1,200,000}{4,400+(l/r)^2}$: $75.5 < l/r$
휨	인장연 (순단면)	140	190	215
	압축연 (총단면)	$140 : l/b \le 4.6$ $140-2.49(l/b-4.6)$: $4.6 < l/b \le 30$	$190 : l/b \le 4.0$ $190-3.91(l/b-4.0)$: $4.0 < l/b \le 30$	$215 : l/b \le 3.8$ $215-4.69(l/b-3.8)$: $3.8 < l/b \le 27$
전단(총단면)		80	110	125
지압응력		210	280	325

그 외 강재의 허용응력기준은 강교설계기준(허용응력설계법)(KDS 24 14 30 : 2019)을 참고하기를 바라며, 일반구조용 압연강재(SS)와 용접구조용 압연강재(SM), H형강 말뚝(SHP)만 규정되어 있고, 강관(STP, STPS)(KS F 4602), 철탑용 고장력강 강관(SHT)(KS D 3777)은 규정되어 있지 않으므로 도로교설계기준(2010)을 참고하기를 바란다.

도로교설계기준(2010) 3.3.2 강재의 허용응력 표 3.3.2(3-11쪽) 참조

표 2.3-11은 강관의 국부좌굴에 대한 허용응력으로 새로운 설계기준에는 규정이 없으므로 참고하기를 바란다.

개정된 설계기준에서는 강종을 2종류로 구분하여 항복기준점이 275 MPa, 355 MPa만 허용응력 값을 규정하고 있다. 따라서 "**3.3.8 허용응력 기본식**"에서 항복기준점이 460 MPa, 550 MPa 강재에 대하여 추가로 허용응력을 작성하였으니 참고하기를 바란다.

이 책에서 작성한 새로운 규격의 허용응력은 2008년 도로교설계기준을 참고로 작성되었다.

표 2.3-11 강관의 국부좌굴에 대한 허용응력

강 종	강관의 판두께(mm)	국부좌굴에 대한 허용응력(MPa)
SS400 SM400 SMA400 STK400	40 이하	$140 \quad : \frac{R}{\alpha t} \le 50$ $140 - 0.43\left(\frac{R}{\alpha t} - 50\right) \quad : 50 < \frac{R}{\alpha t} \le 200$
	40 초과 100 이하	$130 \quad : \frac{R}{\alpha t} \le 55$ $130 - 0.42\left(\frac{R}{\alpha t} - 55\right) \quad : 55 < \frac{R}{\alpha t} \le 200$
SM490 STK490	40 이하	$190 \quad : \frac{R}{\alpha t} \le 40$ $190 - 0.61\left(\frac{R}{\alpha t} - 40\right) \quad : 40 < \frac{R}{\alpha t} \le 200$
	40 초과 100 이하	$175 \quad : \frac{R}{\alpha t} \le 40$ $175 - 0.55\left(\frac{R}{\alpha t} - 40\right) \quad : 40 < \frac{R}{\alpha t} \le 200$
SM490Y SM520 SMA490 STK500	40 이하	$215 \quad : \frac{R}{\alpha t} \le 35$ $215 - 0.67\left(\frac{R}{\alpha t} - 35\right) \quad : 35 < \frac{R}{\alpha t} \le 200$
	40 초과 75 이하	$200 \quad : \frac{R}{\alpha t} \le 35$ $200 - 0.64\left(\frac{R}{\alpha t} - 35\right) \quad : 35 < \frac{R}{\alpha t} \le 200$
	75 초과 100 이하	$195 \quad : \frac{R}{\alpha t} \le 35$ $195 - 0.63\left(\frac{R}{\alpha t} - 35\right) \quad : 35 < \frac{R}{\alpha t} \le 200$
SM570 SMA570	40 이하	$270 \quad : \frac{R}{\alpha t} \le 25$ $270 - 0.83\left(\frac{R}{\alpha t} - 25\right) \quad : 25 < \frac{R}{\alpha t} \le 200$
	40 초과 75 이하	$260 \quad : \frac{R}{\alpha t} \le 25$ $260 - 0.82\left(\frac{R}{\alpha t} - 25\right) \quad : 25 < \frac{R}{\alpha t} \le 200$
	75 초과 100 이하	$250 \quad : \frac{R}{\alpha t} \le 30$ $250 - 0.81\left(\frac{R}{\alpha t} - 30\right) \quad : 30 < \frac{R}{\alpha t} \le 200$
STKT590	40 이하	$260 \quad : \frac{R}{\alpha t} \le 25$ $260 - 0.82\left(\frac{R}{\alpha t} - 25\right) \quad : 25 < \frac{R}{\alpha t} \le 200$

도로교설계기준(2010)
3.13.3 허용응력
표 3.13.4(3-147쪽)

3.3.2 강널말뚝의 허용응력

표 2.3-12에 표시한 허용응력은 "(1) 구조용 강재"와 같은 방법에 따른 것으로 강널말뚝은 KS에 규정되어 있는 기준항복점에 보정계수 0.9를 곱한 값에 할증계수 1.5를 곱한 값이다.

현장용접부의 허용응력 중에 시공하기 전에 강널말뚝을 옆으로 누인 상태에서 하향의 자세로 양호한 시공조건에서 용접이 가능한 경우에는 허용응력을 모재의 80% 정도로 한 값이며, 현장용접에서는 먼저 시공한 널말뚝에 접속하는 널말뚝을 수직으로 세운 상태에서 이음을 용접하므로 비계 및 용접자세의 불량, 상하 강널말뚝의 어긋남, 타입에 의한 말뚝

끝부분의 변형 등의 영향을 고려하여야 하므로 현장용접부의 허용응력을 모재의 50% 정도로 한 값이다.

'설계기준의 **표 3.3-2**'의 값은 허용응력 할증을 하지 않은 값으로 휨 인장에 대한 기본허용응력을 $0.6f_y$ 한 값으로 추정된다. 이 값에 할증계수를 곱하면 **표 2.3-12**와 같아진다. 다만 도로설계요령은 모재부와 용접부를 구분하여 허용응력을 제시한 것으로 현장 상황을 고려하여 정해진 값이다. 따라서 설계기준 값을 사용할 때는 기준에서 정한 허용응력 할증계수를 곱하여 사용한다.

표 2.3-12 강널말뚝의 허용응력(도로설계요령) (MPa)

<table>
<tr><th colspan="4">구분</th><th>SY295</th><th>SY390</th><th>경량 강널말뚝</th></tr>
<tr><td rowspan="3">모재부</td><td colspan="3">허용 휨 인장응력</td><td>270</td><td>355</td><td>210</td></tr>
<tr><td colspan="3">허용 휨 압축응력</td><td>270</td><td>355</td><td>210</td></tr>
<tr><td colspan="3">허용전단응력</td><td>150</td><td></td><td></td></tr>
<tr><td rowspan="6">용접부</td><td rowspan="3">양호한 시공조건에서 용접</td><td rowspan="2">맞댐용접</td><td>인장</td><td>215</td><td>285</td><td>165</td></tr>
<tr><td>압축</td><td>215</td><td>285</td><td>165</td></tr>
<tr><td>필렛용접</td><td>전단</td><td>125</td><td>165</td><td>100</td></tr>
<tr><td rowspan="3">현장용접</td><td rowspan="2">맞댐용접</td><td>인장</td><td>135</td><td>180</td><td>110</td></tr>
<tr><td>압축</td><td>135</td><td>180</td><td>110</td></tr>
<tr><td>필렛용접</td><td>전단</td><td>80</td><td>100</td><td>60</td></tr>
</table>

☑ 주의사항
SY295와 SY390은 2001년 표기 방식으로 현재는 SY300, SY400으로 용접용은 SY300W, SY400W로 표기

3.3.3 강관널말뚝의 허용응력

한국에서 흙막이 가설구조에 강관널말뚝을 거의 사용하지 않는데, 그렇다 보니 기준 또한 없는 실정이다. 다만 강구조 설계 일반사항(허용응력설계법) KDS 14 30 05: 2019의 "**표 3.3-2** 강관 재료강도(MPa)"에 보면 SKY400과 SKY490에 대한 강도를 규정하고 있으니 참고하기를 바란다. 가설구조가 점점 대형화되어 가고 있고 바다와 같이 수평력이 크게 작용하는 곳에서 강성이 큰 흙막이 말뚝이 요구되는 등 앞으로는 강관널말뚝에 대한 수요도 증가할 것으로 보여, 강관널말뚝에 대해서는 **표 2.3-13**과 같이 일본기준을 참고로 수록하였다(할증 50%가 포함된 값임).

표 2.3-13 강관널말뚝의 허용응력 (MPa)

구분		일반의 경우		철도하중을 직접 지지	
		SKY400	SKY490	SKY400	SKY490
모재부	인장	210	280	185	250
	압축	210	280	175	235
	전단	120	160	105	145
용접부		공장용접은 모재와 같은 값으로 하고, 현장용접은 시공조건을 고려하여 80%로 한다.			

日本鉄道構造物等設計標準同解説(2001年), 표 4.3.2-8(190쪽) (50% 할증된 값임)

3.3.4 목재의 허용응력

가설흙막이 설계기준(2022), 3.3.1 재료의 허용응력

(4) 목재의 허용응력

① 목재의 섬유방향의 허용 휨응력, 허용 압축응력 및 허용 전단응력의 값은 **표 3.3-3**의 목재 허용응력 값 이하로 한다.

표 3.3-3 목재의 허용응력 (일반의 경우)

목재의 종류		허용응력(MPa)		
		휨	압축	전단
침엽수	소나무,해송,낙엽송,노송나무,솔송나무,미송	9	8	0.7
	삼나무,가문비나무,미삼나무,전나무	7	6	0.5
활엽수	참나무	13	9	1.4
	밤나무, 느티나무, 졸참나무, 너도밤나무	10	7	1.0

② 목재 섬유방향의 허용 좌굴응력의 값은 식 (3.3-5) 또는 식 (3.3-6)으로 산출한 값 이하로 한다.

$l_k/r \le 100$ 인 경우 $f_k = f_c(1-0.007l_k r)$ (3.3-5)

$l_k/r > 100$ 인 경우 $f_k = \dfrac{0.3f_c}{(l_k/100r)^2}$ (3.3-6)

여기서, l_k : 지주길이(지주의 구속점 사이의 길이 가운데 최대의 길이) (mm)

r : 지주의 최소단면 2차반지름 (mm)

f_c : 허용 압축응력 (MPa)

f_k : 허용 좌굴응력 (MPa)

목재는 엄지말뚝의 흙막이판으로 주로 사용되는데 각각 기준마다 조금씩 다른 허용응력을 규정하고 있다. 목재는 종류, 품질 및 사용 환경에 따라서 강도가 다르며, 지역에 따라서 입수하는 재료가 제한되는 경우가

있다. 또한 목재는 섬유방향에 따라서 강도가 다른데, 이것을 감안하여 현장의 상황에 따라서 적절한 것을 선택하여야 한다. 도로설계요령에는 **표 2.3-14**와 같이 침엽수에 대한 허용응력만 규정되어 있고 구조물기초설계기준에는 **표 2.3-15**와 같다.

표 2.3-14 목재의 허용응력(도로설계요령)

목재의 종류		허용응력 (kgf/cm^2)		
		압축	인장,휨	전단
침엽수	육송, 해송, 낙엽송, 노송나무, 솔송	120	135	10.5
	삼나무, 전나무, 가문비나무, 미삼나무	90	105	7.5

도로설계요령 제3권 교량(2010) 표 3.12(669쪽) (CGS 단위계에 주의)

표 2.3-15 목재의 허용응력(구조물기초설계기준)

허용응력 종류 \ 목재의 종류		침엽수 (MPa)	활엽수 (MPa)
인장응력	섬유에 평행	16.0	20.0
휨 응력	섬유에 평행	18.0	22.0
지압응력	섬유에 평행	16.0	22.0
	섬유에 직각	4.0	7.0
전단응력	섬유에 평행	1.6	2.4
	섬유에 직각	2.4	3.6
축방향압축 응력	섬유에 평행	$l/r \leq 100$, $14 - 0.096(l/r)$	$l/r \leq 100$, $16 - 0.116(l/r)$
	섬유에 직각	$l/r > 100$, $44,000(l/r)^2$	$l/r > 100$, $44,000(l/r)^2$

구조물기초설계기준(2014) 해설 표 7.6.4 (573쪽)

표 2.3-16 목재의 허용응력(철도기준)

목재의 종류		허용응력 (Pa)		
		휨	압축	전단
침엽수	소나무, 해송, 낙엽송, 노송나무, 솔송나무, 미송	13.5	12.0	1.05
	삼나무, 가문비나무, 미삼나무, 전나무	10.5	9.0	0.75
활엽수	참나무	19.5	13.5	2.10
	밤나무, 느티나무, 졸참나무, 너도밤나무	15.0	10.5	1.50

주) 철도하중을 직접 지지하는 경우는 표의 값에 1.3/1.5를 곱하여 적용한다.

표 2.3-16은 철도설계기준, 고속철도기준, 호남고속철도지침에 수록된 값임

철도설계기준, 고속철도설계기준, 호남고속철도설계지침 등 철도 관련 기준에서는 **표 2.3-16**과 같이 규정되어 있는데, 표에 있는 허용응력의 값은 목재섬유 방향의 값이다. 또한 이 기준에는 목재 섬유방향의 허용좌굴응력의 값을 설계기준과 같은 식으로 산출한 값 이하가 되도록 규정하고 있다. 일본도 한국과 마찬가지로 기준별로 다른 값을 사용하고 있는데, **표 2.3-17**의 값이 많이 사용되고 있다.

표 2.3-17 **목재의 허용응력(일본가설지침)**

道路土工—仮設構造物工指針(54쪽)

목재의 종류		허용응력 (MPa)		
		압축	인장,휨	전단
침엽수	소나무,해송,낙엽송,노송나무,솔송나무,미송	12.0	13.5	1.05
	삼나무, 가문비나무, 미삼나무, 전나무	9.0	10.5	0.75
활엽수	참나무	13.5	19.5	2.1
	밤나무,느티나무,졸참나무,너도밤나무	10.5	15.0	1.5
	나왕	10.5	13.5	0.9

3.3.5 볼트의 허용응력

가설흙막이 설계기준(2022), 3.3.1 재료의 허용응력

(5) 볼트의 허용응력

① 보통볼트 및 고장력 볼트의 허용응력은 **표 3.3-4** 값 이하로 한다.

표 3.3-4 **볼트의 허용응력 (일반의 경우)**

볼트의 종류	응력의 종류	허용응력(MPa)	비고
보통볼트	전단	100	SS275기준
	지압	220	
고장력볼트	전단	150	F8T 기준
	지압	270	SS275 기준

(6) 기둥의 유효좌굴 길이

① 구조용 강재의 허용응력 계산 시 유효좌굴 길이는 강교 및 강합성교에 따라 설계한다.

(7) 강재 흙막이 판의 제원은 KS F 8024에 따른다.

볼트의 허용응력은 강교설계기준(허용응력설계법)에 **표 2.3-18**과 같이 수록되어 있는데, 설계기준과 약간의 차이가 있다.

표 2.3-18 볼트의 허용응력 (MPa)

볼트의 종류	응력 종류	허용응력	비고
보통볼트	전단	90	SS275 기준
	지압	220	
고장력볼트 (F8T)	전단	150	모재가 SS275인 경우
	지압	250	
고장력볼트 (F10T)	전단	190	모재가 SS275인 경우
	지압	250	

강교 설계기준 (허용응력설계법) KDS 24 14 30 :2019

현장에서 용접할 경우는 공장용접에 대한 허용응력의 저감계수는 0.9를 목표로 한다. 다만, 작업환경이나 시공조건 등을 고려하여 용접의 방향, 보강판의 유무 등을 고려하여 정한다.

3.3.6 PC강재

가설구조에 사용하는 PC강재는 주로 흙막이 앵커에 많이 사용되고 있는데, 각 공법이나 제조회사에 따라서 사용하는 재료가 다르다. 여기서는 대표적으로 사용하는 강재에 대하여 **표 2.3-19**에 표시 하였다.

표 2.3-19 PC강재의 제원

구분	규격	단면적 (mm^2)	단위중량 (kgf/m)	인장강도		항복강도	
				kgf/mm^2	tf/개	kgf/mm^2	tf/개
후레시네공법	ϕ5	19.64	0.154	165	3.25	145	2.85
	ϕ7	38.48	0.302	165	5.95	135	5.20
	ϕ8	50.27	0.395	150	7.55	130	6.55
	T 9.3	51.61	0.405	175	9.05	150	7.70
	T 10.8	69.68	0.546	175	12.20	150	10.40
	T 12.4	92.90	0.729	175	16.30	150	13.90
	T 12.7	98.71	0.774	190	18.70	160	15.90
	T 15.2	138.70	1.101	167	23.10	142	19.70
VSL 공법	5×ϕ12.7	493.6	3.870	190	93.5	160	79.5
	7×ϕ12.7	691.0	5.420	190	130.9	160	111.3
	12×ϕ12.7	1184.5	9.290	190	224.4	160	190.8
	19×ϕ12.7	1875.4	14.71	190	355.3	160	302.1
	2×ϕ17.8	416.8	3.300	190	79.0	160	67.2
	3×ϕ17.8	625.2	4.950	190	118.5	160	100.8
	4×ϕ17.8	833.6	6.600	190	158.0	160	134.4

3.3.7 축방향력과 휨모멘트를 받는 부재

(1) H형강의 경우

축방향력과 휨모멘트를 동시에 받는 부재는 응력 외에 안정에 대한 검토가 필요하다. H형강의 경우에는 "도로교설계기준(2010)"의 규정에 따라 다음 식에 따라 안정 검토를 하는 것으로 한다. 일반적으로 두 개의 식 중에서 하나만 검토하는 경우가 많은데, (2.3-1) 식은 국부좌굴을 고려하지 않을 때의 검토 식이며, (2.3-2) 식은 국부좌굴을 고려할 때의 검토 식이므로 국부좌굴의 우려가 있는 부재에서는 두 개의 식으로 검토하는 것이 안전 면에서 유리하다.

도로교설계기준(2010) 제3장 강교, 3.4.3 축방향력 및 휨모멘트를 받는 부재 3.4.11식

$$\frac{f_c}{f_{caz}} + \frac{f_{bcy}}{f_{bagy}\left(1-\frac{f_c}{f_{Ey}}\right)} + \frac{f_{bcz}}{f_{bao}\left(1-\frac{f_c}{f_{Ez}}\right)} \le 1 \qquad (2.3\text{-}1)$$

3.4.12식

$$f_c + \frac{f_{bcy}}{\left(1-\frac{f_c}{f_{Ey}}\right)} + \frac{f_{bcz}}{\left(1-\frac{f_c}{f_{Ez}}\right)} \le f_{cal} \qquad (2.3\text{-}2)$$

여기서, f_c : 단면에 작용하는 축방향력에 의한 압축응력 (MPa)

f_{bcy}, f_{bcz} : 강축(y 축) 및 약축(z 축) 둘레에 작용하는 휨모멘트에 의한 휨압축응력 (MPa)

f_{caz} : 약축(z 축)방향의 허용축방향 압축응력 (MPa)

f_{bagy} : 국부좌굴을 고려하지 않은 강축(y 축) 둘레의 허용휨압축응력. 단, $2A_c \ge A_w$로 한다. (A_c:압축플랜지의 총 단면적 (cm^2), A_w: 웨브의 총 단면적 (cm^2)).

f_{ba0} : 국부좌굴을 고려하지 않은 허용 휨압축응력의 상한 값

f_{cal} : 압축응력을 받는 양연지지판, 자유돌출판 및 보강된 판에 대하여 국부좌굴에 대한 허용응력

f_{Ey}, f_{Ez} : 강축(y축) 및 약축(z 축)둘레의 오일러 좌굴응력 (MPa)

3.4.13식

$$f_{Ey} = \frac{1{,}200{,}000}{(\ell/r_y)^2} \qquad (2.3\text{-}3)$$

3.4.14식

$$f_{Ez} = \frac{1{,}200{,}000}{(\ell/r_y)^2} \qquad (2.3\text{-}4)$$

ℓ : 재료 양단의 지점조건에 따라 정해지는 유효좌굴길이(mm)로, 강축 및 약축에서 각각 고려한다.

r_y, r_z : 강축(y 축) 및 약축(z 축)둘레의 단면2차반경(mm)

여기서 위의 (2.3-3)식과 (2.3-4)식의 오일러 좌굴응력 계산식에 **표 2.3-1**에 있는 할증을 주어 계산하는 경우가 있는데, 기준에서는 이미 할증을 주어 계산을 하므로 오일러의 좌굴응력에는 할증하지 않는 것이 올바른 계산이라고 생각된다. 이에 대한 사항은 할증하지 않는 상태에서는 상관이 없지만(도로교설계기준) 가설구조처럼 할증할 때는 문제를 초래할 수 있는데, 오일러의 좌굴응력에 할증을 주는 것은 그만큼 안정 검토에 불리하게 작용하므로 바람직하지는 않다. 이것은 "실무자를 위한 흙막이 가설구조의 설계" 제10장에서 상세하게 설명하였으니 참조하기를 바란다.

(2) 원형일 경우

원형일 경우는 H형강과 다르게 강축과 약축이 없으므로 다음 식과 같이 검토한다.

$$\frac{f_c}{f_{caz}} + \frac{f_{bcy}}{f_{bagy}\left(1 - \frac{f_c}{f_{Ey}}\right)} \le 1 \qquad (2.3\text{-}5)$$

$$f_c + \frac{f_{bcy}}{\left(1 - \frac{f_c}{f_{Ey}}\right)} \le f_{cal} \qquad (2.3\text{-}6)$$

여기서, f_c : 단면에 작용하는 축방향력에 의한 압축응력(MPa)

f_{bc} : 휨모멘트에 의한 휨압축응력(MPa)

f_{ca} : 허용축방향 압축응력(MPa)

f_{bag} : 국부좌굴을 고려하지 않은 허용휨압축응력(MPa)

f_{cal} : 압축응력을 받는 양연지지판, 자유돌출판 및 보강된 판에 대하여 국부좌굴에 대한 허용응력(MPa)

f_E : 오일러 좌굴응력(MPa)

$$f_{Ey} = \frac{1,200,000}{(\ell/r_y)^2} \quad (2.3\text{-}7)$$

ℓ : 재료 양단의 지점조건에 의한 유효좌굴길이(mm)

r : 단면2차반경(mm)

3.3.8 허용응력 기본식

앞의 "3.3.1 구조용 강재"에서 언급한 허용응력의 기본 식은 도로교표준시방서에 수록되어 있는데, 도로교표준시방서는 1972년에 제정되어 1977년 1차 개정을 시작으로 많은 개정이 진행되어 현재에 이르렀는데, 허용응력에 대한 해설은 2008년을 끝으로 설계기준에 수록되지 않아서 2008년 설계기준에 있는 강재의 허용응력 내용을 소개한다.

(1) 허용축방향인장응력 및 허용휨인장응력

허용축방향 인장응력 및 허용휨 인장응력을 규정할 때 기준으로 정한 강재의 항복점은 다음과 같다.

표 2.3-20 허용축방향 인장응력 및 허용휨인장응력(MPa)

강종 / 판두께(mm)	SS400 SM400 SMA400	SM490	SM490A SM520 SMA490	SM570 SMA570
40 이하	140	190	210	260
40 초과 75 이하	130	175	200	250
75 초과 100 이하			195	245

도로교설계기준 해설(2008) 표3.3.1(123쪽)
※ 구강재 기준임

표 2.3-21 기준항복점 및 안전율(2008 설계기준)

강종	SS400 SM400 SMA400	SM490	SM490A SM520 SMA490	SM570 SMA570
기준항복점(MPa)	240	320	360	460
허용축방향인장응력(MPa)	140	190	210	260
안전율	1.71	1.68	1.71	1.77

도로교설계기준 해설(2008) 해설 표3.3.1(128쪽)
※ 구강재 기준임

허용축방향 인장응력 및 허용휩 인장응력은 기본적으로 위의 표와 같이 기준항복점에 대하여 안전율을 약 1.7로 본 값이다. 그러나 SM570 및 SMA570에 관해서는 인장 강도와 항복점의 비가 다른 강재에 비해 작다는 사실을 고려하여 안전율을 약간 높게 취하였다.

설계기준에서는 두께별로 되어 있으나 40mm 이하만 기재하였다. 그런데 2010 설계기준에서는 위의 값이 다음과 같이 개정되었다.

표 2.3-22 기준항복점 및 안전율 (2010 설계기준)

강종	SS400 SM400 SMA400	SM490	SM490A SM520 SMA490	SM570 SMA570
기준항복점 (MPa)	235	315	355	450
허용축방향인장응력 (MPa)	140	190	215	270
안전율	1.68	1.66	1.65	1.67

도로교설계기준 해설 (2010) 표 3.3.1 (3-10쪽).
※ 기준항복점은 표 3.2.3에서 발췌

(2) 허용축방향 압축응력

국부좌굴을 고려하지 않은 허용축방향 압축응력은 압축부재의 불완전성을 고려한 강도곡선(내하력곡선)에 근거하여 정해진 것이다. 압축부재의 불완전성으로 초기변형, 하중 편심, 잔류응력, 부재단면 내에서 항복점의 기복 등을 고려한 강도는 문헌(成岡, 福本, 伊藤 : Europe 鋼構造協會聯合·VIII委員會의 鋼柱座屈曲線에 대하여 : JSSC Vol. 6, No.55, 1970. pp. 56~71)과 같은 방법으로 계산할 수 있다. 이들 불완전성의 여러 가지 조합에 대하여 세장비에 대응하는 강도를 계산한다면 부재단면마다의 강도곡선을 구할 수 있게 된다. 이런 경우 항복점(f_y)을 기준으로 하고 이 곡선을 무차원으로 표시한다면 강종과 관계없는 강도곡선으로 통일시킬 수 있다.

G. Schulz는 다음의 조건에 기초를 둔 다수의 강도곡선을 계산하고 이의 타당성을 실험으로 확인하고 있다.

1. 실제로 발생하는 부재의 초기 변형으로서 부재의 중앙점에서 $f = l/1000$(l은 부재길이)의 처짐을 갖는 sine 형의 변형을 고려한다.
2. 실험으로부터 잔류응력의 분포는 단면형상에 따라 직선형, 혹은 포물

선형을 쓰고 잔류응력의 크기는 f_r=(0.3~0.7) f_y 를 사용한다.

3. 부재 양단은 단순지점으로 가정하고, 하중은 편심 없이 작용하는 것으로 한다. 부재 끝에서의 구속 혹은 지지 조건을 동시에 고려하면 강도곡선을 구하는 것이 어렵기 때문이다.

도로교설계기준 해설 (2008) 해설 그림3.3.1 (130쪽)

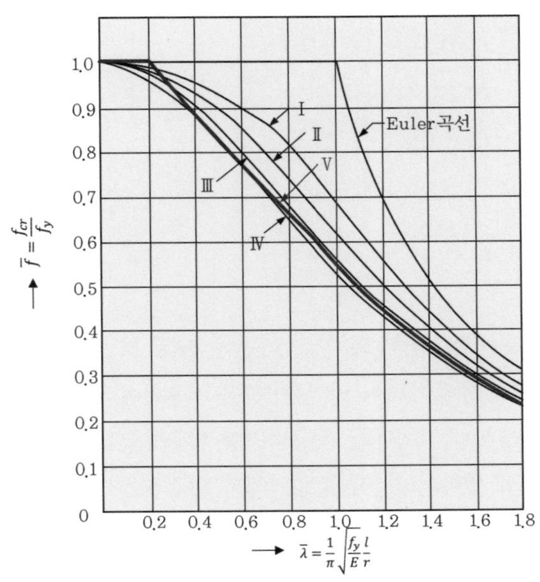

곡선 I : 잔류응력 f_r=0.2f_y와 편심량 f = l/1,000을 가정한 I형강의 강축에 관한 곡선. 이음 없는 강관, 소둔한(annealed) 상자형 단면에도 적용
곡선 II : f_r=0.2f_y와 f = l/1,000을 가정한 I형강의 약축에 관한 곡선. 상자형 단면, 강축에 관한 각종 I형 단면(압연, 용접) 등, 작용범위가 가장 넓음
곡선 III : f_r=0.4f_y와 f = l/1,000을 가정한 I형강의 약축에 관한 곡선. 약축에 관한 각종 I형강, T형강에도 적용
곡선 IV : f_r=0.5f_y와 f = l/1,000을 가정한 I형강의 약축에 관한 곡선. 잔류응력이 큰 용접 I형 단면(약축) 만 적용
곡선 V : 설계기준에서 채택한 기준강도곡선

그림 2.3-1 강도 곡선

부재단면으로 실제 많이 사용하고 있는 I형, T형, 상자형, 파이프형 단면에 대해서는 위의 조건 아래에 많은 강도곡선이 구해져 있다. 이러한 강도곡선은 부재의 잔류응력, 단면형상, 좌굴 축 등에 따라 비교적 큰 차이가 발생한다. 이 현상을 G. Schulz는 **그림 2.3-1**에서 4개의 곡선으로 나타낼 수 있다고 제안하고 있다. 그림에 보인 바와 같이, 단면형상이나 좌굴 축 등에 따라 적당한 강도곡선을 사용하면 경제적인 설계가 가능하

나, 설계의 간략화를 위해 한 개의 강도곡선 만을 사용하는 것으로 하였다(그림 중에서 V곡선).

이 설계기준의 허용축방향 압축응력의 기준이 되는 기준 강도곡선은 **그림 2.3-1**에 있는 4개의 곡선 중에서 거의 하한값에 해당하는 식 (2.3-8)을 채용한 것이다.

$$\bar{f}=1.0 \qquad (\bar{\lambda}\leq 0.2)$$
$$\bar{f}=1.109-0.545\bar{\lambda} \qquad (0.2\leq\bar{\lambda}<1.0) \qquad (2.3\text{-}8)$$
$$\bar{f}=1.0/(0.773+\bar{\lambda}^2) \qquad (\bar{\lambda}>1.0)$$

도로교설계기준 해설 (2008) 해설 3.3.1식 (129쪽)

여기서, $\bar{f}=\dfrac{f_{cr}}{f_y}$, $\bar{\lambda}=\dfrac{1}{\pi}\sqrt{\dfrac{f_y}{E}}\dfrac{l}{r}$

식 (2.3-8)은 **그림 2.3-1**에서 곡선 III 및 IV와 같은 곡선이 된다. 허용축방향 압축응력은 이 기준 강도곡선에 대하여 안전율 1.7을 적용하여 결정한 것이다. SM570S 및 MA570에 대해서는 허용축방향 압축응력의 상한값을 260MPa로 제한하고 있어, $\bar{\lambda}$가 작은 영역에서 안전율을 1.7보다 큰 값을 취하고 있다(**그림 2.3-2** 참조).

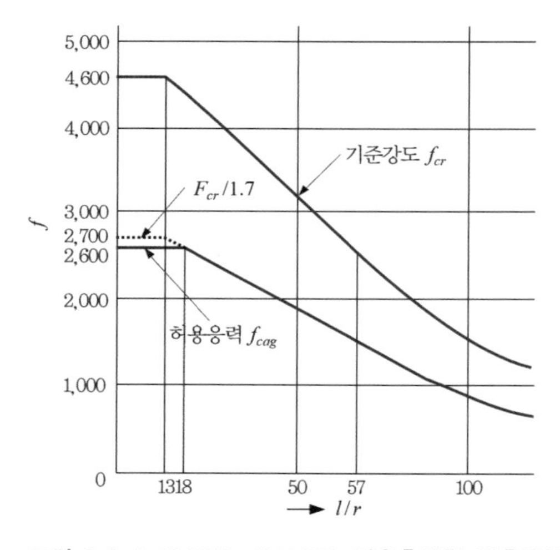

그림 2.3-2 SM570, SMA570 허용축방향 압축응력

도로교설계기준 해설 (2008) 해설 그림3.3.2 (131쪽)

그리고 축방향 압축부재는 일반적으로 자중의 영향을 무시하고 설계하여도 좋으나, l/r이 큰 부재에 대해서는 경우에 따라 자중의 영향도 고려해야 할 필요가 있음을 주의해야 한다. 다만 거세트판에 연결된 편심압축력을 받는 L형 또는 T형 단면 부재에 대해서 이 규정을 사용하여 설계하는 경우나 강관부재 중 제조관에 속하는 것에 대해서는 l/r에 관계없이 자중의 영향을 무시해도 좋다. 이는 전자의 경우 편심의 영향이 상당히 크기 때문에 자중의 영향을 무시할 수 있다고 생각되며, 후자의 경우에는 허용응력이 제조관을 대상으로 하여 안전한 값을 잡고 있기 때문이다.

그러나 양쪽에 거세트판(연결판)을 설치한 통상적인 중심압축부재로 생각되는 부재이며 l/r이 70 정도를 넘는 부재에 대해서는 자중의 영향을 고려하여 설계해야 한다. 이 경우 3.4.3의 규정(축방향력 및 휨모멘트를 받는 부재)을 사용하여 축방향력 및 휨모멘트를 받는 부재로 설계해도 좋다. 유효좌굴길이 l에 대해서는 각 장의 규정을 따라야 하나 규정되어 있지 않은 경우에는 **표 3.3.3**(기둥의 유효좌굴길이)을 참고로 $l=\beta L$로 구하면 된다.

식(2.3-8)은 위와 같이 산출한 국부좌굴을 고려하지 않은 허용축방향 압축응력 f_{cag} 에 대하여, 다시 부재를 구성하는 판의 국부좌굴 영향을 고려하여 부재로서의 허용축방향 압축응력 f_{ca} 를 준 것이다. 각 규정의 판 및 보강판의 국부좌굴에 대한 허용응력 f_{cal} 이 f_{cao} 와 같을 경우, 즉 국부좌굴의 영향을 고려하지 않아도 되는 경우에는 부재의 허용축방향 압축응력 f_{ca} 는 f_{cag} 를 취해도 좋다. 그러나 f_{cal} 이 f_{cao} 이하인 경우, 즉 국부좌굴의 영향을 고려하지 않을 수 없는 경우에는 기둥으로서의 좌굴과 국부좌굴이 합성되어 부재의 좌굴강도는 두 값 이하가 되는 수가 있다. 이 경우에 부재 좌굴강도가 두 값보다 얼마나 작게 되는가 하는 것은 부재의 강성, 판의 강성에 따라 다르지만 여기서는 안전측을 고려하여 식(2.3-8)과 같이 규정하였다.

(3) 허용휨 압축응력

보의 압축연에 대해서는 보의 횡방향 좌굴강도를 기본으로 하여 허용

휨압축응력을 정하고 있다. 즉, 횡방향 좌굴에 대해서 보는 압축 플랜지의 고정점에서 단순지지 되어 있고, 양단에 같은 휨모멘트가 작용할 때의 압축연 허용횡방향 좌굴응력에 의해 허용휨 압축응력을 규정하고 있다. 압축플랜지가 직접 콘크리트 바닥판 등에 고정되어 있거나, 상자형, π형 단면에서는 휨에 의한 횡방향 좌굴이 발생하기 어려우므로 허용휨 압축응력을 상한값으로 규정하고 있다.

횡방향 좌굴강도는 A_w / A_c 및 l / b의 함수로 근사적으로 표현할 수 있다. 이 설계기준에서 횡좌굴의 기준 강도곡선은 A_w / A_c의 크기에 따라 다음과 같은 두 종류의 기본식으로 된다.

$$f_{cr}/f_y = 1.0 \quad (\alpha \leq 0.2)$$
$$f_{cr}/f_y = 1.0 - 0.412(\alpha - 0.2) \quad (\alpha > 1.0) \qquad (2.3\text{-}9)$$

도로교설계기준 해설 (2008) 해설 3.3.2식 (132쪽)

여기서, $\alpha = \frac{2}{\pi} k \sqrt{\frac{f_y}{E}} \left(\frac{l}{b}\right)$

$k = 2 (A_w / A_c \leq 2)$

$= \sqrt{3 + A_w/2A_c} \, (A_w / A_c > 2)$

이 기준 강도곡선에 대하여 안전율 1.7을 취한 것이 허용휨압축응력이다. 다만, SM570 및 SMA570에 대해서는 허용휨압축응력의 상한값을 260 MPa로 하였으며, α가 작은 영역에서는 안전율을 1.7보다 크게 취하고 있다. 휨방향 좌굴에 있어서는 기둥좌굴과는 달리 국부좌굴을 수반하는 경우가 드물지만, 국부좌굴강도가 횡방향 좌굴강도 이하가 되면 강도는 국부좌굴에 의해 결정되기 때문에 규정과 같이 정하였다. 그리고 허용전단응력 및 허용지압응력은 설계기준을 참고하기를 바란다.

(4) 기본 식으로 신강재 허용응력 산정

앞에서 설명하였지만, 신강재로 바뀌면서 기존의 항복강도가 일부 강종에서 변경되어 허용응력 값도 바뀌어야 하는데, 아직 설계기준에서는 이 부분이 명확하게 규정되어 있지 않아서 위에서 소개한 허용응력 기본식을 근거로 신강재의 허용응력을 산정하였다.

1) 산정조건

계산에 필요한 제반 조건은 다음과 같다.

- 계산식 : (2.3-8), (2.3-9) 식
- 탄성계수 : 210,000MPa(KDS 24 14 20 : 2019 적용)
- 안전율 : 1.7을 강종에 상관없이 일률적으로 적용
- π : 3.141592
- 대상 강종 : 항복강도가 275, 355, 460, 550 MPa인 강재
- 판 두께 : 40mm 이하(가설흙막이에서는 대부분 40mm 이하 강재를 사용하므로 대상을 한정하였다.)

2) 계산 결과

표 2.3-23 2008년 설계기준에 의한 강재의 허용응력(MPa)

종류		275(SM, SHP, SGT)	355(SM, SHP, SGT)	SHT460	550(SGT, STP)
기준항복점		275	355	460	550
축방향인장(순단면)		160	210	270	320
축방향 압축(총단면)		$160 : \frac{l}{r} \le 16.9$ $160-1.04(\frac{l}{r}-16.9)$ $: 16.9 < \frac{l}{r} \le 84.7$ $\frac{1,160,000}{5,500+\left(\frac{l}{r}\right)^2}$ $: 84.7 < \frac{l}{r}$	$210 : \frac{l}{r} \le 14.9$ $210-1.53(\frac{l}{r}-14.9)$ $: 14.9 < \frac{l}{r} \le 74.6$ $\frac{1,160,000}{4,300+\left(\frac{l}{r}\right)^2}$ $: 84.7 < \frac{l}{r}$	$270 : \frac{l}{r} \le 13.1$ $270-2.25(\frac{l}{r}-13.1)$ $: 13.1 < \frac{l}{r} \le 65.5$ $\frac{1,160,000}{3,300+\left(\frac{l}{r}\right)^2}$ $: 65.5 < \frac{l}{r}$	$320 : \frac{l}{r} \le 12.0$ $320-2.94(\frac{l}{r}-12.0)$ $: 12.0 < \frac{l}{r} \le 59.9$ $\frac{1,160,000}{2,800+\left(\frac{l}{r}\right)^2}$ $: 59.9 < \frac{l}{r}$
휨	인장연(순단면)	160	210	270	320
	압축연(총단면)	$160 : \frac{l}{b} \le 4.2$ $160-3.15(\frac{l}{b}-4.2)$ $: 4.2 < \frac{l}{b} \le 30$	$210 : \frac{l}{b} \le 3.7$ $210-4.62(\frac{l}{b}-3.7)$ $: 3.7 < \frac{l}{b} \le 27$	$270 : \frac{l}{b} \le 3.3$ $270-6.81(\frac{l}{b}-3.3)$ $: 3.3 < \frac{l}{b} \le 24$	$320 : \frac{l}{b} \le 3.0$ $320-8.9(\frac{l}{b}-3.0)$ $: 3.0 < \frac{l}{b} \le 22$
전단(총단면)		90	120	150	180
지압응력		240	310	400	480

설계기준에서 규정한 SM570, SMA570에 대하여 허용축방향압축응력의 상한값을 260 MPa로 제한하였지만, 계산에서는 이 규정을 적용하지 않았다(460, 550). 여기서 기준이 되는 인장응력은 2008년 설계기준에 규정된 값을 사용하였는데, 2019년 설계기준은 새로운 강재 규격으로 교체되어 변경된 인장응력 값을 적용하여 정리하면 다음과 같다.

표 2.3-24 기준항복점 및 안전율(2019 설계기준)

강교설계기준(허용응력설계법) KDS 24 14 30(2019) 표 4.2-1

강종	SS275	SM355	SM460	SS550
기준항복점 (MPa)	275	355	460	550
허용축방향인장응력 (MPa)	165	215	275	330
안전율	1.67	1.65	1.67	1.67

표 2.3-25 2019년 설계기준에 의한 강재의 허용응력(MPa)

종류		275(SM, SHP, SGT)	355(SM, SHP, SGT)	SHT460	550(SGT, STP)
기준항복점		275	355	460	550
축방향인장 (순단면)		165	215	275	330
축방향 압축 (총단면)		$165 : \frac{l}{r} \le 17.4$ $165 - 1.03(\frac{l}{r} - 17.4)$ $: 17.4 < \frac{l}{r} \le 86.8$ $\frac{1,240,000}{5,800 + \left(\frac{l}{r}\right)^2}$ $: 86.8 < \frac{l}{r}$	$215 : \frac{l}{r} \le 15.3$ $215 - 1.53(\frac{l}{r} - 15.3)$ $: 15.3 < \frac{l}{r} \le 76.4$ $\frac{1,240,000}{4,500 + \left(\frac{l}{r}\right)^2}$ $: 76.4 < \frac{l}{r}$	$275 : \frac{l}{r} \le 13.4$ $275 - 2.24(\frac{l}{r} - 13.4)$ $: 13.4 < \frac{l}{r} \le 67.1$ $\frac{1,240,000}{3,500 + \left(\frac{l}{r}\right)^2}$ $: 67.1 < \frac{l}{r}$	$330 : \frac{l}{r} \le 12.3$ $330 - 2.92(\frac{l}{r} - 12.3)$ $: 12.3 < \frac{l}{r} \le 61.4$ $\frac{1,240,000}{2,900 + \left(\frac{l}{r}\right)^2}$ $: 61.4 < \frac{l}{r}$
휨	인장연 (순단면)	165	215	275	330
	압축연 (총단면)	$165 : \frac{l}{b} \le 4.3$ $165 - 3.1(\frac{l}{b} - 4.3)$ $: 4.3 < \frac{l}{b} \le 30$	$215 : \frac{l}{b} \le 3.8$ $215 - 4.6(\frac{l}{b} - 3.8)$ $: 3.8 < \frac{l}{b} \le 27$	$275 : \frac{l}{b} \le 3.4$ $275 - 6.8(\frac{l}{b} - 3.4)$ $: 3.4 < \frac{l}{b} \le 25$	$330 : \frac{l}{b} \le 3.1$ $330 - 8.8(\frac{l}{b} - 3.1)$ $: 3.1 < \frac{l}{b} \le 23$
전단(총단면)		90	120	150	190
지압응력		240	320	410	490

3.3.9 KS에 의한 강관버팀 허용응력

2024년 4월 1일 KS F 4602 강관 말뚝이 개정되었는데, 강관버팀에 대한 규정이 다음과 같이 추가되었다.

표 2.3-26 KS F 4602의 종류 및 기호

구분	종류의 기호
기초용	STP 275
	STP 355
	STP 380
	STP 450
	STP 550
버팀대용	STP 275S
	STP 355S
	STP 450S
	STP 550S

출처 : KS F 4602:2024 강관 말뚝 표 1-종류의 기호

※ 표시방법 : STP(Steel Tube Pile)와 하부 항복점 또는 항복강도의 최소치로 표기하며, 버팀대용의 경우, S(Strut) 표기를 이어서 사용한다.

버팀대에 사용하는 강재가 규정되었으므로 이 기준에 의하여 허용응력을 계산하였다.

표 2.3-27 KS F 4602에 의한 강재의 허용응력 (MPa)

종류	STP 275S	STP 355S	STP 450S	STP 550S
기준항복점	275	355	460	550
축방향인장 (순단면)	160×1.5=240	210×1.5=315	265×1.5=395	320×1.5=480
축방향 압축 (총단면)	$240 : \frac{L}{r} \leq 20.0$ $240-1.5\left(\frac{L}{r}-20.0\right)$ $: 20.0 < \frac{L}{r} \leq 90.0$ $\frac{1{,}900{,}000}{6{,}000+\left(\frac{L}{r}\right)^2}$ $: 90.0 < \frac{L}{r}$	$315 : \frac{L}{r} \leq 16.0$ $315-2.2\left(\frac{L}{r}-16.0\right)$ $: 16.0 < \frac{L}{r} \leq 80.0$ $\frac{1{,}900{,}000}{4{,}500+\left(\frac{L}{r}\right)^2}$ $: 80.0 < \frac{L}{r}$	$395 : \frac{L}{r} \leq 14.0$ $395-2.9\left(\frac{L}{r}-14.0\right)$ $: 14.0 < \frac{L}{r} \leq 72.0$ $\frac{1{,}900{,}000}{3{,}200+\left(\frac{L}{r}\right)^2}$ $: 72.0 < \frac{L}{r}$	$480 : \frac{L}{r} \leq 13.0$ $480-4.0\left(\frac{L}{r}-13.0\right)$ $: 13.0 < \frac{L}{r} \leq 65.0$ $\frac{1{,}900{,}000}{2{,}800+\left(\frac{L}{r}\right)^2}$ $: 65.0 < \frac{L}{r}$

구분					
휨	인장연(순단면)	160×1.5=240	210×1.5=315	265×1.5=395	320×1.5=480
	압축연(총단면)	$240 : \frac{L}{b} \le 4.5$ $240-2.9(\frac{L}{b}-4.5)$ $: 4.5 < \frac{L}{b} \le 30$	$315 : \frac{L}{b} \le 4.0$ $315-4.0(\frac{L}{b}-4.0)$ $: 4.0 < \frac{L}{b} \le 27$	$395 : \frac{L}{b} \le 3.5$ $395-5.5(\frac{L}{b}-3.5)$ $: 3.5 < \frac{L}{b} \le 25$	$480 : \frac{L}{b} \le 3.1$ $480-8.8(\frac{L}{b}-3.1)$ $: 3.1 < \frac{L}{b} \le 23$
전단(총단면)		135	180	225	275
지압응력		360	465	550	690

위의 KS에 의한 강관버팀대 허용응력은 할증 1.5가 포함된 값이므로 할증계수가 다른 경우는 값을 조정하여 사용한다.

꼭 알아야 할 지반 상식

비배수전단강도와 점착력

비배수전단강도(undrained shear strength)는 비배수 조건하에서 흙의 전단강도를 의미한다. 사질토의 경우 지진하중 같은 반복하중이 작용하는 경우를 제외한다면 흙의 비배수 거동이 문제가 되는 경우가 드물다. 따라서 실무에서 비배수전단강도라는 용어는 특별한 경우가 아니라면 점성토지층에만 국한해서 적용된다고 해도 무방하다고 볼 수 있다. 일반적으로 비배수전단강도는 흔히 C_u 혹은 S_u로 표기하며 본 도서에서는 S_u로 표기하였다. 그런데 상당수의 토질역학 교과서나 보고서에서 S_u를 점착력(cohesion, 흔히 c 혹은 c'으로 표기) 혹은 비배수점착력(undrained cohesion)이라는 잘못된 용어로 오용하는 경우가 있는데 이는 명백한 오류이다. 다시 말해서 S_u는 비배수조건에서의 점토의 전단강도이고, 점착력은 배수조건(즉 유효응력조건)에서 점토에서 cementation, electric attraction, suction 등으로 인해 존재할 수 있으나 그 크기는 그리 크지 않은 것이 일반적이다. 즉 점착력은 전단강도가 아니며 내부마찰각과 함께 점토의 전단강도를 발현시키는 하나의 요소이며, 비배수전단강도와는 전혀 다른 개념이다. 점착력은 견고한 London clay 같이 특이한 점토가 아닌 일반적인 연약점토라고 한다면 거의 0에 가까운 값을 가지므로 실무에서는 무시하는 것이 안전측이다. London clay의 경우라도 점착력의 크기는 실무에서는 15 kPa 미만을 적용하는 것이 일반적인 관행이다. 다만 유한요소해석 같은 설계실무에서는 수치해석의 수렴성을 개선하기 위해 연약점토에 대해서도 0.1-5 kPa 정도의 점착력을 적용하는 경우도 있다. 일본 자료를 번역한 흙의 종류별 물성치를 정리한 어떤 자료에 의하면 무른 점성토(연약점토)의 내부마찰각은 20도 그리고 점착력은 15 kPa 미만으로 표기되어 있다. 이는 명백한 오류로서 이러한 전단강도 상수를 갖는 연약점토는 자연에는 존재하기 어려우며 여기서 점착력은 연약점토의 S_u가 15 kPa 미만이라는 것을 잘못 나타내고 있는 것이다. 실제로 이 자료는 연약점토에 대해 배수조건에서는 내부마찰각 20도를 이용하여 전단강도를 산정해야 하며, 비배수 조건에서는 S_u가 15 kPa 미만이라는 것을 의미한다. 그런데 만일 지반기술자가 이러한 사실을 이해하지 못하고 내부마찰각 20도와 15 kPa 미만으로 제시된 특정 크기의 점착력 값을 동시에 사용한다면 점토의 전단강도가 과대평가되는 결과를 초래하게 될 것이다. 점토에 대한 터파기 작업은 대체로 비배수조건으로 분석하는 것이 합리적이므로 S_u의 크기를 적절히 평가하는 것은 흙막이 가시설의 설계에서 매우 중요하다.

Part
03

가설흙막이 설계

1. 흙막이 구조물
2. 안정성 검토
3. 가시설 설계(공통사항)
4. 흙막이벽 설계
5. 중간말뚝 설계
6. 흙막이판 설계
7. 띠장 설계
8. 버팀보 설계
9. 사보강재 설계
10. 경사고임대의 설계
11. 흙막이앵커 설계
12. 그 외의 흙막이 구조물
13. 근접시공

가설흙막이 설계

1. 흙막이 구조물

1.1 흙막이 구조물의 선정

가설흙막이 설계기준 (2022) 3.1.1 흙막이 구조물의 선정

(1) 가시설 흙막이 구조물 벽체형식과 지지구조는 지형과 지반 조건, 지하수위와 투수성, 주변구조물과 매설물 현황, 교통조건, 공사비, 공기, 시공성을 고려하여야 하며, 공사 시의 소음과 진동, 굴착배면의 지하수위 저하, 주변지반 침하가 미치는 주변 및 환경 영향 등을 고려하여 선정한다.
(2) 가시설 흙막이 벽은 구조적 안전성, 인접건물의 노후화 정도와 중요도 그리고 이격거리 및 구조형식, 지하수위, 차수성, 굴착깊이, 공기, 공사비, 민원 발생 가능성, 장비의 진출입 가능성, 시공성, 공사시기 등을 검토하여 가장 유리한 형식을 선정한다.
(3) 가시설 흙막이 벽의 지지구조는 벽의 안전성, 시공성, 민원발생 가능성, 인접 건물의 이격거리 및 지하층 깊이와 기초형태 등을 검토하여 가장 유리한 형식을 선정한다.
(4) 차수나 지반 보강 등이 필요한 경우에는 적용 목적에 부합하는 보조공법을 선정한다.

그림 3.1-1은 가설구조물 설계의 기본적인 설계순서를 나타낸 것이다. 일반적으로 기준에 보면 설계순서가 수록되어 있는데, 대부분이 흙막이 설계에만 국한하여 설계순서를 표시하고 있지만, 노면복공이 같이 시공되는 경우가 있으므로 여기서는 전체적인 설계순서를 표시하였다.

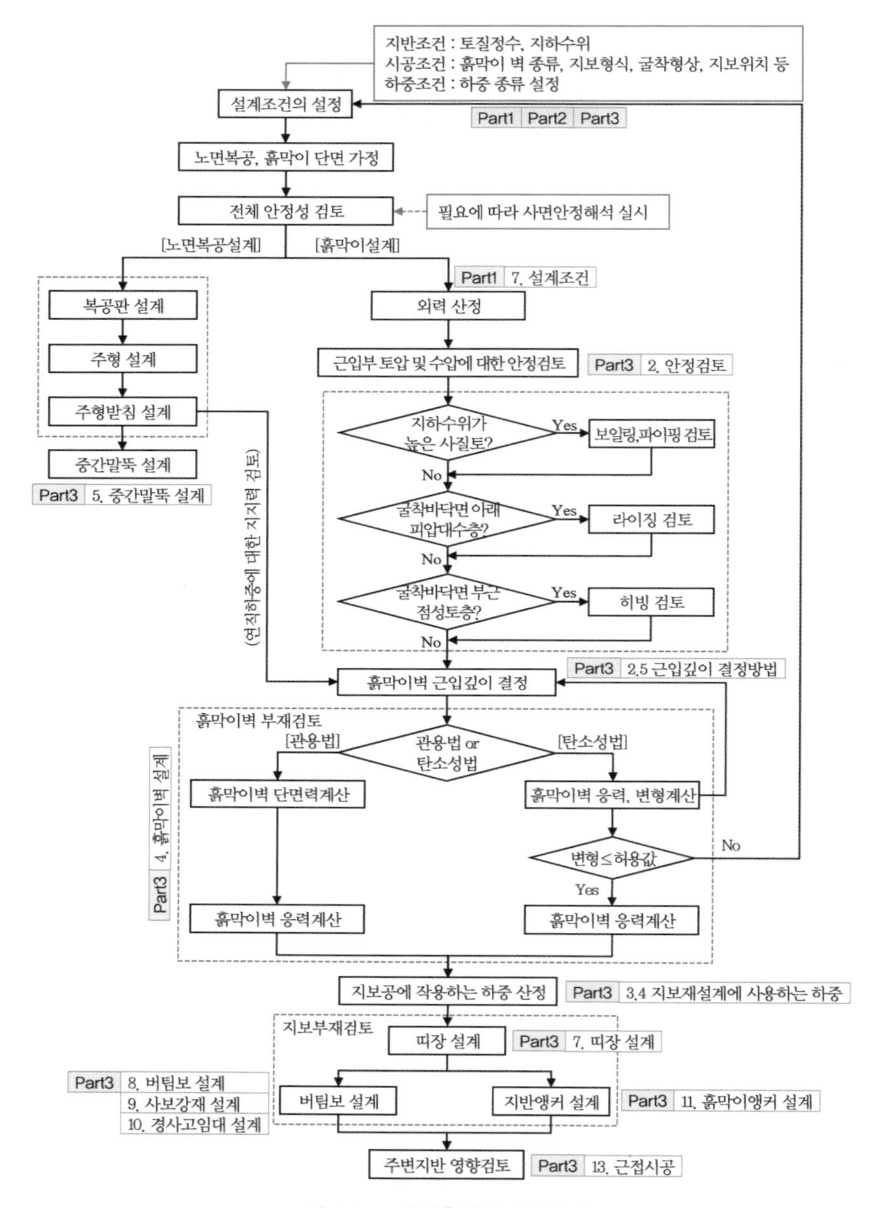

그림 3.1-1 가설흙막이 설계순서

그림 중에서 '전체안정성 검토' 항목이 있는데, 이 부분은 우리나라 설계기준에는 명시가 안 되어 있는 부분이기도 하다. 흙막이를 설계할 때 주변 지반의 상황을 고려하게 되는데, 국내 기준에는 주로 주변 지반의 침하 규정만 수록되어 있다. 그러나 전체적인 안정성 측면에서 보면 주변 지반의 침하뿐만 아니라, 편토압이 작용하는 경우에 대한 주변 상황도 고려하여야 한다.

즉, 경사면에 설치하는 경우나 한쪽에 하천이 있는 경우, 좌우 지층이 다른 경우 등 편토압이 작용하는 경우 등 사면에 대한 안정이 얼마든지 발생할 가능성이 있는 곳에서는 이것을 포함한 전체지반에 대한 안정성을 검토하여 이것이 부족한 경우에는 기본적인 계획을 재검토하거나 대책공법 등을 추가하여야 한다. **그림 3.1-2**의 경우가 전체적인 흙막이의 기본적인 설계 흐름을 나타낸 것이다.

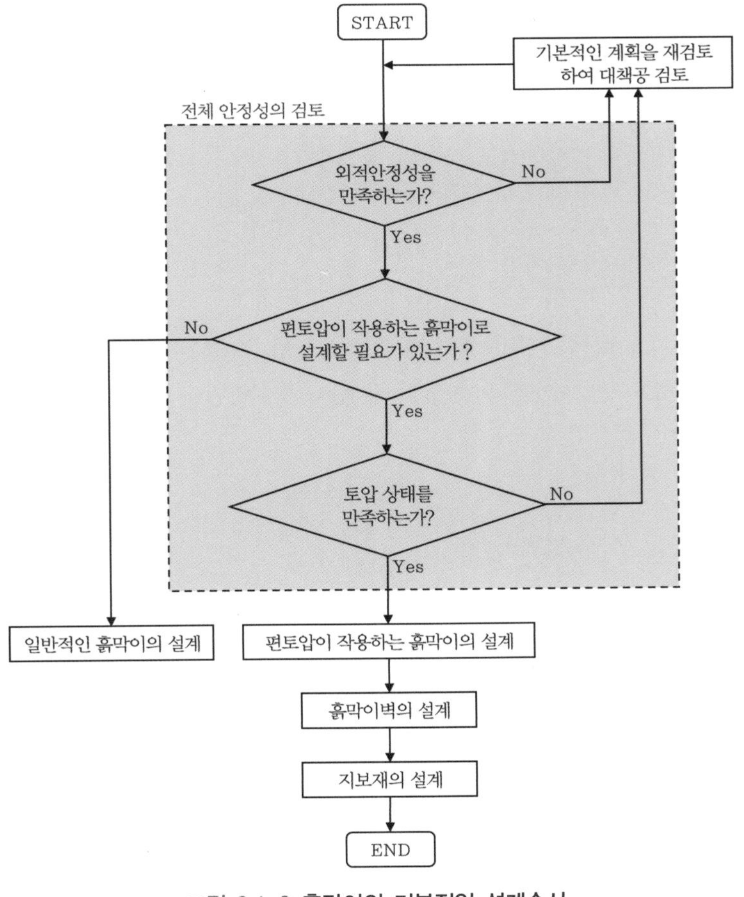

그림 3.1-2 **흙막이의 기본적인 설계순서**

1.2 흙막이 구조물의 해석방법

가설흙막이 설계기준 (2022) 3.1.2 흙막이 구조물의 해석방법

(1) 흙막이 벽과 지지구조의 해석은 벽의 종류, 지지구조, 지반조건 및 근접시공 여부 등을 고려하여 실시한다.
(2) 흙막이 벽과 지지구조 해석방법으로는 벽을 보로 취급하는 관용적인 방법과 흙-구조물 상호작용을 고려하여 벽과 지반을 동시에 해석하는 방법이 있으며 설계자는 현장 조건을 고려한 해석법을 적용하여야 한다.
(3) 지지구조를 가지는 흙막이 벽은 굴착진행과 버팀대 해체에 따라 변화하는 토압에 대하여 단계별로 해석하며, 해석방법으로는 탄소성 지반상 연속보해석법과 유한요소법, 유한차분법 등의 수치해석법이 있다.
(4) 굴착이 끝나고 버팀구조가 완료된 후의 벽체해석에는 경험적인 토압을 적용하며 단순보해석, 연속보해석 및 탄성지반상 연속보해석법 등을 적용한다. 이때 수압, 토층분포 등의 현장조건과 해석조건을 고려하여 설계한다.
(5) 굴착은 띠장 설치 위치에서 깊이 1.0 m 이하의 작업공간을 주어 단수별로 실시하고, 굴착 즉시 지지 구조물을 설치하여 과도한 굴토 및 변위를 유발하지 않도록 시공하여야 하며, 흙막이 벽체 구조검토 시 이를 반영하여 검토하여야 한다.

기준에서의 해석방법은 관용계산법, 탄소성해석법, 유한요소법, 유한차분법을 적용하도록 규정하고 있다. 기준의 방법에 추가하여 열거하면 다음과 같다.

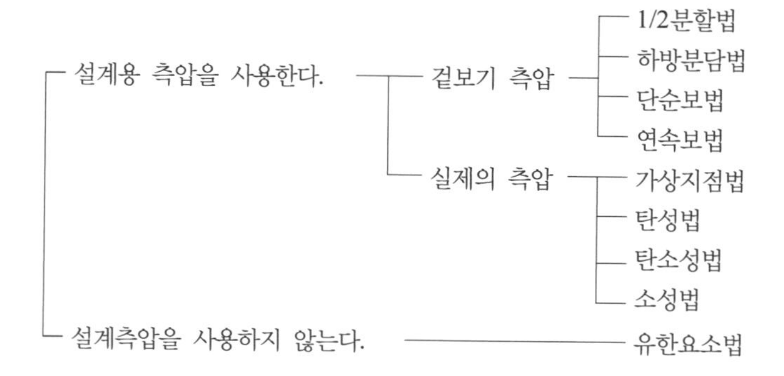

가설구조를 설계할 때 사용하는 계산이론은 크게 관용계산법과 국내

에서 많이 사용하고 있는 탄소성법이 있다. 흙막이의 설계법 또는 계산법에 관해서는 현재까지 여러 가지의 방법이 제안되어 있지만, **표 3.1.1**은 현재까지 제안된 흙막이의 설계법에 대하여 그 내용 및 장단점을 설명한 것이다.

종래에는 겉보기 측압을 단순보 또는 연속보로 재하 하여 흙막이벽의 응력을 산출한 후, 단면을 결정하는 방법('관용계산법'이라 부른다)이 주로 사용되었다.

그러나 도심지에서는 굴착공사의 대규모화, 대심도화에 의하여 안전하고 경제적인 흙막이를 설계할 필요가 있어, 흙막이벽의 변형 및 응력에 대하여 정확한 계산 방법과 주변 지반의 침하나 측방변형에 대한 설계를 요구하는 경우가 많아졌다. 이와 같은 배경을 반영하여 더 실제에 가까운 굴착 시의 거동을 계산하는 방법으로 탄소성법과 유한요소법이 개발되어 있으며, 설계기준에도 탄소성법에 기본을 둔 설계 방법이 표준적인 설계 방법으로 수록되어 있다. 또한 흙막이 설계를 컴퓨터에 의존하면서 거의 모든 흙막이 설계를 탄소성법으로 하고 있다.

특히, 대부분의 가설흙막이 설계를 컴퓨터 프로그램에 의존하기 때문에 본체구조물의 성격이나, 시공 환경, 지반 조건, 벽체 종류 등에 상관없이 프로그램에 내장된 계산이론만을 사용함으로써 사용자에게 선택의 폭이 좁아지는 것은 물론이고, 설계의 적정성이나 정확성 등에도 문제가 될 소지가 있다.

표 3.1-1 흙막이 계산법의 비교

명칭	계산 방법	장단점 (○: 장점, ▷: 단점)
관용계산법 (경험토압)	버팀보 위치 또는 지중의 가상지점을 지점으로 하여 벽체를 단순보 또는 연속보로 하여 계산한다.	○ 계산이 간단하다. ▷ 흙막이벽의 변형을 계산할 수 없다.
가상지점법	벽체를 버팀보 또는 가상지점으로 지지된 단순보로 보고 굴착 순서에 따라 순차적으로 계산한다.	○ 굴착단계별 흙막이벽의 변형, 응력은 그 이전 단계의 값을 순차적으로 부가한다.
탄성법	말뚝의 횡저항에 관한 Chang의 방법을 확장한 것이며, 근입 부분의 횡저항	○ 각 굴착 단계마다의 흙막이벽의 변형, 응력이 계산된다.

		은 벽의 변위에 비례하는 것으로 한다. 흙막이벽의 근입은 무한길이, 배면측의 측압은 굴착바닥면보다 깊은 곳은 작용시키지 않는다. 버팀보는 고정지점으로 한다.	▷ 변형이 커지게 되면 지반의 횡저항이 수동저항을 초과해 버린다.
탄소성법	탄소성법 A (야마가타방법) (1969년)	탄성법을 개량하여 근입부의 횡저항은 수동토압을 넘지 않는 것으로 한다. 흙막이벽의 근입길이 및 버팀보 지점은 탄성법과 가정이 같다. 굴착바닥면보다 깊은 곳의 측압은 일정하다.	○ 각 굴착단계마다의 흙막이벽의 변형, 응력이 계산된다. ▷ 주로 일정한 점토지반을 대상으로 하므로 일반성이 없다.
	탄소성법 B (나카무라방법) (1972년)	탄소성법 A에 범용성을 주어 근입은 유한길이로 하고, 선단지지 조건을 선택할 수 있다. 버팀보 지점의 탄성압축 변위량을 고려한다. 임의의 토층구성, 측압분포에 적용할 수 있다.	○ 실제의 토층모델, 시공굴착과정을 재현할 수 있다. 현재까지는 가장 넓게 적용되고 있다.
	탄소성법 C (모리시게방법) (1975년)	탄소성법 B에 더욱 범용성을 더하여 강성이 큰 지하연속벽을 주로 대상으로 한다. 굴착전의 정지측압을 기준으로 하여 벽체의 변형에 의한 배면측, 굴착측의 토압변화를 고려한다. 프리로드를 고려할 수 있다.	○ 벽 배면측의 지반스프링을 고려할 수 있어 프리로드시의 해석이 가능하다. ▷ 탄소성법 B의 정도. 일반적으로 적용성이 떨어진다.
소성법		종래의 앵커가 있는 경우의 프리어스서포트법(Free · Earth · Support)을 응용한 것이며, 탄소성법 A에 가까운 해석법이다. 굴착바닥면보다 깊은 벽체의 휨모멘트 M=0점을 힌지로 하여 응력을 계산한다.	▷ 탄소성법이 유포되기 전까지의 일시적으로 사용한 변형응력해석이지만, 현재는 거의 적용되지 않는다.
유한요소법		지반 및 흙막이 구조물(벽체, 버팀보)을 유한의 요소로 분할하여 요소 전체의 균형을 고려함으로써 지반변위 및 요소응력을 계산한다. 흙의 응력~변형 관계는 탄성, 탄소성, 비선형 등에서 선택할 수 있다.	○ 복잡한 토층구성이나 기하조건을 고려할 수 있다. ▷ 올바른 입력정수의 평가가 곤란. 계산시간이 많이 소요되어 비경제적이다.

※ 출처 : 실무자를 위한 흙막이 가설구조의 설계(123쪽)

※ 계산법의 비교에서 탄소성법은 국내에서 시판되는 해석소프트웨어에서는 명시되어 있지 않아 비교할 수 없음을 참조할 것

2. 안정성 검토

가설흙막이 설계기준 (2022)
3.2 안정성 검토

(1) 가설흙막이 벽체의 안정검토 시 부재단면의 안정, 굴착저면의 안정성과 지하수 처리 등의 검토가 종합적으로 수행되어야 한다.
(2) 흙막이 벽체의 종류, 지지구조, 지반조건 및 근접시공 여부 등을 고려하여 부재단면에 대한 안정성 검토를 수행하여야 한다.
(3) 히빙(heaving) 및 보일링(boiling)에 대한 안정성 검토를 수행하여 굴착저면의 안정성을 확인하여야 한다. 단, 굴착저면 지층이 풍화암 이상의 단단한 지반으로 구성되어 있는 경우에는 히빙(heaving)과 보일링(boiling)에 대한 안정성 검토를 생략할 수 있다.
  ① 히빙(heaving) 검토는 하중 지반 지지력식에 의한 방법과 모멘트 평형에 의한 방법으로 구분된다.
  ② 히빙(heaving)에 대한 검토결과는 흙막이 벽체의 종류, 지반조건, 어떤 설계규정에 근거하느냐에 따라 차이를 보이므로 하중 지반 지지력식에 의한 방법과 모멘트 평형에 의한 방법으로 검토하고, 안전율이 작은 것을 채택하여 안정성을 평가하여야 한다.
  ③ 굴착깊이가 얕거나 수위차가 작은 경우(3.0m 미만)에는 보일링(boiling) 검토 시 유선망 해석 방식을 실시하거나, Terzaghi 간편식 또는 한계동수경사를 고려한 방법을 비교 검토하여 모두 만족하도록 한다.
  ④ 굴착깊이가 깊거나 다층지반을 굴착하는 경우에는 보일링(boiling) 검토 시 투수계수에 따라 침투수압이 변화되는 침투해석을 통한 안정성 검토를 실시하여야 한다.
(4) 벽체의 근입깊이는 안정검토 시 안전율이 1.2 이상이 되어야 하며, 히빙(heaving)이나 보일링(boiling)에 대하여도 안정한 깊이로 설치하여야 한다.
(5) 해석에 사용되는 지반정수는 지반조사 자료를 토대로 산정하여야 한다.
(6) 각 조건의 설계 시 적용 안전율은 발주처의 기준을 우선하며, 별도의 기준이 없을 경우 **표 3.2-1**을 참조할 수 있다.

표 3.2-1 가설흙막이의 안전율

조건	안전율	비고
지반의 지지력	2.0	극한지지력에 대하여
활동	1.5	활동력(슬라이딩)에 대하여
전도	2.0	저항모멘트와 전도모멘트의 비
사면안정	1.1	1년 미만 단기안정성

근입깊이			1.2	수동 및 주동토압에 의한 모멘트 비
굴착저부의 안정	보일링	가설(단기)	1.5	사질토 대상. 단기는 굴착시점을 기준으로 2년 미만임
		영구(장기)	2.0	
	히빙		1.5	점성토
지반앵커	사용기간 2년 미만		1.5	인발저항에 대한 안전율
	사용기간 2년 이상		2.5	

(7) 흙막이 공사 시공 중 응력 변형 등의 계측결과가 설계 시 예측된 값보다 큰 경우 설계 내용을 재검토하여 굴착 중 및 굴착 완료 시의 안전성을 확보할 수 있어야 한다. 특히 지하수위 저하가 예측되거나 발생하는 경우 지하수 침투해석 등을 통하여 지반침하를 검토하고, 이에 대한 대책을 강구하여야 한다.

흙막이에 있어서 굴착바닥면의 안정 검토는 흙막이 구조 자체의 안정과는 다른 지반을 굴착함으로써 발생하는 현상인데, 이 책에서는 흙막이 벽체의 설계에 굴착바닥면의 안정 항목을 별도로 분류하여 다루는 것은 나름대로 이유가 있다. 이것은 흙막이 설계에서 가장 먼저 검토하는 항목이 근입깊이인데, 이 근입깊이의 검토에서 굴착바닥면의 안정 항목이 포함되어야 하기 때문이다. 흙막이는 굴착이 진행됨에 따라 굴착 쪽과 배면 쪽의 힘에 대한 불균형이 증가하여 굴착바닥면이 안정을 잃어버리면 지반의 상황에 따라 다양한 현상이 발생하여 흙막이벽은 크게 변형을 일으켜 흙막이 전체가 파괴에 이르는 때도 있는데, 이것은 흙막이 내부만의 문제뿐만 아니라 주변에도 큰 영향을 미치므로 굴착바닥면의 안정 검토는 무엇보다도 중요하다.

굴착바닥면의 안정은 지반의 상태뿐만이 아니라 흙막이 구조, 시공 방법, 주변 환경의 변화 등에도 영향을 준다. 예를 들면 흙막이벽의 강성이나 근입깊이가 부족하여 히빙이 발생한 경우, 굴착바닥면 아래의 지반개량이 충분하지 않아 히빙이 발생한 경우, 보링조사 구멍이나 말뚝의 타설에 의하여 교란된 지점에서 토사나 물이 용출되는 경우, 강우 때문에 배면 지반의 지하수위가 상승하여 보일링이 일어난 경우가 있다. 이처럼 굴착바닥면의 안정에 영향을 미치는 요인이 많으므로 설계에 있어서는 지반의 상태를 철저히 분석하여 영향을 미칠 수 있는 원인을 추출하여

표 3.2-1 굴착바닥면의 파괴 현상

	지반의 상태	발생 현상
히빙	 연약한 점성토 / 연약한 점성토 / 사질토 / 사질토 굴착바닥면 부근에 연약한 점성토가 있는 경우, 주로 충적점성토지반에서 소성·함수비가 높은 점성토가 두껍게 퇴적된 경우	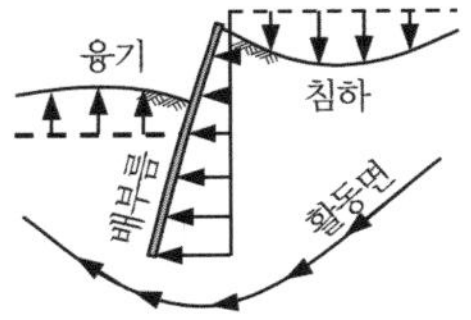 융기 / 침하 / 배부름 / 활동면 흙막이벽 배면의 흙 중량이나 흙막이벽에 인접한 지표면 하중 등에 의하여 활동면이 생겨 굴착바닥면의 융기, 흙막이벽의 배부른 현상, 주변 지반의 침하가 발생하여 최종적으로 흙막이의 붕괴에 이른다.
보일링	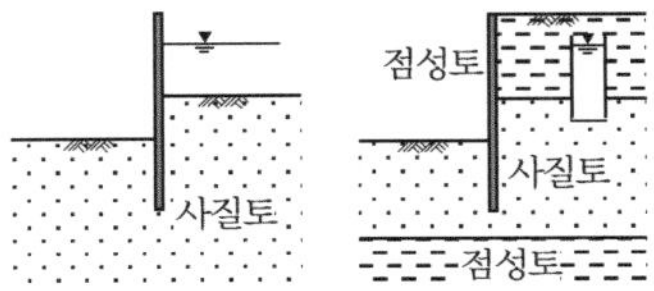 사질토 / 점성토 / 사질토 / 점성토 지하수위가 높은 사질토의 경우, 흙막이 부근에 하천이나 바다 등 지하수의 공급원이 있는 경우	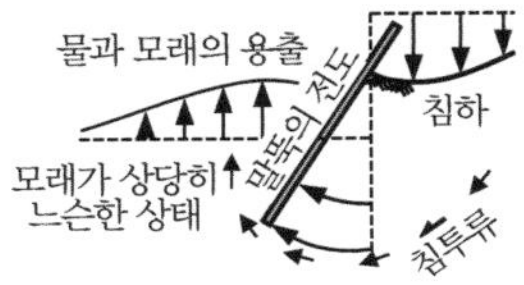 물과 모래의 용출 / 말뚝의 전도 / 침하 / 모래가 상당히 느슨한 상태 / 침투류 차수성의 흙막이를 사용하는 경우, 수위차이에 의하여 상향의 침투류가 생긴다. 이 침투압이 흙의 유효중량을 초과하면 끓어오르는 것처럼 솟아오르거나, 굴착바닥면의 흙이 전단저항이 손실되어 흙막이의 안정성을 잃어버린다.
파이핑	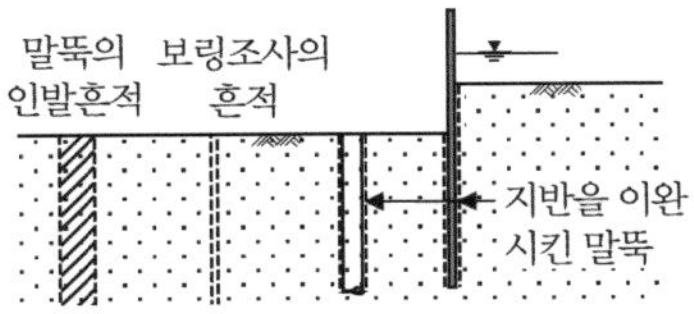 말뚝의 인발흔적 / 보링조사의 흔적 / 지반을 이완시킨 말뚝 보일링, 라이징과 같은 지반에서 물길이 만들어지기 쉬운 상태가 있는 경우, 인공적인 물길로 위의 그림과 같은 것이 있다.	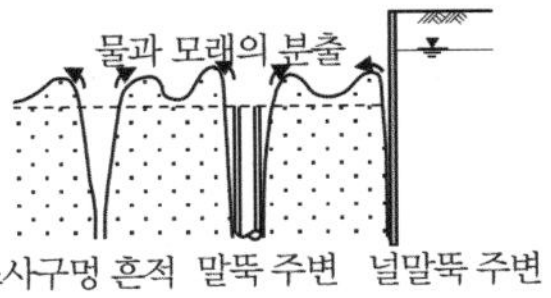 물과 모래의 분출 / 조사구멍 흔적 / 말뚝 주변 / 널말뚝 주변 지반의 약한 지점의 미세한 토립자가 침투액에 의해 씻겨서 흐르면 흙에 물길이 형성되어 그것이 점점 상류쪽에 미쳐, 조립자의 흙도 유출되어 물길이 확대된다. 최종적으로는 보일링형태의 파괴에 이른다.
라이징	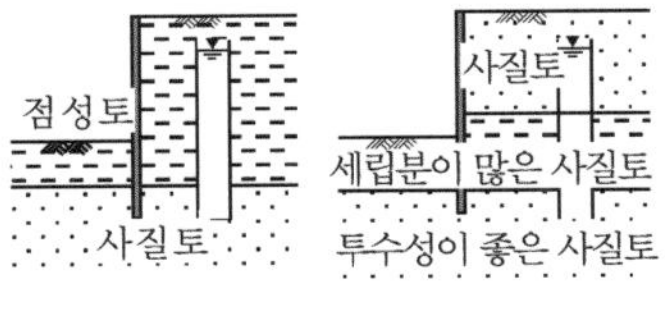 점성토 / 사질토 / 사질토 / 세립분이 많은 사질토 / 투수성이 좋은 사질토 굴착바닥면 부근의 난투수층, 수두가 높은 투수층으로 구성되어 있는 경우, 난투수층에는 점성토뿐만 아니라 세립분이 많은 사질토도 포함된다.	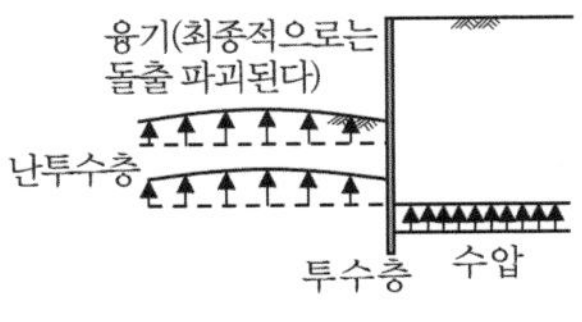 융기(최종적으로는 돌출 파괴된다) / 난투수층 / 투수층 / 수압 난투수층으로 인하여 상향의 침투류는 생기지 않지만, 난투수층 하면에 상향의 수압이 작용하여 이것이 위쪽의 흙 중량보다 커지는 경우에는 굴착바닥면이 부상하여 최종적으로는 난투수층이 돌출 파괴되어 보일링 형태의 파괴에 이른다.

출처 : 일본 トンネル標準示方書 開削工法·同解説(146쪽)

굴착바닥면에서 일어날 수 있는 현상을 예측하는 것이 중요하다. 이러한 현상을 분류한 것이 **표 3.2-1**과 같다. 설계 기준에는 표에서 분류한 항목이 수록된 일도 있고, 없는 때도 있다. 또한 각 검토항목에 대해서도 다양한 계산식이 제안되어 있어, 설계자 처지에서는 주어진 조건에 대하여 어떤 항목으로 어떤 계산식을 사용해야 하는지 판단이 서지 않는 경우가 있다. 따라서 이 장에서는 검토항목과 계산식을 비교하여 흙막이의 사용 목적과 시공 현장의 조건에 맞는 굴착바닥면의 안정을 검토할 수 있도록 하였다.

2.1 보일링에 의한 안정검토

사질토 지반과 같이 투수성이 큰 지반에서 강널말뚝(Steel Sheet Pile)과 같이 차수성이 큰 흙막이를 시공하여 굴착하는 경우에 굴착의 진행에 따라서 흙막이벽 배면과 굴착면의 수위 차이가 점차 벌어지게 된다. 이 수위 차에 의하여 굴착면 지반에 상향의 침투류가 생겨, 이 침투수압이 굴착면 쪽 지반의 유효중량을 초과하면 모래입자가 솟아오르는 상태가 된다. 이와 같은 현상을 **보일링(Boiling)**이라고 한다. 이 보일링 현상이 발생하면 굴착바닥면이 안정성을 잃어 최악의 상황에는 흙막이가 붕괴하기도 한다. 따라서 지하수위가 높은 사질토 지반이나 지하수를 공급하는 공급원인 하천이나 바다에서 시공할 때는 보일링 발생 가능성을 검토하여 안정성을 확보하여야 한다. 국내의 설계기준에는 보일링을 검토하는 방법으로 대부분이 Terzaghi의 방법과 한계동수구배의 방법이 사용하고 있지만, 보일링 검토 방법 중에서 흙막이에 적합한 5가지 방법을 선택하여 정리하였다.

2.1.1 Terzaghi의 방법

Terzaghi에 의한 보일링의 방법은 아래와 같이 계산한다.

$$F_s = \frac{W}{U} = \frac{2\gamma' \cdot L_d}{\gamma_w \cdot h_w} \tag{3.2-1}$$

여기서, F_s : 보일링에 대한 안전율 ($F_s \geq 1.5 \sim 2.0$)

W : 흙의 유효중량 (kN/m^3)

U : 평균 과잉 간극수압 (kN/m^2)

γ' : 흙의 수중단위중량 (kN/m^3)

γ_w : 물의 단위중량 (kN/m^3)

L_d : 벽체의 근입깊이 (m)

h_w : 수위 차이 (m)

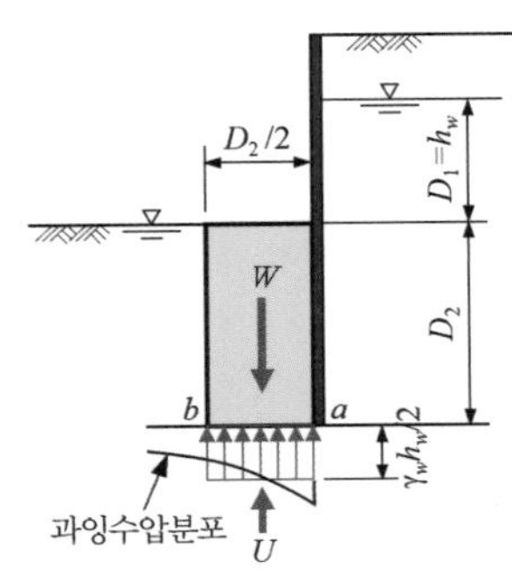

(a) 지하수위가 원지반보다 낮은 경우

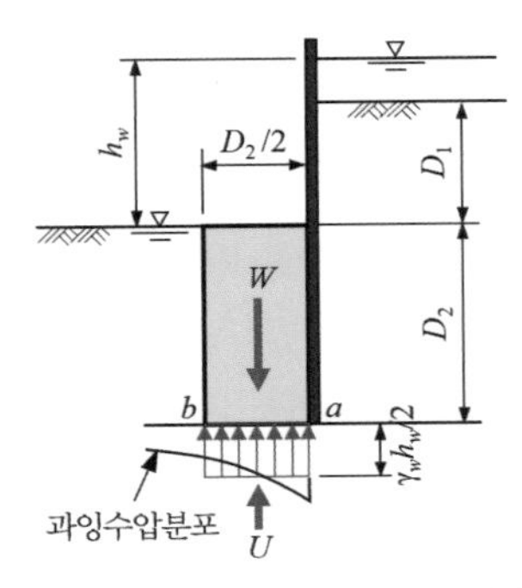

(b) 지하수위가 원지반보다 높은 경우

그림 3.2-1 Terzaghi의 방법

2.1.2 흙막이 형상을 고려하는 방법

日本道路土工−仮設構造物工指針(1999), 2-9-3(76쪽)

이 방법은 일본의 가설구조물공지침에 기재되어 있는 방법으로 Terzaghi의 방법을 기본으로 하여 일본토목연구소에서 실험과 해석을 통하여 흙막이의 형상에 관한 보정계수를 곱한 과잉간극수압과 근입깊이의 1/2에 상당하는 붕괴 폭만큼의 흙에 대한 유효중량을 이용하여 검토하는 방법으로서 가설구조에 적합하도록 수정한 방법이다.

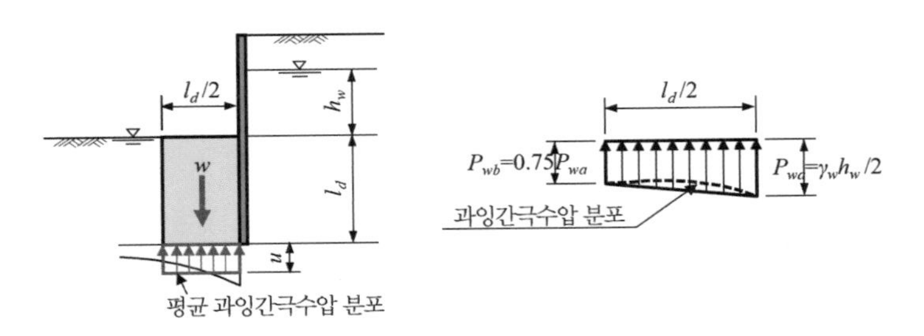

그림 3.2-2 흙막이 형상을 고려하는 방법

$$F_s = \frac{w}{u} \tag{3.2-2}$$

여기서, F_s : 보일링 안전율 (단기 : $F_s \geq 1.5$, 장기 : $F_s \geq 2.0$)

w : 흙의 유효중량(kN/m^2)

$$w = \gamma' \cdot l_d \tag{3.2-3}$$

u : 흙막이벽의 선단 위치에 작용하는 평균 과잉간극수압(kN/m^2)

$$u = \lambda \frac{1.57\gamma_w \cdot h_w}{4} \quad \text{단, } u \leq \gamma_w \cdot h_w \tag{3.2-4}$$

γ' : 흙의 수중단위중량(kN/m^3)

l_d : 흙막이벽의 근입깊이(m)

λ : 흙막이 형상에 관한 보정계수

· 사각형 형상일 때 : $\lambda = \lambda_1 \lambda_2$

· 원형 형상일 때 : $\lambda = -0.2 + 0.2(D / l_d)^{-0.2}$

(단, $\lambda < 1.6$이면 $\lambda = 1.6$)

D : 원형 형상의 흙막이 지름(m)

λ_1 : 굴착 폭에 관한 보정계수

$\lambda_1 = 1.30 + 0.7(B / l_d)^{-0.45}$ (단, $\lambda_1 < 1.5$이면 $\lambda_1 = 1.5$)

λ_2 : 흙막이 평면 형상에 관한 보정계수

$\lambda_2 = 0.95 + 0.09(L/B + 0.37)^{-2}$

(L/B는 평면 형상의 [긴 변/짧은 변]으로 한다)

γ_w : 물의 단위중량(kN/m^3)

h_w : 수위 차이(m)

여기서, 굴착 형상에 관한 보정계수는 각종 Parameter에 대한 유한요소법에 따라 침투류해석 결과를 정리하여 얻어진 것이다.

2.1.3 한계동수구배에 의한 방법

한계동수구배에 의한 방법은 아래와 같이 계산한다.

$$F_s = \frac{\gamma'(D_1 + 2D_2)}{\gamma_w \cdot h_w} \tag{3.2-5}$$

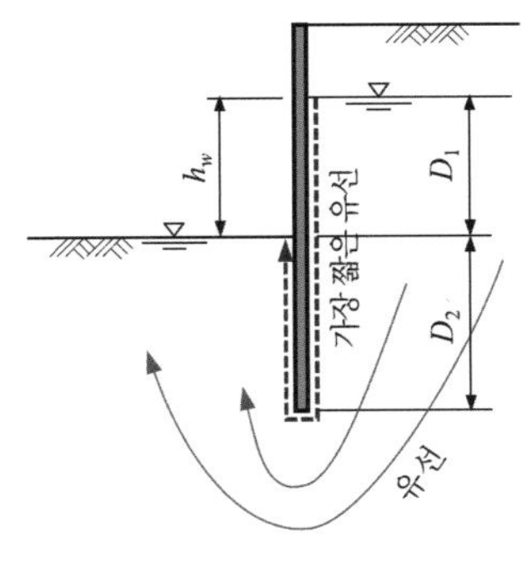

(a) 지하수위가 원지반보다 낮은 경우

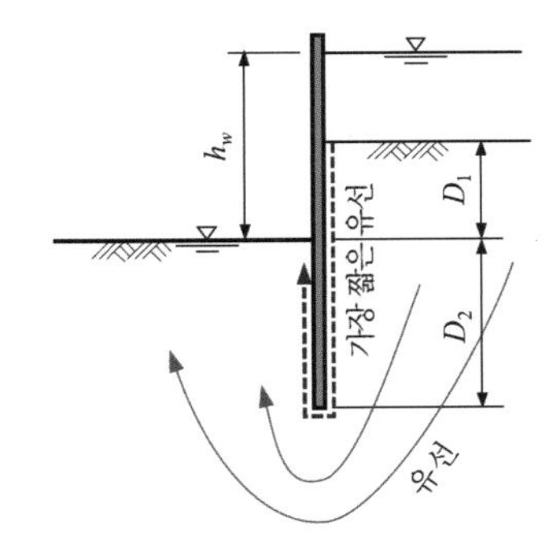

(b) 지하수위가 원지반보다 높은 경우

그림 3.2-3 한계동수구배에 의한 방법

여기서, F_s : 보일링에 대한 안전율

i_c : 한계동수구배

$$i_c = \frac{G_s - 1}{1+e} = \frac{\gamma'}{\gamma_w} \qquad (3.2\text{-}6)$$

G_s : 토입자의 비중

e : 간극비

γ' : 흙의 수중단위중량 (kN/m^3)

γ_w : 물의 단위중량 (kN/m^3)

i : 동수구배

$$i = \frac{h_w}{D_1 + 2D_2} \qquad (3.2\text{-}7)$$

h_w : 수위 차이 (m)

D_1 : 배면측 지표면과 배면측 수위의 깊은 곳에서 굴착 바닥면까지의 거리 (m)

D_2 : 흙막이벽의 근입깊이 (m)

2.1.4 2층계 지반의 방법

이 방법은 굴착흙막이공설계지침(안)(1982년 3월, 구일본건설성토목연구소) 및 설계기준(안) 토목설계편 (1992년 4월, 일본하수도사업단)에 기재되어 있는 방법으로 다음과 같다.

(1) 흙막이벽 하단 부근의 안전율

$$F_s = \frac{W_1 + W_2}{U_a} = \frac{\gamma_1' \cdot \beta \cdot L_d + \gamma_2'(1-\beta) \cdot L_d}{(h_a + h_a') \cdot \gamma_w / 2} \qquad (3.2\text{-}8)$$

(2) 지층 경계에서의 안전율

$$F_s = \frac{W_1}{U_b} = \frac{\gamma_1' \cdot \beta \cdot L_d}{(h_b + h_b') \cdot \gamma_w / 2} \qquad (3.2\text{-}9)$$

여기서, F_s : 보일링에 대한 안전율 ($F_s \geq 1.2 \sim 1.5$)

U_a : $a - a'$ 간의 과잉간극수압 (kN/m²)

U_b : $b - b'$ 간의 과잉간극수압 (kN/m²)

W_1 : 상층 흙의 유효중량 (kN/m²)

W_2 : 하층 흙의 유효중량 (kN/m²)

h_a : a 점의 과잉간극수두

$$H \geq h_w \text{의\_ 경우} : \alpha = \frac{\alpha}{1 - \beta(k-1)} \qquad (3.2\text{-}10)$$

$$H < h_w \text{의\_ 경우} : \alpha = \frac{h_w}{\{1 - \beta(k-1)\} \cdot L_d} \qquad (3.2\text{-}11)$$

H : 굴착깊이 (m)

α : 굴착깊이와 근입깊이의 비 ($= H / L_d$)

h_a' : a' 점의 과잉간극수두 ($= 0.57\, h_a$)

h_b : b 점의 과잉간극수두

$$\beta = \frac{k \cdot \beta}{1 + \beta(k-1)} \qquad (3.2\text{-}12)$$

h_b' : b' 점의 과잉간극수두

$$\xi = \frac{1}{2\{1 + \beta(k-1)\}} \qquad (3.2\text{-}13)$$

h_w : 수위 차이 (m)

γ_w : 물의 단위중량 (kN/m³)

L_d : 흙막이벽의 근입깊이 (m)

K : 상층과 하층의 투수계수 비 (k_2 / k_1)

k_1, k_2 : 흙의 투수계수

γ_1, γ_2 : 흙의 수중단위중량 (kN/m³)

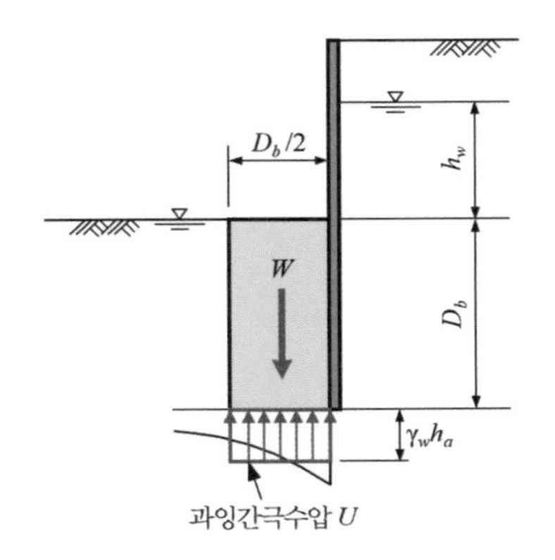

그림 3.2-4 굴착 폭의 영향을 고려한 방법

2.1.5 굴착 폭의 영향을 고려한 방법

鐵道構造物設計標準·同解說-開削トンネル(2001年)

이 방법은 일본의 철도종합기술연구소가 발행한 철도구조물설계표준·동해설-개착터널에 기재되어 있는 방법으로 Terzaghi의 방법을 수정한 것이다. Terzaghi의 실험에서는 보일링이 발생하는 폭은 흙막이 근입깊이의 1/2까지인 것을 확인할 수 있다. 이 때문에 보일링이 발생하려고 하는 힘은 근입 선단의 폭 $D_b/2$에 작용하는 과잉간극수압(U)이며, 이것에 저항하는 힘은 흙의 중량인 W가 된다. 따라서 아래와 같이 나타낼 수 있다.

$$F_s = \frac{W}{U} = \frac{\gamma' \cdot D_b}{\gamma_w \cdot h_a} \geq 1.5 \quad (3.2\text{-}14)$$

여기서,

$$W = 1/2\, D_b^2 \gamma' \quad (3.2\text{-}15)$$

$$U = 1/2\, D_b h_a \gamma_w \quad (3.2\text{-}16)$$

$$h_a = \lambda a \left(B/D_b\right)^{-b} h_w \quad (3.2\text{-}17)$$

$$\left.\begin{aligned} a &= 0.57 - 0.0026 h_w \\ b &= 0.27 + 0.0028 h_w \end{aligned}\right\} \quad (3.2\text{-}18)$$

F_s : 안전율

γ' : 근입부의 흙의 단위중량(수위 이상은 습윤중량, 수위 이하는 수중중량)

D_b : 흙막이벽의 근입깊이(m)

h_a : 평균 과잉간극수두
γ_w : 물의 단위중량(kN/m^3)
h_w : 수위 차이(m)
B : 굴착 폭(m)
λ : 3차원 효과에 대한 보정계수(일반적으로는 1.25)

여기서 저항 토괴에 작용하는 평균 과잉간극수두 h_a는 종래 $h_a = h_w/2$가 작용하는 것으로 하였다. 이 값은 굴착 폭이 크고 2차원적인 침투조건에 있어서 굴착 배면의 흙의 손실수두를 무시한 상황에 해당하므로 비교적 얕은 굴착을 할 때는 실제와 크게 다르지 않고 안전한 가정이 될 수 있다. 그러나 굴착이 대심도이고 폭이 좁은 굴착에 있어서는 올바른 값을 얻을 수 없으므로 굴착 폭이나 굴착깊이 등의 굴착 형상을 고려할 필요가 있다. 그래서 이 연구소에서는 2차원 침투류해석에 의해서 구한 Potential 분포에서 굴착 폭과 근입깊이를 주요 파라미터로 하여 식(5.1.17)에 의해 평균 과잉간극수두 h_a를 산출하는 것으로 하고 있다.

λ는 2차원 해석 결과에 대하여 3차원적으로 고려한 할증계수인데, $\lambda = 1.25$는 표준적인 굴착 형상에 대한 값이므로 3차원적인 침투가 지배적인 조건에서는 3차원 침투류해석에 의한 상세한 검토를 하여 직접 h_a를 구하는 것이 좋다. 역으로 굴착 폭보다 굴착연장이 긴 경우에 2차원적인 침투현상이 타당하다고 생각될 때 있어서는 $\lambda = 1.0$으로 하는 것이 좋다. 이상과 같이 5가지의 보일링에 대한 검토 방법을 살펴보았는데, 일본토목학회가 발행한 터널표준시방서[개착공법]·동해설의 "3.2 굴착 바닥면의 안정에 관한 자료"에 보면 굴착 폭을 고려한 보일링 식에 관한 검토를 한 것이 수록되어 있는데, 위의 보일링방법 중에서 Terzaghi방법(안전율= 1.2), Terzaghi방법(안전율= 1.5), 흙막이 형상을 고려하는 방법, 굴착 폭을 고려하는 방법 등 4가지에 대하여 굴착 폭을 고려하여 비교하였다. 이 자료에 의하면 Terzaghi방법은 굴착 폭에 상관없이 근입깊이가 일정하게 계산되었으며, 나머지 2가지 방법은 굴착 폭이 작을수록 필요근입깊이는 Terzaghi방법에 비해 큰 값으로 나타났는데, 굴착 폭이 약 30m일 경우에 Terzaghi방법의 안전율을 1.5로 하였을 때와 근입깊

이가 거의 일치하는 것으로 계산되었다. 즉, 굴착 폭이 30m 이내면 굴착 폭의 영향을 고려하는 방법으로 보일링을 검토하는 그것이 더 안전한 설계가 될 수 있다.

터널표준시방서[개착공법]·동해설(일본토목학회) "3.2 굴착바닥면의 안정에 관한 자료" (298쪽)

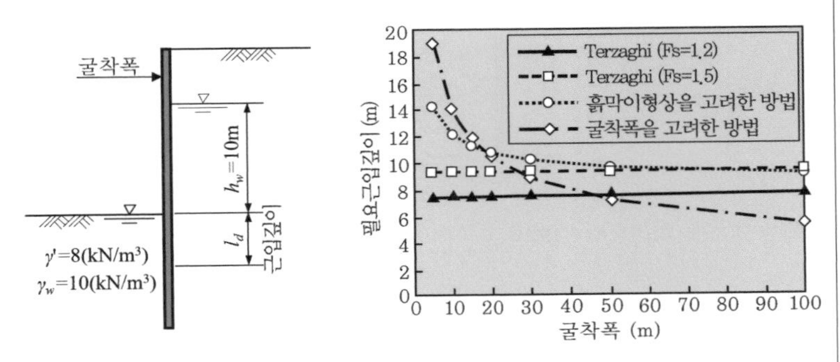

그림 3.2-5 보일링 검토 방법에 따른 비교

흙막이벽의 선단 위치에서 발생하는 과잉간극수압은 굴착 폭뿐만 아니라 흙막이 형상의 영향도 크게 받는데, Terzaghi방법은 흙막이벽의 형상을 고려할 수 없는 방법이다. 따라서 흙막이 형상을 고려하는 방법에서는 흙막이벽의 형상이 사각형과 원형일 경우를 고려할 수 있으므로, CIP, SCW 및 강관널말뚝 등 원형 형상을 사용할 때는 이 방법을 사용하여 비교검토를 하는 것이 좋을 것이다.

2.2 파이핑에 의한 안정검토

파이핑(Piping)이란 것은 보일링 상태가 국부적으로 발생하여 그것이 흙막이벽 부근이나 중간말뚝 등과 같이 흙과 콘크리트 또는 강재 등 이질의 접촉면을 따라 위쪽으로 깊은 두께에 걸쳐 파이프 모양으로 보일링이 형성되는 현상을 파이핑이라 한다. 엄밀히 따지면 보일링 현상이라고 할 수 있지만, 침투 유로 길이와 수위 차이의 비를 고려한 식에 의하여 검토하므로 보일링과는 차이가 있다. 국내의 설계기준에는 이 파이핑에 대한 검토 방법이 명확히 기재되어 있지 않은데, 반면에 일본에서는 각 기준에 파이핑에 대하여 명확히 구분하여 기재하고 있다. 일본의 수도고속도로공단에서 발행한 가설구조물설계요령에 있는 파이핑 검토 식은 다음과 같다.

首都高速道路仮設構造物設計要領(2003) 그림 8.2.1(63쪽)

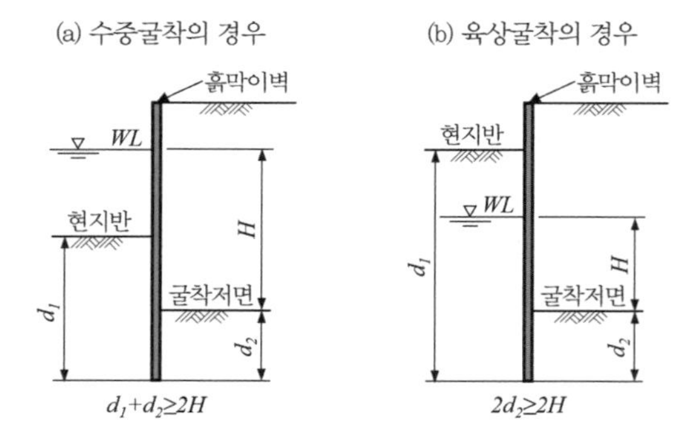

그림 3.2-6 파이핑의 검토방법

$$d_1+d_2 \geq 2H \text{ (수중굴착의 경우)} \quad (3.2\text{-}19)$$

$$2d_2 \geq 2H \text{ (육상굴착의 경우)} \quad (3.2\text{-}20)$$

여기서, d_1 : 현 지반에서의 근입깊이 (m)

d_2 : 굴착바닥면에서의 근입깊이 (m)

H : 수면에서 굴착바닥면까지의 높이 (m)

トンネル標準示方書 開削工法・同解説(2006) 그림 3.19(149쪽)

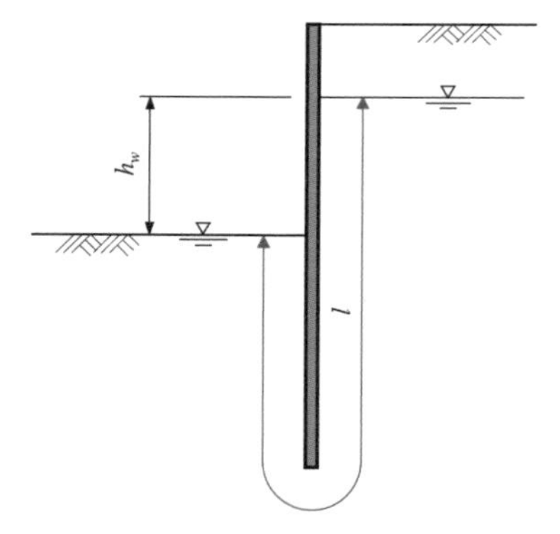

그림 3.2-7 파이핑의 검토방법(일본토목학회)

한편, 일본토목학회가 발행한 터널표준시방서에 보면 파이핑은 이른바 물길이 생기는 것으로 지반이 약한 부분에서 발생한다. 자연 상태의 지반에서는 파이핑에 대하여 크리프 비의 고려 방법을 사용하여 검토한다.

크리프 비의 고려 방법은 **그림 3.2-7**과 같이 유선길이와 수위 차이의 비를 크리프 비(l/h_w)로 하여, 지반의 종류에 따른 크리프 비를 확보하는 방법이다. 일반적으로 2 이상의 크리프 비를 확보하는 것이 좋다. 단, 투수계수가 매우 큰 지반을 유선 길이로 고려하는 것은 때에 따라서는 위험 측의 값을 주기 때문에 주의가 필요하다. 파이핑 현상은 굴착에 앞서서 타설한 말뚝둘레, 말뚝이나 널말뚝의 인발 흔적, 보링조사 홀 흔적 등에서 발생하는 경우가 있다.

$$l/h_w \geq 2 \tag{3.2-21}$$

여기서, l/h_w : 크리프 비

l : 유선길이 (m)

h_w : 수위 차이 (m)

2.3 히빙에 의한 안정 검토

연약한 지반을 굴착할 때에 굴착바닥면의 흙 중량 및 과재하중이 굴착바닥면 지반의 지지력보다 크게 되면 지반 내의 흙이 활동을 일으켜 굴착바닥면이 부풀어 오르는데 이러한 현상을 **히빙(Heaving)**이라고 한다. 히빙은 충적점성토 지반과 같이 함수비가 높은 점성토가 두껍게 퇴적된 지반에서는 굴착의 진행에 따라서 히빙의 위험성이 증가한다.

히빙의 검토 방법은 크게 두 가지로 나눌 수 있는데, 지지력 이론에 바탕을 둔 하중-지반지지력 식에 의한 방법과 활동면을 가정한 모멘트 평형에 의한 방법이 있다. 일반적으로 모멘트평형에 의한 방법을 많이 사용하고 있는데, 이 방법은 깊이에 따른 비배수전단강도의 변화를 고려할 수 있는 특징이 있기 때문이다.

히빙의 검토 방법은 여러 가지가 있는데, 히빙이 발생할 가능성이 있다고 판단되는 점성토 지반에서 히빙을 검토하기에 앞서 Peck이 제안한 안정계수(N_b)로 안정성 여부를 먼저 판단하여 안정계수 N_b가 (3.2-22)식을 만족하면 히빙에 대한 검토를 생략하여도 좋다. 그러나 N_b가 3.14를 초과하면 소성영역이 굴착바닥면의 코너에서 발생하기 시작하여 N_b

가 5.14에 이르면 바닥면에 파괴가 일어난다. 따라서 N_b가 3.14를 초과하면 여러 가지 히빙 식을 사용하여 상세한 검토를 하여야 한다.

$$N_b = \frac{\gamma H}{S_u} < 3.14 \tag{3.2-22}$$

여기서, N_b : 굴착바닥면의 안정계수

γ : 흙의 습윤단위중량 (kN/m^3)

H : 굴착깊이 (m)

S_u : 굴착바닥면 부근 지반의 비배수전단강도 (kN/m^2)

2.3.1 Terzaghi-Peck의 검토 방법

활동면의 형상을 **그림 3.2-8**에 표시한 것과 같이 가정하면, $c_1 d_1$면에 작용하는 하중 P_r는 다음 식으로 나타낸다.

$$P_r = \gamma_t H - \frac{\sqrt{2}}{B} cH + q \tag{3.2-23}$$

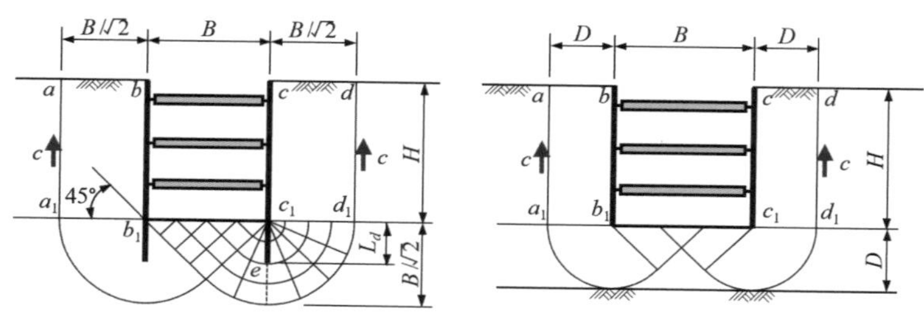

(a) 단단한 지반이 깊은 경우 (b) 단단한 지반이 얕은경우

그림 3.2-8 Terzaghi-Peck의 히빙검토 방법

Terzaghi에 따르면 점성토 지반의 극한지지력은 $q_d = 5.7\, S_u$가 되므로 안전율은 다음과 같다.

(1) 단단한 지반이 깊은 경우 ($D \geq B/\sqrt{2}$)

$$F_s = \frac{q_d}{P_r} = \frac{5.7 S_u}{\gamma_t H - \frac{\sqrt{2 S_u} H}{B} + q} \geq 1.5 \tag{3.2-24}$$

(2) 단단한 지반이 얕은 경우 ($D < B/\sqrt{2}$)

$$F_s = \frac{q_d}{P_r} = \frac{5.7S_u}{\gamma_t H - \dfrac{S_u H}{D} + q} \geq 1.5 \qquad (3.2\text{-}25)$$

여기서, F_s : 안전율
q_d : 점성토 지반의 극한지지력 (kN/m^2)
P_r : $c_1\,d_1$ 면에 작용하는 하중 (kN/m^2)
S_u : 비배수전단강도 (kN/m^2)
γ_t : 흙의 습윤단위중량 (kN/m^3)
H : 굴착깊이 (m)
q : 과재하중 (kN/m^2)
B : 굴착 폭 (m)
D : 굴착바닥면에서부터 단단한 지반까지의 거리 (m)

이 방법의 특징은 ① Terzaghi 지지력공식을 기본으로 한다. ② 배면 지반의 연직방향 전단저항이 있다. ③ 굴착 폭의 영향을 고려할 수 있다. ④ 단단한 지반까지의 깊이를 고려할 수 있다.

2.3.2 Tschebotarioff의 방법

(1) 단단한 지반이 깊은 경우(D≥B)

■ $L < 2B$일 때

$$F_s = \frac{5.14S_u\left(1 + 0.44 \times \dfrac{2B - L}{L}\right)}{\gamma_t H + q - 2S_u\left(\dfrac{1}{2B} + \dfrac{2B - L}{BL}\right)H} \qquad (3.2\text{-}26)$$

■ $L \geq 2B$일 때

$$F_s = \frac{5.14S_u}{\gamma_t H + q - \dfrac{S_u}{B}H} \qquad (3.2\text{-}27)$$

(2) 단단한 지반이 비교적 얕은 경우(D<B)

■ $L \leq D$일 때

$$F_s = \frac{5.14 S_u \left(1 + 0.44 \times \dfrac{D}{L}\right)}{\gamma_t H + q - 2S_u \left(\dfrac{1}{2D} + \dfrac{1}{L}\right) H} \tag{3.2-28}$$

■ $D < L < 2D$일 때

$$F_s = \frac{5.14 S_u \left(1 + 0.44 \times \dfrac{2D - L}{L}\right)}{\gamma_t H + q - 2S_u \left(\dfrac{1}{2D} + \dfrac{2D - L}{DL}\right) H} \tag{3.2-29}$$

■ $L \geq 2D$일 때

$$F_s = \frac{5.14 S_u}{\gamma_t H + q - \dfrac{S_u}{D} H} \tag{3.2-30}$$

여기서, F_s : 안전율
S_u : 비배수전단강도 (kN/m^2)
γ_t : 흙의 습윤단위중량 (kN/m^3)
H : 굴착깊이 (m)
q : 과재하중 (kN/m^2)
B : 굴착 폭 (m)
L : 굴착 길이 (m)
D : 굴착 바닥면에서부터 단단한 지반까지의 거리 (m)

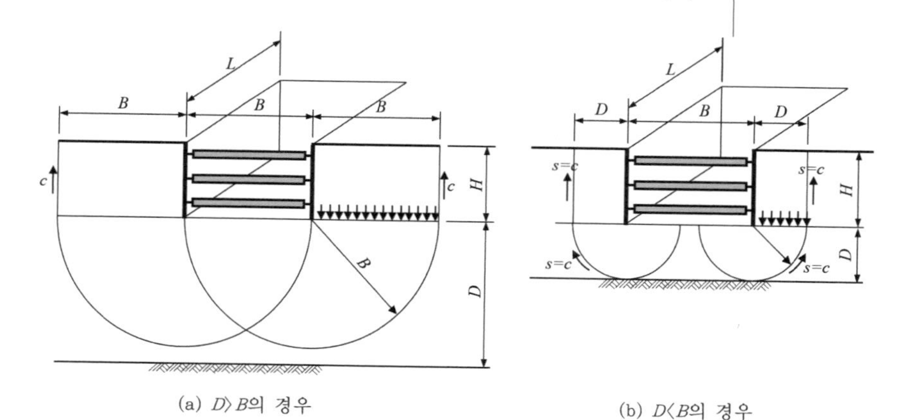

(a) $D>B$의 경우 (b) $D<B$의 경우

그림 3.2-9 Tschebotarioff방법

이 방법의 특징은 ① 원호활동면을 가정하고 있지만, 계수는 Prandtl의 지지력 공식을 사용한다. ② 배면 지반의 연직 방향 전단저항이 있다. ③ 굴착 폭과 굴착 길이의 영향을 고려할 수 있다. ④ 단단한 지반까지의 깊이를 고려할 수 있다.

2.3.3 Bjerrum & Eide의 방법

$$F_s = N_c \times \frac{S_u}{\gamma_t H + q} \tag{3.2-31}$$

여기서, F_s : 안전율

N_c : Skempton의 지지력계수

S_u : 흙의 비배수전단강도 (kN/m²)

γ_t : 흙의 습윤단위중량 (kN/m³)

H : 굴착깊이 (m)

q : 과재하중 (kN/m²)

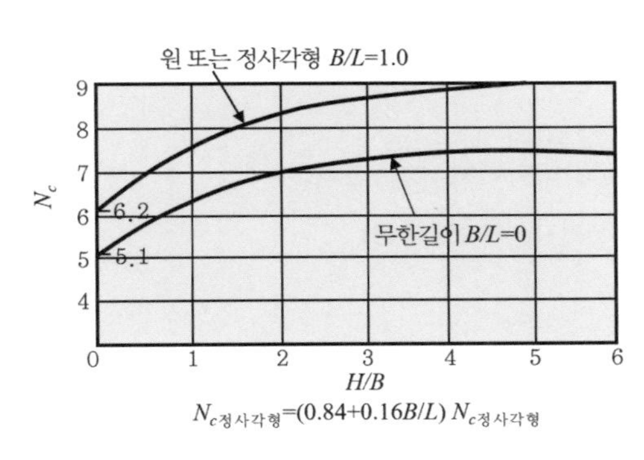

그림 3.2-10 Skempton의 지지력계수

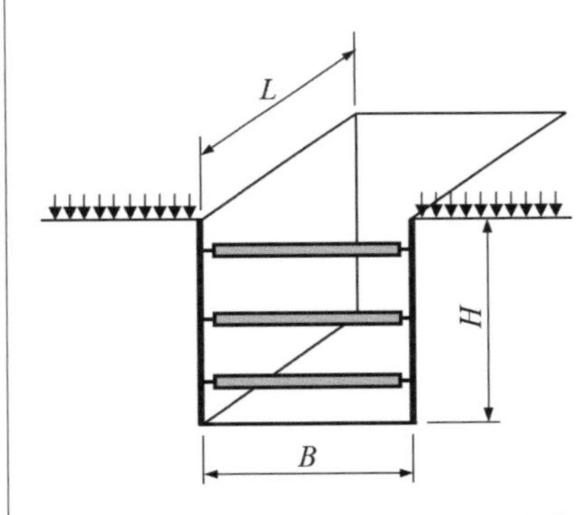

그림 3.2-11 Bjerrum & Eide의 방법

이 방법의 특징은 ① Skempton의 지지력공식을 기본으로 한다. ② 배면 지반의 연직방향 전단저항이 없다. ③ 굴착 폭의 영향을 고려할 수 있으며, 평면 형상에 따른 지지력계수가 있다.

2.3.4 일본건축학회 수정식

山留め設計指針(2017)
6.3.1 히빙(134쪽)

■ 버팀보를 사용하는 경우 : 활동원의 중심은 바로 위 버팀보 설치 위치로 한다.

$$F_s = \frac{M_r}{M_d} = \frac{x\int_0^{\pi/2+\alpha} Su \cdot x \cdot d\theta}{W\frac{x}{2}} \geq 1.2 \qquad (3.2\text{-}32)$$

■ 자립식의 경우 : 활동원의 중심은 굴착 저면 위치로 한다.

$$F_s = \frac{M_r}{M_d} = \frac{x\int_0^{\pi} Su \cdot x \cdot d\theta}{W\frac{x}{2}} \geq 1.5 \qquad (3.2\text{-}33)$$

여기서, F_s : 안전율

M_r : 단위길이 당 활동면에 연한 지반의 전단저항모멘트 (kN·m/m)

M_d : 단위길이 당 배면토괴에 의한 활동모멘트 (kN·m/m)

S_u : 지반의 비배수전단강도 (kN/m^2)

x : 검토 활동원의 반경 (m)

α : 최하단 버팀보 중심에서 굴착바닥면까지의 간격과 검토 활동원호의 반경에서 정해지는 각도 (rad). 단, $\alpha<\pi/2$

W : 단위길이 당 활동력 (kN/m). $W = x(\gamma_t H + q)$

q : 지표면에서의 과재하중 (kN/m^2)

γ_t : 흙의 습윤단위중량 (kN/m^3)

H : 굴착깊이 (m)

참고로 일본건축학회 구기준(1988년)에서는 계산식이 (3.2-32)~(3.2-33) 식과 같지만, x값을 취하는 방식이 다른데, 구기준에서는 x값을 굴착바닥면을 중심으로 한 활동원의 반경으로 하는 것이 다르다(**그림 3.2.-12**의 우측 그림).

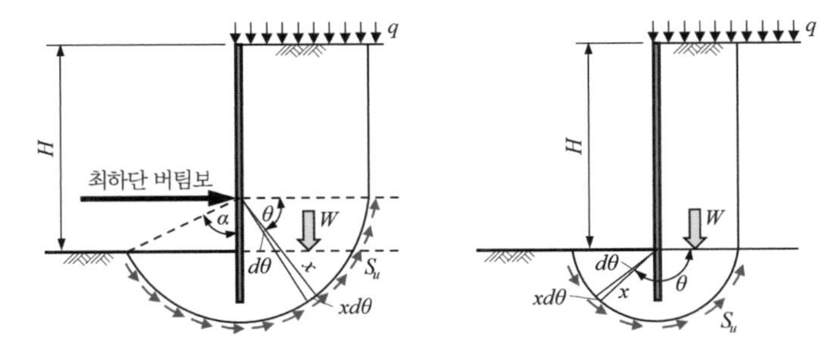

그림 3.2-12 일본건축학회수정식에 의한 히빙 검토 방법

이 방법의 특징은 ① 최하단 버팀보에 중심을 둔 원호활동면을 가정, ② 배면 지반의 연직방향 전단저항이 없고, ③ 지반의 강도변화를 고려할 수 있다.

2.3.5 도로설계요령의 방법

도로설계요령 제8-4편 가설구조물(684쪽)

도로설계요령에는 아래와 같이 히빙의 검토 방법이 수록되어 있다.

$$F_s = \frac{x\int_0^r S_u(z)x^2 d\theta + \int_0^H S_u(z)x dz}{\dfrac{(\gamma_t H + q)x^2}{2}} \tag{3.2-34}$$

여기서, F_s : 안전율

x : 굴착바닥면을 중심으로 한 활동원의 임의반경(m)

$S_u(z)$: 깊이의 함수로 나타내는 흙의 비배수전단강도(kN/m²)

γ_t : 흙의 습윤단위중량(kN/m³)

H : 굴착깊이(m)

q : 지표면에서의 과재하중(kN/m²)

F_s 가 최소가 되는 $x=x_o$ (가능활동깊이)가 가상지지점보다 얕은 경우 또는 이것보다 깊어도 $x=x_o$에 있어서 $F_s \geq 1.2$일 때에는 히빙에 대하여 안전하다고 본다. x_o가 가상지지점보다 깊고 $F_s < 1.2$의 경우에는 x_o로 가상지지점을 이동하여 흙막이벽의 단면 및 변위를 검토한다. 단, x_o의 최댓값은 5m로 하고 근입깊이는 x_o의 계산 값에 5m를 더한 것으로 한

다. 가능 활동깊이 x_o는 비배수전단강도 S_u가 깊이 방향으로 증가하는 것을 고려한 경우에만 산출하므로 $S_u=2.0z$ (S_u는 비배수전단강도 (kN/m^2)) 또는 지표면서의 깊이(m)로 하고 있다. 이 방법의 특징은 다음과 같다.

① 굴착바닥면에 중심을 둔 원호 활동을 가정
① 배면 지반의 연직 방향 전단저항이 있다.
② 깊이 방향의 강도 증가를 고려할 수 있다.

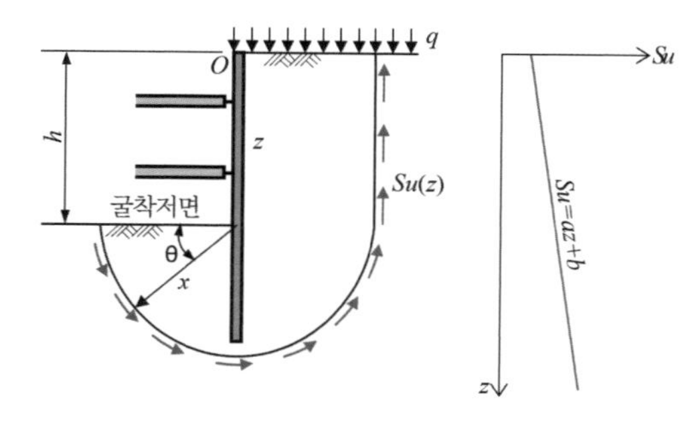

그림 3.2-13 **도로설계요령에 의한 히빙검토 방법**

2.3.6 일본 도로토공-가설구조물공 지침의 방법

日本道路土工-仮設構造物工指針(1999), 2-9-3 굴착저면의 안정 (83쪽)

$$F_s = \frac{M_r}{M_d} = \frac{x\int_0^{\pi/2+\alpha} S_u(z)xd\theta}{W\dfrac{x}{2}} \tag{3.2-35}$$

여기서,
F_s : 안전율
x : 최하단 버팀보를 중심으로 한 활동원의 임의반경(m)
$S_u(z)$: 깊이의 함수로 나타내는 흙의 비배수전단강도(kN/m^2)
γ_t : 흙의 습윤단위중량(kN/m^3)
H : 굴착깊이(m)
q : 지표면에서의 과재하중(kN/m^2)

이 방법의 특징은 다음과 같다.

① 최하단 버팀보에 중심을 둔 원호활동면을 가정

② 배면 지반의 연직방향 전단저항이 없다.

③ 지반의 강도변화를 고려할 수 있다.

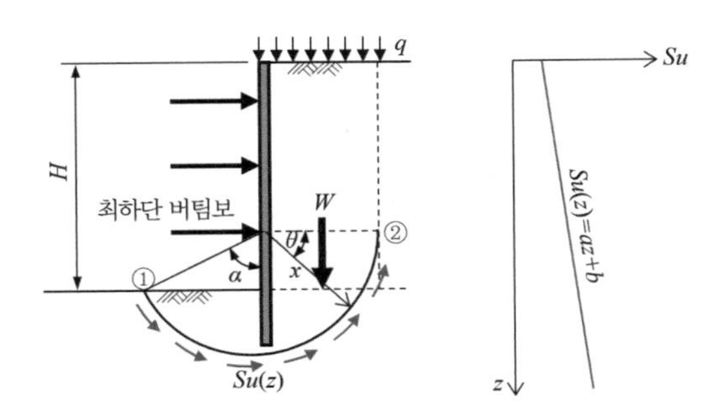

그림 3.2-14 **일본가설구조물공 지침에 의한 방법**

이상과 같이 흙막이에서 사용하는 히빙의 검토 방법에 대하여 알아보았는데, 설계 기준이나 지침 등에서는 위에서 설명한 각각의 방법 중에서 한가지 만을 수록한 예도 있고, 여러 가지 방법을 수록한 예도 있다.

설계자 측면에서 보면 여러 개의 방법 중에서 어떤 것을 사용해야 하는지, 이 현장에는 어떤 방법을 사용해야 하는지 고민을 해야 하는 경우가 있다. 물론 사전 조사를 철저히 하여 현장에 적합한 방법을 찾는 것이 무엇보다도 중요하지만, 설계 단계에서는 안정 검토에 필요한 사전 조사를 철저히 할 수 없는 경우가 대부분이므로 가장 적합한 방법으로 최적의 설계를 하기는 매우 어려운 사항이다. 설계기준이나 지침 등에는 구체적으로 토질이나 수질, 현장상태 등 특정현장에 적합한 적용성에 대한 언급이 없으므로 각 제안식의 비교 검토를 통하여 선택의 폭이나 방향에 참고하기를 바란다.

2.4 라이징에 의한 안정 검토

라이징(Rising)이란 굴착바닥면 아래에 점성토지반이나 세립분이 많이 함유된 세사 층과 같은 난투수층이 있고, 그 아래에 피압대수층이 있는 경우에 투수층의 양압력이 난투수층의 중량보다 크면 굴착바닥면이 부상하여 최종적으로 보일링현상이 일어나는 것을 말한다. 흔히 알고 있는 양압력과 비슷한 현상인데, 일반적으로 보일링은 사질토지반에서 일어나는 현상이지만, 라이징은 점성토지반에서도 일어나기 때문에 보일링과는 구별이 된다. 국내의 설계 기준이나 지침, 시중에 나와 있는 참고도서에는 거의 소개되어 있지 않은 안정검토로서 여기서는 일본의 문헌을 참고로 기술하도록 한다. 라이징의 검토방법은 하중밸런스방법을 기본으로 흙막이벽과 지반의 마찰저항을 고려하는 방법 등 3가지 방법이 있다.

2.4.1 하중밸런스방법

굴착 폭이 크고 흙막이벽 근입부와 지반과의 마찰저항이나 난투수층의 전단저항력을 기대할 수 없는 경우에 **그림 3.2.-15**와 같이 난투수층의 하면에 작용하는 수압과 난투수층 위쪽의 흙 중량의 평형을 고려하여 계산하는 방법이다. 필요안전율은 정확히 구할 수 있으면 1.1을 기준으로 하지만, 피압수두의 조사가 충분하지 않았을 때 그 신뢰성을 고려하여 안전율을 1.1보다 크게 한다.

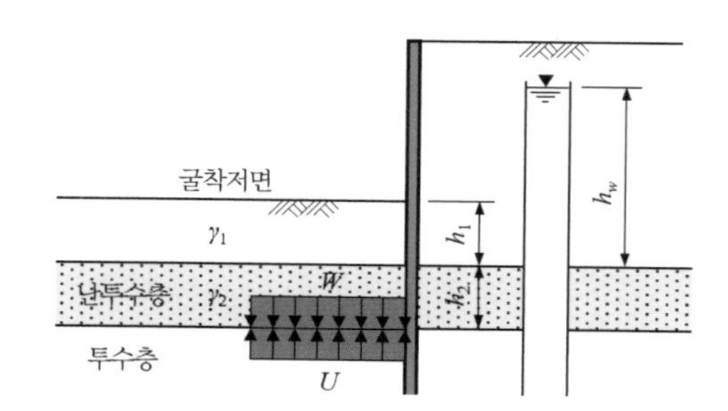

그림 3.2-15 하중밸런스방법

$$F_S = \frac{W}{U} = \frac{\gamma_1 h_1 + \gamma_2 h_2}{\gamma_w h_w} \tag{3.2-36}$$

여기서, F_s : 라이징에 대한 안전율 ($F_s \geq 1.1$)

W : 흙의 중량 (kN/m^2) $= \gamma_1 \cdot h_1 + \gamma_2 \cdot h_2$

U : 피압지하수에 의한 양압력 (kN/m^2) $= \gamma_w \cdot h_w$

γ_1, γ_2 : 흙의 습윤단위중량 (kN/m^3)

h_1, h_2 : 지층의 두께 (m)

γ_w : 물의 단위중량(kN/m^3)

h_w : 피압수두(m)

2.4.2 흙막이벽과 지반의 마찰저항을 고려하는 방법

トンネル標準示方書 開削工法・同解說(2006) (150쪽)

근입깊이보다 평면 규모가 작고, 흙막이벽의 근입부와 지반과의 마찰저항이나 난투수층의 전단저항력을 기대할 수 있는 경우의 라이징에 대한 검토방법으로써, 지반상태, 간극수압 등을 충분히 고려할 수 있는 경우에 (3.2-37) 식에 표시한 방법으로 계산한다. 이 방법을 적용하는 평면치수의 변의 길이에 대한 근입깊이와 난투수층 두께의 합(H_1+H_2)의 비는 지반상태에 따라서 일정하게 정하는 것이 곤란하다. 일반적으로 2 이하라고 하지만, 최근의 연구에 따르면 3 보다도 작은 값을 사용하고 있다. 흙막이벽의 종류나 시공법에 따른 마찰저항이 다르거나 굴착시의 지반의 교란 등의 영향을 받기 때문에 신중하게 검토하여야 한다.

또, 피압수두를 계절에 따른 변동이나 주변의 양수 사정 등에 따라 변할 가능성이 있으므로 사전에 충분히 조사하여 설계 수위를 설정하여야 한다.

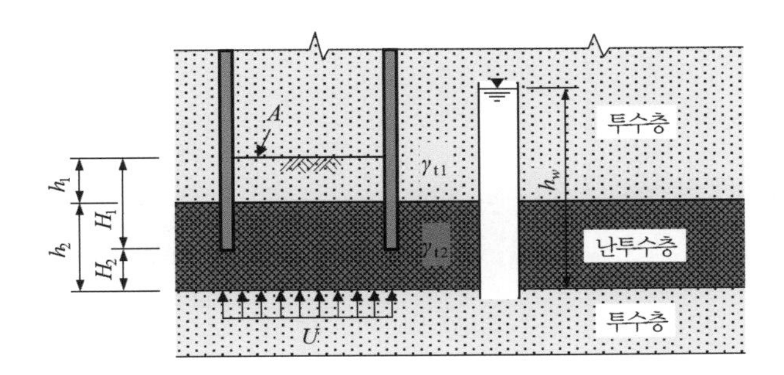

그림 3.2-16 흙막이벽과 지반의 마찰저항을 고려하는 방법

$$U=\frac{W}{F_{s1}}+\frac{f_1lH_1}{F_{s2}}+\frac{f_2lH_2}{F_{s3}} \qquad (3.2\text{-}37)$$

여기서, U : 피압지하수에 의한 양압력(kN)$=\gamma_w \cdot h_w \cdot A$

γ_w : 물의 단위중량(kN/m^3)

h_w : 피압수두(m)

A : 굴착면내 바닥면적(m^2)=굴착 폭(B)×굴착 길이(L)

W : 굴착바닥면에서 난투수층의 하면까지의 흙의 중량 (kN)=$(\gamma_{t1} \cdot h_1 + \gamma_{t2} \cdot h_2)\,A$

γ_{t1}, γ_{t2} : 흙의 습윤단위중량(kN/m^3)

h_1, h_2 : 지층 두께(m)

f_1 : 흙막이 근입부의 난투수층 두께 H_1사이의 마찰저항 (kN/m^2)=S_u(비배수전단강도) 단, 사질토 및 N값=2의 점성토는 $f_1=0$으로 한다.

S_u : 점성토의 비배수전단강도(kN/m^2)

f_2 : 흙막이벽 근입선단에서 난투수층 하면까지의 두께 H_2 사이의 전단저항력(kN/m^2)=$\sigma_h' \cdot \tan\phi + c'$

σ_h' : 임의 점에서의 수평토압(kN/m^2)=$\sigma_v' \cdot K_o$

σ_h' : 임의 점에서의 유효상재압(kN/m^2)

K_o : 정지토압계수=$1-\sin\phi'$

ϕ' : 내부마찰각(rad)

c' : 점착력(kN/m^2)

l : 흙막이벽의 내면 둘레길이(m) =(굴착폭 B+굴착길이 L)×2

F_{s1}, F_{s2}, F_{s3} : 필요안전율($F_{s1}=1.1$, $F_{s2}=6$, $F_{s3}=3$)

2.4.3 흙막이벽과 지반의 마찰저항을 고려하는 방법

鐵道構造物設計標準·同解説−開削トンネル, 2001年, 4.4.3(208쪽)

라이징은 피압면에 작용하는 수압 U가 피압면보다 위쪽의 중량 W보다 커지게 되는 시점에서 발생하기 시작한다. 그러나 저면의 파괴에 대해서는 중량 W 이외에 불투수층과 흙막이벽의 마찰력, 불투수층의 비배수전단강도가 저항하는 것을 고려할 수 있다. 일본철도기준에서는 이와 같은 저항력의 특성을 고려하여 (3.2-38) 식으로 검토하도록 하고 있다. 검토 식은 기본적으로 일본토목학회 방법과 같지만,

① 일본토목학회는 굴착면적에 따른 입체모델의 계산이고, 철도기준은 굴착 폭에 따른 평면 모델이다.

② 제2항의 취급

③ 제3항의 취급 등이 약간 다르다.

$$F_S = \frac{W}{F_1} + \frac{C_1}{F_2} + \frac{C_2}{F_3} \geq u \qquad (3.2\text{-}38)$$

여기서, W : 피압면보다 위의 토괴 중량(kN)

C_1 : 근입부분의 흙막이벽과 지반의 마찰 저항

C_2 : 불투수층의 전단저항

U : 수압 $(H \times B)$

B : 굴착 폭(m)

t : 중량저항 층의 두께(m)

f : 벽면과의 마찰강도(kN/m^2)

τ : 지반의 전단강도(kN/m^2)

t_1 : 마찰저항 두께(m)

t_2 : 전단저항 두께(m)

γ : 중량저항 층의 습윤단위중량(kN/m^3)

H : 불투수층 하면에 작용하는 피압수두(kN/m^2)

F_1, F_1, F_3 : 안전율(F_{s1}=1.1, F_{s2}=6, F_{s3}=3)

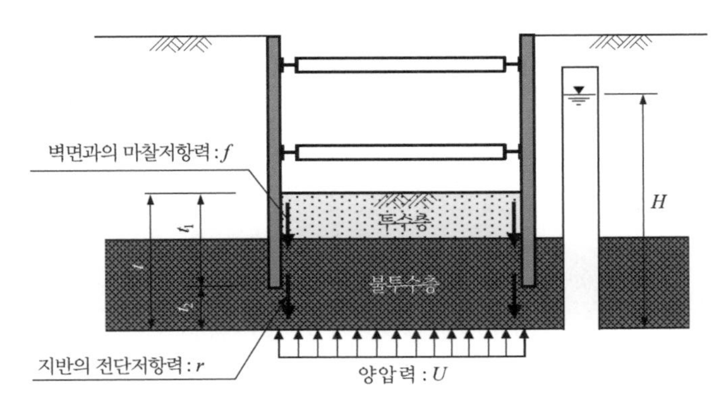

그림 3.2-17 **흙막이벽과 지반의 마찰저항을 고려하는 방법**

(1) 제1항

불투수층의 중량에 의한 저항 항이다. 여기에서 안전율 F_1은 불투수층의 단위중량이나 두께의 불균일성에 대한 것으로 F_1=1.1을 기본으로 한다. 라이징이 문제가 되는 곳에서는 불투수층의 성질과 상태를 충분히 조사할 필요가 있다.

$$W = \Sigma B \cdot t \cdot \gamma \tag{3.2-39}$$

(2) 제2항

제2항은 흙막이벽 근입부와 굴착바닥면지반의 마찰에 의한 저항이다. 제2항의 적용에 있어서는 굴착 폭에 대하여 불투수층의 두께가 얇은 경우에는 수압에 의한 불투수층의 휨이나 전단에 의한 파괴가 일어날 가능성이 있다. 이 같은 경우에는 별도로 불투수층의 휨, 전단 등에 대해 검토를 해야 할 필요가 있지만, 실무적으로 검토 방법이 확립되어 있지 않기 때문에 현재에서의 검토방법은 FEM해석이 타당한 것으로 생각된다. 굴착 시에 있어서 지반의 교란이나 흙막이벽의 시공 단계에 따라서는 이 항을 무시하거나 혹은 아래 표의 값을 사용하는 등의 배려가 필요하다. 또, $N \leq 2$의 연약한 층에서는 신뢰성이 부족하므로 마찰력을 고려하여야만 한다.

$$C_1 = 2 \cdot \Sigma f \cdot t_1 \tag{3.2-40}$$

여기서, f는 마찰강도로 **표 3.2-2**과 같다.

표 3.2-2 벽면 또는 말뚝과 지반과의 마찰저항강도 f (kN/m²)

구분	사질토	점성토
강널말뚝, 강관널말뚝	$2N \leq 100$	$q_u/2$ 또는 $10N \leq 100$
지하연속벽	$2N \leq 100$	$q_u/2$ 또는 $10N \leq 80$
주열식벽(현장타설방식)		
니수고결벽		
소일시멘트벽	$5N \leq 100$	$q_u/2$ 또는 $10N \leq 150$

위의 표에서 엄지말뚝의 경우는 이 검토의 필요성이 없다고 판단되므로 엄지말뚝일 때에는 계산하지 않는다. 또한 일본토목학회에서는 이 구간의 점성토만 고려하고 사질토는 고려하지 않지만, 일본철도기준에서는 구별 없이 고려하는 점이 다르다.

(3) 제3항

제3항의 고려 방법은 근입 선단보다 아래쪽에 존재하는 불투수층의 전단에 의한 항목이다. 근입 선단보다 아래쪽에 불투수층이 있는 경우는 고려하는 것이 좋다. 따라서 근입 선단이 불투수층보다 아래쪽에 있는 경우(불투수층 내에 없는 경우)는 제3항을 무시해도 좋다.

$$C_2 = 2 \cdot \Sigma\tau \cdot t_2 \qquad (3.2\text{-}41)$$

$$\tau = K_o \cdot \sigma_v' \cdot \tan\phi' + c' \qquad (3.2\text{-}42)$$

여기서, σ_v' : 검토지점에 있어서 유효상재압 $\geq$ 50kN/m²의 경우에 고려할 수 있다.

K_o : 정지토압계수 $= 1 - \sin\phi'$

일본토목학회와의 차이점은 σ_v'(임의 점에서의 유효상재압) $\geq$ 50 (kN/m²)의 경우에 고려한다고 되어 있으나, 일본토목학회에는 이와 같은 규정이 없다.

2.5 근입깊이 결정방법

설계기준에 "(4) 벽체의 근입깊이는 안정 검토 시 안전율이 1.2 이상이 되어야 하며, 히빙(heaving)이나 보일링(boiling)에 대하여도 안정한 깊이로 설치하여야 한다."라고 정해져 있어 근입깊이 결정 방법에 대하여 해설한다.

2.5.1 근입깊이 결정 항목

흙막이의 안정을 유지하기 위해서는 흙막이벽의 근입깊이를 필요한 만큼 확보하는 것이 중요하다. 또한 흙막이벽에 과대한 단면력이나 변형이 발생하지 않는 길이를 확보하는 것이 필요한데, 흙막이벽의 근입깊이는 다음에 표시하는 항목에서 구한 근입깊이 중에서 가장 불리한 깊이로 한다.

① 토압 및 수압에 대한 안정에서 정하는 근입깊이

② 굴착바닥면의 안정에서 정하는 근입깊이

③ 흙막이벽의 허용지지력에서 정하는 근입깊이
④ 최소 근입깊이 규정에 따른 근입깊이
⑤ 탄소성법의 계산 결과에서 흙막이벽 선단부의 지반에 탄성영역이 존재하는 근입깊이

이상과 같이 5개의 항목에 대한 근입깊이 결정은 관용계산법과 탄소성법이 서로 다른데, 위의 항목 중에서 ①~④는 공통으로 사용되며, ⑤는 탄소성법에만 해당하는 항목이다.

2.5.2 관용계산법에 의한 근입깊이 결정방법

일반적으로 관용계산법에 의한 흙막이벽의 근입깊이는 최하단 버팀보 또는 1단 위의 버팀보 위치에서 아래쪽으로 작용하는 주동측압과 수동측압의 모멘트에 대한 평형을 고려한 극한평형법을 사용하여 계산한다. 이 방법은 검토하는 곳의 버팀보 위치를 힌지로 하고, 이 보다 아래쪽의 근입부분을 강체로 취급하고 있어서 흙막이벽의 강성이나 버팀보의 강성이 반영되지 않는다. 또한 검토하는 곳의 버팀보 위치보다 상부에 있는 흙막이 지보공의 구조형식과 관계없이 근입깊이가 결정되어 버린다.

이 방법은 굴착깊이가 얕은 경우에는 합리적이라고 생각되지만, 굴착깊이가 깊은 경우에는 반드시 적절한 방법이라고는 할 수 없다. 그러나 설계에서는 편리함 때문에 극한평형법에 의하여 근입깊이를 결정하고 있으며 기준에도 대부분이 이 방법을 규정하고 있다.

(1) 근입깊이 결정방법

관용계산법으로 흙막이벽의 근입깊이를 계산할 때 앞에서 언급한 근입깊이 결정 항목은 전부 4종류에 이르는데, 일반적으로 2~3가지 항목만으로 근입깊이를 결정하는 경우가 대부분이다. 따라서 관용계산법에 해당하는 4가지 항목으로 검토를 하여 이 중에서 가장 불리한 근입깊이를 결정하는 것이 흙막이의 안전을 위하여 바람직할 것이다. **그림 3.2-18**은 관용계산법으로 근입깊이를 결정하는 순서를 나타낸 것이다.

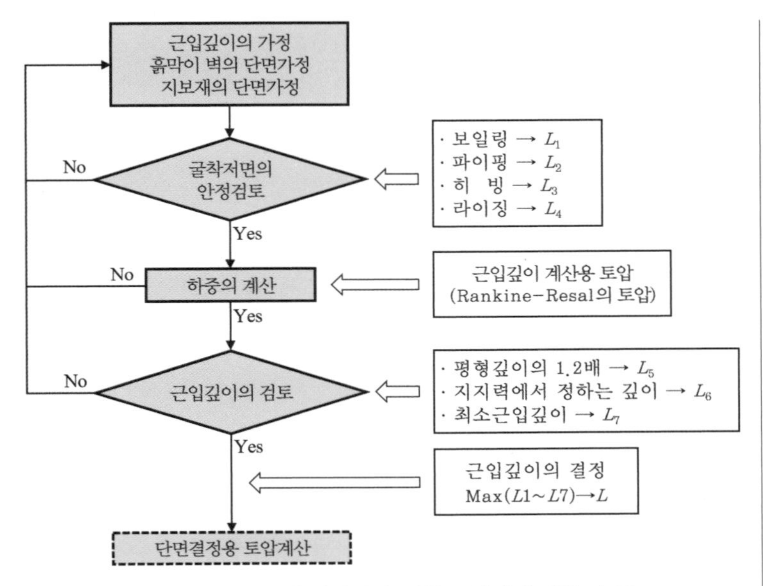

그림 3.2-18 **관용계산법에 의한 근입깊이 계산 순서**

1) 근입부의 토압 및 수압에서 정하는 근입깊이

평형 깊이는 극한평형법을 사용하여 계산하는데, 일반적으로 최종굴착완료와 최하단 버팀보설치 전 두 개의 케이스에 대하여 버팀보보다 아래쪽에 대한 배면측의 주동토압에 의한 작용모멘트와 굴착 측의 수동토압에 의한 저항모멘트가 평형을 이루는 깊이로 한다. 이때 수동토압의 합력 작용점을 가상지지점으로 한다.

엄지말뚝과 강널말뚝 벽에서는 근입부의 연속성이나 수압의 유무에 따라서 다르므로 다음과 같은 사항에 유의하여 근입깊이를 검토한다.

① 엄지말뚝일 경우

A. 엄지말뚝은 개수성 흙막이벽이므로 수압을 고려하지 않는다. 평형깊이는 **그림 3.2-20**에 표시한 2개의 케이스에 대하여 계산하여 이 중에서 큰 값을 평형깊이로 한다.

B. 엄지말뚝의 근입부에 있어서 주동 및 수동토압의 작용 폭은 **표 3.2-3**에 표시한 값으로 한다. 단, 버팀보 위치에서 굴착바닥면 사이의 작용 폭은 말뚝간격으로 한다.

C. 점성토에서는 **그림 3.2-19**에 표시한 것과 같이 엄지말뚝의 측면

저항력으로서 수동토압에 의한 저항모멘트에 비배수전단강도 S_u에 따른 측면저항을 추가하는 것으로 한다. 수동측의 저항=수동토압(Part 01의 '7.1 측압' 참조)+말뚝의 측면저항

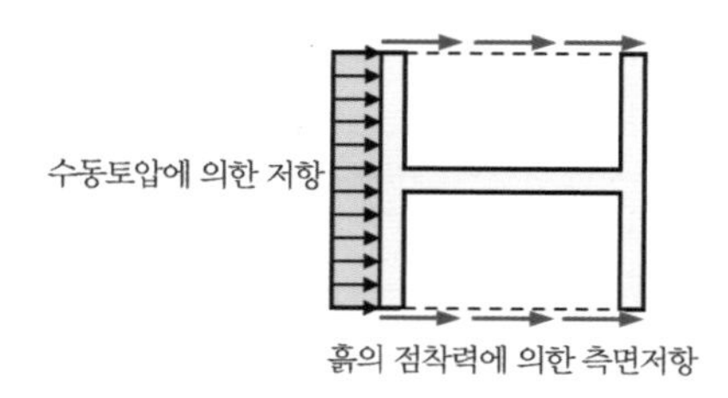

그림 3.2-19 **엄지말뚝 근입부의 측면저항**

D. 굴착바닥면보다 위쪽의 흙의 단위중량은 습윤단위중량을 사용한다. 굴착바닥면보다 아래쪽의 지하수위 위쪽은 습윤단위중량을, 지하수위 아래쪽은 습윤단위중량에서 9.0 kN/m³를 뺀 수중단위중량을 사용한다.

E. 지반이 양호하여 주동토압이 계산되지 않거나, 아주 작은 경우에는 근입깊이가 매우 짧아질 수 있으므로 이때는 최소근입깊이를 적용한다. (**표 3.2-4** 참조)

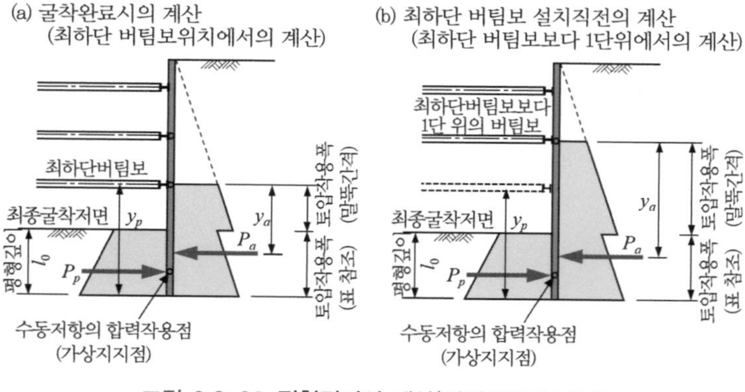

그림 3.2-20 **평형깊이의 계산(엄지말뚝의 경우)**

여기서 B 항목의 토압작용 폭인 **표 3.2-3**은 각 설계기준에 기재된 내용을 정리한 것인데, 철도설계기준에는 "굴착바닥면 작용토압 범위"의

표에 수동토압과 주동토압의 구분 없이 기재되어 있으며, 특히 주동토압에 대한 사항이 규정되어 있지 않고, 굴착면을 기준으로 위쪽과 아래쪽에 대한 사항이 없다. 도로설계요령에는 안전성을 고려하여 전부 말뚝 폭으로 계산하게 되어 있다.

엄지말뚝을 사용할 때 주의할 점은 차수성 흙막이판을 사용하는 경우가 있다. 이 경우에는 수압을 고려하는 방법으로 적용하여야 한다.

표 3.2-3 엄지말뚝의 근입부 토압작용 폭 비교

토질		*N*값	지하철설계기준	도로설계요령	철도설계기준	가설공사표준시방서
수동토압	사질토	N≤10	플랜지 폭×1	플랜지 폭×1	플랜지 폭×1	플랜지 폭×1
		10<N≤30	플랜지 폭×2	플랜지 폭×1	플랜지 폭×2	플랜지 폭×2
		30<N≤50	플랜지 폭×3	플랜지 폭×1	플랜지 폭×3	플랜지 폭×3
		50<N≤80			말뚝간격×0.5	
		80<N			말뚝간격	
	점성토	N≤4	플랜지 폭×1	플랜지 폭×1	플랜지 폭×1	플랜지 폭×1
		4<N≤8	플랜지 폭×2	플랜지 폭×1	플랜지 폭×2	플랜지 폭×2
		8<N	플랜지 폭×3	플랜지 폭×1	플랜지 폭×3	플랜지 폭×3
주동토압	굴착면보다 위		말뚝간격	-	-	말뚝간격
	굴착면보다 아래		플랜지 폭	-	-	플랜지 폭

② 강널말뚝의 경우

A. 강널말뚝은 차수성이므로 수압을 고려한다. 평형깊이는 **그림 3.2-21**에 표시한 것과 같이 2개의 케이스에 대하여 검토하여 큰 값을 평형깊이로 한다.

B. 흙의 단위중량은 설계 수위보다 위쪽은 습윤단위중량을, 아래쪽은 습윤단위중량에서 9.0 kN/m^3를 뺀 수중단위중량을 사용한다.

C. 안정계산에서 정하는 강널말뚝의 최소 근입깊이는 **표 3.2-4**로 한다. 강널말뚝을 사용하는 곳은 지하수위가 높거나 연약지반이므로 어느 정도의 근입깊이를 확보하지 않으면 수동저항을 기대할 수 없으므로 일반적으로 엄지말뚝보다는 큰 값으로 한다.

D. 지반이 연약한 경우에는 모멘트의 평형에서 근입깊이를 계산하면 매우 길게 산출되거나, 계산되지 않는 경우가 있다. 이럴 때

안정계산에서 정하는 최대 근입깊이가 굴착깊이(수중에서는 설계 수위에서 굴착바닥면까지의 깊이)의 1.8배를 넘을 때는 지보재를 다시 배치하거나 지반을 개량하는 등의 조처를 해야 한다.

근입부의 토압 및 수압에 대한 검토에서 설계기준에는 대부분이 엄지말뚝에 대해서만 정해져 있다. 하지만 엄지말뚝과 강널말뚝은 작용하는 측압분포가 다르므로 구분하여 평형깊이를 계산하는 것이 좋다. 특히 엄지말뚝에서 차수성 흙막이판을 사용할 때 근입부의 토압작용 폭을 어떻게 적용할 것인가는 앞으로 풀어야 할 숙제이다. 따라서 이럴 때 엄지말뚝의 경우와 강널말뚝의 경우를 동시에 검토하여 큰 값을 적용하는 것이 흙막이의 안전을 위해서 바람직할 것으로 판단된다.

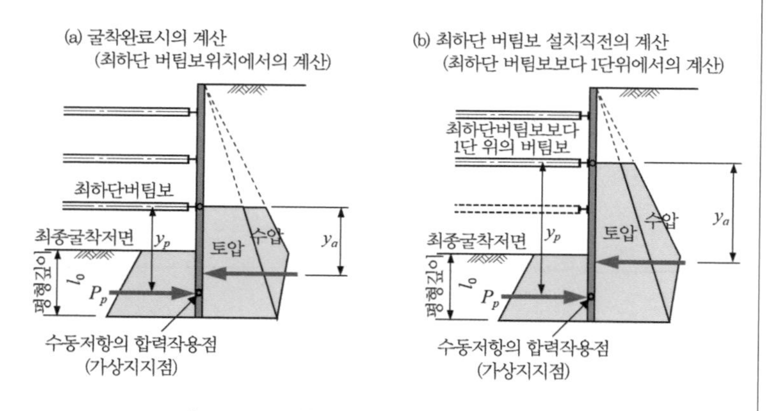

그림 3.2-21 평형깊이의 계산(강널말뚝의 경우)

2) 굴착바닥면의 안정에서 정하는 근입깊이

굴착바닥면의 안정 검토에 의한 근입깊이는 앞에서 설명한 보일링, 히빙, 파이핑, 라이징 등에 대하여 현장의 토질이나 조건에 따라서 해당하는 항목에 대한 필요 근입깊이를 계산한다.

3) 흙막이벽의 허용지지력에서 정하는 근입깊이

대부분 설계기준에서는 말뚝의 허용지지력으로 근입깊이를 결정하는 방법이 규정되어 있지 않다. 따라서 흙막이벽의 허용지지력을 검토할 때는 계산된 허용지지력에 대한 필요 근입깊이를 계산하여 검토하여야 한다.

4) 최소 근입깊이

(1)~(3) 항목으로 근입깊이를 계산하면 해당 지반의 토질조건이나 물성값에 따라서 근입깊이가 계산되지 않는 경우나 작은 값이 산출되는 경우가 있다. 이럴 때 최소 근입깊이 이상을 확보하는 것이 좋다. **표 3.2-4**는 최소 근입깊이의 규정이다.

표 3.2-4 최소 근입깊이

구분	지하철설계기준	도로설계요령	철도설계기준	가설공사표준시방서
엄지말뚝	폭의 5배 이상	1.5m	폭의 5배 이상	–
강널말뚝	–	3.0m	2.5m	–

※ 구조물기초설계기준에는 규정이 없어 지하철설계기준을 표시

2.5.3 탄소성법에 의한 근입깊이 결정

탄소성법으로 흙막이벽을 설계할 때 근입깊이도 탄소성법에 의하여 결정하는 것이 바람직하다. 그 이유는 해석에 사용하는 가정조건이나 측압의 산출 방법 등이 다르기 때문이다. 근입깊이 결정 항목 중에서 ①~④ 항목은 관용계산법과 같으므로 여기서는 생략하고, ⑤번 항목에 대하여 설명하기로 한다. **그림 3.2-22**는 탄소성법에 의한 근입깊이를 결정하는 순서를 나타낸 것이다. 선단부 지반에 탄성영역이 존재하는 근입깊이의 계산 방법은 일반적으로 흙막이벽의 근입깊이는 관용계산법에 의한 근입깊이 결정방법에서 설명한 것과 같이 최하단 버팀보 또는 1단 위의 버팀보 위치에서 아래쪽으로 작용하는 주동측압과 수동측압의 모멘트에 대한 평형을 고려한 **극한평형법**을 사용하여 계산한다. 그러나 설계에서는 대부분 설계기준에 극한평형법에 의한 근입깊이만을 수록하고 있고, 탄소성법에 의한 근입깊이를 결정하는 방법이 규정되어 있지 않다.

탄소성법을 사용하여 근입깊이를 결정하는 방법에 있어서는 기본적으로는 흙막이벽이나 지보공에 대한 영향이 근입깊이에 따라서 변하지 않는 깊이까지 근입 시켜야 한다. 이것은 근입깊이가 짧아 근입부 선단에

탄성영역이 존재하게 되면 이와 같은 값들은 급속히 감소하면서 일정한 값으로 수렴되는 경향을 나타내고 있다. 벽체의 변형은 필요 근입깊이에 따라 **그림 3.2-23**과 같이 전혀 다른 변형상태를 나타낸다.

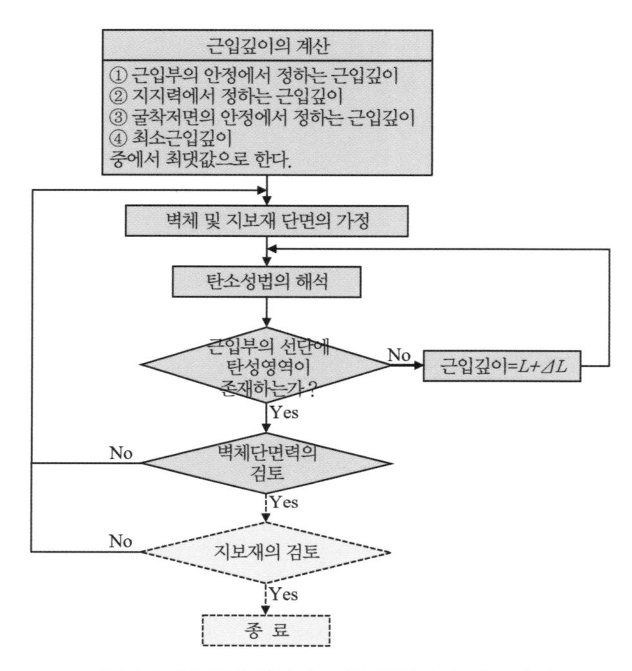

그림 3.2-22 **탄소성법에 의한 근입깊이 결정 순서**

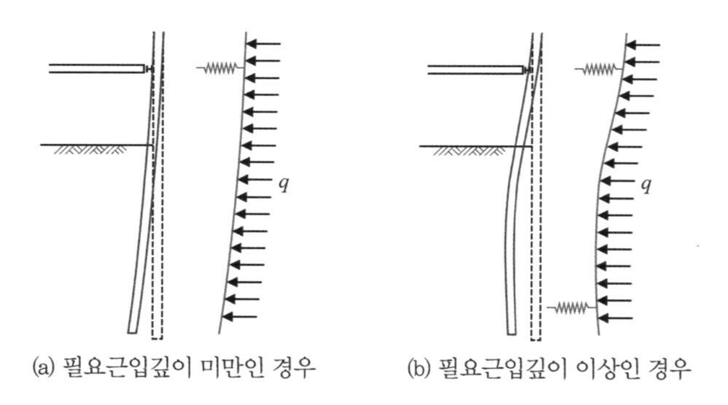

그림 3.2-23 **벽체의 변형상태**

따라서 탄소성법에 의하여 근입깊이를 결정할 때는 **그림 3.2-22**의 순서에 따라 극한평형법에 의하여 근입깊이를 먼저 구한 다음, 탄소성법에 의해 검토를 하여 근입부 선단에 탄성영역이 존재하는 것을 확인하여야 한다.

탄성영역을 규정하는 것은 흙막이벽의 안정성뿐만 아니라 경제성을 고려하는 방법이기 때문에 탄소성법으로 해석할 때 반드시 탄성영역의 존재 여부를 검토하여 안정성과 경제성을 동시에 확보할 수 있도록 설계하여야 한다. 이처럼 안정성과 경제성을 동시에 만족할 수 있는 탄성영역에 대한 검토방법의 하나로 "**정상성 검토**"라는 것이 있다. 이것은 "실무자를 위한 흙막이 가설구조의 설계"를 참조하기를 바란다.

3. 가시설 설계(공통사항)

가설흙막이 설계기준 (2022) 3.3.2 부재 단면의 설계

(1) 공통사항
① 흙막이 벽은 휨모멘트와 전단력에 대하여 안전하여야 한다.
② 경사앵커의 수직분력, 복공하중, 과재하중 등의 연직하중이 있을 때는 합성응력에 대해서도 안전하여야 한다.
③ 연직하중은 말뚝의 허용지지력보다 작아야 한다. 정역학적 공식에 의한 극한 지지력으로부터 허용지지력 산정 시 안전율은 2.0을 적용한다.
④ 흙막이 벽의 수평변위는 배면지반 침하량 및 부등침하 경사각을 검토하여 판정하되, 최대수평변위는 최종 굴착깊이, 지층 등을 고려하여 기준을 산정한다. 기준변위를 초과할 때는 주변 시설물에 대한 별도의 안정성 검토가 필요하다.

공통사항은 흙막이벽에 관한 사항으로 연직하중, 지지력, 응력, 변위에 대하여 안전하도록 정하였다. 4가지에 대하여 안전은 어떤 것이 있는지 해설한다.

3.1 흙막이벽에 작용하는 연직하중

흙막이벽과 중간말뚝에 작용하는 연직하중은 다음과 같은 것이 있다.

① 노면 하중(충격 포함)
② 노면복공(복공판, 주형 등) 자중
③ 매설물 자중
④ 흙막이벽 또는 지보재의 자중
⑤ 흙막이 케이블(앵커, 네일, 타이로드 등) 및 경사버팀보의 연직력
⑥ 역타공법의 본체 구조물 자중

①, ② 및 ③에 있어서는 이것에 의하여 복공 주형보에 발생하는 최대반력을 하중으로 고려한다. ④ 및 ⑥에 있어서는 흙막이벽 본체의 자중 및 버팀보의 연직하중이 특히 큰 경우에는 이것을 하중으로 고려할 필요가 있다. ⑤에 있어서는 흙막이 케이블이나 경사버팀보의 연직성분의 최대반력을 하중으로 고려한다.

이렇게 흙막이벽에 작용하는 연직하중 중에 주형지지보를 통하여 전달되는 하중에 대해서는 주형지지보의 설치 방법에 따라서 사용하는 흙막이벽에 전달되는 하중분담 폭이 다른데, 다음과 같다.

(1) 엄지말뚝 벽

흙막이벽으로 엄지말뚝을 사용할 때는 복공 주형의 최대반력을 엄지말뚝 1본이 받는 것으로 설계한다.

(2) 강널말뚝 벽

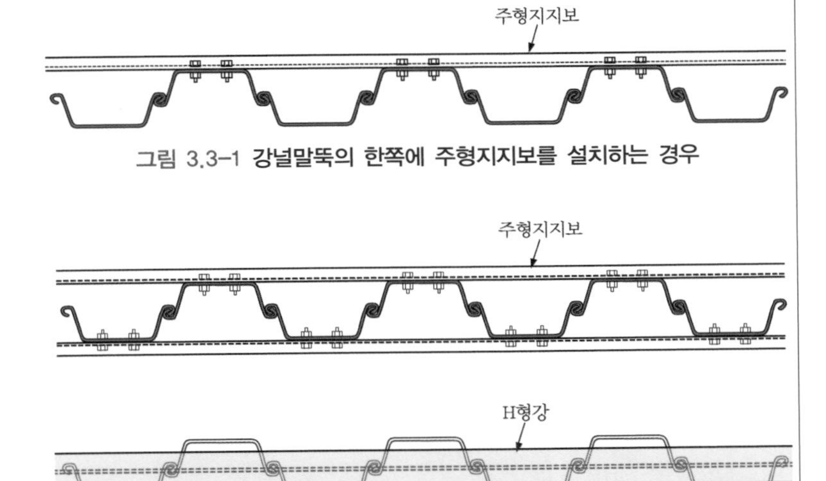

그림 3.3-1 강널말뚝의 한쪽에 주형지지보를 설치하는 경우

그림 3.3-2 강널말뚝 양쪽에 주형지지보를 설치하였을 때 또는 H형강을 상단에 설치한 경우

강널말뚝 벽에 연직하중을 재하 하는 경우에는 이음이 어긋나거나 변형이 생기는 것을 고려하여 주형지지보와 결합한 부분에만 연직하중을 받는 것으로 한다. 단, 여기에 표시한 분담 개수는 폭 400~500mm의 강널말뚝을 사용할 때 적용하는 것으로 하고, 이외의 강널말뚝을 사용할 때는 별도로 검토하는 것이 바람직하다. **그림 3.3.-1**과 같이 주형지지보를 설치할 때는 복공주형의 최대반력을 강널말뚝 2개가 분담하는 것으로 한다. 또한 **그림 3.3-2**와 같이 주형지지보를 강널말뚝 양쪽에 설치하는 경우나, H형강을 강널말뚝 상단에 설치할 때는 복공주형의 최대반력을 강널말뚝 4개가 분담하는 것으로 한다.

(3) 강관널말뚝

흙막이벽에 강관널말뚝을 사용할 때는 복공주형보의 최대반력이 1본의 강관널말뚝이 받는 것으로 한다.

(4) 주열식 연속 벽

주열식 연속 벽일 경우는 심재(보강재) 간격이 1m 이내면 심재 2본이 복공주형의 최대반력을 분담하는 것으로 하고, 1m 을 초과하면 1본의 심재가 분담하는 것으로 한다.

(5) 지하연속벽

1엘리먼트(element)에 작용하는 복공주형의 최대반력을 1엘리먼트 전체가 분담하는 것으로 한다.

3.2 지지력 계산 방법

일본가설구조물공지침에는 도로교설계기준·하부편에 수록된 계산식과 같은 방법을 가설구조물에 맞도록 수정한 계산식을 사용하고 있다.

道路土工—仮設構造物工指針(1999)(67쪽)

$$R_a = \frac{1}{n}(R_u - W_s) + W_s - W \qquad (3.3.1)$$

여기서, R_a : 허용연직지지력(kN)

n : 안전율 = 2

R_u : 지반 조건에서 결정되는 흙막이의 극한지지력(kN)

W_s : 흙막이벽으로 치환되는 부분의 흙의 유효중량(kN). 단, 지하수위 이하의 흙의 단위중량은 유효중량에서 9.0 kN/m^{3}를 뺀 값을 사용한다.

W : 흙막이벽의 유효중량(kN). 단, 지하수위 이하의 흙막이벽의 유효중량은 흙막이벽의 단위중량에서 10.0 kN/m^{3}를 뺀 값을 사용한다.

지하연속벽이나 모르타르 연속벽의 경우와 같이 흙막이벽의 자중이 큰 경우는 (3.3.1) 식을 사용하지만, 자중이 작은 경우에는 (3.3-2) 식을 사용한다.

$$R_a = \frac{1}{n} R_u \tag{3.3-2}$$

여기서, 안전율 $n=2$는 가설구조물인 것을 고려하여 정한 값이다. 따라서 구조물의 중요도, 하중 조건, 설치기간, 교통 조건 등에 따라서는 이 값을 크게 하여 사용한다. 참고로 일본의 도로교시방서에는 **표 3.3-1**과 같은 안전율을 사용한다.

道路橋示方書·同解說 IV下部構造編(330쪽)

표 3.3-1 허용 연직지지력에 대한 안전율

말뚝의 종류 / 재하시의 종류	지지말뚝	마찰말뚝
평상시	3	4
지진시	2	3

극한지지력 R_u는 (3.3-3) 식에 의하여 구한다. 이 경우, 흙막이벽 선단 지반의 극한지지력과 주면마찰력을 고려하는 층의 최대주면마찰력은 흙막이 종류에 따라서 규정된 값을 사용한다.

$$R_u = q_d \cdot A + U \sum l_i f_i \tag{3.3-3}$$

여기서, q_d : 흙막이벽 선단 지반의 극한지지력도 (kN/m^2)

A : 흙막이벽 선단 면적 (m^2)

U : 흙막이벽 둘레길이(m)로, 설치상황을 고려하여 흙과 접해 있는 부분으로 한다.

l_i : 주면마찰력을 고려하는 층의 두께 (m)

f_i : 주면마찰력을 고려하는 층의 최대주면마찰력(kN/m^2)

흙막이벽의 주면마찰력을 고려하는 범위는 **그림 3.3-3**에 표시한 범위로 한다. 또한 $N \leq 2$의 연약층에서는 신뢰성이 낮으므로 주면마찰저항을 고려하지 않는다. 다만 일축압축시험 등의 시험에 의하여 비배수전단강도를 평가할 수 있는 경우는 주면마찰을 고려한다. 또, 연약지반에 있어서 배면 지반의 침하로 부의 마찰력이 작용할 것으로 예상되면 주면마찰력을 고려하지 않는다.

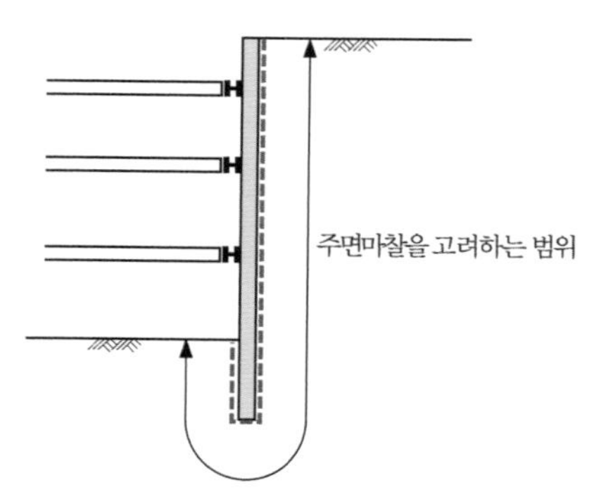

그림 3.3-3 **주면마찰을 고려하는 범위**

흙막이벽의 선단 지반 극한지지력은 근입깊이와 벽두께의 비율인 근입비의 영향을 받는다. 따라서 안정계산에서 구한 근입깊이가 같아도 **흙막이벽의 두께가 커지게 되면 근입비가 작아져 지지력 추정식을 그대로 적용하면 지지력을 과대하게 평가하게 된다.** 이 때문에 강관널말뚝, 주열식연속벽 및 지하연속벽에서는 흙막이벽의 선단 지반 극한지지력을 근입비에 따라서 감소시키는 것으로 한다.

흙막이벽을 본체 구조물로 이용한다거나, 역타공법 등에서 본체구조물의 하중을 받는 경우는 본체 구조물의 특징을 충분히 이해하여 필요에 따라 다른 기준(도로교설계기준)을 참고로 하여 지지력을 계산할 필요가 있다.

(1) 엄지말뚝, 중간말뚝

엄지말뚝 및 중간말뚝에 대한 선단지반의 극한지지력도 q_d (kN/m^2) 및 최대주면마찰력 f_i (kN/m^2)는 각각 (3.3-4)~(3.3-6) 식으로 구한다.

$$q_d = 200\,\alpha\,N \tag{3.3-4}$$

$$f_i = 2\beta\,N_s\,(\text{사질토}) \tag{3.3-5}$$

$f_i = 10\beta N_c (N_c : N$값$)$, $f_i = \beta N_c (N_c :$ 비배수전단강도일 경우$)$ (3.3-6)

여기서, α : 시공조건에 따른 선단지지력의 계수 (**표 3.3-2** 참조)

N : 선단 지반의 N값으로 40을 초과하는 경우는 40으로 한다 $(N = (N_1 + N_2)/2)$.

N_1 : 말뚝 선단 위치의 N값

N_2 : 말뚝 선단에서 위쪽으로 2 m 범위에 있어서 평균 N값 (**그림 3.3-4** 참조)

β : 시공조건에 따른 주면마찰력 계수 (**표 3.3-2** 참조)

N_s : 사질토의 N값으로 50을 초과하면 50으로 한다.

N_c : 점성토의 N값 또는 비배수전단강도 S_u에서 150 kN/m^{2}를 초과하는 경우는 150 kN/m^{2}로 한다.

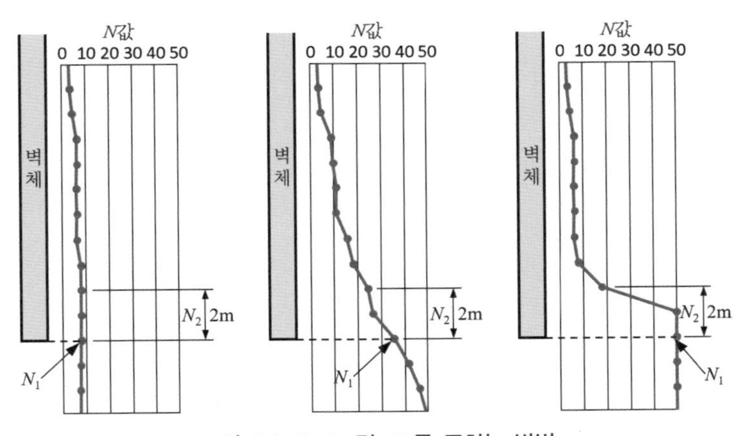

그림 3.3-4 N_1 및 N_2를 구하는 방법

프리보링공법에서는 **표 3.3-2**에서 선단부 및 주변부의 시공조건에 따른 계수를 선정한다. 또, 주면마찰력계수 β는 타격 등의 선단 처리나 모래 채움 등에 의한 공극 처리로 시공되고 있는 범위의 값인 것에 주의한다. 또한 프리보링공법의 모르타르 채움은 주열식연속벽의 모르타르 말뚝에 준하여 극한지지력을 산정한다. 프리보링공법 등과 같이 말뚝의 직경 이상을 굴착하는 경우는 홀 벽과 말뚝주면과의 공극을 확실하게 채워야 한다.

표 3.3-2 시공조건에 따른 선단 지지력계수 α, β

시공방법		α	β
타격공법		1.0	1.0
진동공법		1.0	0.9
압입공법		1.0	1.0
프리보링공법	모래 채움	0.0	0.5
	타격, 진동, 압입에 의한 선단처리	1.0	1.0

다져진 모래층이나 자갈층 혹은 사질 지반에 있어서는 흙막이벽의 시공에 물분사공법(water jet)을 병용하는 경우가 많아 지반이 교란되어 지지력이 저하되므로 흙막이벽의 지지력을 기대할 때는 사용하지 않는다. 어쩔 수 없이 복공하중 등이 작용할 때는 선단 처리를 할 필요가 있다. 이 경우에는 선단 처리의 방법에 따라서 **표 3.3-2**의 값을 사용하는 것으로 한다. 또, 시공조건에 의한 주면마찰력계수 β는 0.5를 사용한다.

엄지말뚝 및 중간말뚝의 선단 면적 및 둘레 길이는 **그림 3.3-5**에 표시한 값으로 한다. 단, (3.3-4)~(3.3-6) 식을 적용할 때는 말뚝 선단을 양질 층에 2m 이상 근입시켜야 한다.

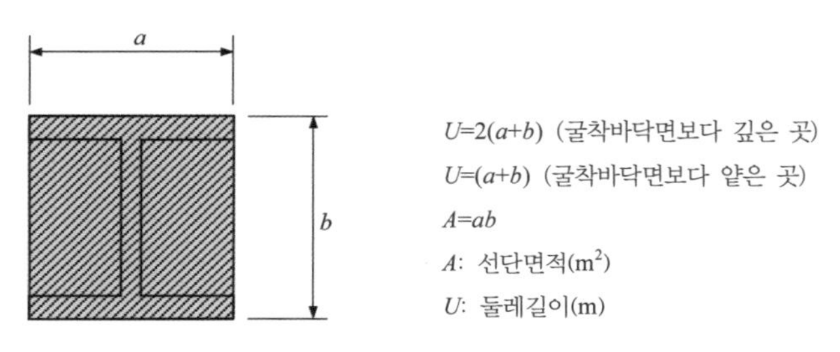

그림 3.3-5 엄지말뚝의 선단면적 및 둘레길이

그림 3.3-6에 표시한 것과 같이 벽체 선단 위치의 양질 층이 얇은 경우에는 충분한 지지력을 얻을 수 없는 때도 있다. 그래서 말뚝 하단에서의 층 두께가 2m 을 만족하지 않는 경우는 아래층 지반의 N값을 이용하여 선단에서 지지하는 극한지지력을 산정한다.

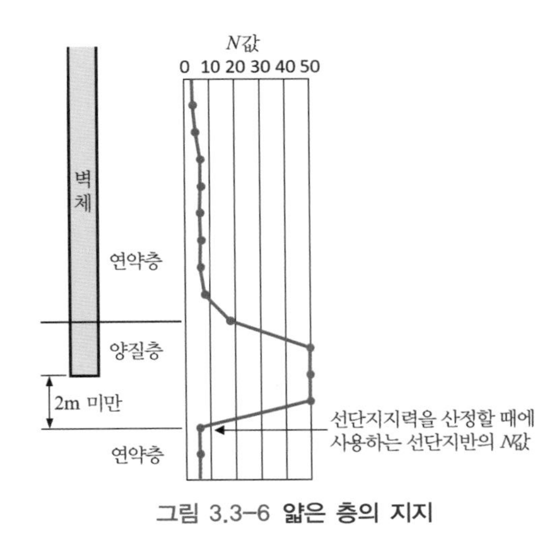

그림 3.3-6 얇은 층의 지지

(2) 강널말뚝 벽

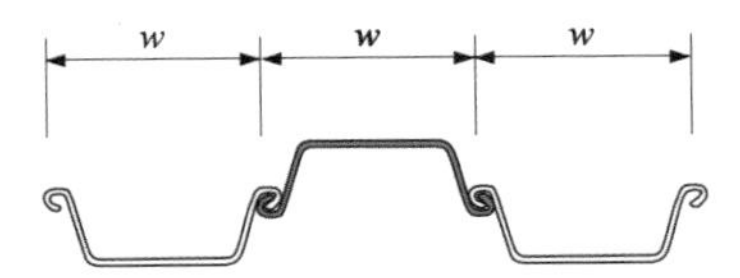

$U=2w$ (굴착바닥면보다 깊은 곳)

$U=w$ (굴착바닥면보다 얕은 곳)

A: 순단면적(색칠 부분)(m^2)

U: 둘레길이(m)

그림 3.3-7 강널말뚝의 선단면적 및 둘레길이

강널말뚝의 선단 지반 극한지지력도 및 최대 주면마찰력은 각각 (3.3-4)~(3.3-6) 식과 **표 3.3-2**의 계수에 의하여 구한다. 오거병용 압입공법을 적용할 때는 프리보링공법에 준하여 계산한다. 단, 배면 지반의 변형을 방지할 목적으로 벤토나이트 밀크 등을 주입하는 경우가 있는데, 이 경우에는 모레 채움에 따라 극한지지력을 계산한다. 다져진 모래층이나 자갈층 혹은 단단한 지반에 있어서는 흙막이벽의 시공에 물분사공법(water jet)을 병용할 때는 지반이 교란되어 지지력이 저하되므로 흙막이벽의 지지력을 기대할 때는 사용하지 않는다. 어쩔 수 없이 복공하중 등이 작용할 때는 선단 처리를 할 필요가 있다. 이 경우에는 선단 처리의 방법에 따라서 **표 3.3-2**의 값을 사용하는 것으로 한다. 또, 시공조건에 의한 주면마찰력계수 β는 0.5를 사용한다. 강널말뚝은 강관널말뚝이나 엄지말뚝과 달리 바깥쪽으로 개방된 형상이기 때문에 선단지지력에 관여하는 강널말뚝의 순단면적을 사용한다. 또, 주면마찰을 고려할 수 있는 범위는 강널말뚝의 凹凸을 고려하지 않는 둘레 길이며, 강널말뚝 1장의 둘레 길이는 **그림 3.3-7**에 표시한 값으로 한다.

(3) 강관널말뚝 벽

타격공법, 진동공법을 적용할 때의 선단 지반 극한지지력도 q_d는 사질토는 **그림 3.3-8**에 의하고, 점성토는 (3.3-5) 식으로 구한다.

$$q_d = 3\,q_u \quad (\text{점성토}) \qquad (3.3\text{-}5)$$

여기서, q_u : 일축압축강도 (kN/m^2)

道路土工—仮設構造物工指針(1999)(73쪽)

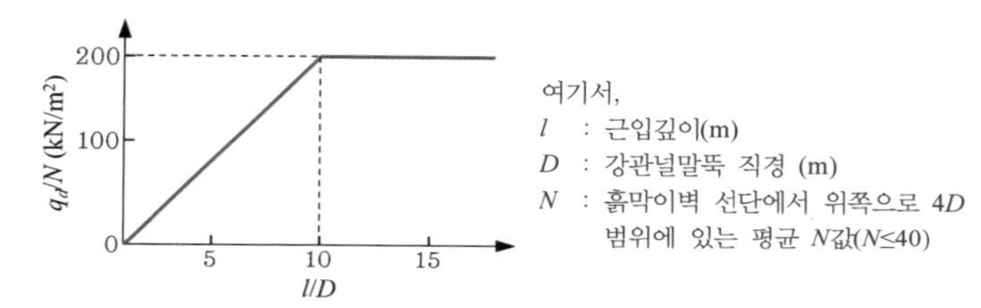

그림 3.3-8 강관널말뚝 선단 지반의 극한지지력(사질토)

중굴압입공법으로 시공할 때 흙막이벽의 선단지지력을 기대하기 위해서는 지반조건을 충분히 고려하여 시멘트밀크 분출교반방식 등에 의한 선단처리가 필요하다. 시멘트밀크 분출교반방식의 선단지지력은 지하연속벽의 선단지지력을 사용한다. 선단 처리를 타격방식으로 하는 경우는 선단지지력은 타격공법에 따른다. 프리보링공법으로 시공할 때 흙막이벽의 선단지지력을 기대하기 위해서는 강관널말뚝 선단부의 슬라임 처리를 확실히 하여 콘크리트를 타설하여야 한다. 이 경우의 선단지지력은 지하연속벽에 따른다. 강관널말뚝 벽에 작용하는 최대주면마찰력은 지반의 종류, 시공법에 따라서 **표 3.3-3**의 값을 사용한다. 천공으로 시공할 때 주면마찰을 기대하기 위해서는 강관널말뚝 외부의 공극을 니수고결 또는 모르타르 등으로 속채움할 필요가 있다. 이 경우의 최대주면마찰력은 지하연속벽에 준한다. 강관널말뚝 벽의 선단 면적 및 둘레길이는 **그림 3.3-9**에 표시한 값으로 한다.

표 3.3-3 강관널말뚝 벽의 최대 주면마찰력

시공방법	지반조건	f_i (kN/m^2)	f_i의 상한값 (kN/m^2)
타격공법 진동공법	사질토	$2N$	100
	점성토	$10N$ 또는 c	150
중굴압입공법	사질토	N	50
	점성토	$5N$ 또는 $0.5c$	100

道路土工—仮設構造物工指針(1999)
표 2-9-3(74쪽)

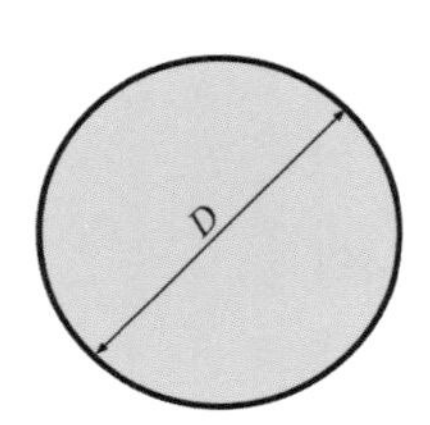

$U=\pi D$(굴착바닥면보다 깊은 곳)
$U=\frac{1}{2}\pi D$(굴착바닥면보다 얕은 곳)
A : $\frac{1}{4}$ πD^2(m^2)
U : 강관널말뚝 직경 (m)

그림 3.3-9 강관널말뚝의 선단면적 및 둘레길이

(4) 주열식연속벽

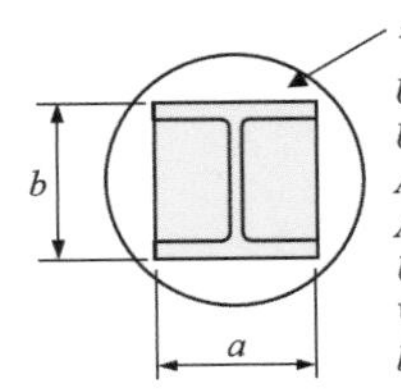

소일시멘트
$U=2(a+b)$ (굴착저면보다 깊은 곳)
$U=(a+b)$ (굴착저면보다 얕은 곳)
$A=ab$
A : 선단면적(m^2)
U : 둘레길이(m)
단, 근입비를 구할 때의 벽 두께는 b로 한다.

(a) 소일시멘트말뚝

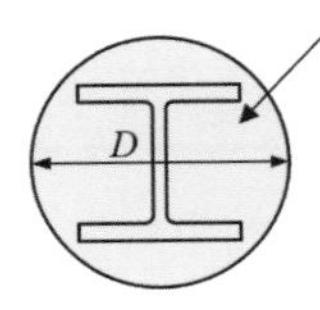

모르타르
$U=\pi D$ (굴착저면보다 깊은 곳)
$U=\frac{1}{2}\pi D$ (굴착저면보다 얕은 곳)
A :$\frac{1}{4}\pi D^2$(m^2)
단, 근입비를 구할 때의 벽 두께는 D로 한다.

(b) 모르타르말뚝

그림 3.3-10 주열식연속벽의 선단면적 및 둘레길이

선단 지반의 극한지지력도 및 최대주면마찰력은 지하연속벽에 따르는 것이 좋다(**그림 3.3-10, 표 3.3-4** 참조). 단, 소일시멘트 벽에서는 소일시멘트 강도와 지반의 지지력을 비교하여 작은 쪽의 값을 극한지지력으로 한다. 또한 선단 지반의 극한지지력은 심재(보강재)의 선단 위치에서의 값을 사용하며, 최대주면마찰력은 심재(보강재)가 삽입된 범위만 고려한다. 소일시멘트 벽에 복공 하중 등을 작용시키면 충격하중에 의하여 벽에 균열이 발생할 우려가 있으므로 원칙적으로 작용시키지 않는 것으로 한다. 어쩔 수 없이 작용시킬 때에는 심재 두부에 연결보를 설치하여 연직하중이 분산되어 심재에 전달되도록 하는 것이 필요하다.

(5) 지하연속벽

지하연속벽 선단 지반의 극한지지력도 q_d는 선단 지반이 사질토인 경우는 **그림 3.3-11**에 의하고, 점성토의 경우는 (3.3-6) 식으로 구한다. 지하연속벽의 경우에 단면이 큰 흙막이벽 선단 지반의 극한지지력을 구할 때, 양질지반의 두께가 얇은 경우는 도로교설계기준을 참고로 한다.

$$q_d = 3\,q_u \quad (\text{점성토}) \qquad (3.3\text{-}6)$$

여기서, q_u : 일축압축강도 (kN/m²)

지하연속벽의 최대주면마찰력은 지반의 종류에 따라서 **표 3.3-4**의 값을 사용한다. 선단 면적 및 둘레길이는 **그림 3.3-12**에 표시한 값으로 한다.

표 3.3-4 지하연속벽의 최대주면마찰력

지반조건	f_i (kN/m²)	f_i의 상한값 (kN/m²)
사질토	$5N$	200
점성토	$10N$ 또는 c	150

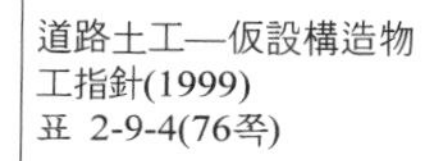
道路土工—仮設構造物工指針(1999)
표 2-9-4(76쪽)

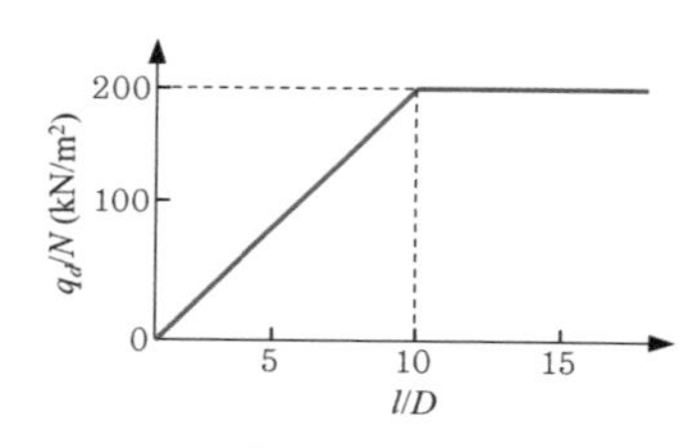

여기서,
l : 근입깊이(m)
D : 지하연속벽의 벽 두께 (m)
N : 선단 지반의 N값($N \le 30$)

그림 3.3-11 지하연속벽의 선단지반 극한지지력도(사질토)

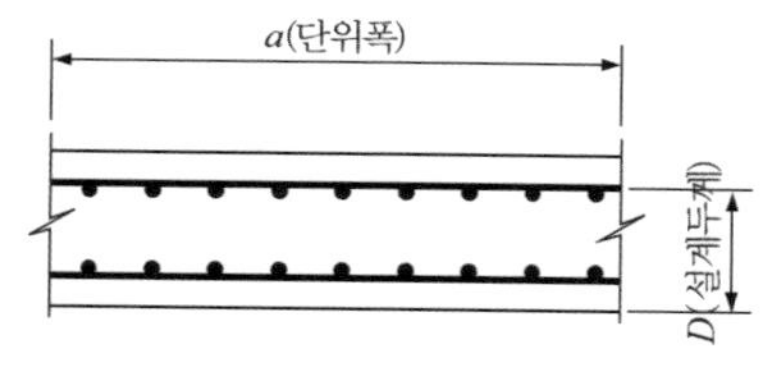

$U=2a$ (굴착저면보다 깊은 곳)
$U=a$ (굴착저면보다 얕은 곳)
A : aD(m²)
U : 둘레길이 (m)

그림 3.3-12 지하연속벽의 선단면적 및 둘레길이

3.3 흙막이벽에 작용하는 응력

흙막이벽의 단면에 발생하는 응력은

① 관용계산법(경험토압)에 의해 얻어진 최대 단면력

② 탄소성법에 의해 얻어진 굴착단계별 최대 단면력

에 대해서 검토를 하여 가장 불리한 값을 적용한다.

3.3.1 단면응력 검토

$$f = \frac{M}{Z} + \frac{N}{A} \le f_{sa} \tag{3.3-7}$$

여기서, f : 강재에 발생하는 휨응력(MPa)

M : 강재에 발생하는 최대 휨모멘트(N·mm)

Z : 강재의 단면계수(mm^2)

N : 강재에 작용하는 연직하중(N)

A : 강재의 단면적(mm^2)

f_{sa} : 강재의 허용휨응력(MPa)

위의 단면응력 검토 식은 축방향력과 휨모멘트를 동시에 받는 경우의 계산식이다. 설계기준에 보면 흙막이 벽체에 대하여 응력검토 외에 안정검토를 하도록 규정되어 있는데, 즉 좌굴에 대한 안정검토이다. 하지만 흙막이 벽체는 띠장이나 버팀보, 사보강재, 앵커 등으로 보강되어 있으므로 좌굴에 대한 검토는 의미가 없으므로 검토할 필요는 없다. 콘크리트의 경우에는 콘크리트설계기준에 의하여 응력을 검토한다.

3.3.2 전단응력 검토

$$\upsilon = \frac{S}{A} \le \upsilon_a \tag{3.3-8}$$

여기서, υ : 강재에 발생하는 전단응력(MPa)

S : 강재에 발생하는 최대 전단력(N)

A : 강재의 단면적 (mm^2)

v_a : 강재에 발생하는 허용전단응력 (MPa)

강재의 단면적은 사용하는 벽체에 따라 다른데, 엄지말뚝이나 SCW벽 등 H형강을 사용할 때는 강재의 단면적(플랜지의 높이×웨브 두께)을 사용한다.

3.4 지보재 설계에 사용하는 하중

지보재의 설계에 사용하는 하중은 벽체의 해석방법에 따라 관용계산법과 탄소성해석, FEM 등에서 산출한 반력을 사용한다. 관용계산법으로 설계하는 경우는 단면계산용 토압을 사용하여 최종굴착단계에 대하여 설계한다. **그림 3.3-13**과 같이 띠장 및 버팀보에 작용하는 힘은 최종굴착단계에 있어서 버팀보와 그 아래쪽 버팀보와의 사이의 하중인 것을 고려하여 ① 하방분담법, ② 1/2분할법, ③ 단순보법 등 3가지 방법으로 지보재 반력을 계산한다. 탄소성법과 유한요소법(유한차분법)으로 설계할 때는 굴착단계별 해석에서 가장 큰 반력 값을 사용한다. 각 설계기준에서는 지보재 계산에 사용하는 하중에 대하여 명확히 구분되어 있지 않은데, 이것은 벽체의 단면력 계산 방법과 지보재의 계산 방법이 혼합되어 기재되어 있기 때문이다. 따라서 기준에서 사용하는 방법을 정리하면 **표 3.3-5**와 같다.

표 3.3-5 관용계산법에 있어서 각 설계기준의 하중산출 방법

설계기준	단면산정용 하중	시공단계	하중산출방법
구조물기초설계기준	경험토압	굴착완료 후	단순보법
도로설계요령	단면산정용 측압	굴착완료 후	하방분담법
철도설계기준	경험토압	굴착완료 후, 최하단 버팀보 설치 직전	단순보법
가설공사표준시방서	경험토압	굴착완료 후	하방분담법, 1/2분할법, 단순보법

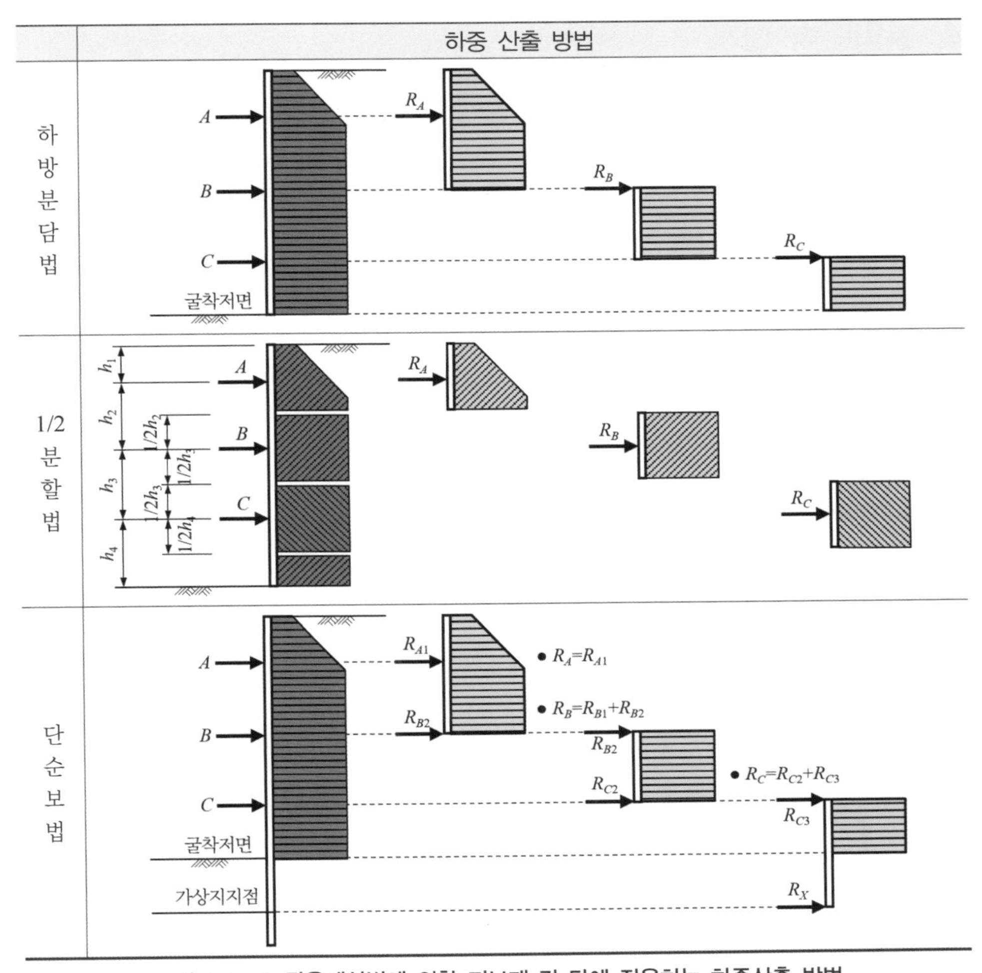

그림 3.3-13 **관용계산법에 의한 지보재 각 단에 작용하는 하중산출 방법**

표 3.3-5에 보면 각 기준에서는 대부분이 경험토압을 사용하게 되어 있다. 그러나 일반적으로 설계에서는 탄소성법을 많이 사용하는데, 흙막이에 대한 설계 방법을 탄소성법으로 하였을 때는 굴착단계별로 산출된 반력 중에서 최대반력을 사용한다. 따라서 설계기준에 의하여 설계할 때 탄소성법으로 산출된 반력과 경험토압에 의해 계산된 반력 값을 비교하여 불리한 반력을 적용하는 것이 흙막이의 안전을 위해서 바람직할 것이다.

4. 흙막이벽 설계

가설흙막이 설계기준 (2022) 3.3.2 부재 단면의 설계

(2) 엄지말뚝(soldier pile)

① 엄지말뚝은 축방향력과 휨모멘트에 대하여 모두 안전하도록 설계한다.

② 암반구간에서 엄지말뚝에 작용하는 측압을 무시할 수 있는 경우에도 말뚝의 좌굴영향을 검토하여야 하며 록볼트와 숏크리트 등으로 좌굴 및 변형을 방지하고 안전을 확보하여야 한다. 다만 암반의 심도가 깊을 경우에는 중간 중간에 별도의 방식으로 보강하여야 한다.

③ 엄지말뚝 배면지반이 배수 등의 원인에 의해 침하할 우려가 있는 경우에는 이로 인해 발생하는 부마찰력을 별도의 축하중으로 엄지말뚝에 가산하여야 한다.

④ 엄지말뚝에 의해 지지되는 흙막이 판은 토압에 의한 등분포하중이 양쪽 말뚝의 지지위치를 지점으로 하는 단순보로 가정하여 설계하여야 한다.

⑤ 코너부에 사보강재를 반영할 경우에는 수평분력에 의한 축방향력에 대하여 검토하여야 한다.

(3) 강널말뚝(steel sheet pile)

① 강널말뚝에 작용하는 주동토압과 수동토압의 분포폭은 강널말뚝의 전폭으로 한다.

② 강널말뚝 응력계산에 사용되는 단면계수는 이음부가 완전 결합된 단면계수를 저감하여 사용하며 80 % 이하로 한다.

③ 강널말뚝은 축방향력과 휨모멘트에 대하여 모두 안전하게 설계하여야 한다.

(4) 소일시멘트 벽체(SCW)

① 소일시멘트 벽체에 작용하는 축력은 H형강 간격을 지간으로 하는 아치에 작용하는 등분포하중에 의한 아치로 보고 해석한다.

② 전단력은 H형강 순간격을 지간으로 하는 보로 계산한다.

③ 허용 압축응력은 소일시멘트 일축압축강도의 1/2을 사용하고, 허용 전단응력은 일축압축강도의 1/3을 적용한다.

④ 시멘트 모르터의 물-결합재비와 설계배합비는 현장의 토질, 지하수의 상황 등 종합적인 조건을 고려하여 결정한다.

(5) 주열식 콘크리트벽체(CIP 벽체)

① 주열식 벽체는 천공경의 면적과 등가인 등가사각형의 단철근보로 설계할 수 있다.

② 흙막이 벽에 작용하는 모멘트와 전단력을 H형강이 모두 부담하는 것으로 하는 경우에는 주열식벽 검토를 생략할 수 있다.

③ 철근 피복은 80 mm 이상으로 하고 주철근의 형상이 정확히 유지되도록 하여야 한다.
④ 띠철근은 지름 13 mm 이상의 철근으로 하고 그 간격은 천공경, 축방향철근의 12배 이하, 그리고 300 mm 중 작은 값 이하이어야 한다.

(6) 지하연속벽(diaphragm wall)
① 지하연속벽 공법은 현장타설 철근콘크리트 지하연속벽과 PC 지하연속벽 등이 있으며 대심도 굴착에서 주변지반의 이동이나 침하를 억제하고 인접구조물에 대한 영향을 최소화하도록 설계한다.
② 지하연속벽 벽체는 하중지지벽체와 현장타설말뚝 역할을 할 수 있으며 내부의 지하 슬래브와 연결 시에는 영구적인 구조체로 설계할 수 있다.
③ 지하 슬래브와 지하연속벽체의 연결은 절곡철근을 사용할 경우 되펴기 시 철근의 강도를 보증할 수 없으므로 절곡철근의 사용은 지양하여야 한다.
④ 지하연속벽 벽체에 작용하는 하중은 주로 토압과 수압이며 본체 구조물로 사용하는 경우에는 각종 구조물하중에 대한 검토가 필요하다.
⑤ 지하연속벽 시공 시 주변지반의 침하 및 거동을 최소화하고 영구벽체로서 안정된 지하구조물을 형성하기 위한 트렌치 내에 사용하는 안정액의 조건은 굴착면의 안정성을 확보할 수 있도록 한다.
⑥ 콘크리트의 설계기준강도는 콘크리트 타설 시의 지하수의 유무와 특성에 따라 다음과 같이 감소시켜서 정하여야 한다.
가. 지하수위가 없는 경우 : $0.875f_{ck}$
나. 정수 중에 타설하는 경우 : $0.800f_{ck}$
다. 혼탁한 물에 타설하는 경우 : $0.700f_{ck}$
⑦ 철근의 피복은 부식을 고려하여 80 mm 이상으로 한다.
⑧ 지하연속벽이 가설구조물로 이용되는 경우는 허용응력을 50 % 증가시켜서 사용하며, 지하연속벽이 본 구조물로 이용되는 경우는 콘크리트의 허용응력을 시공 중에는 25 % 증가시키고 시공 완료 후에는 증가시키지 않는다.
⑨ 지하연속벽의 변위한계를 설계 시 제시하여야 하며, 시공관리를 위해 지중경사계를 벽체 내에 설치토록 제시하여야 한다.
⑩ 지하연속벽 패널 사이로의 누수에 대비하여 배면지반에 차수대책을 제시하여야 한다.

기준에서는 흙막이벽 설계에 필요한 일반적인 사항만 언급되어 있어 구체적인 설계법에 대하여 해설한다. 흙막이 벽체의 단면에 발생하는 응력은

① 관용계산법(경험토압)에 의해 얻어진 최대 단면력

② 탄소성법에 의해 얻어진 굴착단계별 최대 단면력

에 대해서 검토를 하여 가장 불리한 값을 적용한다.

설계기준에는 흙막이벽의 단면계산에 대해서는 주로 구조상세에 대하여 규정되어 있지만, 흙막이벽의 종류에 따른 응력검토에 대한 항목이나 계산식은 상세하게 수록되어 있지 않으므로 "3.3 흙막이벽에 작용하는 응력"을 참조하기를 바란다.

4.1 엄지말뚝

엄지말뚝을 사용할 때 벽체의 해석에서 **그림 3.4-1**과 같이 단위 폭으로 계산한 경우와 엄지말뚝 간격으로 계산할 때 응력검토의 하중 및 단면력이 다르므로 주의하여야 한다. 일반적으로 엄지말뚝은 1개당의 응력으로 계산한다.

4.1.1 작용 연직하중의 취급

복공을 설치할 때 복공받침보의 최대반력을 엄지말뚝 1개가 받는 것으로 계산하여 엄지말뚝 1개당 작용하는 축력 N=최대반력 R로 한다.

4.1.2 설계단면력의 보정

흙막이 해석을 말뚝간격으로 하였을 때는 그대로 사용하지만, 단위 폭(1m)으로 계산하였을 때는 말뚝간격을 곱한 값으로 단면력을 보정한다.

4.2 강널말뚝

강널말뚝은 단면계수의 유효율을 고려하여 (3.3-7) 식과 (3.3-8) 식을 사용하여 계산한다.

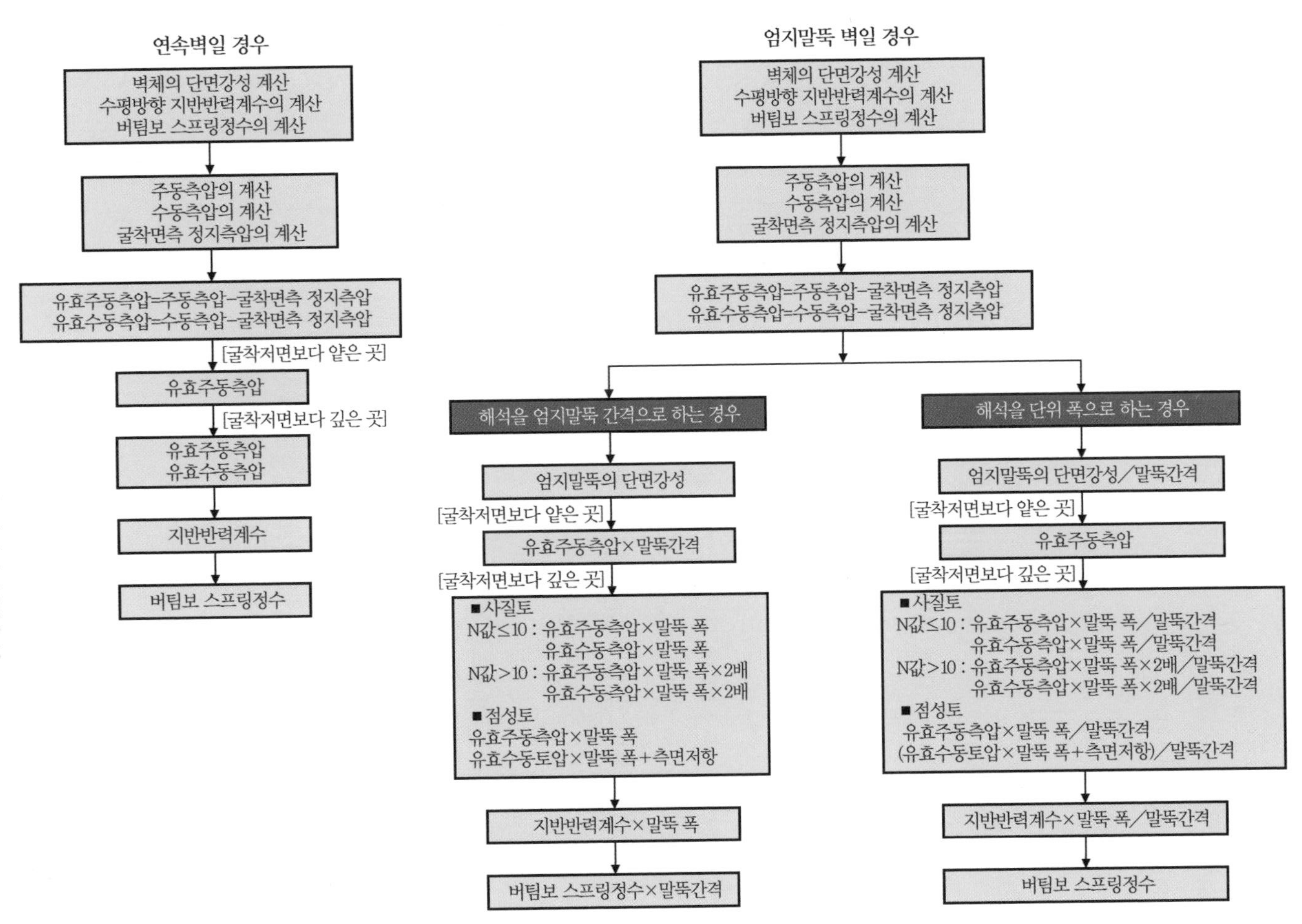

그림 3.4-1 **탄소성법의 입력값 산정순서**

국내의 일부 기준에는 강널말뚝을 사용할 때 (3.4-1) 식과 같이 단면계수에 0.6을 곱한 계산식을 규정하고 있다. 이것은 단면계수의 유효율을 60%로 고정하여 계산하도록 하고 있기 때문이다. 하지만 현장 상황에 따라 유효율이 다를 수 있으므로 주의하여 사용한다.

$$f = \frac{M}{0.6Z} + \frac{N}{A} \le f_{sa} \tag{3.4-1}$$

여기서, f : 강재에 발생하는 응력(MPa)

M : 강재에 발생하는 최대휨모멘트(N·mm)

Z : 강재의 단면계수(mm^3)

N : 강재에 작용하는 연직하중(N)

A : 강재의 단면적(mm^2)

f_{sa} : 강재의 허용응력(MPa)

강널말뚝의 응력은 1.0m당 계산하는 것이 일반적이다. 그러나 연직하중이 작용하는 경우(복공을 설치하는 경우)에는 "3.1 흙막이벽에 작용하는 연직하중"에서 언급하였지만 복공을 설치할 때 강널말뚝에 작용하는 연직하중의 분담이 다를 수 있으므로 각 하중의 취급은 다음과 같이 한다.

4.2.1 작용하는 연직하중의 취급

강널말뚝 벽에 작용하는 연직하중의 취급은

① 강널말뚝의 한쪽에 주형지지보를 설치할 때는 복공받침보의 최대반력을 강널말뚝 2장이 받는 것으로 한다.

② 강널말뚝의 양측에 주형지지보를 설치하는 경우 또는 H형강을 강널말뚝 머리에 설치할 때는 복공받침보의 최대반력을 강널말뚝 4장이 받는 것으로 한다.

4.2.2 설계단면력의 보정

단위 폭 당의 단면력을 그대로 사용하여 (3.3-7) 식과 (3.3-8) 식으로 계산한다.

4.3 강관널말뚝 벽

강관널말뚝은 주열식연속벽이므로 단위 m당으로 계산된 단면력은 강관널말뚝 1개당 응력으로 보정하여 (3.3-7) 식과 (3.3-8) 식을 사용하여 계산한다.

4.3.1 작용하는 연직하중의 취급

복공받침보의 최대반력을 강관널말뚝 1개가 받는 것으로 하고 강관널말뚝 1개당 작용하는 축력 N = 최대반력 R 로 계산한다.

4.3.2 설계단면력의 보정

벽체 1.0m당 모멘트를 아래 식에서 1개당의 설계단면력으로 보정하여 사용한다.

$$M = M_0 \times \frac{D+a}{1000} \tag{3.4-2}$$

여기서, M_0 : 강재에 발생하는 최대 휨모멘트(N·mm/m)

D : 강관널말뚝 지름(mm)

a : 강관널말뚝의 이음 폭(mm)

4.4 SCW벽

SCW벽의 소일시멘트 부분은 흙막이벽의 작은 변형이 일어나는 범위에서는 연직방향의 휨강성과 응력에 기여할 수 있다고 보지만, 균열이 발생하면 효과를 거의 기대할 수 없고 수평방향의 휨도 동시에 받기 때문에 연직방향의 휨모멘트 및 전단력은 전부 보강재인 H형강만이 부담하는 것으로 설계한다.

따라서 SCW벽은 아래의 하중과 단면력을 보정하여 인접하는 보강재(H형강)를 지점으로 하는 단순보로 보고 보강재(H형강) 1개당의 응력은 (3.3-7) 식과 (3.3-8) 식으로 계산한다.

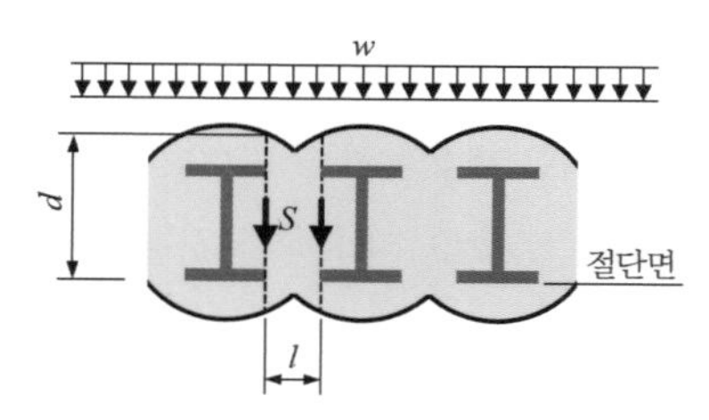

그림 3.4-2 소일시멘트의 응력계산
(보강재를 모든 홀에 배치하는 경우

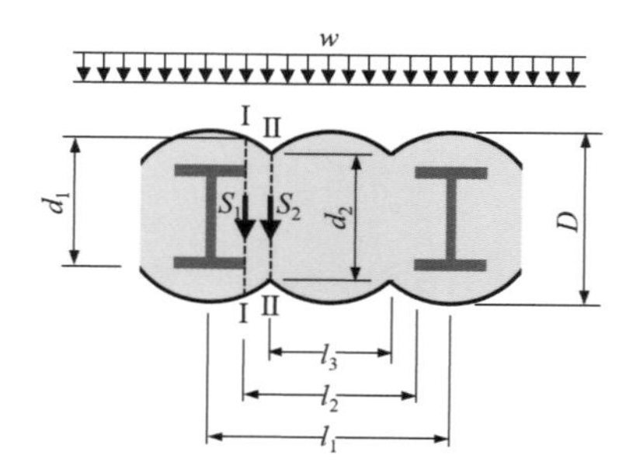

그림 3.4-3 소일시멘트의 응력계산(보강재를 격공으로 배치하는 경우

4.4.1 작용하는 연직하중의 취급

연직하중이 작용할 때는 아래와 같이 연직하중을 취급한다.

① 보강재 간격이 1m 이내면 복공받침보의 최대반력을 보강재 2개가 받는 것으로 한다.

② 보강재 간격이 1m를 초과하면 복공받침보의 최대반력을 보강재 1개가 받는 것으로 한다.

4.4.2 설계단면력의 보정

계산된 벽체 1.0m당 M_0, S_0에 대하여 아래의 식으로 1개당 설계단면력을 보정한다. 식 중에서 L은 천공 홀의 중심간격(m)이다.

① 보강재를 모든 홀에 배치하는 경우 : $M = M_0 \times L$, $S = S_0 \times L$

② 강재를 격공(2홀에 1개 배치)으로 배치하는 경우 : $M = M_0 \times 2L$ $S = S_0 \times 2L$

③ 보강재를 격공(3홀 2개씩 배치)으로 배치하는 경우 : $M = M_0 \times \frac{3}{2}L$, $S = S_0 \times \frac{3}{2}L$

4.4.3 소일시멘트의 응력계산

소일시멘트에 대한 응력검토는 보강재의 배치(모든 홀에 배치하는 경우와 격공으로 배치하는 경우)에 따라서 다르게 검토한다.

(1) 보강재를 모든 홀에 배치하는 경우

보강재를 모든 홀에 배치할 때는 전단에 대해서만 검토를 한다.

$$\upsilon = \frac{S}{b \cdot d} \leq \upsilon_a \qquad (3.4\text{-}3)$$

여기서,
υ : 전단응력 (kN/m^2)
S : 전단력 (kN) = $wl/2$
b : 깊이방향 단위 폭 (1.0m)
d : 유효 두께 (m)
υ_a : 허용전단응력 (kN/m^2)
w : 깊이 방향의 단위길이 당(1.0m)의 측압 (kN/m)
l : 보강재 간의 거리 (m)

(2) 보강재를 격공으로 배치하는 경우

보강재를 격공으로 배치할 때는 소일시멘트 내에 가상포물선의 아치를 가정하여 아치 축력에 대하여 전단 및 압축응력을 검토하는 A 방법과 압축응력만을 검토하는 B 방법이 있다.

1) A 방법

$$\upsilon_1 = \frac{S_1}{b \cdot d_1} \leq \upsilon_a \qquad (3.4\text{-}4)$$

$$\upsilon_2 = \frac{S_2}{b \cdot d_2} \leq \upsilon_a \qquad (3.4\text{-}5)$$

$$\sigma = \frac{N}{b \cdot t} \leq \sigma_a \qquad (3.4\text{-}6)$$

여기서,
υ_1 : I-I 단면에서의 전단응력 (kN/m^2)
S_1 : I-I 단면에서의 전단력 = $w \cdot l_2/2$ (kN)
b : 깊이방향 단위 폭 (1.0m)

d_1 : I-I 단면의 유효 두께(m)

v_2 : II-II 단면에서의 전단응력 (kN/m^2)

S_2 : II-II 단면에서의 전단력 = $w \cdot l_3/2$ (kN)

d_2 : II-II 단면의 유효 두께 (m)

σ : 압축응력 (kN/m^2)

N : 아치축력 (kN)

$$N = \sqrt{V^2 + H^2} \tag{3.4-7}$$

V : 지점반력 (kN)

$$V = w \cdot l_1 / 2 \tag{3.4-8}$$

H : 수평반력 (kN)

$$H = w \cdot l_1^2 / 8f \tag{3.4-9}$$

w : 깊이 방향의 단위길이 당(1.0m)의 측압 (kN/m)

t : 아치의 두께 (m)

f : 아치의 라이즈 (m)

D : 소일시멘트의 직경 (m)

l_1 : 보강재의 간격 (m)

l_2 : 보강재와 보강재 사이의 간격 (m)

l_3 : 잘록한 부분의 간격 (m)

v_a : 허용전단응력 (kN/m^2)

σ_a : 허용압축응력 (kN/m^2)

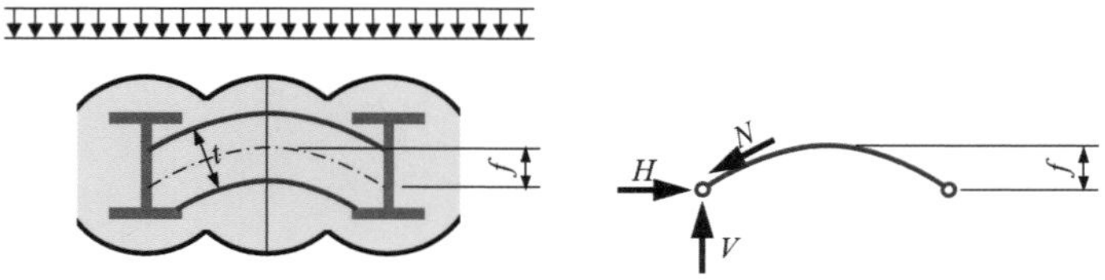

그림 3.4-4 전단 및 압축응력의 검토(A 방법)

2) B 방법

$$\sigma = \frac{N}{A} = \frac{2N}{b \cdot B} \le \sigma_a \tag{3.4-10}$$

여기서, σ : 압축응력 (kN/m^2)

N : 압축력 $= w \cdot l/2$ (kN)

A : 압축력을 받는 면적 $= b \times B/2$ (m^2)

B : 플랜지 폭 (m)

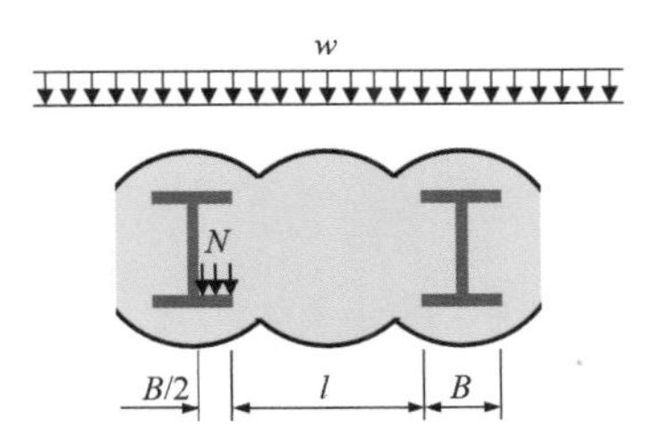

그림 3.4-5 압축응력의 검토(B 방법)

4.5 CIP벽

CIP 단면에 대한 검토는 보강재와 CIP로 나누어 실시하는데, 보강재(H형강)는 SCW와 같은 방법으로 계산한다. 특히 노면복공을 설치할 때는 벽체 해석의 값을 보강재의 하중 취급 및 단면력의 보정에 언급한 방법으로 수정하여 사용하여야 한다. 따라서 CIP 단면에 대한 응력검토는 다음과 같다.

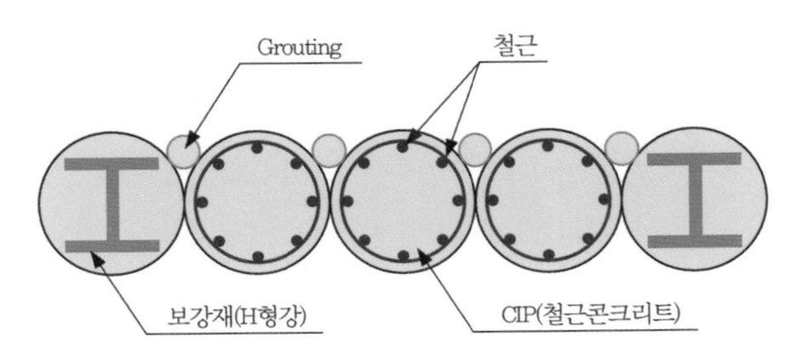

그림 3.4-6 CIP 단면제원

CIP 단면에 대한 검토 방법은 설계기준에는 허용응력설계법과 강도설계법으로 설계하도록 되어 있는데, 일반적으로 허용응력 설계법으로 설계한다. 그 이유는 보강재에 대하여 아직 강도설계법에 의한 검토 방법이 규정되어 있지 않기 때문이다. 따라서 보강재는 허용응력법으로 하고 CIP 단면은 강도설계법으로 따로따로 설계할 수 없으므로 전부 허용응력 설계법으로 하는 것이 바람직하다.

4.5.1 소요철근량의 계산

$$A_s = \frac{M \cdot a}{f_{sa} \cdot j \cdot d} \tag{3.4-11}$$

여기서, A_s : 철근량 (mm²)

M : CIP에 작용하는 최대휨모멘트 (N·mm/m)

a : CIP 중심간격 (mm)

f_{sa} : 철근의 허용인장응력 (MPa)

j : $1-k/3$

k : $n \cdot f_{ca}/(n \cdot f_{ca}+f_{sa})$

n : 탄성계수 $= E_s / 15000\sqrt{f_{ck}}$

E_s : 철근의 탄성계수 (MPa)

f_{ck} : 콘크리트의 압축강도 (MPa)

f_{ca} : 콘크리트의 허용압축응력 (MPa)

f_{sa} : 철근의 허용인장응력 (MPa)

d : CIP 유효높이 (mm)

4.5.2 응력검토

$$f_c = \frac{2M \cdot a}{kjbd^2} < f_{ca} \tag{3.4-12}$$

$$f_s = \frac{M \cdot a}{A_s jd} < f_{sa} \tag{3.4-13}$$

여기서, f_c : 콘크리트의 압축응력 (MPa)

f_s : 철근의 인장응력 (MPa)

A_s : 사용 철근량 (mm²)

f_{ca} : 콘크리트의 허용압축응력 (MPa)

f_{sa} : 철근의 허용인장응력(MPa)

4.5.3 전단력 검토

$$v = \frac{S \cdot a}{bd} < v_a \tag{3.4-14}$$

여기서, v : CIP에 작용하는 전단응력(MPa)
S : CIP에 작용하는 최대 전단력(N/mm)
a : CIP 중심간격(mm)
b : CIP의 유효 폭(mm)
d : CIP의 유효높이(mm)
v_a : 허용전단응력(MPa)

4.6 지하연속벽

지하연속벽의 단면검토는 일반적인 철근콘크리트의 단면검토와 같은 방법으로 1.0m당 응력으로 계산한다. 따라서 CIP 단면검토와 같은 방법으로 콘크리트의 압축응력, 전단응력, 철근의 인장응력에 대하여 검토한다. 강도설계법을 적용할 때는 콘크리트설계기준에 따라 검토한다.

5. 중간말뚝 설계

가설흙막이 설계기준 (2022) 3.3.3 중간말뚝의 설계

(1) 중간말뚝은 버팀보의 좌굴 방지에 유효한 단면이어야 한다.
(2) 중간말뚝에 작용하는 연직하중은 자중, 버팀대의자중 및 적재하중, 노면 복공으로 부터의 하중(충격하중 포함), 매설물 매달기로부터의 하중으로 한다.
(3) 중간말뚝의 종방향 강성을 증가시키기 위해 중간말뚝 사이에 사재 등의 보강 부재를 조립시킨 경우에는 하중 분배를 고려할 수 있다. 다만, 트러스 형태의 보강이 없는 중간말뚝은 단독으로 연직하중을 지지하는 것으로 한다.
(4) 중간말뚝에 작용하는 연직하중이 그 허용지지력을 넘지 않도록 하여야 한다.
(5) 중간말뚝은 지지력에 대한 검토를 하고 인발력이 발생하는 경우에는 이에 대해서도 검토하여야 한다.

중간말뚝에는 축방향 압축력(또는 인발력)과 편심모멘트가 작용한다. 복공을 설치하는 경우는 복공주형보에 재하 되는 고정하중, 활하중 및 복공주형부재의 하중, 매설물 중량 등에 의하여 발생하는 최대반력을 하중으로 작용시켜, 이 하중에 견디도록 말뚝의 지지력과 단면 등을 검토한다. 중간말뚝은 버팀보의 좌굴방지와 복공판을 설치할 때 복공주형보에 의한 하중을 지지하는 것을 목적으로 설치하는 것이므로 일반적으로 축방향 연직력에 대하여 설계한다. 중간말뚝에 작용하는 축방향 연직력은 다음을 고려한다.

① 노면하중(충격 포함)
② 노면복공(복공판, 주형보 등) 자중
③ 매설물 자중
④ 중간말뚝의 자중, 버팀보 및 사보강재의 자중, 좌굴억제하중

①~②는 복공을 설치하는 경우 해당하는 하중이므로 제3장의 "3. 하중"을 참고하기를 바라며, 여기서는 ④의 하중에 대해서는 설계기준이나 지침에 산출하는 방법이 규정되어 있지 않기 때문에 상세하게 산출방법을 설명하도록 한다. 또한 중간말뚝의 지간에 대한 규정이 미흡하므로 이 부분에 대해서도 상세하게 설명하도록 한다.

5.1 중간말뚝 지간

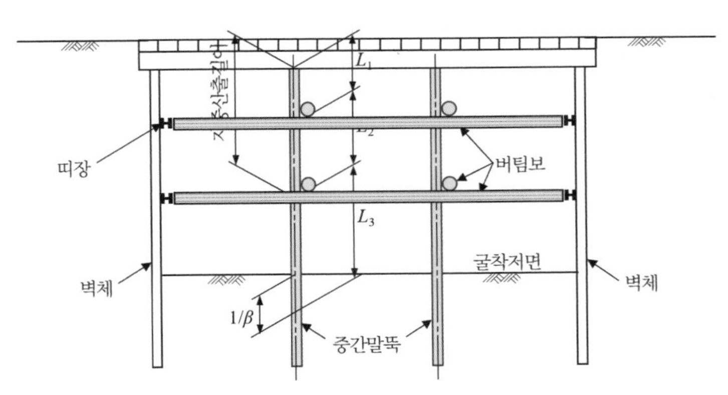

그림 3.5-1 **중간말뚝의 설계 지간**

중간말뚝의 지간은 4가지로 구분되는데, 첫째는 중간말뚝의 자중을 산출하기 위한 길이가 있으며, 둘째는 중간말뚝의 좌굴을 계산하기 위한 설계 지간, 셋째는 버팀보의 좌굴 억제 하중을 계산하기 위한 축력분담폭(x방향, y방향), 네 번째는 버팀보의 자중을 계산하기 위한 중량분담폭(x방향, y방향)이 있다.

5.1.1 중간말뚝 자중을 산출하기 위한 길이

중간말뚝의 자중을 계산하기 위한 길이는 좌굴을 계산하는 데 필요한 것이므로, 좌굴을 계산할 구간의 상단까지를 길이로 한다. 일반적으로 좌굴을 계산하는 구간이 대부분 최하단 버팀보에서 굴착바닥면까지를 대상으로 하는 경우가 많으므로 말뚝의 상단에서 최하단 버팀보 설치 위치까지를 자중 산출 길이로 한다(**그림 3.5-1** 참조).

5.1.2 중간말뚝의 설계지간

중간말뚝은 흙막이벽과는 다르게 굴착면보다 위쪽은 측면이 구속되어 있지 않기 때문에 좌굴을 고려하여야 한다. 허용축 방향 압축응력 계산에 사용하는 유효 좌굴길이는 **그림 3.5-1**과 같이 중간말뚝 상단에서 버팀보 교점 간의 L_1, 버팀보 교점 간의 L_2, 버팀보 교점과 $1/\beta$ (β는 말뚝의 특성치)까지의 사이를 L_3로 하여 계산한다. 일반적으로 좌굴 지간은 가장 불리한 최하단 버팀보와 $1/\beta$까지의 길이를 최대 좌굴길이로 하는 경우가 많다.

5.1.3 버팀보의 축력분담 폭

버팀보의 좌굴 억제 하중을 계산할 때 사용하는 축력분담 폭(LN_x, LN_y)은 **그림 3.5-2**와 같이 버팀보의 축력분담 폭(버팀보의 좌굴길이 참조)을 사용한다.

5.1.4 버팀보의 중량분담 폭

버팀보의 자중을 계산할 때 사용하는 중량분담 폭(LW_x, LW_y)은 **그림 3.5-2**와 같이 설계하는 중간말뚝에 해당하는 버팀보에 대하여 중간말뚝과 중간말뚝 사이의 전후(좌우) 1/2씩을 더한 길이로 한다. 또한 버팀보의 시작점과 끝점(띠장과의 접합부)은 띠장의 1/2점(띠장의 축선)을 중간말뚝이 설치된 지점으로 하여 계산한다.

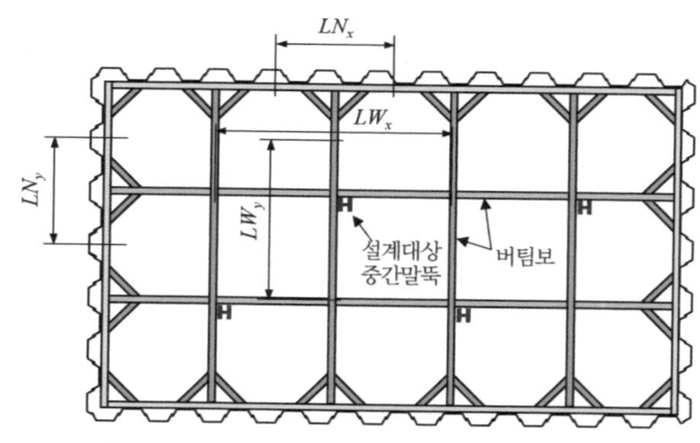

그림 3.5-2 **중간말뚝에 작용하는 버팀보 좌굴길이**

5.2 하중산출 방법

중간말뚝에 작용하는 하중 중에서 중간말뚝의 자중, 버팀보 및 사보강재의 자중, 좌굴 억제 하중의 산출 방법은 다음과 같다.

5.2.1 버팀보 좌굴억제 하중

$$N_1 = \frac{1}{50}\{\sum P_1 \cdot (LN_x + LN_y) + \sum P_2 \cdot (LN_x + LN_y)\} \quad (3.5\text{-}1)$$

여기서, N_1 : 버팀보 축력에 의한 좌굴 억제 하중(kN)

ΣP_1 : 버팀보에 작용하는 반력(kN/m)

ΣP_2 : 버팀보에 작용하는 온도하중에 의한 축력(kN)

LN_x : x방향 버팀보의 축력 분담 폭(m)

LN_y : y방향 버팀보의 축력 분담 폭(m)

5.2.2 버팀보의 자중 및 과재하중에 의한 하중

$$N_2 = \sum_{1}^{n} (w_x \cdot LW_x + w_y \cdot LW_y) \quad (3.5\text{-}2)$$

여기서, N_2 : 버팀보의 자중 및 과재하중에 의한 하중(kN)

LW_x : 중간말뚝에 작용하는 x방향 버팀보 자중의 작용 길이(m)

w_x : x방향 버팀보의 단위 길이 당 중량(kN/m)

LW_y : 중간말뚝에 작용하는 y방향 버팀보 자중의 작용 길이(m)

w_y : y방향 버팀보의 단위 길이 당 중량(kN/m)

n : 버팀보 설치 단수(개)

5.2.3 중간말뚝의 자중

$$N_3 = w_a \cdot L_0 \quad (3.5\text{-}3)$$

여기서, N_3 : 중간말뚝의 자중(kN)

w_a : 중간말뚝의 단위길이 당 중량(kN/m)

L_0 : 중간말뚝 상단에서 최하단 버팀보까지의 길이(m)

5.2.4 중간말뚝에 작용하는 하중

$$N = N_1 + N_2 + N_3 \tag{3.5-4}$$

여기서, N : 중간말뚝에 작용하는 축방향의 합계 하중(kN)

N_1 : 버팀보 축력에 의한 좌굴억제 하중(kN)

N_2 : 버팀보의 자중 및 과재하중에 의한 하중(kN)

N_3 : 중간말뚝의 자중(kN)

5.2.5 중간말뚝에 작용하는 편심모멘트

$$M = (N_1 + N_2) \cdot e \tag{3.5-5}$$

여기서, M : 중간말뚝에 작용하는 편심모멘트(kN·m)

N_1 : 버팀보 축력에 의한 좌굴억제 하중(kN)

N_2 : 버팀보의 자중 및 과재하중에 의한 하중(kN)

e : 중간말뚝과 버팀보 사이의 편심거리(m).
그림 3.5-3 참조

5.3 단면검토

중간말뚝은 휨과 압축력을 동시에 받는 부재로 설계한다.

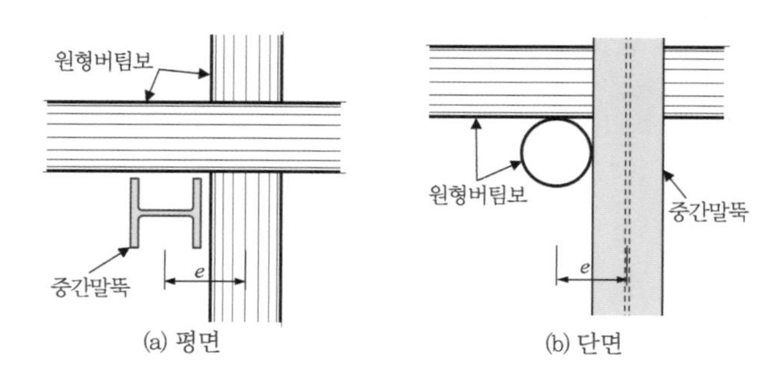

그림 3.5-3 버팀보의 편심거리

5.3.1 중간말뚝에 작용하는 응력

$$f_c = \frac{N}{A} \le f_{ca} \tag{3.5-6}$$

$$f_b = \frac{M}{Z} \le f_{ba} \tag{3.5-7}$$

여기서, f_c : 중간말뚝에 발생하는 압축응력(MPa)

N : 중간말뚝에 작용하는 압축력(N)

A : 중간말뚝의 단면적(mm^2)

f_{ca} : 허용압축응력(MPa)

f_b : 중간말뚝에 발생하는 휨응력(MPa)

M : 중간말뚝에 작용하는 편심 휨모멘트(N·mm)

Z : 중간말뚝의 단면계수(mm^3)

f_{ba} : 허용휨응력(MPa)

5.3.2 좌굴 검토

$$\frac{f_c}{f_{caz}} + \frac{f_{bcy}}{f_{bagy}\left(1 - \frac{f_c}{f_{Ey}}\right)} \le 1 \tag{3.5-8}$$

여기서, f_c : 축방향 압축응력(MPa)

f_{bcy} : 중간말뚝에 작용하는 휨응력(MPa)

f_{caz} : 중간말뚝의 허용압축응력(MPa)

f_{bagy} : 국부좌굴을 고려하지 않은 허용휨응력(MPa)

f_{Ey} : 오일러 좌굴응력(MPa)

$$f_{Ey} = \frac{1,200,000}{(\ell / r_y)^2} \tag{3.5-9}$$

ℓ : 유효좌굴길이(mm)

r_y : 단면2차반경(mm)

5.4 중간말뚝의 보강에 의한 반력의 배분

중간말뚝에 **그림 3.5-4**와 같이 적절한 강성을 갖는 브레이싱으로 연결되지 않을 때는 축방향 연직력을 중간말뚝 1개당 받는 하중으로 계산하여 설계할 수 있지만, 중간말뚝이 브레이싱으로 연결되었을 때는 a, b, c에 각각 **표 3.5-1**과 같이 양측의 말뚝에 분산시키는 것으로 고려한다.

중간말뚝의 허용지지력은 Part 3의 "3.2 지지력 계산 방법"에 설명되어 있는데, 측면말뚝과 중간말뚝은 하중이 작용하는 조건이 다르므로 구분하여 중간말뚝에 맞는 허용지지력으로 계산하는 것이 바람직하다. 상세한 것은 "3.2 지지력 계산 방법"을 참조하기를 바란다.

표 3.5-1 중간말뚝 반력의 배분

구분	R_1	R_2	R_3
중간말뚝의 지간이 4m 이상일 경우	1/2R	1/4R	1/4R
중간말뚝의 지간이 4m 이하일 경우	1/3R	1/3R	1/3R

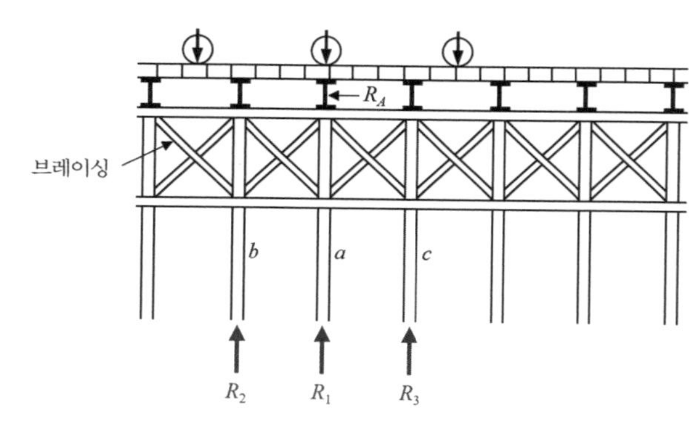

그림 3.5-4 중간말뚝 반력의 배분

6. 흙막이판 설계

(1) 흙막이 판은 목재, 콘크리트, 철근콘크리트, PE, 철판 등의 재료를 사용할 수 있다.
(2) 흙막이 판에 작용하는 토압은 흙막이 벽에 작용하는 토압을 적용한다.
(3) 전단력과 휨모멘트를 구하는 지간은 엄지말뚝의 플랜지폭을 고려하여 정한다.
(4) 흙막이 판의 두께는 모멘트와 전단력을 각 재료의 허용응력과 비교하여 모두 만족시킬 수 있도록 결정한다.

가설흙막이 설계기준(2022) 3.3.4 흙막이 판의 설계

흙막이판은 굴착깊이에서의 단면결정용 토압으로 계산된 판 두께를 전단면에 사용한다. 흙막이판은 **그림 3.6-1**에 표시한 것과 같이 **양단이 판 두께 이상인 40mm 이상 엄지말뚝 플랜지에 걸치는 길이**로 한다. 판 두께는 휨모멘트에 대하여 (3.6-1) 식을 만족하여야 한다. 최소 판 두께는 30mm로 한다.

가설흙막이공사(KCS 21 30 00: 2022)(14쪽)

6.1 흙막이판 두께

$$t = \sqrt{\frac{6M}{b \cdot f_a}} \tag{3.6-1}$$

여기서, t : 흙막이판의 두께(mm)

M : 흙막이판의 작용모멘트. $M = wl^2/8$ (N·mm)

w : 토압(N/mm^2)

l : 흙막이판의 계산 지간(mm)

$$l = L - \frac{3}{4}F_b \tag{3.6-2}$$

L : 엄지말뚝의 중심간격(mm)

F_b : 엄지말뚝의 플랜지 폭(mm)

b : 흙막이판의 깊이방향 단위 폭(1,000mm)

f_a : 흙막이판의 허용휨응력(MPa)

고속철도설계기준과 호남고속설계지침에는 흙막이판의 두께를 아래 식이 규정되어 있는데 작용모멘트 $M = wl^2/8$ 을 적용하면 (3.6-1) 식과 같은 식이 된다.

$$t = \sqrt{\frac{6wl^2}{8f_a \cdot b}} \quad (3.6\text{-}3)$$

일부 기준에서는 (3.6-1) 식의 b 에 대한 항목의 언급이 없는 경우와, (3.6-2) 식의 F_b에 대하여 혼돈하여 같은 b 로 표기한 것이 있다. (3.6-1) 식의 b 는 흙막이판을 설치하는 깊이방향의 폭이므로 일반적으로 휨모멘트를 단위 폭(1m)로 계산하므로 b=1.0m로 계산한다.

6.2 전단응력 검토

$$v = \frac{S}{t \cdot b} \le v_a \quad (3.6\text{-}4)$$

여기서, v : 전단응력 (MPa)

S : 최대 전단력. $S = wl/2$ (N)

t : 흙막이판의 두께 (mm)

b : 흙막이판의 깊이방향 단위 폭 (1,000mm)

v_a : 흙막이판의 허용전단응력 (MPa)

6.3 경량강널말뚝 흙막이판의 설계

경량강널말뚝 흙막이판에 작용하는 설계휨모멘트는 최종 굴착시에 대한 굴착바닥면까지의 최대토압을 하중으로 하고 엄지말뚝의 플랜지 간을 지간으로 하는 단순보로 산출한다. 이 설계휨모멘트에 대해서 아래 식으로 응력을 검토한다.

$$f = \frac{M}{Z} \quad (3.6\text{-}5)$$

여기서, f : 강재에 발생하는 응력 (MPa)

M : 강재에 발생하는 최대휨모멘트 (N·mm)

Z : 강재의 단면계수(mm³)

이 외에도 콘크리트, 철근콘크리트, PE, 철판 등이 사용되는데, 대부분 특허공법이 많아 해설을 생략한다.

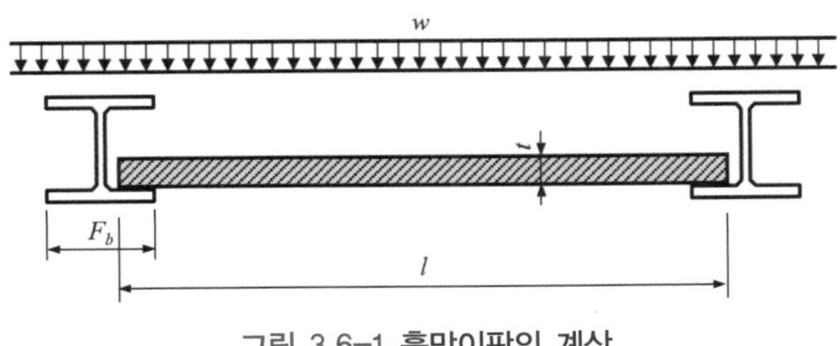

그림 3.6-1 **흙막이판의 계산**

7. 띠장 설계

가설흙막이 설계기준 (2022) 3.3.5 띠장의 설계

(1) 띠장은 흙막이 벽에서의 하중을 받아 이것을 버팀대 등에 평균하여 전달시키기 때문에 하중을 전달할 수 있는 강성을 갖는 것이어야 한다.
(2) 띠장은 버팀대 또는 앵커의 반력으로 인한 휨모멘트 및 전단력에 대하여 안전하여야 하고, 앵커의 수직분력을 고려하여 띠장 지지대를 검토하여야 한다. 경사버팀대가 있는 띠장의 경우 경사버팀대로 인한 축방향력 및 축직각방향력을 고려하여 띠장 안정성을 검토하여야 하며, 토압 조건이 다른 두 벽체를 지지하는 경사버팀대가 있는 띠장의 경우에는 경사버팀대의 밀림 가능성을 검토하여야 한다.
(3) 휨모멘트 및 전단력은 버팀대 또는 앵커 위치를 지점으로 하는 단순보로 계산하되 양호한 이음구조일 때는 연속보로 계산하여도 좋다.
(4) H형강을 띠장으로 사용할 때는 버팀대 또는 앵커와 띠장의 접합부에 압축력이 크게 작용하므로 플랜지가 변형되지 않도록 보강재(stiffener)를 반드시 2개소 이상 설치하여야 한다.
(5) H형강을 띠장으로 사용할 때 전단 단면적은 웨브만의 단면적을 사용하여야 하며, 보강재(stiffener)를 충분히 보강하였을 경우에는 플랜지 단면적을 전단 단면적으로 볼 수 있다.
(6) 띠장의 지점간격은 순 간격을 적용하며, 까치발에 따라 다음과 같이 구분하여 적용한다.
  ① 까치발이 없거나, 각도가 45°를 초과하는 경우에는 버팀보의 설치간격을 적용한다.
  ② 각도가 45° 이내인 까치발을 설치한 경우에는 까치발에 의한 구속을 고려하여 적용한다.
(7) 버팀보의 위치에서 띠장의 횡변위를 구하고 그 변위가 버팀보 축력에 미치는 영향을 검토하여야 한다.
(8) 버팀보 또는 지반 앵커와의 접합부는 보강재를 설치하여야 한다.
(9) 지반 앵커에 연결되는 띠장은 앵커로 인한 연직 분력을 고려하여야 하며, 미끄럼에 대하여 검토하여야 한다.
(10) 굴착면의 가로와 세로의 차가 매우 클 경우, 단변 띠장은 축력에 대한 검토를 추가하여야 한다.
(11) 사보강재를 설치할 경우의 띠장 설계는 버팀보 반력에 의한 휨모멘트와 사보강재로 부터 전달되는 축력을 동시에 받는 구조로 보고 안정성을 검토하여야 한다.
(12) 흙막이 벽으로부터 등분포하중을 받는 띠장은 휨모멘트 및 전단

력에 대한 안정 검토를 하며 단순보 또는 연속보로 간주하고 해석한다. 단순보로 설계할 경우에는 띠장과 스트러트의 연결은 핀으로 연결한 것으로 간주하여 설계하며, 여러 개의 버팀보 중에서 최대의 축력이 작용하는 버팀보를 적용한다.

7.1 띠장에 작용하는 하중

띠장에 작용하는 하중은 벽체의 단면계산에서 구한 버팀보 위치에서의 최대반력을 사용한다. 탄소성법으로 해석하였을 때 각 굴착단계에서 구한 버팀보 위치에서의 최대반력을 사용하고, 관용계산법으로 계산할 때는 **그림 3.3-13**의 방법에서 구한 최대반력을 사용한다. 이 경우에 주의할 점은 해석은 일반적으로 단위 m당(1.0m)으로 계산하는 경우가 많으므로 엄지말뚝일 경우에는 말뚝간격으로 환산한 반력을 사용하여야 한다. 띠장은 벽체 계산에서 구한 최대의 반력 값을 사용하여 벽체의 종류에 따라 버팀보를 지점으로 하는 단순보 또는 3경간 연속보로 보고 이 중에서 불리한 조건의 휨모멘트 및 전단력에 대하여 설계한다. 일반적으로 연속보보다는 단순보일 경우가 불리한 경우가 많으므로 단순보로 설계하는 것이 바람직하다. 특히 띠장은 이음을 설치하지 않는 것이 바람직하지만 흙막이 규모에 따라 이음을 설치할 때 연속보보다는 단순보로 설계한다.

7.1.1 엄지말뚝의 경우

엄지말뚝의 경우에는 **그림 3.7-1**과 같이 하중(엄지말뚝에서의 집중하중)을 이동시켜 띠장에 발생하는 최대휨모멘트 및 전단력을 구하여 단면을 결정한다.

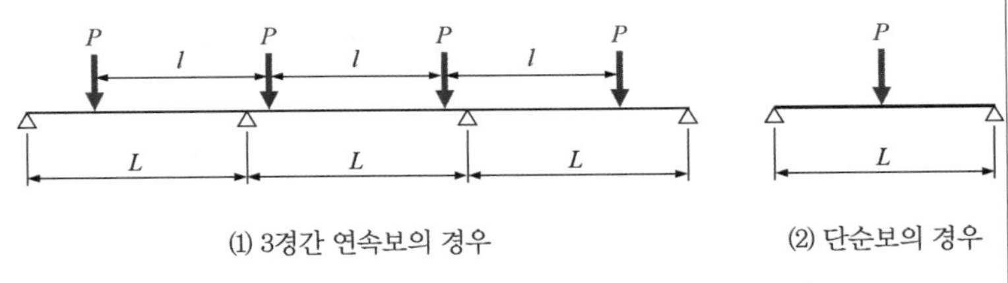

그림 3.7-1 엄지말뚝 흙막이의 띠장에 작용하는 하중

여기서, L : 지간 길이(버팀보의 간격)
l : 하중 간격(엄지말뚝 수평 간격)
P : 엄지말뚝에 작용하는 반력

(2) 연속벽체의 경우

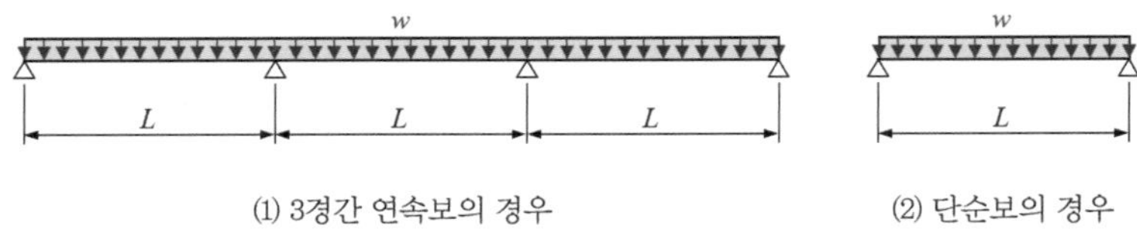

(1) 3경간 연속보의 경우 (2) 단순보의 경우

그림 3.7-2 연속벽체 흙막이의 띠장에 작용하는 하중

하중은 등분포하중으로 취급하여 3경간 연속보 또는 단순보로 보고, 최대휨모멘트 및 전단력은 **표 3.7-1**에 의하여 계산한다. 연속벽체의 경우는 될 수 있으면 단순보로 설계한다.

표 3.7-1 등분포하중에 의한 단면력

구분	최대휨모멘트 (kN·m)	최대전단력 (kN)
단순보	$M_{\max}=\frac{1}{8}wL^2$	$S_{\max}=\frac{1}{2}wL$
3경간 연속보	$M_{\max}=\frac{1}{10}wL^2$	$S_{\max}=\frac{1}{2}wL$

7.2 띠장의 설계 지간

띠장의 설계 지간은 버팀보를 지점으로 하는 순 간격을 지간으로 하는데, 버팀보와 띠장 사이에 사보강재를 설치할 때는 버팀보와 사보강재는 같은 단면을 사용하는 것을 조건으로 하여 다음과 같이 설계 지간을 구한다.

7.2.1 사보강재가 없는 경우

사보강재(까치발)를 설치하지 않는 경우는 **그림 3.7-3**과 같이 버팀보 사이를 지점으로 하는 지간을 사용한다. 단, 엄지말뚝을 사용할 때 특히 간격이 넓을 때는 말뚝 위치의 지보재 반력을 집중하중으로 하여, 하중을 이동시켜 휨모멘트 및 전단력이 최대가 되도록 재하 한다.

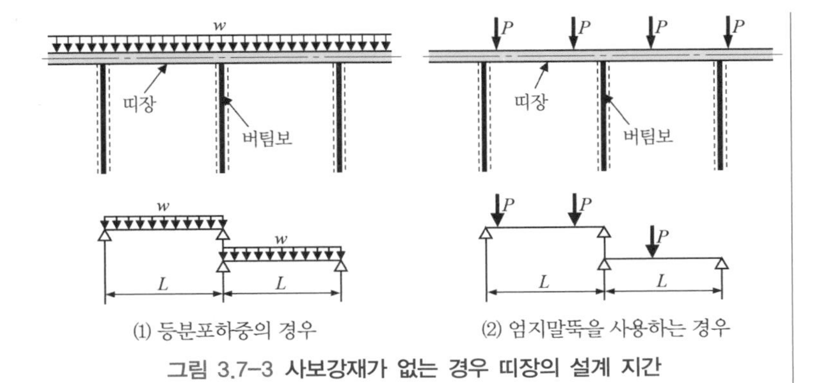

그림 3.7-3 사보강재가 없는 경우 띠장의 설계 지간

7.2.2 사보강재를 설치하는 경우

연속벽체는 **그림 3.7-4**, 엄지말뚝은 **그림 3.7-5**와 같이 사보강재를 설치할 경우의 설계 지간이다. 사보강재의 실치 각에도 따라서 다르게 적용한다.

- 사보강재를 45°로 설치할 때의 설계 지간 : $L = L_1 + L_2/2 + L_2/2 = L_1 + L_2$
- 사보강재를 30°, 60°로 설치할 때의 설계 지간 : $L = L_1$

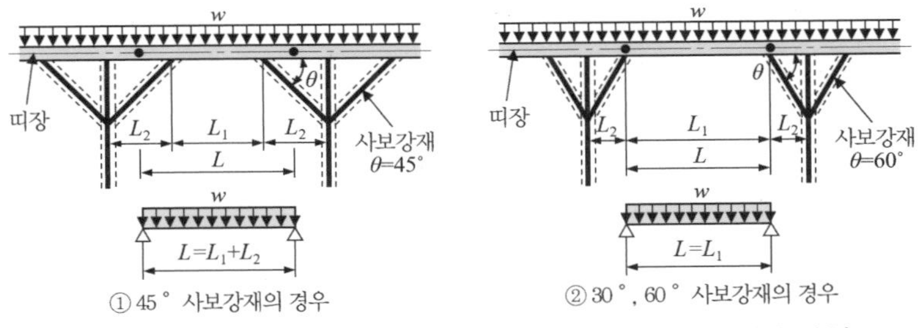

그림 3.7-4 사보강재를 설치하는 경우의 설계 지간(연속벽체의 경우)

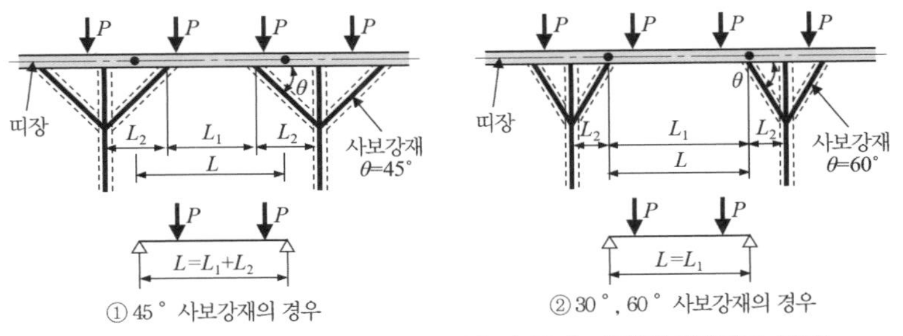

그림 3.7-5 사보강재를 설치하는 경우의 설계 지간(엄지말뚝의 경우)

7.2.3 단부의 설계 지간

단부에 코너사보강재를 설치할 때는 **그림 3.7-6** 및 **그림 3.7-7**과 같이 잭을 설치한 경우와 양단을 완전히 고정한 경우로 구분하여 설계 지간을 설정한다.

- 단부에 유압잭 등을 설치할 때의 설계 지간 : $L = L_1$
- 단부를 고정하는 경우의 설계 지간 : $L = L_1 + L_2/2$

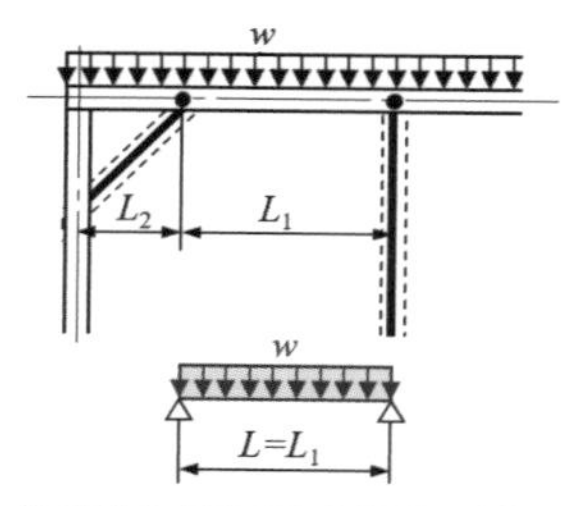

⑴ 단부에 유압잭을 설치하는 경우

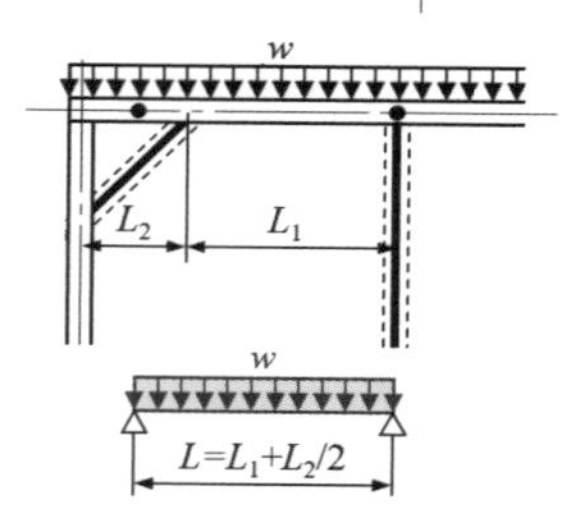

⑵ 단부를 고정하는 경우

그림 3.7-6 단부에 사보강재를 설치할 때 설계지간(연속벽체의 경우)

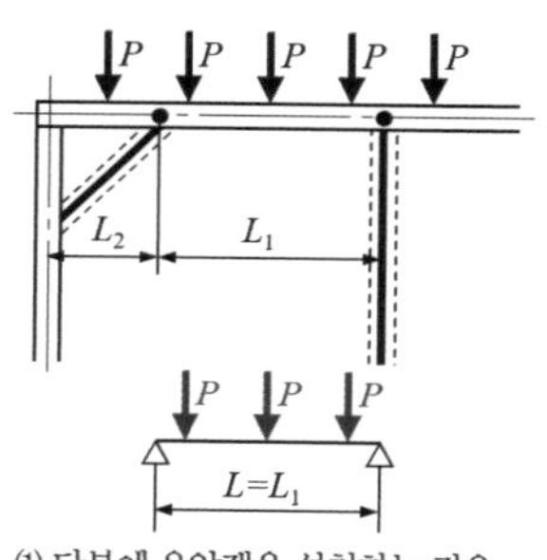

⑴ 단부에 유압잭을 설치하는 경우

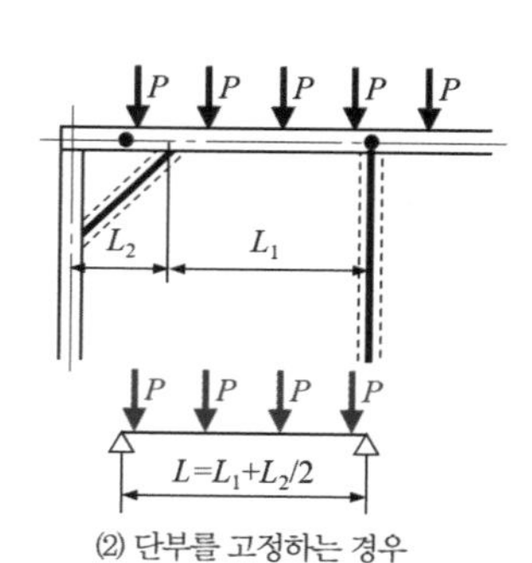

⑵ 단부를 고정하는 경우

그림 3.7-7 단부에 사보강재를 설치할 때 설계지간(엄지말뚝의 경우)

7.2.4 다중으로 사보강재를 설치하는 경우

설계 기준이나 지침에는 다중으로 사보강재를 설치할 때 띠장에 관한 규정이 없어 소홀히 다룰 수 있다.

따라서 다중사보강재를 설치할 때는 가장 외측에 설치하는 사보강재를 기준으로 **그림 3.7-8**과 같이 설계지 간을 설정한다.

- 다중사보강재를 설치할 때의 설계 지간 : $L = L_1 + L_2 + L_3/2$

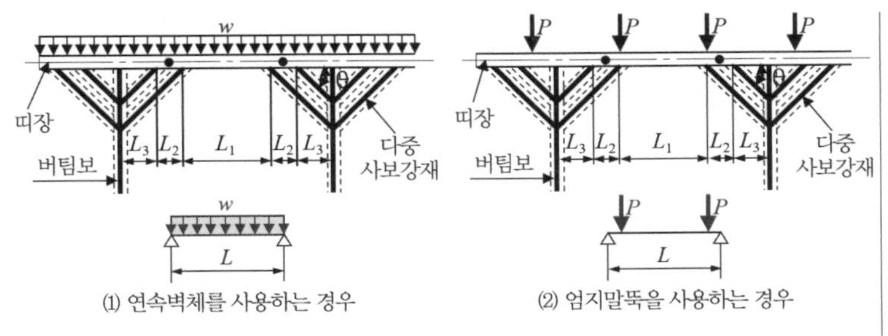

그림 3.7-8 **다중사보강재를 설치하는 경우**

7.3 축력을 고려한 띠장의 설계

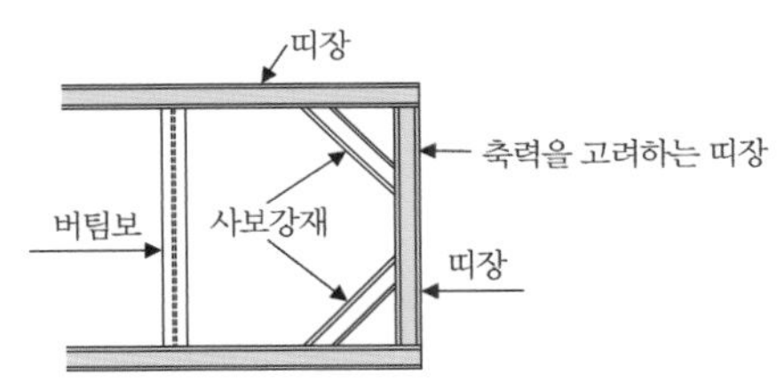

그림 3.7-9 **축력을 고려하는 띠장**

단부에 설치하는 띠장은 축력이 작용하기 때문에 **그림 3.7-9**와 같이 휨과 압축을 동시에 받는 부재로 설계하여야 한다. 띠장에 작용하는 축력은 **그림 3.7-10**과 같이 버팀보나 사보강재의 배치를 고려하여 큰 쪽의 분담폭으로 산출한다. 이때 온도변화에 의한 축력증가도 고려하여야 한다.

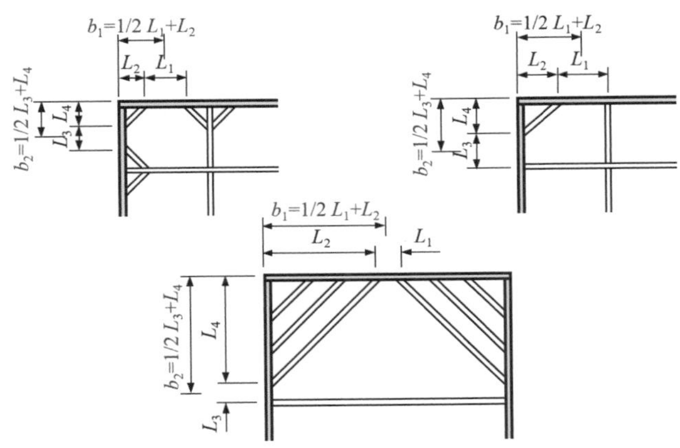

그림 3.7-10 **축력을 고려한 띠장의 축력분담 폭**

7.4 띠장의 단면검토

띠장은 일반적으로 휨모멘트를 받는 부재이지만 단부에 설치하는 띠장은 축력을 받기 때문에 휨모멘트만 작용하는 경우와 축력과 휨모멘트가 작용할 때 단면검토를 한다.

7.4.1 응력검토

(1) 휨모멘트만 작용하는 경우의 응력검토

$$f = \frac{M}{Z} \le f_a \tag{3.7-1}$$

(2) 휨모멘트와 축력이 작용하는 경우의 응력검토

$$f = \frac{N}{A_w} + \frac{M}{Z} \le f_a \tag{3.7-2}$$

여기서, f : 휨응력 (MPa)

M : 최대휨모멘트 (N·mm)

Z : 띠장의 강축방향 단면계수 (mm^3)

N : 최대 축력 (N)

A_w : 띠장의 WEB 단면적 (mm^2). $A=(H-2t_f)\times t_w$ (그림 3.7-11 참조)

f_a : 허용휨응력 (MPa)

(3) 띠장의 연직방향에 대한 응력검토

흙막이앵커나 네일 등과 같은 지보재는 경사각을 가지고 배치되기 때문에 띠장에 연직력이 작용하게 되므로 이럴 때 위의 (3.7-1) 식과 (3.7-2) 식과 더불어 연직방향에 대하여 응력을 검토하여야 한다. 이 경우에는 띠장의 단면적 A_w는 플랜지 단면적을 사용하며, 단면계수는 약축방향 단면계수를 사용하여 계산한다. 연직방향의 검토 방법은 "11.2 앵커의 띠장 계산"에서 상세하게 설명하도록 한다.

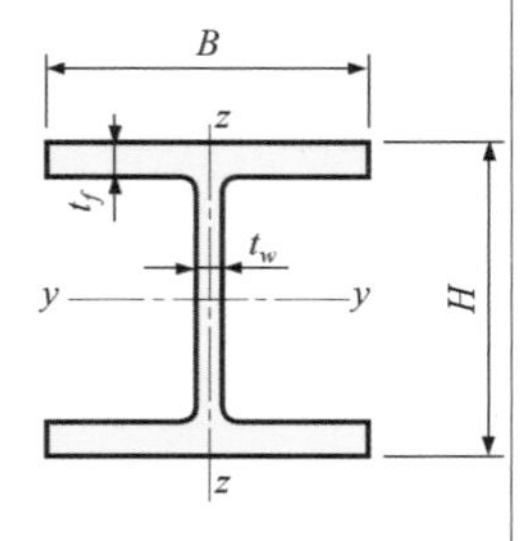

그림 3.7-11 띠장 단면적

7.4.2 전단검토

$$\upsilon = \frac{S}{A_w} \le \upsilon_a \qquad (3.7\text{-}3)$$

여기서, υ : 전단응력(MPa)

S : 최대전단력(N)

A_w : 띠장의 WEB 단면적(mm²). $A = (H - 2t_f) \times t_w$

(그림 3.7-11 참조)

υ_a : 허용전단응력(MPa)

7.4.3 설계기준의 띠장 단면검토

각 설계기준에서 띠장의 단면검토에 대한 기준을 살펴보면 구조물기초설계기준은 위의 (3.7-1)~(3.7-3) 식이 규정되어 있다. 도로설계요령에는 아래와 같은 계산식을 사용하도록 규정되어 있는데, 휨응력 f 는 단순보에 의한 연속벽체로, 전단력 υ은 단면적(높이에 대한)의 85%를 적용하고 있다.

$$f = \frac{wl^2}{8Z}, \quad \upsilon = \frac{S}{0.85ht} \qquad (3.7\text{-}4)$$

여기서, f : 휨응력(MPa)

w : 띠장에 작용하는 하중(kN/m)

l : 지간 길이(m)

Z : 단면계수(m³)

υ : 전단응력(MPa)

h : 플랜지 높이(m)

t : WEB의 두께(m)

7.4.4 좌굴검토

띠장은 휨과 모멘트를 동시에 받는 부재이므로 면내 및 면외에 대한 안정 검토를 하여야 하는데, H형강은 비틀림 강성이 낮으므로 자중과 연직하중에 의한 휨 작용면 외측의 횡방향좌굴(면외좌굴)을 검토한다.

$$\frac{f_c}{f_{caz}} + \frac{f_{bcy}}{f_{bagy}\left(1 - \frac{f_c}{f_{Ey}}\right)} \leq 1 \qquad (3.7\text{-}5)$$

$$f_c + \frac{f_{bcy}}{\left(1 - \frac{f_c}{f_{Ey}}\right)} \leq f_{cal} \qquad (3.7\text{-}6)$$

여기서, f_c : 축방향 압축응력(MPa)

f_{bcy} : 강축둘레(y 축)에 작용하는 휨모멘트에 의한 휨압축응력(MPa)

f_{caz} : 약축둘레(z 축)의 허용축방향 압축응력(MPa)

f_{bagy} : 국부좌굴을 고려하지 않은 강축둘레의 허용휨 압축응력(MPa)

f_{Ey} : 강축둘레(y 축)의 오일러 좌굴응력(MPa)

$$f_{Ey} = \frac{1{,}200{,}000}{(\ell/r_y)^2} \qquad (3.7\text{-}7)$$

ℓ : 유효좌굴길이(mm)

r_y : 강축둘레(y 축)의 단면2차반경(mm)

f_{cal} : 국부좌굴응력에 대한 허용응력(MPa)

일반적으로 각 설계기준에는 (3.7-5) 식만 규정되어 있고, (3.7-6) 식은 규정되어 있지 않은 식인데, 이 식은 국부좌굴응력을 검토하는 것으로 버팀보를 설치할 때 띠장의 국부좌굴에 대한 안정성을 동시에 검토하는 것이 바람직하다.

7.5 기타 띠장에 관한 사항

띠장은 흙막이에서 작용하는 하중을 균등하게 전달할 수 있는 구조로 설계하여야 하는데, 흙막이벽과 띠장 사이에는 **그림 3.7-12**와 같이 모르타르 또는 콘크리트 등에 의하여 공극이 없도록 하여 흙막이벽에서 작용하는 하중을 띠장에 균등하게 전달되도록 한다. 버팀보와의 접합부에는 큰 압축력이 작용하므로 H형강 등을 띠장으로 사용하는 경우에는 **그림 3.7-13**과 같이 웨브가 국부적으로 좌굴이나 변형이 발생하는 경우가 있다. 따라서 이와 같은 상황이 발생할 가능성이 있는 경우에는 **그림 3.7-12**와 같이 해당 부분에 강재 또는 콘크리트 등에 의한 보강재(Stiffner)를 설치한다.

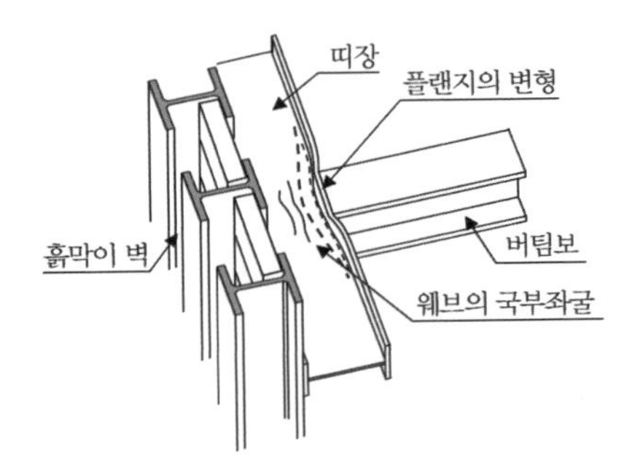

그림 3.7-12 **버팀보와의 접합부에서의 국부파괴**

띠장의 이음 부분은 내력에 약한 부분이 되기 때문에 **그림 3.7-14**와 같이 띠장에 발생하는 단면력이 작은 위치에 설치하여야 한다. 또한 이음 간격은 6m 이상, 이음 구조는 고장력볼트를 사용하는 것이 좋다.

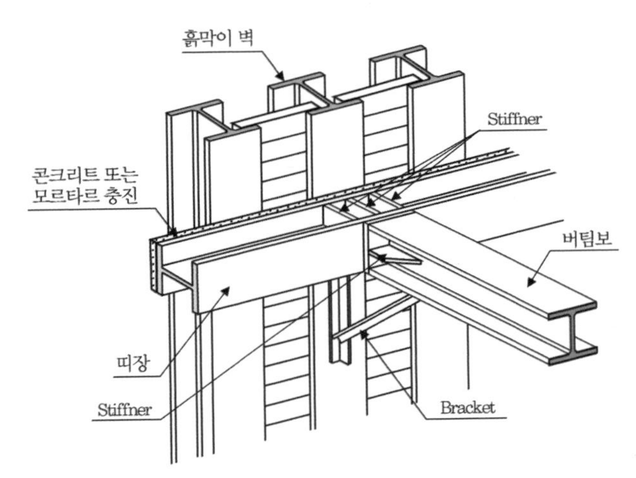

그림 3.7-13 **흙막이벽과 띠장과의 접합부에 대한 구조 예**

그리고 띠장을 계산할 때 띠장을 여러 단에 걸쳐 설치하는 경우에 대표단(최대반력이 발생한 단)에 대해서만 계산을 하는 경우가 있는데, 될 수 있으면 모든 설치 단에 대하여 검토를 하는 것이 좋다.

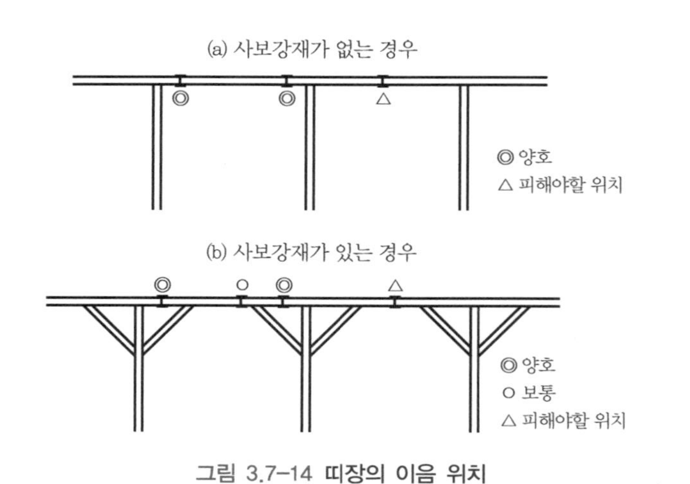

그림 3.7-14 띠장의 이음 위치

8. 버팀보 설계

가설흙막이 설계기준 (2022) 3.3.6 버팀대의 설계

(1) 설계일반
① 버팀대는 압축재로서 좌굴되지 않도록 단면과 강성을 가져야 한다. 또, 버팀대가 긴 경우에는 중간말뚝 등을 설치하여 보강하여야 한다.
② 버팀대 위에 하중을 재하해서는 안 된다. 그러나 부득이 재하할 경우에는 축력과 휨이 작용하는 부재로 설계하여야 한다.
③ 버팀대에는 이음을 설치하지 않으나 부득이 이음을 설치할 때는 보강을 하여 강도를 확보하여야 한다.
④ 버팀대와 띠장의 접합부는 느슨함이 생기지 않는 구조로 하여야 한다.
⑤ 버팀대의 축방향력 및 휨모멘트에 의한 합성응력은 좌굴을 고려한 허용응력보다 작아야 한다.
⑥ 버팀대의 수평간격을 넓히고자 할 때에는 버팀대 단부에 까치발을 설치하거나 띠장 및 버팀대의 강성을 키워 안정성을 확보하여야 한다.
⑦ 버팀대 설계 시 H형강뿐만 아니라 원형강관에 대하여 상부 안전발판 및 안전난간대 등 근로자 안전확보를 위한 안전조치를 하여야 한다.

(2) 버팀대의 보강
① 버팀대는 가시설구조물 전체의 강성을 확보할 수 있도록 일정 간격으로 인접 버팀대와 수평 브레이싱(bracing)을 설치하여 보강하여야 한다.
② 브레이싱(bracing)의 설치는 좌굴해석에 의해 위치 및 부재규격을 결정하여야 한다.

버팀보에 대한 설계기준은 일반적인 사항으로 좌굴되지 않도록 축력과 휨을 동시에 받는 구조로 설계하도록 규정하고 있으며, 이번에 개정된 내용 중에 특이점은 안전 발판 및 안전 난간대 등 근로자 안전확보를 위한 안전조치가 포함되어 있다. 따라서 버팀보의 안전대책을 포함한 설계가 되어야 한다.

버팀보는 띠장에서의 하중이 균등하게 작용하는 구조로 하여 압축력에 대하여 안전하여야 하며, 좌굴이 생기지 않는 구조로 한다. 버팀보는 축력과 모멘트가 작용하는 부재이므로 축방향 압축력과 휨모멘트를 동

시에 받는 부재로 설계하도록 관련 식과 하중 및 방법에 대하여 설명한다.

8.1 버팀보의 축력

버팀보에 작용하는 축력은 측압(토압 및 수압), 온도하중, 기타 등이 있다.

8.1.1 토압 및 수압에 의한 축력

(1) 연속벽체의 경우

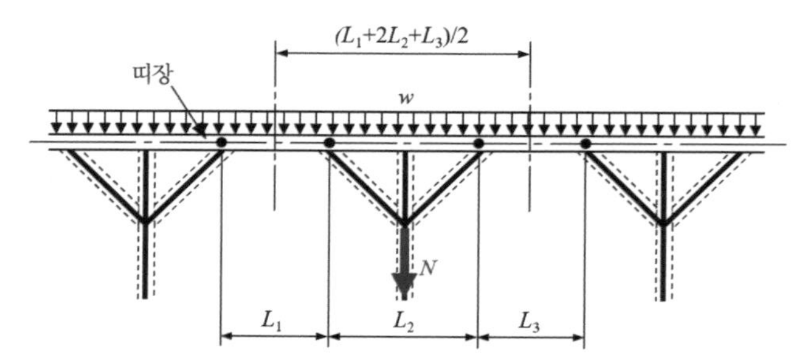

그림 3.8-1 버팀보에 축력으로 재하 되는 하중(연속벽체)

그림 3.8-1과 같이 연속벽체일 때 띠장에 작용하는 하중과 버팀보 분담 폭을 곱하여 산출하는데 아래 식으로 계산한다.

$$N = w\frac{(L_1 + 2L_2 + L_3)}{2} \quad (3.8\text{-}1)$$

여기서, N : 버팀보에 작용하는 축력(kN)

w : 토압 및 수압에 의한 지보공 반력(kN/m)

$L_1 \sim L_3$: 지간(m)

구조물기초설계기준과 도로설계요령에는 아래의 (3.8-2) 식이 규정되어 있는데, 이 식은 사보강재를 설치하지 않거나 버팀보 설치 간격이 일정할 때 사용된다. **그림 3.8-1**에서 L_1과 L_3이 다른 경우가 있을 수 있으므로 (3.8-1) 식을 사용하는 것이 좋다.

$$N = w\frac{(L_1 + L_2)}{2} \tag{3.8-2}$$

(2) 엄지말뚝의 경우

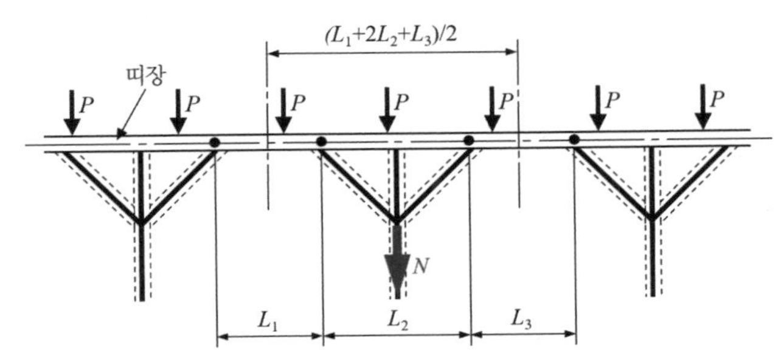

그림 3.8-2 **버팀보에 축력으로 재하 되는 하중(엄지말뚝)**

$$N = n \cdot P \tag{3.8-3}$$

여기서, N : 버팀보에 작용하는 축력(kN)

n : 버팀보 1본(분담 폭 내)에 작용하는 반력 개수(개)

P : 토압 및 수압에 의한 지보공 반력(kN)

$L_1 \sim L_3$: 지간(m)

8.1.2 온도변화에 의한 축력

버팀보는 온도변화에 의한 축력증가로 120kN을 고려한다. 각 설계기준이나 지침의 온도하중은 Part 01의 "7.4 온도변화의 영향"에 상세하게 기재되어 있으니 참조하기를 바란다.

8.1.3 연직하중

휨모멘트를 계산할 때의 하중은 버팀보 자중을 포함한 실제하중으로 하고, 연직방향 좌굴길이를 지간으로 하는 단순보로 계산한다. 여기서 실제하중을 알 수 없을 때는 버팀보 자중을 5kN/m 정도 고려한다.

표 3.8-1 버팀보의 연직방향 좌굴길이

(1) 중간말뚝만 설치하는 경우	(2) 수직, 수평이음재를 설치하는 경우	(3) 중간말뚝 및 이음재를 설치하는 경우
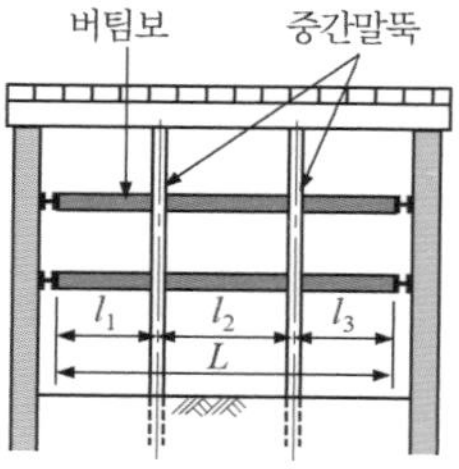 버팀보 중간말뚝 l_1 l_2 l_3 L	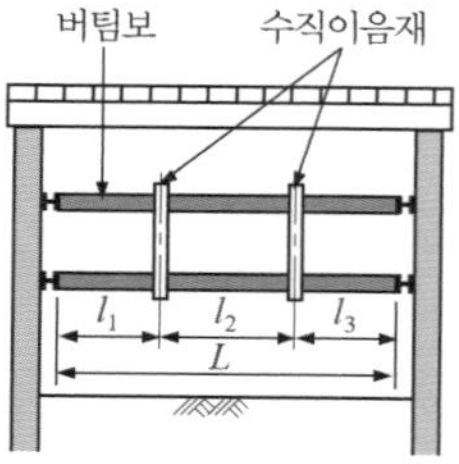 버팀보 수직이음재 l_1 l_2 l_3 L	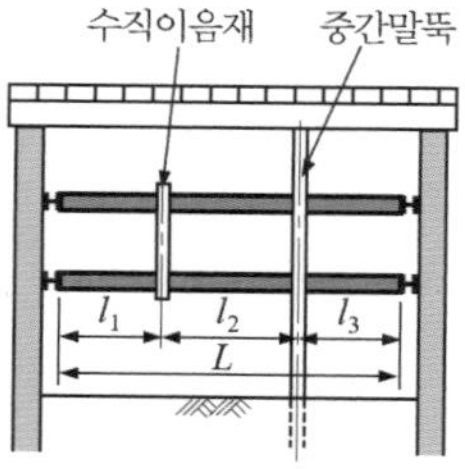 수직이음재 중간말뚝 l_1 l_2 l_3 L
l_1, l_2, l_3 중에서 최대 길이로 한다.	$1.5l_1$, $2.0l_2$, $1.5l_3$ 중에서 최대 길이로 하며, 이 값이 버팀보의 총길이 L보다 큰 경우는 L로 한다.	$1.5l_1$, $1.5l_2$(단, 이 값이 l_1+l_2를 초과할 때는 l_1+l_2)와 l_3 중에서 최대 길이로 한다.

8.2 버팀보의 좌굴길이

8.2.1 연직방향 좌굴길이

버팀보의 강축둘레 좌굴 즉, 연직방향에 대한 변형을 고려할 때는 **표 3.8-1**에 표시한 3가지 값 중에서 최대 길이를 유효좌굴길이로 한다. 이 표는 각 기준을 정리한 것이다.

구조물기초설계기준에는 **표 3.8-1**의 내용 중에서 (2)와 (3)의 방법이 규정되어 있는데 1.5~2.0배의 할증이 없이 좌굴길이를 계산하도록 규정되어 있으며, 도로설계요령에서는 (1)의 방법만 규정되어 있다.

철도설계기준에는 (2), (3)의 방법이 규정되어 있으며, 고속철도기준은 3가지 방법이 기재되어 있다. 따라서 연직방향 좌굴길이는 **표 3.8-1**의 중간말뚝과 수직, 수평이음재의 설치상황에 따라 계산하는 것이 바람직하다.

8.2.2 수평방향 좌굴길이

버팀보의 약축둘레 횡좌굴 즉, 수평방향의 변형을 고려할 때는 교차하는 버팀보, 이음재 및 중간말뚝에 의한 구속 효과를 고려하여 **표 3.8-2**와 같이 산출한다.

각 설계기준에는 연직방향과 수평방향의 좌굴길이에 대하여 구분하여 규정한 기준도 있지만, 구분하지 않은 기준도 있다. 또한 수평방향 좌굴길이 산출 방법에서 사보강재를 고려한 방법이 기재되어 있지 않아서 각 기준의 내용을 정리하여 표 3.8-2와 같이 12가지 사례로 정리하였다.

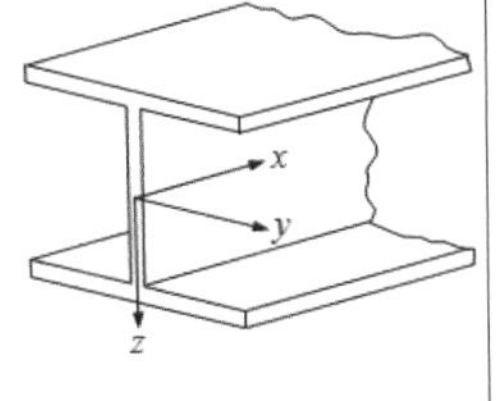

그림 3.8-3 H형강 좌표

8.3 버팀보의 단면검토

버팀보의 단면검토는 축방향력과 휨모멘트를 받는 상황과 형강 및 원형 단면에 따라 다음과 같이 검토한다.

표 3.8-2 버팀보의 수평방향 좌굴길이

버팀보 고정부재		고정점간 거리	좌굴 길이	버팀보 고정부재		고정점간 거리	좌굴 길이
A단	B단			A단	B단		
띠장	띠장		L	직교하는 버팀보	직교하는 버팀보		$1.5L$
띠장	직교하는 버팀보		$1.5L$	사보강재	직교하는 버팀보		$1.5L$
띠장	중간말뚝		L	사보강재	사보강재		L
중간말뚝	중간말뚝		L	띠장	수평 이음재		$2.5L$
중간말뚝	직교하는 버팀보		$1.5L$	수평 이음재	중간말뚝		$2.5L$
사보강재	중간말뚝		L	수평 이음재	수평 이음재		$2.5L$

※강관버팀의 경우 보강재가 생략되므로 강관버팀과 받침보의 체결이 견고한 유밴드(HUB)를 사용한다.

8.3.1 H형강일 경우

(1) 축방향 압축력만 작용하는 경우

$$f_c = \frac{N}{A} \leq f_{ca} \qquad (3.8\text{-}4)$$

여기서, f_c : 축방향 압축응력 (MPa)

N : 최대 축력 (N)

A : 버팀보의 단면적 (mm^2)

f_{ca} : 허용 축방향 압축응력 (MPa)

(2) 축방향 압축력과 휨모멘트가 동시에 작용하는 경우

$$f_c = \frac{N}{A} + \frac{M}{Z} \leq f_{ca} \qquad (3.8\text{-}5)$$

여기서, f_c : 축방향 압축응력 (MPa)

N : 최대 축력 (N)

A : 버팀보의 단면적 (mm^2)

M : 최대휨모멘트 (N·mm)

Z : 버팀보의 단면계수 (mm^3)

f_{ca} : 허용 축방향 압축응력 (MPa)

(3) 좌굴검토 (안정성 검토)

H형강을 버팀보로 사용할 때는 **그림 3.8-3**과 같이 플랜지가 상하가 되도록 설치하는 것이 대부분이다. H형강은 비틀림 강성이 낮으므로 자중과 연직하중에 의한 휨작용면 바깥쪽의 수평방향 좌굴(면외좌굴)을 검토한다. 다만 버팀보에 지장물 등에 의한 연직하중이 작용할 때는 연직방향 좌굴(면내좌굴)도 동시에 검토한다.

1) 수평방향의 좌굴검토(면외좌굴)

$$\frac{f_c}{f_{caz}} + \frac{f_{bcy}}{f_{bagy}\left(1 - \frac{f_c}{f_{Ey}}\right)} \leq 1 \qquad (3.8\text{-}6)$$

$$f_c + \frac{f_{bcy}}{\left(1 - \frac{f_c}{f_{Ey}}\right)} \leq f_{cal} \tag{3.8-7}$$

여기서, f_c : 축방향 압축응력(MPa)

f_{bcy} : 강축둘레(y 축)에 작용하는 휨모멘트에 의한 휨압축응력(MPa)

f_{caz} : 약축둘레(z 축)의 허용축방향 압축응력(MPa)

f_{bagy} : 국부좌굴을 고려하지 않은 강축둘레의 허용휨 압축응력(MPa)

f_{Ey} : 강축둘레(y 축)의 오일러 좌굴응력(MPa)

$$f_{Ey} = \frac{1{,}200{,}000}{(\ell / r_y)^2} \tag{3.8-8}$$

ℓ : 유효좌굴길이(mm)

r_y : 강축둘레(y 축)의 단면2차반경(mm)

f_{cal} : 국부좌굴응력에 대한 허용응력(MPa)

2) 연직방향의 좌굴검토(면내좌굴)

$$\frac{f_c}{f_{caz}} + \frac{f_{bcz}}{f_{bao}\left(1 - \frac{f_c}{f_{Ez}}\right)} \leq 1 \tag{3.8-9}$$

$$f_c + \frac{f_{bcz}}{\left(1 - \frac{f_c}{f_{Ez}}\right)} \leq f_{cal} \tag{3.8-10}$$

여기서, f_c : 축방향 압축응력(MPa)

f_{bcz} : 약축둘레(z 축)에 작용하는 휨모멘트에 의한 휨압축응력(MPa)

f_{caz} : 약축둘레(z 축)의 허용축방향 압축응력(MPa)

f_{bao} : 국부좌굴을 고려하지 않은 허용휨압축응력의 상한값(MPa)

f_{Ez} : 약축둘레(z 축)의 오일러 좌굴응력(MPa)

$$f_{Ez} = \frac{1,200,000}{(\ell/r_z)^2} \tag{3.8-11}$$

ℓ : 유효좌굴길이 (mm)

r_z : 약축(z 축) 둘레의 단면2차반경 (mm)

f_{cal} : 국부좌굴응력에 대한 허용응력 (MPa)

8.3.2 원형 강관일 경우

(1) 축방향 압축력만 작용하는 경우

$$f_c = \frac{N}{A} \le f_{ca} \tag{3.8-12}$$

여기서, f_c : 축방향 압축응력 (MPa)

N : 최대 축력 (N)

A : 원형버팀보의 단면적 (mm^2)

f_{ca} : 허용 축방향 압축응력 (MPa)

(2) 축방향 압축력과 휨모멘트가 동시에 작용하는 경우

$$f_c = \frac{N}{A} + \frac{M}{Z} \le f_{ca} \tag{3.8-13}$$

여기서, f_c : 축방향 압축응력 (MPa)

N : 최대 축력 (N)

A : 원형버팀보의 단면적 (mm^2)

M : 최대휨모멘트 (N·mm)

Z : 원형버팀보의 단면계수 (mm^3)

f_{ca} : 허용 축방향 압축응력 (MPa)

(3) 전단응력

$$v = \frac{SQ}{2Ib} \le v_a \tag{3.8-14}$$

여기서, v : 전단응력 (MPa)

S : 설계 전단력 (N)

Q : 단면1차모멘트 (mm³)

I : 단면2차모멘트 (mm⁴)

b : 강관 두께 (mm)

(4) 합성응력

$$\frac{f_c}{f_{ca}} + \frac{f_{bc}}{f_{bag}\left(1 - \frac{f_c}{f_E}\right)} \leq 1 \qquad (3.8\text{-}15)$$

$$f_c + \frac{f_{bc}}{\left(1 - \frac{f_c}{f_E}\right)} \leq f_{cal} \qquad (3.8\text{-}16)$$

여기서, f_c : 단면에 작용하는 축방향력에 의한 압축응력 (MPa)

f_{bc} : 휨모멘트에 의한 휨압축응력 (MPa)

f_{ca} : 허용축방향 압축응력 (MPa)

f_{bag} : 국부좌굴을 고려하지 않은 허용휨압축응력 (MPa)

f_{cal} : 국부좌굴에 대한 허용응력 (MPa)

f_E : 오일러 좌굴응력 (MPa)

$$f_E = \frac{1,200,000}{(l/r_y)^2} \qquad (3.8\text{-}17)$$

l : 재료 양단의 지점조건에 따라 정해지는 유효좌굴길이 (mm)

r : 단면2차반경 (mm)

(5) 조합응력

$$\frac{f_c}{f_{ca}} + \left(\frac{v}{v_a}\right)^2 \leq 1.0 \qquad (3.8\text{-}18)$$

여기서, f_c : 강관에 압축이 발생한 쪽의 합응력 (MPa)

f_{ca} : 허용축방향 압축응력 (MPa)

v : 전단응력 (MPa)

v_a : 허용전단응력 (MPa)

8.4 버팀보 길이

> (1) 버팀대는 흙막이 벽의 하중에 의하여 좌굴되지 않도록 충분한 단면과 강성을 가져야 하며, 각 단계별 굴착에 따라 흙막이 벽과 주변 지반의 변형이 생기지 않도록 시공하여야 한다.
> (2) 띠장과의 접합부는 부재축이 일치되고 수평이 유지되도록 설치하며, 수평 오차가 ±30mm 이내에 있어야 한다.
> (3) 버팀대와 중간말뚝이 교차되는 부분과 버팀대를 두 개 묶어서 사용할 경우에는 버팀대의 좌굴방지를 위한 U형 볼트나 형강 등으로 결속시켜야 한다.
> (4) 버팀대에 장비나 자재 등을 적재하지 않아야 한다. 설계도서에 표시되지 않은 지장물 등을 지지하는 경우에는 해당분야 전문 기술인의 검토를 받아야 한다.
> (5) 배치된 버팀대 부재의 좌굴 검토는 물론 전체구도가 좌굴에 대하여 안정되도록 가새(bracing)를 설치하여야 한다.
> (6) 버팀대 수평가새의 설치간격은 다음을 기준으로 하며, 정밀해석에 의할 경우는 별도로 적용할 수 있다.
> ① 버팀대 설치간격이 2.5m 이내인 경우 : 버팀대 10개 이내마다
> ② 버팀대 설치간격이 2.5m를 초과하는 경우 : 버팀대 9개 이내마다
> (7) **버팀대의 길이는 60m 이하**이어야 하며, 길이가 길어서 온도변화의 영향을 받을 우려가 있거나 흙막이의 변위를 조절할 필요가 있는 경우에는, 유압잭 등으로 선행하중을 가한 후 설치하거나 버팀대, 중간말뚝, 가새 등을 일체로 연결한 트러스 구조로 만들어야 한다.

가설흙막이 공사 KCS 21 30 00 : 2022 3.9.3 버팀대(strut), 경사버팀대 및 경사고임대(레이커, raker)

가설흙막이 공사 기준 중에 (7) 번 항목은 새롭게 추가된 것으로 버팀보 길이를 60m 이하로 규정하고 있다.

수치를 나타내는 기준을 정할 때는 일반적으로 연구에 의한 실험값이나 현장계측을 통한 경험 식을 사용하고 있다. 즉, 수치에 확신을 줄 수 있는 산출 근거가 있다는 것이다.

개정된 시방서에는 관련 참고자료나 참고문헌 없이 길이를 제한함으로써 설계과정에서 혼선을 초래할 수 있다. 또한 60m 길이가 버팀보 단일 길이(중간말뚝이 없는)인지, 중간말뚝과 브레이싱으로 트러스 구조를 만든 총길이인지 명확하지 않다. 해외에서도 길이에 대하여 특별히 규정이

나 사례가 없으므로 기술자의 판단과 계측을 통한 안전관리가 필요하다.

기준에서 버팀보를 60 m로 제한하면 60 m를 초과할 때는 어떤 가설 흙막이로 해야 하는지 명시가 되어 있지 않아 혼란이 불가피하다. 이에 대한 명확한 관련 근거와 함께 대규모 굴착에 대한 장지간 버팀보 연구와 폭이 넓은 지역의 가시설 설계 검토에서는 버팀보, 중간말뚝, 보강재가 포함된 트러스구조에 관하여 일반적인 구조사례와 다른 사례이므로 이에 관한 연구도 필요할 것이다.

9. 사보강재 설계

가설흙막이 설계기준 (2022) 3.3.6 버팀대의 설계

(3) 경사버팀대의 설계

① 경사버팀대는 맞버팀대의 설치가 불가한 코너부에 경사지게 버팀대를 설치하여 흙막이 벽의 수평력을 지지하고자 할 목적으로 설계한다.

② 경사버팀대의 접합부는 활동에 대하여 내력이 있는 구조로 하여야 한다.

③ 경사버팀대를 설치하는 경우에는 반드시 좌우대칭으로 하여 버팀대에 편심하중에 의한 휨모멘트가 생기지 않도록 하여야 한다.

④ 모서리에 사용하는 경사버팀대는 45° 각도로 설치하는 것을 기준으로 한다.

⑤ 경사버팀대는 축력을 받는 압축재로 설계하는 것을 원칙으로 하되, 실제로는 두 방향의 힘이 발생하는 부재이므로 휨모멘트가 과도하게 발생하지 않도록 설계하여야 한다.

⑥ 경사버팀대를 설치하는 띠장은 수평력에 대하여 밀리지 않도록 보강하거나 폐합구조가 되도록 설계하여야 한다.

9.1 사보강재에 작용하는 축력

9.1.1 연속벽체의 경우

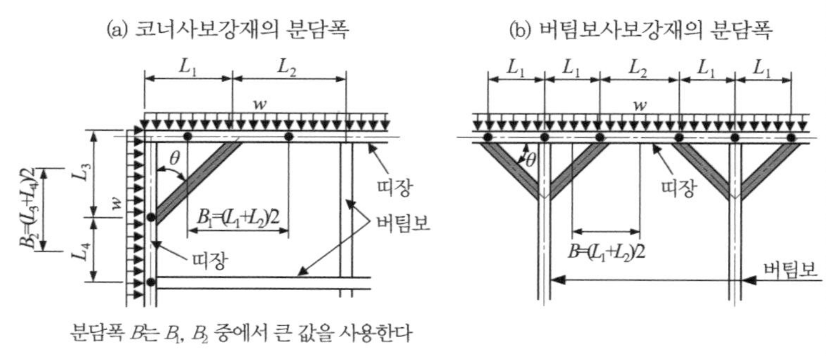

그림 3.9-1 사보강재(1중)의 축력분담 폭(연속벽체)

사보강재는 일정한 각도를 가지고 설치되는 부재이므로 작용하는 축력은 **그림 3.9-1**과 같이 축력분담 폭을 고려하여 (3.9-1) 식으로 산출한다. 또한 사보강재를 다중으로 설치할 경우의 축력 분담 폭은 **그림 3.9-2**와 같이 고

려한다. 따라서 사보강재에 발생하는 축력은 다음 식으로 계산한다.

$$N = \frac{B \cdot w}{\cos\theta} \tag{3.9-1}$$

여기서, N : 사보강재에 발생하는 축력(kN)

B : 축력분담 폭(m)

w : 지보재의 반력(kN/m)

θ : 사보강재의 설치각도(°)

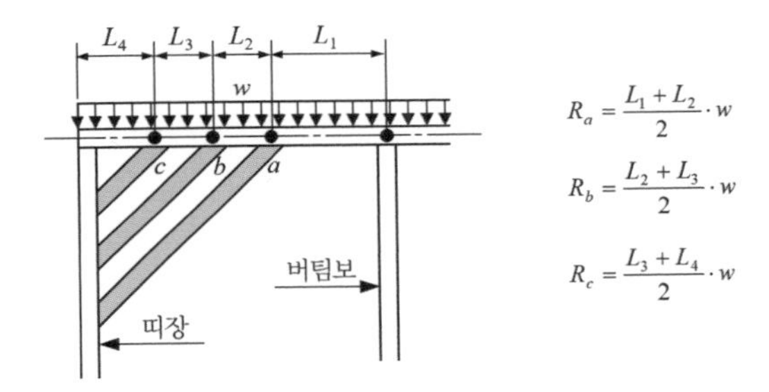

그림 3.9-2 **다중 배치의 사보강재가 부담하는 하중(3중 예)**

9.1.2 엄지말뚝의 경우

한편, 각 설계기준이나 지침에도 사보강재의 축력을 계산하는 식이 규정되어 있는데, **표 3.9-1**과 같다.

표 3.9-1의 계산식을 보면 구조물기초설계기준과 도로설계요령은 같은 계산식인데, 이것은 사보강재의 설치 각도를 45°로 고정하여 설치하였을 때의 계산식이다. 이 계산식으로 사용하게 되면 **그림 3.9-3**과 같이 축력 분담 폭이 다른 경우나, 설치 각도가 45°가 아닌 경우는 이 식의 적용이 곤란하므로 (3.9-1) 식으로 계산한다.

$$N = \frac{R}{\cos\theta} \tag{3.9-2}$$

여기서, N : 사보강재에 발생하는 축력(kN)

R : 지보재의 반력(kN)

θ : 사보강재의 설치 각도(°)

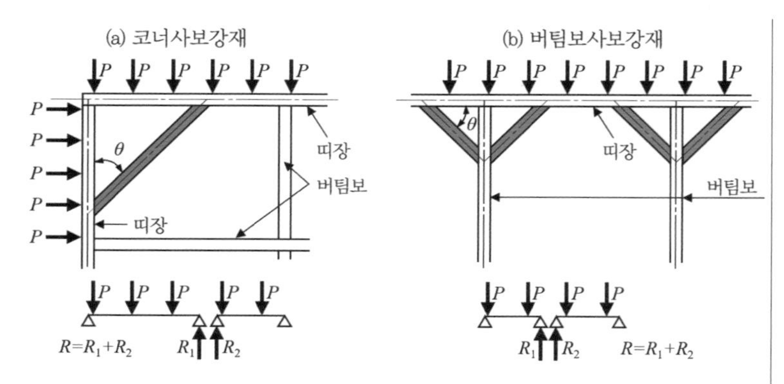

그림 3.9-3 사보강재(1중)의 축력분담 폭(엄지말뚝)

표 3.9-1 각 설계기준의 사보강재 축력계산 식

설계기준 명	축력계산 식	비 고
구조물 기초설계기준	$N=\frac{\sqrt{2}}{2}(L_1+L_2)\cdot w$	N : 사보강재의 축력(kN) $L_1 \sim L_2$: 지간길이(m) w : 띠장의 단위길이 당 작용하는 하중(kN/m) θ : 사보강재의 설치각도(도)
도로설계요령	$N=0.7(L_1+L_2)\cdot w$	
철도설계기준	$N=\frac{1}{2}(L_1+L_2)\cdot w\cdot\frac{1}{\sin\theta}$	

그리고 각 설계기준에는 다중사보강재에 대한 규정이 수록되어 있지 않으므로 다중 사보강재를 설치할 때는 **그림 3.9-2**를 참조하여 설계한다. 그리고 **그림 3.9-1**의 L_1과 L_2의 비율이 1:1~1:2의 범위가 되도록 하는 것이 좋다.

9.2 사보강재의 단면검토

사보강재의 단면검토는 축방향력과 휨모멘트를 받는 상황에 따라 "8. 버팀보의 설계"의 "8.3 버팀보의 단면검토"와 같은 방법으로 검토한다. 다만, 사보강재는 띠장과 버팀보와의 설치부(접합부)에 대하여 볼트접합을 할 때는 전단에 대하여 저항할 수 있는 구조로 할 필요가 있으므로 이 부분에 대해서는 별도로 검토한다. 또한 사보강재로 강관도 많이 사용되므로 이를 추가하여 해설한다.

9.2.1 H형강일 경우

(1) 수평방향의 좌굴검토(면외좌굴)

$$\frac{f_c}{f_{caz}} + \frac{f_{bcy}}{f_{bagy}\left(1 - \frac{f_c}{f_{Ey}}\right)} \le 1 \qquad (3.9.3)$$

$$f_c + \frac{f_{bcy}}{\left(1 - \frac{f_c}{f_{Ey}}\right)} \le f_{cal} \qquad (3.9\text{-}4)$$

여기서, f_c : 축방향 압축응력(MPa)

f_{bcy} : 강축둘레(y 축)에 작용하는 휨모멘트에 의한 휨압축응력(MPa)

f_{caz} : 약축둘레(z 축)의 허용축방향 압축응력(MPa)

f_{bagy} : 국부좌굴을 고려하지 않은 강축둘레의 허용휨 압축응력(MPa)

f_{Ey} : 강축둘레(y 축)의 오일러 좌굴응력(MPa)

$$f_{Ey} = \frac{1{,}200{,}000}{(\ell / r_y)^2} \qquad (3.9\text{-}5)$$

ℓ : 유효좌굴길이(mm)

r_y : 강축둘레(y 축)의 단면2차반경(mm)

f_{cal} : 국부좌굴응력에 대한 허용응력(MPa)

(2) 연직방향의 좌굴검토(면내좌굴)

$$\frac{f_c}{f_{caz}} + \frac{f_{bcz}}{f_{bao}\left(1 - \frac{f_c}{f_{Ez}}\right)} \le 1 \qquad (3.9\text{-}6)$$

$$f_c + \frac{f_{bcz}}{\left(1 - \frac{f_c}{f_{Ez}}\right)} \le f_{cal} \qquad (8.4.7)$$

여기서, f_c : 축방향 압축응력(MPa)

f_{bcz} : 약축둘레(z 축)에 작용하는 휨모멘트에 의한 휨압축응력 (MPa)

f_{caz} : 약축둘레(z 축)의 허용축방향 압축응력 (MPa)

f_{bao} : 국부좌굴을 고려하지 않은 허용휨압축응력의 상한값 (MPa)

f_{Ez} : 약축둘레(z 축)의 오일러 좌굴응력 (MPa)

$$f_{Ez} = \frac{1,200,000}{(\ell/r_z)^2} \tag{3.9-8}$$

ℓ : 유효좌굴길이 (mm)

r_z : 약축(z 축) 둘레의 단면2차반경 (mm)

f_{cal} : 국부좌굴응력에 대한 허용응력 (MPa)

(3) 전단력

$$S = N \cdot \cos\theta \tag{3.9-9}$$

여기서, S : 사보강재의 전단력 (kN)

N : 사보강재에 발생하는 축력 (kN)

θ : 사보강재의 실치 각도 (°)

(4) 볼트 개수

사보강재 설치부의 볼트 개수는 다음 식으로 계산한다.

$$n = \frac{S}{\frac{\pi}{4} \cdot D^2 \cdot v_a} \tag{3.9-10}$$

여기서, n : 필요 볼트 개수 (개)

S : 사보강재의 전단력 (N)

D : 사용 볼트의 직경 (mm)

v_a : 볼트의 허용전단응력 (MPa)

9.2.2 원형 강관일 경우

(1) 축방향 압축력만 작용하는 경우

$$f_c = \frac{N}{A} \leq f_{ca} \tag{3.9-11}$$

여기서,
f_c : 축방향 압축응력 (MPa)
N : 최대 축력 (N)
A : 원형 사보강재의 단면적 (mm^2)
f_{ca} : 허용 축방향 압축응력 (MPa)

(2) 축방향 압축력과 휨모멘트가 동시에 작용하는 경우

$$f_c = \frac{N}{A} + \frac{M}{Z} \leq f_{ca} \tag{3.9-12}$$

여기서,
f_c : 축방향 압축응력 (MPa)
N : 최대 축력 (N)
A : 원형 사보강재의 단면적 (mm^2)
M : 최대휨모멘트 (N·mm)
Z : 원형 사보강재의 단면계수 (mm^3)
f_{ca} : 허용 축방향 압축응력 (MPa)

(3) 전단응력

$$v = \frac{SQ}{2Ib} \leq v_a \tag{3.9-13}$$

여기서,
v : 전단응력 (MPa)
S : 설계 전단력 (N)
Q : 단면1차모멘트 (mm^3)
I : 단면2차모멘트 (mm^4)
b : 강관 두께 (mm)

(4) 합성응력

$$\frac{f_c}{f_{ca}}+\frac{f_{bc}}{f_{bag}\left(1-\dfrac{f_c}{f_E}\right)}\leq 1 \tag{3.9-14}$$

$$f_c+\frac{f_{bc}}{\left(1-\dfrac{f_c}{f_E}\right)}\leq f_{cal} \tag{3.9-15}$$

여기서, f_c : 단면에 작용하는 축방향력에 의한 압축응력(MPa)

f_{bc} : 휨모멘트에 의한 휨압축응력(MPa)

f_{ca} : 허용축방향 압축응력(MPa)

f_{bag} : 국부좌굴을 고려하지 않은 허용휨압축응력(MPa)

f_{cal} : 국부좌굴에 대한 허용응력(MPa)

f_E : 오일러 좌굴응력(MPa)

$$f_E=\frac{1,200,000}{(l/r_y)^2} \tag{3.9-16}$$

l : 재료 양단의 지점조건에 따라 정해지는 유효좌굴길이(mm)

r : 단면2차반경(mm)

(5) 조합응력

$$\frac{f_c}{f_{ca}}+\left(\frac{v}{v_a}\right)^2\leq 1.0 \tag{3.9-17}$$

여기서, f_c : 강관에 압축이 발생한 쪽의 합응력(MPa)

f_{ca} : 허용축방향 압축응력(MPa)

v : 전단응력(MPa)

v_a : 허용전단응력(MPa)

10. 경사고임대의 설계

가설흙막이 설계기준 (2022) 3.3.7 경사고임대의 설계

(1) 경사고임대는 수평토압에 대해 충분한 지지가 될 수 있도록 수평면에 대해 60° 이내가 되도록 설계하여야 한다.
(2) 경사고임대와 띠장의 연결부, 띠장과 엄지말뚝의 연결부에는 상향력이 작용하므로 이 힘에 견딜 수 있는 구조로 보강하여야 한다.
(3) 경사고임대를 지지하는 블록 또는 말뚝은 활동, 전도 및 지지력에 대하여 안전하여야 한다.
(4) 경사고임대 지지체(kicker block, pile)에 작용하는 주동토압 계산에 있어서 점착력에 의한 인장력은 고려하지 않는다.
(5) 경사고임대를 지지하는 블록 또는 말뚝에서의 수동토압에 의한 반력은 주동변위와 수동변위를 고려하여 감소시켜 정하여야 한다.

표 3.3-5 지반 종류별 예상 수동토압

지반 종류	예상 수동토압(P_p')
매립토, 퇴적토	$(1/2)P_p$
풍화토, 풍화암	$(2/3)P_p$
연암 이상	P_p

P_p : Rankine 또는 Coulomb 이론에 의한 수동토압

(6) 경사고임대 지지체의 수동토압은 흙막이 벽체의 주동변위 이내의 수동변위에 해당하는 수동토압을 사용하는 것을 원칙으로 설계하여야 한다.
(7) 변위가 크게 예상되는 연약지반에서는 경사고임대 지지구조의 설계를 지양하도록 한다.
(8) 경사고임대 지지체의 저항력인 수동토압은 경사고임대 부재에 발생하는 수평하중에 대해 1.2 이상의 안전율을 확보하여야 한다.
(9) 경사고임대 지지체가 수동토압을 충분히 발휘할 수 있도록 굴착공간을 소일시멘트, 콘크리트 등으로 밀실하게 채워야 하며, 이들 재료로 채우지 못할 경우에는 원지반과 동일한 수준으로 다짐하여야 한다.
(10) 흙막이 벽체의 변위가 우려되는 지반인 경우에는 경사고임대 지지체의 지지기능이 확보되는 데 시일이 소요되는 콘크리트 블록에 의한 지지방식은 가급적 피하고 말뚝에 의한 지지를 적극 검토하여 적용토록 한다.

경사고임대는 Raker로 불리는 수직방향으로 경사지게 배치한 버팀보와 지지구조물인 키커블록(Kicker Block)과 기초파일로 구성된 버팀구조 중에 하나로 수평버팀보나 흙막이앵커를 설치할 수 없을 때나 굴착깊이가 낮은 경우에 사용한다.

버팀보는 일반적인 버팀보설계와 같은 방식으로 검토하지만, 지지구조물은 활동, 전도, 지지력에 대하여 안전하도록 설계하여야 한다. 상세한 내용은 각 설계기준을 참조 바란다.

11. 흙막이앵커 설계

가설흙막이 설계기준 (2022) 3.3.8 지반앵커의 설계

(1) 앵커의 사용목적, 사용기간 및 환경조건 등을 고려하여 부식방지에 관해 검토하여야 한다.
(2) 영구앵커는 정착지반의 장기적 안정성, 부식에 대한 안정성 및 공사 후 유지관리 방법 등을 검토하여야 한다.
(3) 앵커의 사용기간 중에도 그 성능이 안정되도록 하며, 사용 후 해체 방법을 고려하여 설계하여야 한다. 특히, 사유지 등을 부득이 침범(어스앵커 등이 사유지에 설치되는 경우 등)할 경우 사유재산권 침해가 최소화되는 공법을 우선 선정하고 이에 따른 보상 등을 고려하여야 한다.
(4) 지반앵커는 대상으로 하는 구조물의 규모, 형상, 지반 조건을 고려하여 선정하고, 설계하중에 대해서 안전율이 고려된 인발저항력을 갖도록 설계하여야 한다.
(5) 앵커의 허용인장력은 앵커의 사용기간, 강재의 극한강도 및 항복강도를 고려하여 정한다.
(6) 지반앵커는 설계앵커력에 대해 안전율이 확보되는 양호한 지반에 정착하는 것으로 하고, 그 길이 및 배치는 토질 조건, 시공조건, 환경 조건, 지하매설물의 유무, 흙막이 벽의 응력, 변위 및 구조체의 안정성을 고려하여 설계한다.
(7) 지반앵커의 초기 긴장력은 지반조건, 흙막이 벽의 규모, 설치기간, 시공 방법 등을 고려하여 설계하여야 한다.
(8) 대좌 및 지압판은 설계 정착력에 대하여 강도를 갖고, 유해한 변형이 발생하지 않도록 설계한다.
(9) 앵커의 자유장은 예상 파괴면까지의 길이에 여유 길이를 더하여 정한다.
(10) 인장형 앵커의 정착장은 앵커체와 지반과의 마찰저항장과 앵커강재와 그라우트체와의 부착저항장을 비교하여 큰 값으로 한다. 정착장 결정 시에는 진행성 파괴를 고려하여야 한다.
(11) 정착부에서 지표면까지의 최소 높이가 확보되어야 한다.
(12) 흙막이 벽과 앵커 전체를 포함한 안정성 검토를 하여야 한다.
(13) 앵커의 긴장력은 정착장치 감소와 릴렉세이션(relaxation)에 의한 감소를 고려하여 정한다. 제거식 앵커의 경우 강선이 피복되어 있으므로 자유장이 아닌 끝단의 내하체까지의 전체길이에 대한 늘음량을 고려하여야 한다.
(14) 앵커정착장이 위치하는 지반이 크리프(creep)가 우려되는 경우에는 지반 크리프(creep)에 의한 앵커력 손실을 고려하여 설계앵커력을 정하도록 한다.

(15) 설계 시 추정되는 극한인발저항력을 시공 시 확인하여 안전한 시공이 될 수 있도록 정착지반별 인발시험계획을 제시하여야 한다.

설계기준이나 지침에는 지반앵커 또는 어스앵커라는 용어로 규정되어 있는데, 여기서는 흙막이앵커라는 용어로 사용한다. 흙막이앵커는 대상 구조물의 규모, 기능, 지반 조건, 환경 조건 등을 고려하여 안전성, 경제성, 시공성을 확보하기 위하여 다음의 항목에 대하여 검토한다.

① 앵커의 배치
② 설계 앵커력
③ 앵커체의 설계
④ 앵커길이의 결정
⑤ 안정성의 검토
⑥ 시공 긴장력의 결정
⑦ 띠장의 설계
⑧ 앵커두부의 설계

흙막이앵커는 위의 8가지 항목에 대하여 **그림 3.11-1**과 같은 순서에 의하여 설계한다. 설계기준에는 8가지 항목에 대하여 전부 규정되어 있지 않아, 기준별 해당 항목에 관한 규정을 기준으로 하여 참고자료를 통하여 상세하게 해설한다.

표 3.11-1 설계기준별 앵커의 배치기준

기준별	자유장	정착장	여유장	최소깊이	비고
구조물기초설계기준	4.5m	4.5m	1.5m, 0.15H 중 큰 값	5.0m	H는 굴착깊이
도로설계요령	4.0m	3~10m			
철도설계기준	4.0m	3~10m	1.5~2.0m		
고속철도설계기준			1.5~2.0m		
호남고속철도지침	4.0m	3~10m	0.15H	5.0m	
가설공사표준시방서	4.5m	4.5m	1.5m, 0.2H중 큰 값	4.5m	

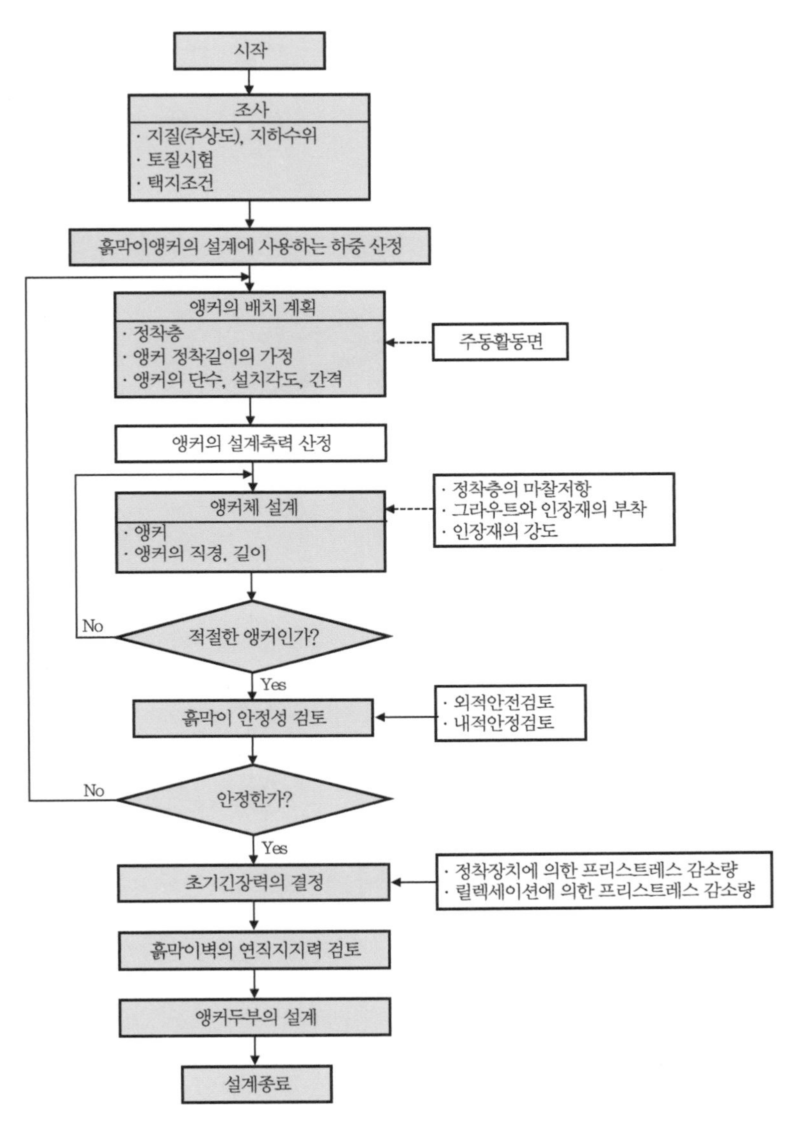

그림 3.11-1 **흙막이앵커의 설계순서**

11.1 앵커의 설계

11.1.1 앵커의 배치

(1) 택지조건 등에 대한 검토

인접 도로나 인접 택지 아래에 앵커를 설치할 때는 사전에 그 관리자 또는 소유자의 승인이 필요하다. 앵커가 택지 내에 설치되어도 배면 지반의 지중구조물이나 기존구조물을 조사하여 앵커의 설치 각도와 길이를 결정하여야 한다.

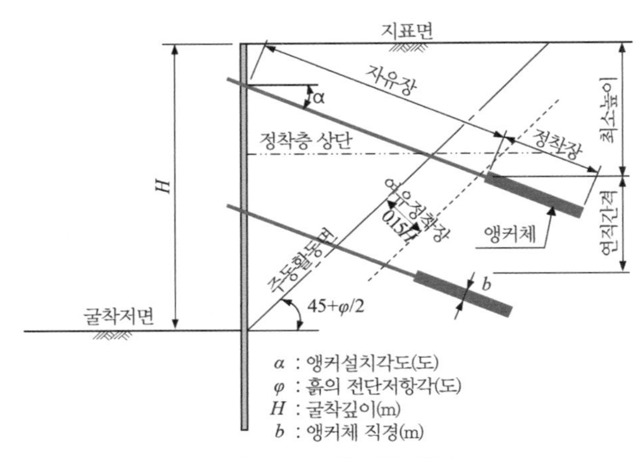

그림 3.11-2 **앵커의 배치**

(2) 정착층

정착부의 최소토피는 **표** 3.11-1과 같이 4.5~5m 이상 확보하는 것이 좋다. 이것은 앵커의 인발저항력을 발휘할 수 있도록 어느 정도의 토피 중량을 확보할 필요가 있기 때문이며, 중기 등의 주행에 의한 정착 지반의 교란을 최소한으로 억제할 필요가 있기 때문이다.

(3) 앵커의 단수 (연직방향 Pitch)

앵커의 단수는 앵커 1본의 인발저항력, 흙막이벽의 응력·변형, 띠장의 강도, 시공성 및 경제성을 고려하여 결정한다. 일반적으로 앵커 직경(천공 홀)의 3.5배 이상으로 한다.

(4) 앵커의 간격 (수평방향 Pitch)

앵커의 수평방향 간격은 일반적으로 1.5~4.0m로 한다. 앵커의 간격이 좁은 경우에는 그룹효과에 의하여 앵커 1본당의 인발저항력이 감소되므로 주의한다.

(5) 앵커의 설치각도(연직방향)

앵커의 설치 각도 α는 보통 $10° \leq \alpha \leq 45°$ 범위로 한다.

(6) 앵커의 수평각도

앵커의 설치방향과 흙막이벽의 직각방향과 이루는 각도(앵커의 수평설치각도) θ는 원칙적으로는 $\theta = 0°$로 한다. 이상과 같이 앵커의 배치에 대하여 설명하였지만, 기준이나 지침에는 비교적 앵커의 배치에 대해서는 상세하게 규정을 하고 있으므로 설계 주체별로 **표 3.11-1**과 같이 해당 항목에 대한 배치를 고려하여 설계하여야 한다.

11.1.2 설계 앵커력

(1) 설계축력

흙막이앵커의 설계축력은 해석에서는 지보공반력이 단위 m당 계산되는 경우가 대부분이므로 본당 축력으로 환산하여 다음 식으로 계산한다.

$$T_0 = \frac{R_{\max}\, a}{\cos\alpha \cos\theta} \tag{3.11-1}$$

여기서, T_0 : 앵커의 설계축력 (kN/본)

$R_{\max}$: 단위길이 당의 지보공 최대반력 (kN/m)

a : 앵커의 수평 간격 (m)

α : 앵커의 설치 각도 (°)

θ : 앵커의 수평각도 (°)

설계기준에는 앵커의 수평 각도(θ)에 대한 언급이 없는데, 일반적으로 앵커의 수평방향 설치 각도는 흙막이벽에 대하여 90°로 설치하지만 90°가 아닌 경우는 반드시 앵커의 수평각을 고려하여 (3.11-1) 식으로 계산하여야 한다.

(2) 흙막이앵커의 허용응력

흙막이앵커의 허용응력은 **표 3.11-2**와 같이 앵커의 극한강도(f_{pu})와 항복강도(f_{py}) 중에서 작은 값으로 한다.

표 3.11-2 앵커의 허용인장력 (kN/m²)

구분		사용기간	극한하중(f_{pu})	항복하중(f_{py})
임 시 앵 커		2년 미만	$0.65\times f_{pu}$	$0.80\times f_{py}$
영 구 앵 커	평상시	2년 이상	$0.60\times f_{pu}$	$0.75\times f_{py}$
	지진시	2년 이상	$0.75\times f_{pu}$	$0.90\times f_{py}$

(3) 앵커의 PC강재 사용가닥 수

$$n = \frac{T_0}{P_a} \tag{3.11-2}$$

여기서, n : 사용 가닥수(개)

T_0 : 앵커의 설계축력(kN/본)

P_a : PC강재 1개의 허용인장력(표 3.11-2 참조)

11.1.3 앵커길이 설계

(1) 정착장

앵커의 정착장은 3개 중에서 가장 큰 값을 사용한다.

① 앵커체와 지반과의 주면마찰저항(L_{af})

② 앵커체와 PC강재 사이의 부착력에 의한 길이(L_{as})

③ 최소정착장(L_{amin}) (표 3.11-1 참조)

1) 그라우트와 지반과의 주면마찰저항에 의한 길이

$$L_{af} = \frac{T_0 \cdot F_s}{\pi \cdot D \cdot \tau_a} \tag{3.11-3}$$

여기서, L_{af} : 앵커체와 지반과의 주면마찰저항에 의한 길이(m)

T_0 : 앵커체의 설계축력(kN)

F_s : 안전율

D : 앵커체의 직경(천공직경)(m)

τ_a : 앵커체와 지반 사이의 주면마찰저항(kN/m²)

여기서, 앵커체와 지반 사이의 주면마찰저항을 기준별로 정리하면 표 3.11-3과 같다. 또한 안전율 F_s를 기준별로 정리한 것이 표 3.11-4이다.

표 3.11-3 설계기준별 앵커의 주면마찰저항 (kN/m^2)

지반의 종류			구조물기초 설계기준	도로설계요령	철도설계기준	고속철도 설계기준	가설공사 표준시방서
암반	경 암		1000~2500	1000~2500	1000~2500	1500~2500	1000~2500
	연 암		600~1500	600~1500	600~1500	1000~1500	600~1500
	풍화암		400~1000	400~1000	400~1000	600~1000	400~1000
	풍화토		–	–	–	500~800	–
자갈	N값	10	100~200	100~200	100~200	100~200	100~200
		20	170~250	170~250	170~250	170~250	170~250
		30	250~350	250~350	250~350	250~350	250~350
		40	350~450	350~450	350~450	350~450	350~450
		50	450~700	450~700	450~700	450~700	450~700
모래	N값	10	100~140	100~140	100~140	100~140	100~140
		20	180~220	180~220	180~220	180~220	180~220
		30	230~270	230~270	230~270	230~270	230~270
		40	290~350	290~350	290~350	290~350	290~350
		50	300~400	300~400	300~400	300~400	300~400
점성토 (S_u:비배수전단강도)			$1.0S_u$	$1.0S_u$	$1.0S_u$	$1.0\sim1.3S_u$	$100S_u$

표 3.11-4 설계기준별 앵커의 안전율

기준별	사용기간 2년 미만	사용기간 2년 이상
구조물기초설계기준	2.0	3.0
도로설계요령	1.5	2.0
철도설계기준	1.5	2.5
호남고속철도지침	1.5~2.5	1.5~2.0
가설흙막이 설계기준	1.5	2.5

2) 그라우트와 PC강재 사이의 부착력에 의한 길이

$$L_{as} = \frac{T_0}{n \cdot U \cdot f_a} \tag{3.11-4}$$

여기서, L_{as} : 앵커체와 지반과의 부착력에 의한 길이(m)

T_0 : 앵커체의 설계축력(kN)

n : 앵커의 PC강선 가닥수(개)

U : 앵커체의 둘레길이(**표 3.11-6** 참조) (m)

f_a : 허용부착응력 (kN/m²)

표 3.11-5 주입재와 인장재의 허용부착응력 (kN/m²)

호남고속철도설계지침(노반편)(5-102쪽)

지반의 종류	장기허용 부착응력	단기허용 부착응력
토사	400	700
암반	700	1000

표 3.11-6 앵커의 둘레길이 산출 예

일본터널표준시방서 개착공법·동해설 (171쪽)

앵커의 종류	형상	둘레길이
이형 PC 강봉 다중 PC 강연선	(원형, 직경 d)	$D \times \pi$ D는 공칭직경
PC 강연선 이형 PC 강봉	(연선 단면)	점선 길이
	(다발 단면)	점선 길이와 둘레길이×본수에서 작은 쪽

앵커의 허용부착응력에 대해서는 구조물기초설계기준에는 철근의 허용부착응력이 규정되어 있으며, 앵커에 대한 허용부착응력은 철도설계기준에는 **표 3.11-5**와 같이 규정되어 있고, 가설공사표준시방서에 **표 3.11-7**과 같이 규정되어 있다.

표 3.11-7 강재와 콘크리트의 허용부착응력 (MPa)

가설공사표준시방서 <표 6.5>(151쪽)

인장재의 종류 \ 주입재 설계기준강도		15	18	24	30	40 이상
가설 앵커	PC 강봉, PC 강선 PC 강연선 다중 PC 강연선	0.8	1.0	1.2	1.35	1.5
	이형 PC 강봉	1.2	1.4	1.6	1.8	2.0
영구 앵커	PC 강봉, PC 강선 PC 강연선 다중 PC 강연선	–	–	0.8	0.9	1.0
	이형 PC 강봉	–	–	1.6	1.8	2.0

3) 최소 정착장

표 3.11-1과 같이 설계기준별로 최소 정착장의 규정은 다르지만, 최소 4.5m 이상 확보하는 것이 좋다.

(2) 자유장

앵커의 자유장(L_f)은 다음 3가지 중에서 가장 큰 값으로 결정한다.

① 주동활동면에서 결정되는 길이 : L_{f1} (**그림 3.11-3**의 (a))

② 정착지반 깊이에서 결정되는 길이 : L_{f2} (**그림 3.11-3**의 (b))

③ 최소 자유장에서 결정되는 길이 : $L_{f\min}$ (**표 3.11-1** 참조)

$$L_f = \max(L_{f1},\ L_{f2},\ L_{f\min}) \qquad (3.11\text{-}5)$$

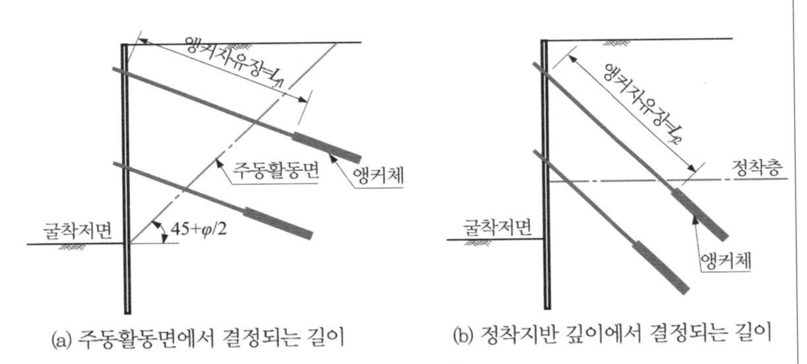

(a) 주동활동면에서 결정되는 길이 (b) 정착지반 깊이에서 결정되는 길이

그림 3.11-3 앵커의 자유장

(3) 앵커 총길이

앵커의 총길이는 정착장(L_a), 자유장(L_f), 여유장(L_e)을 전부 더한 길이로 한다.

$$L = L_a + L_f + L_e \qquad (3.11\text{-}6)$$

11.1.4 안정성 검토

흙막이의 지보재로 앵커를 설치할 때 안정성 검토가 있는데 설계기준에는 규정이 없다. 이것은 흙막이 벽체, 앵커, 지반 등 전부를 포함하여 안정을 검토하는 것으로 외적안정 검토와 내적안정 검토가 있다.

(1) 외적안정 검토

외적안정 검토는 앵커와 흙막이벽을 포함한 지반 전체의 붕괴에 대한 안정을 검토하는 것으로 일반적으로 **그림 3.11-4**와 같이 원호활동에 의한 사면안정해석을 한다. 외적안정 검토는 연약한 지반이나 깊은 굴착일 경우에는 반드시 검토하여 안정성을 조사하여야 한다. 사면안정해석에 대한 설명은 생략한다.

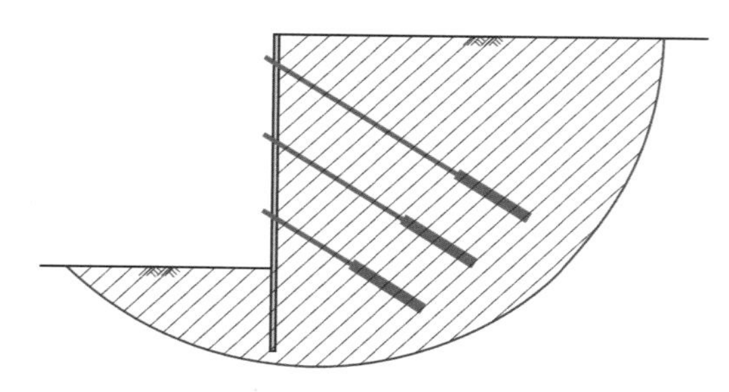

그림 3.11-4 외적안정 검토

(2) 내적안정 검토

내적안정 검토는 흙막이벽과 앵커를 포함한 토괴 부분의 안정이다. 내적안정 검토 방법은 여러 가지가 있지만 **그림 3.11-5**와 같이 Kranz의 방법을 많이 사용되는데 이 방법은 다음과 같다.

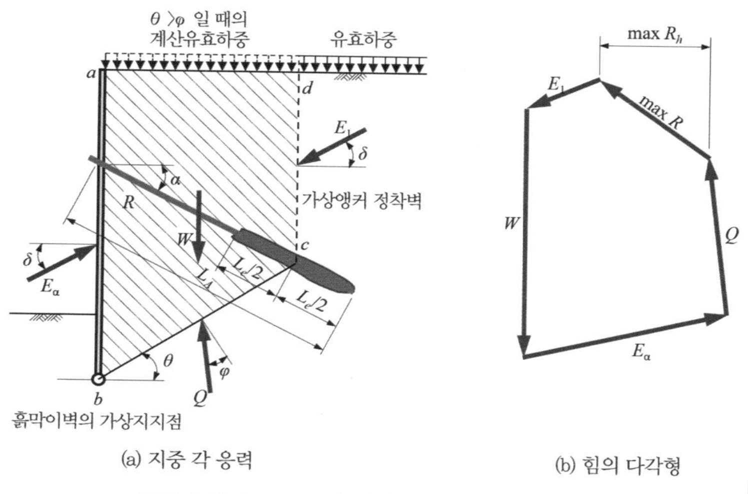

(a) 지중 각 응력 (b) 힘의 다각형

그림 3.11-5 Kranz의 방법에 의한 내적안정 검토

1) 안전성의 판정 방법

앵커 중앙점과 흙막이벽의 가상지지점을 이은 직선을 깊은 활동선이라고 가정하고 활동선상의 토괴블록에 작용하는 힘의 균형으로부터 한계저항력의 수평성분을 구하고, 앵커 수평분력과 비교하여 소정의 안전율을 만족하고 있는지 아닌지로 판정한다.

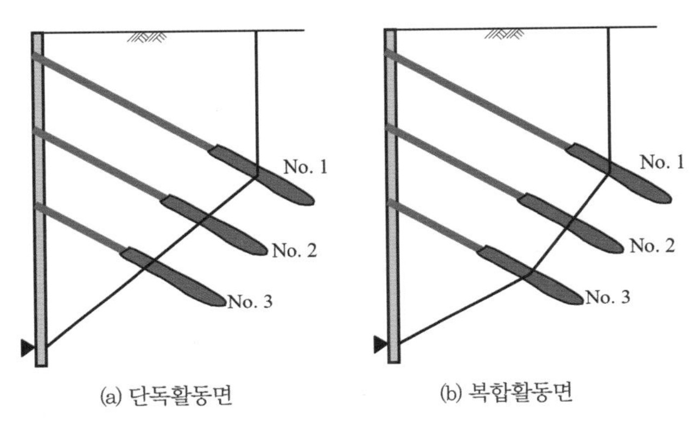

그림 3.11-6 단독 및 복합활동면의 구분

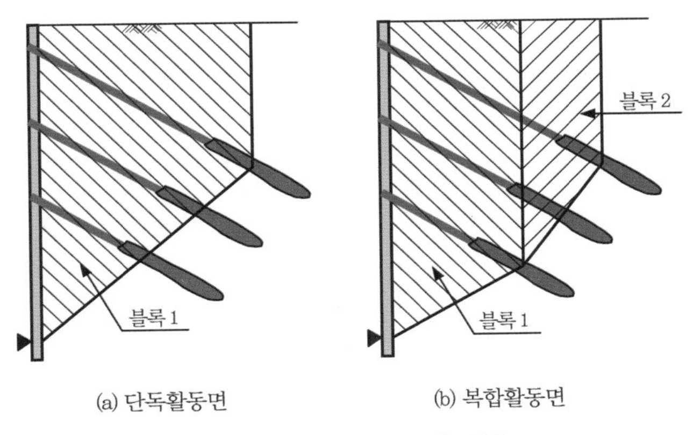

그림 3.11-7 토괴블록의 구분

2) 검토 활동면의 결정

앵커 각각의 단마다 단독 활동면(**그림 3.11-6**의 (a))의 경우에는 활동면 기준점(가상지지점, 굴착바닥면 중에서 어느 한쪽)과 앵커 중앙점을 이은 선분을 활동면으로 한다. 복합 활동면(**그림 3.11-6**의 (b))의 경우에는 활동면 기준점과 앵커 중앙점을 이은 꺾은선에 대해서 각 직선구간의 선분을 활동면으로 한다.

3) 토괴블록

그림 3.11-7과 같이 흙막이벽과 활동면으로 둘러싸인 부분을 토괴블록으로 한다. 각각의 단마다 단독 활동면의 경우에는 토괴블록이 1개지만, 복합 활동면의 경우에는 각각의 선분에 따라 토괴블록이 여러 개로 나누어진다.

4) 토괴블록에 작용하는 토압

토괴블록의 토압은 단면계산용 토압(토압+수압의 합계)을 사용하여 계산한다. 토압은 토층 경계, 앵커 중앙점, 활동면 기준점으로 분할하여 계산한다.

① 토괴블록 좌측에 작용하는 토압

각 분할구간의 토압을 산출하여 토괴블록 좌측하단까지의 합계로 한다.

$$E_{Lh} = \frac{(P_1 + P_2)h}{2} \quad (3.11\text{-}7)$$

$$E_{Lv} = E_{Lh} \cdot \tan\delta \quad (3.11\text{-}8)$$

여기서, E_{Lh} : 토괴블록 좌측에 작용하는 토압의 수평분력(kN/m)

E_{Lv} : 토괴블록 좌측에 작용하는 토압의 연직분력(kN/m)

P_1 : 상단 토압(kN/m²)

P_2 : 하단 토압(kN/m²)

h : 층 두께(m)

δ : 벽면마찰각(°)

② 토괴블록 우측에 작용하는 토압

각 분할구간의 토압을 산출하여 토괴블록 우측하단까지의 합계로 한다(우측을 [가상앵커정착 벽]이라고 한다).

$$E_{Rh} = \frac{(P_1 + P_2)h}{2} \quad (3.11\text{-}9)$$

$$E_{Rv} = E_{Rh} \cdot \tan\delta \quad (3.11\text{-}10)$$

여기서, E_{Rh} : 토괴블록 우측에 작용하는 토압의 수평분력 (kN/m)

E_{Rv} : 토괴블록 우측에 작용하는 토압의 연직분력 (kN/m)

P_1 : 상단 토압 (kN/m²)

P_2 : 하단 토압 (kN/m²)

h : 층 두께 (m)

δ : 벽면마찰각 (°)

5) 활동면에 작용하는 점착력

활동면에 작용하는 점착력은 활동면 중앙점에 있는 지층의 점착력 C 를 사용해서 다음 식으로 구한다.

$$C_h = C \cdot L \cdot \cos\theta \quad (3.11\text{-}11)$$

$$C_v = C \cdot L \cdot \sin\theta \quad (3.11\text{-}12)$$

$$L = \sqrt{(X_R - X_L)^2 + (Y_R - Y_L)^2} \quad (3.11\text{-}13)$$

여기서, C_h : 점착력의 수평분력 (kN/m)

C_v : 점착력의 연직분력 (kN/m)

C : 활동면(중앙점) 지층의 점착력 (kN/m²)

L : 활동면의 길이 (m)

X_L, Y_L : 토괴블록 좌측하단의 좌표 (m)

X_R, Y_R : 토괴블록 우측하단의 좌표 (m)

θ : 활동면의 경사각 (°)

6) 한계저항력의 수평성분

토괴블록에 대한 한계저항력의 수평성분은 다음 식으로 구한다.

$$\max R_h = \frac{E_{Lh} - E_{Rh} + (W + E_{Rv} - E_{Lv}) \cdot \tan(\phi - \theta) + C_h}{1 + \tan\alpha \cdot \tan(\phi - \theta)} \quad (3.11\text{-}14)$$

여기서, $\max R_h$: 한계저항력의 수평성분 (kN/m)

E_{Lh} : 흙막이벽(토괴블록 좌측)에 작용하는 토압의 수평분

력 (kN/m)

E_{Lv} : 흙막이벽(토괴블록 좌측)에 작용하는 토압의 연직분력 (kN/m)

E_{Rh} : 가상앵커 정착벽(토괴블록 우측)에 작용하는 토압의 수평분력 (kN/m)

E_{Rv} : 가상앵커 정착벽(토괴블록 우측)에 작용하는 토압의 연직분력 (kN/m)

W : 토괴블록의 중량 (kN/m)

C_h : 활동면에 작용하는 점착력의 수평분력 (kN/m)

C_v : 활동면에 작용하는 점착력의 연직분력 (kN/m)

ϕ : 활동면(중앙점)의 내부마찰각 (°)

θ : 활동면의 경사각 (°)

α : 앵커 설치 각도 (°)

7) 앵커 수평분력

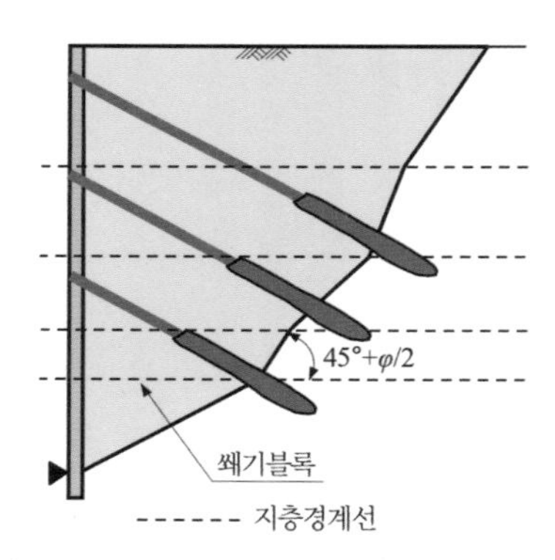

그림 3.11-8 쐐기모양 토괴블록

앵커 수평분력은 앵커의 계산에서 얻어진 각 단에 대한 설계축력의 수평분력 P_{0h}(kN)를 각 단의 앵커 간격 S(m)로 나눠서 1m당의 앵커 수평분력 P_{0h}(kN/m)로 한다. 토괴블록의 우측에 쐐기모양의 토괴블록을 고려한다. 활동면은 지표면까지 연속으로 꺾은선의 활동면이 된다. 쐐기구역의 활동면은 토괴블록 우측하단에서 시작되는 주동활동면으로 한다.

주동활동면은 45 + ϕ/2로 하고, ϕ는 각 토층의 내부마찰각으로 한다.

토괴블록에 작용하는 앵커수평분력은 활동면을 형성하는 검토앵커(군)와 다른 앵커와의 위치관계에 의해서 앵커수평분력으로서 유효한 것을 전체 단에서 찾아내어 합계한다. 따라서 유효한 앵커는 다음과 같다.

- 활동면을 형성하는 검토앵커(군).
- 앵커체 중앙점이 쐐기구역 내에 있는 앵커.
- 단독활동면의 경우에는 다음 조건에 적합한 앵커. 즉, 복합활동면에는 적용되지 않는다. 앵커체 중앙점이 활동면보다 밑에 있는 앵커로 그 앵커의 쐐기구역을 가정했을 때, 검토앵커 중앙점이 쐐기구역의 외측에 있는 경우의 앵커. **그림 3.11-9**의 왼쪽은 최하단 앵커의 쐐기구역보다도 검토앵커 중앙점이 외측에 있으므로 최하단 앵커를 유효앵커로써 수평성분을 고려한다. **그림 3.11-9**의 오른쪽은 최하단 앵커의 쐐기구역보다도 검토앵커 중앙점이 내측에 있으므로, 최하단 앵커는 무효앵커로서 수평성분을 고려하지 않는다.

8) 안전율

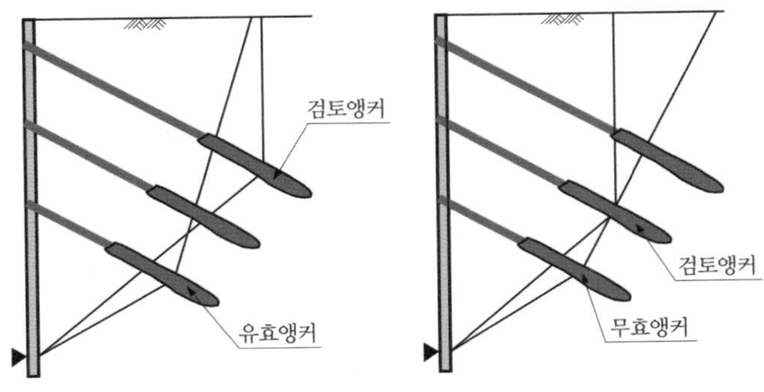

그림 3.11-9 검토앵커와 유효앵커

검토 활동면에 대한 내적안정계산의 안전율은 다음 식으로 구한다.

$$F_s = \frac{\max R_h}{P_{0h}} \qquad (3.11\text{-}15)$$

여기서, F_s : 안전율 ≥ 1.5

$\max R_h$: 한계저항력의 수평성분(kN/m)

P_{0h} : 앵커 수평분력(kN/m)

11.1.5 앵커의 시공긴장력(Jacking force)

흙막이앵커의 시공 긴장력(초기긴장력)은 아래와 같이 두 가지에 대한 감소량을 고려하여 산정한다.

(1) 정착장치에 의한 프리스트레스 감소량

$$\Delta P_p = E_p \times \frac{\Delta l}{L} \times A_p \times N \quad (3.11\text{-}16)$$

여기서, ΔP_p : 정착장치에 의한 프리스트레스 감소량(N)

E_p : PC강재의 탄성계수(MPa)

Δl : 정착장치의 PC STRAND 활동량. 3~6mm (3mm를 표준으로 함)

L : 앵커의 적용 자유장(m)+0.5m

A_p : PC강재의 단면적(mm^2)

N : PC강재의 사용가닥 수(개)

(2) 릴렉세이션에 의한 프리스트레스 감소량

$$\Delta P_r = r \times f_{pt} \times A_p \times N \quad (3.11\text{-}17)$$

여기서, ΔP_r : 릴렉세이션에 의한 프리스트레스 감소량(N)

r : PC강재의 겉보기 Relaxation 값(= 0.05)

f_{pt} : 손실이 일어난 후에 사용하중 상태에서의 응력(MPa). 일반적으로 항복하중(f_{py})의 80%를 사용.

A_p : PC강재의 단면적(mm^2)

N : PC강재의 사용가닥 수(개)

(3) 손실을 감안한 시공 긴장력

$$JF_{req} = T_0 + \Delta P_p + \Delta P_r \quad (3.11\text{-}18)$$

여기서, JF_{req} : 시공 긴장력(kN)

T_0 : 앵커의 설계축력(kN)

ΔP_p : 정착장치에 의한 프리스트레스 감소량(kN)

ΔP_r : 릴렉세이션에 의한 프리스트레스 감소량(kN)

11.1.6 신장량(ELONGATION) 산정

$$L_e = \frac{JF_{req}}{E_p \times A_p \times N} \times L \quad (3.11\text{-}19)$$

여기서, L_e : 신장량(mm)

JF_{req} : 시공 긴장력(N)

L : 앵커의 적용 자유장(mm) + 500mm

E_p : PC강재 탄성계수(MPa)

A_p : PC강재 단면적(mm^2)

N : PC강재 사용가닥 수(개)

11.2 앵커의 띠장 계산

앵커의 띠장계산은 버팀보방식과는 조금 다르다. 버팀보방식은 띠장의 수평방향으로만 검토하지만, 앵커의 경우는 앵커의 설계축력에 의하여 수평방향은 물론이고 연직방향에 대해서 검토를 하여야 한다. 띠장이 받는 하중이 엄지말뚝 벽일 경우에는 집중하중, 기타 벽체일 때에는 등분포하중을 받기 때문에 하중에 따라서 단순보 또는 3경간연속보로 설계한다.

11.2.1 단순보에 의한 방법

(1) 띠장의 수평방향 검토

이 방법은 일본토목학회 터널표준시방서 계산 예(터널 라이브러리 제4호)에 규정된 내용으로 앵커 간격을 단순보로 모델화하고 지보공 반력을

トンネル 標準示方書 開削工法·同解説

등분포하중으로 하여 다음 식으로 단면력 및 응력을 계산한다. 여기에서 띠장은 상하 2단으로 균등한 하중에 저항하는 것으로 한다.

$$f_b = \frac{0.5 \times M_{\max}}{Z_x} \le f_{ba} \tag{3.11-20}$$

$$\upsilon = \frac{0.5 \times S_{\max}}{A_w} \le \upsilon_a \tag{3.11-21}$$

여기서, f_b : 휨응력 (MPa)

$M_{\max}$: 최대휨모멘트= $R \times S^2 / 8$ (N·mm)

$S_{\max}$: 최대전단력= $R \times S / 2$ (N)

R : 지보공의 설계에 사용되는 하중 (N/mm)

S : 앵커 간격 (mm)

Z_x : 띠장의 강축방향 단면계수 (mm^3)

f_{ba} : 허용휨응력 (MPa)

υ : 전단응력 (MPa)

A_w : 띠장 웨브의 단면적= $(H-2t_f) \times t_w$ (mm^2)
(그림 3.11-11 띠장의 단면 참조)

υ_a : 허용전단응력 (MPa)

앵커의 띠장은 흙막이벽에 접하고 있으나, 휨작용에 대한 횡좌굴을 구속할 정도로 고정되어 있지 않다. 일반적으로 아래 방향은 브래킷 등으로 구속되어 있으나 위쪽방향은 구속이 없으므로 허용휨응력을 L / b(압축플랜지 고정점간 거리 / 압축플랜지 폭)에 따라서 저감 할 필요가 있는데 다음과 같다.

- $l/b \le 4.5$일 때 : f_{ba}= 140×할증계수
- $4.5 \le l/b \le 30.0$일 때 : f_{ba}= $\{140-3.6(l/b-4.5)\}$×할증계수

여기서, l은 앵커의 수평간격(mm)이며, b는 띠장의 플랜지 폭(mm)이다.

(2) 띠장의 연직방향 검토

브래킷 사이를 단순보로 모델화하여 설계축력의 연직성분을 집중하중으로 취급하여 다음 식으로 단면력 및 응력을 계산한다. 일반적으로 띠

장은 하단만 하중에 저항하는 것으로 한다.

$$f_b = \frac{M_{\max}}{Z_y} \leq f_{ba} \tag{3.11-22}$$

$$\upsilon = \frac{S_{\max}}{A_f} \leq \upsilon_a \tag{3.11-23}$$

여기서,
f_b : 휨응력 (MPa)
M_{max} : 최대휨모멘트= $R_v \cdot S_b/4$ (N·mm)
Z_y : 띠장의 약축방향 단면계수 (mm³)
R_v : 설계축력의 연직성분= P_{0v} (N)
S_b : 브래킷 간격 (mm)
f_{ba} : 허용휨응력 (MPa)
υ : 전단응력 (MPa)
S_{max} : 최대전단력= $R_v/2$ (N)
A_f : 띠장의 플랜지단면적= $2 \times B \times t_f$ (mm²)
υ_a : 허용전단응력 (MPa)

11.2.2 3경간연속보에 의한 방법

(1) 수평방향 단면력의 산출

수평방향에 대해서는 앵커간격 (S)을 지간으로 하는 3경간연속보로, 반력(R)이 등분포하중으로 재하 되어 있는 것으로 하여 단면력을 계산한다.

$$M_{\max} = \frac{R \cdot S^2}{10} \tag{3.11-24}$$

$$S_{\max} = \frac{R \cdot S}{2} \tag{3.11-25}$$

여기서,
M_{max} : 최대휨모멘트 (kN·m)
S_{max} : 최대전단력 (kN)
R : 지보공의 설계에 사용되는 하중(지보공반력) (kN/m)
S : 앵커 간격 (m)

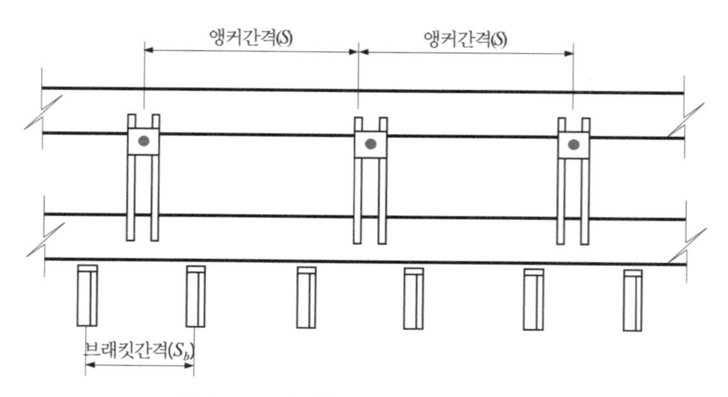

그림 3.11-10 앵커의 간격 및 브래킷 간격

다음으로 위의 휨모멘트, 전단력을 사용하여 상·하단의 띠장 단면력을 산출한다.

1) 상단

상단 분담율을 ρ%라고 하면

$$R_a = R \cdot S \cdot \rho/100$$

$$R_b = R \cdot S(1-\rho/100)$$

따라서 R_a에 의한 휨모멘트 M_{xup}와 전단력 S_{xup}는 아래와 같다.

$$M_{xup} = \frac{M_{\max} \cdot \rho}{100} \tag{3.11-26}$$

$$S_{xup} = \frac{S_{\max} \cdot \rho}{100} \tag{3.11-27}$$

여기서, M_{xup} : 상단 띠장의 수평방향 최대휨모멘트(kN·m)
$M_{\max}$: 상, 하단 띠장에 발생하는 수평방향 최대휨모멘트(kN·m)
ρ : 상단 띠장의 반력분담율(%)
S_{xup} : 상단 띠장의 수평방향 최대전단력(kN)
$S_{\max}$: 상, 하단 띠장에 발생하는 수평방향 최대전단력(kN)

2) 하단

상단 분담율을 ρ라고 하면, R_b에 의한 휨모멘트 M_{xlow}와 전단력 S_{xlow}

는 아래 식과 같다.

$$M_{xlow} = M_{\max} \cdot \left(1 - \frac{\rho}{100}\right) \quad (3.11\text{-}28)$$

$$S_{xlow} = S_{\max} \cdot \left(1 - \frac{\rho}{100}\right) \quad (3.11\text{-}29)$$

여기서, M_{xlow} : 하단 띠장의 수평방향 최대휨모멘트(kN·m)

$M_{\max}$: 상, 하단 띠장에 발생하는 수평방향 최대휨모멘트 (kN·m)

ρ : 상단 띠장의 반력분담율(%)

S_{xlow} : 하단 띠장의 수평방향 최대전단력(kN)

$S_{\max}$: 상, 하단 띠장에 발생하는 수평방향 최대전단력(kN)

(2) 연직방향 단면력의 산출

연직방향에 대해서는 브래킷 간격(S_b)을 지간으로 하는 단순보로, 수평방향에는 반력이 연직방향으로 $P_0 \cdot \sin\alpha$가 각각의 집중하중으로 재하되어 있는 것으로 보고 단면력을 계산한다. 연직방향은 띠장을 상, 하단으로 설치하므로 각각에 대하여 정착장치의 시공 방법에 따라 두 가지 방법으로 나누어 계산한다.

1) 정착장치를 H형강에 용접하지 않는 경우

① 상단

상단의 휨모멘트 및 전단력은 다음 식으로 계산한다.

$$M_{yup} = \frac{R_a \cdot \mu \cdot S_b}{4} \quad (3.11\text{-}30)$$

$$S_{yup} = \frac{R_a \cdot \mu}{2} \quad (3.11\text{-}31)$$

여기서, M_{yup} : 상단 띠장의 연직방향 최대휨모멘트(kN·m)

R_a : 상단 띠장의 설계에 사용하는 반력(kN)

$R_a = R \cdot S \cdot \rho/100$

ρ : 상단 띠장의 반력분담 율(%)

R : 지보공의 설계에 사용되는 하중(지보공반력) (kN/m)

S : 앵커 간격 (m)

μ : 마찰계수(= 0.5)

S_b : 브래킷 간격 (m)

S_{yup} : 상단 띠장의 연직방향 최대전단력 (kN)

② 하단

$$M_{ylow} = \frac{(P_0 \cdot \sin\alpha) \cdot S_b}{4} - \frac{1}{2} \cdot \frac{R_a \cdot \mu \cdot S_b}{4} \tag{3.11-32}$$

$$S_{ylow} = \frac{P_0 \cdot \sin\alpha}{2} - \frac{1}{2} \cdot \frac{R_a \cdot \mu}{2} \tag{3.11-33}$$

여기서, M_{ylow} : 하단 띠장의 연직방향 최대휨모멘트 (kN·m)

S_{ylow} : 하단 띠장의 연직방향 최대전단력 (kN)

P_0 : 설계축력 (kN)

α : 앵커의 설치 각도 (°)

μ : 마찰계수(= 0.25)

R_a : 상단 띠장의 설계에 사용하는 반력 (kN)

$R_a = R \cdot S \cdot \rho / 100$

ρ : 상단 띠장의 반력분담 율 (%)

R : 지보공의 설계에 사용되는 하중(지보공반력) (kN/m)

S : 앵커 간격 (m)

S_b : 브래킷 간격 (m)

2) 정착장치를 H형강에 용접할 경우(상, 하단 공통)

$$M_{yup} = M_{ylow} = \frac{1}{2} \cdot \frac{(P_0 \cdot \sin\alpha) \cdot S_b}{4} = \frac{(P_0 \cdot \sin\alpha) \cdot S_b}{8} \tag{3.11-34}$$

$$S_{yup} = S_{ylow} = \frac{1}{2} \cdot \frac{P_0 \cdot \sin\alpha}{2} = \frac{P_0 \cdot \sin\alpha}{4} \tag{3.11-35}$$

여기서, M_{yup} : 상단 띠장의 연직방향 최대휨모멘트 (kN·m)

M_{ylow} : 하단 띠장의 연직방향 최대휨모멘트 (kN·m)

S_{yup} : 상단 띠장의 연직방향 최대전단력 (kN)

S_{ylow} : 하단 띠장의 연직방향 최대전단력 (kN)

P_0 : 설계축력 (kN)

α : 앵커의 설치 각도 (°)

S_b : 브래킷 간격 (m)

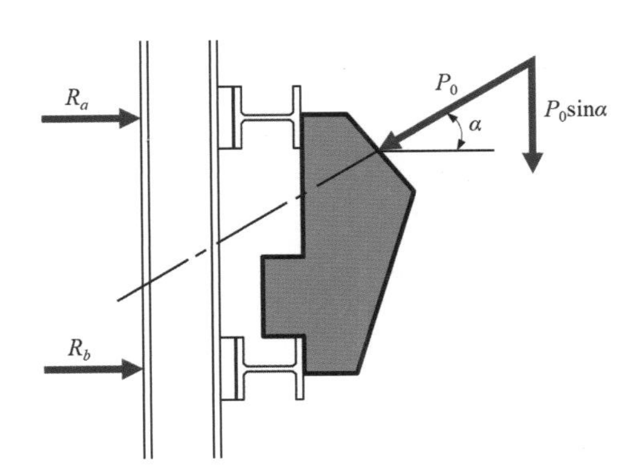

그림 3.11-11 **연직방향 단면력 산출**

11.2.3 응력의 검토

상, 하단 양쪽의 띠장에는 작용 앵커력의 연직성분에 의해서 강축방향은 물론이고 H형강의 약축방향에 대해서도 응력을 받기 때문에 이것에 대해서도 검토를 해야 한다.

(1) 휨에 대한 검토

휨에 대해서는 "제3장 6.3.2 축방향력과 휨모멘트를 동시에 받는 부재"로 다음의 2가지 식으로 검토를 한다.

1) 휨 검토식-1

$$\frac{f_c}{f_{caz}}+\frac{f_{bcy}}{f_{bagy}\left(1-\dfrac{f_c}{f_{Ey}}\right)}+\frac{f_{bcz}}{f_{bao}\left(1-\dfrac{f_c}{f_{Ez}}\right)}\le 1 \qquad (3.11\text{-}36)$$

여기에서 f_c=0.0 이기 때문에 아래 식으로 간략화할 수 있다.

$$\frac{f_{bcy}}{f_{bagy}}+\frac{f_{bcz}}{f_{bao}}\le 1.0 \qquad (3.11\text{-}37)$$

여기서, f_{bcy} : 강축둘레에 작용하는 휨모멘트에 의한 휨 압축응력 (MPa) $f_{bcy} = M_x / Z_x$

f_{bcz} : 약축둘레에 작용하는 휨모멘트에 의한 휨 압축응력 (MPa) $f_{bcz} = M_y / Z_y$

f_{bagy} : 국부좌굴을 고려하지 않는 강축주변의 허용 휨 압축응력 (MPa)

f_{bao} : 국부좌굴을 고려하지 않는 허용 휨 압축응력의 상한값

M_x : 띠장의 강축방향 휨모멘트 (kN·m)

M_y : 띠장의 약축방향 휨모멘트 (kN·m)

Z_x : 띠장의 강축방향 단면계수 (mm³)

Z_y : 띠장의 약축방향 단면계수 (mm³)

2) 휨 검토식-2

$$f_c + \frac{f_{bcy}}{\left(1 - \frac{f_c}{f_{Ey}}\right)} + \frac{f_{bcz}}{\left(1 - \frac{f_c}{f_{Ez}}\right)} \leq f_{cal} \qquad (3.11\text{-}38)$$

여기에서 $f_c = 0.0$ 이기 때문에 아래 식으로 간략화할 수 있다.

$$f_{bcy} + f_{bcz} \leq f_{cal} \qquad (3.11\text{-}39)$$

여기서, f_{bcy} : 강축둘레에 작용하는 휨모멘트에 의한 휨 압축응력 (MPa)

f_{bcz} : 약축둘레에 작용하는 휨모멘트에 의한 휨 압축응력 (MPa)

f_{cal} : 양연지지판, 자유돌출판 및 보강된 판에 대하여 국부좌굴응력에 대한 허용응력 (MPa)

(2) 전단검토

$$\upsilon = \frac{S_x}{A_w} \leq \upsilon_a \qquad (3.11\text{-}40)$$

$$\upsilon = \frac{S_y}{A_f} \leq \upsilon_a \qquad (3.11\text{-}41)$$

여기서, v : 전단응력(MPa)

S_x, S_y : 각 검토 방향의 전단력(N)

A_w : 띠장의 웨브 단면적$=(H-2t_f)\times t_w$ (mm^2)
(그림 3.11-11 참조)

A_f : 띠장의 플랜지 단면적$=2(t_f\times B)$ (mm^2)
(그림 3.11-11 참조)

v_a : 허용전단응력(MPa)

11.3 앵커 머리부의 계산

설계기준에는 앵커머리부(두부)에 대한 명확한 기준이 없는데, 그러다 보니 실제의 설계에서도 앵커머리부의 설계를 생략하는 경우가 많다. 따라서 앵커머리부의 좌대 및 지압판에 대한 설계 방법을 설명한다.

11.3.1 좌대의 검토

좌대는 상, 하단의 띠장으로 지지되는 단순보로 모델화하고 다음 식에 의해서 필요 판 두께를 계산한다. 현재 설계에서는 좌대의 검토를 응력으로 하는 경우가 있는데, 응력검토보다는 필요 두께를 검토하는 것이 바람직하다. 일부 도서에는 대좌라는 용어로 사용된다.

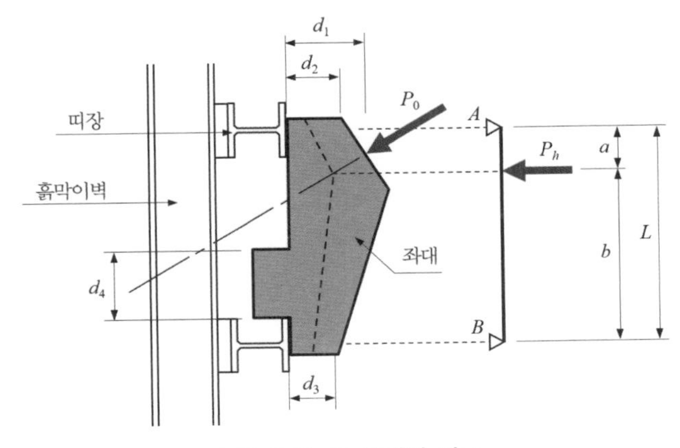

그림 3.11-12 **좌대의 검토**

(1) 휨모멘트에서 결정되는 필요 판 두께

$$t_1 = \left[\frac{M_{\max}}{2}\right] \times \left[\frac{6}{f_{ba} \cdot d_1^2}\right] \tag{3.11-42}$$

(2) 전단력에서 결정되는 필요 판 두께

$$t_2 = \left[\frac{S_{\max}}{2}\right] \times \left[\frac{1}{v_a \cdot d_2}\right] \tag{3.11-43}$$

$$t_3 = \left[\frac{R_B}{2}\right] \times \left[\frac{1}{v_a \cdot d_3}\right] \tag{3.11-44}$$

(3) 좌대 Hock부에서 결정하는 필요 판 두께

$$t_4 = \left[\frac{P_v}{2}\right] \times \left[\frac{1}{v_a \cdot d_4}\right] \tag{3.11-45}$$

이상으로부터, 필요 판 두께는 (3.11-42)~(3.11-45) 식 중에서 최댓값으로 한다.

$$t = \max\{t_1, t_2, t_3, t_4\} \tag{3.11-46}$$

여기서, t : 필요 판 두께(mm)

M_{max} : 최대휨모멘트= $P_h \times a \times b / L$ (kN·m)

S_{max} : 최대전단력= $R_A = P_h \times b / L$ (kN)

R_B : 지점반력= $P_h \times a / L$ (kN)

P_h : 앵커 설계축력의 수평성분(kN)

P_v : 앵커 설계축력의 연직성분(kN)

L : 상하단의 띠장 간격(m)

a, b : 수평분력 작용 위치(m)

d_1 : 수평분력 작용 위치의 폭(m)

d_2 : 좌대의 상단 폭(m)

d_3 : 좌대의 하단 폭(m). d_2, d_3은 좌대의 상단, 하단측에서 생기는 전단력에 의해 필요한 판 두께를 구할

때의 좌대 폭으로 사용한다.

d_4 : 좌대의 Hock부 길이(m)

f_{ba} : 허용휨응력(MPa)

υ_a : 허용전단응력(MPa)

11.3.2 지압판의 검토

지압판도 좌대와 마찬가지로 전단력과 휨모멘트에 대하여 각각 필요 두께를 계산하여 그중에서 큰 값을 지압판 두께로 한다.

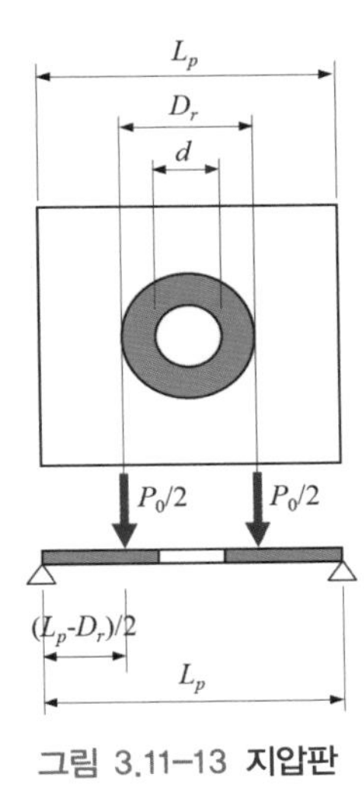

그림 3.11-13 지압판

(1) 전단력에 의한 필요 판 두께

$$t_s = \frac{P_0}{2 \times L_p \times \upsilon_a} \tag{3.11-47}$$

여기서, t_s : 전단력에 의하여 결정될 지압판의 필요두께(mm)

P_0 : 설계축력(N)

L_p : 지압판의 변 길이(mm)

υ_a : 허용전단응력(MPa)

(2) 휨모멘트에 의한 필요 판 두께

$$t_m = \sqrt{\frac{6M}{b_{eM} \cdot f_{sa}}} \tag{3.11-48}$$

여기서, t_m : 모멘트에 의하여 결정될 지압판의 필요두께(mm)

M : 단순보의 최대휨모멘트(N·mm)

$$M = \frac{P_0 \times 10^3}{2} \times \frac{L_p - D_r}{2} = \frac{P_0 \times 10^3 (L_p - D_r)}{4}$$

b_{eM} : 하중의 최소유효 분포길이=$L_p - d$ (mm)

f_{sa} : 허용휨응력(MPa)

P_0 : 작용 최대하중(N/개)

D_r : 앵커 헤드 또는 너트의 크기(mm)

L_p : 지압판의 치수(mm)

d : 지압판에 천공하는 구멍 직경(mm).

11.4 브래킷의 검토

브래킷으로 등변 L 형강을 사용할 때는 사재에 대해 응력검토를 한다. 사재의 단면력 및 응력은 다음 식으로 계산한다.

(1) 사재의 축력

$$N = \frac{P_V/2 + R_V/2}{\sin\theta} \tag{3.11-49}$$

여기서, N : 사재의 축력(kN)

P_V : 브래킷이 분담하는 띠장의 중량=$W_s \times S/2$ (kN)

W_s : 띠장의 중량(kN/m)

S : 앵커의 설치 간격(m)

R_V : 설계축력의 연직성분=P_{0V} (kN)

θ : 사재의 경사각=$\tan^{-1}(H/B)$ (도)

H, B : 브래킷의 치수 (그림 3.11-14 참조)

(2) 사재의 응력

$$f_c = \frac{N}{A} \le f_{ca} \qquad (3.11\text{-}50)$$

f_c : 사재의 압축응력(MPa)
N : 사재의 축력(kN)
A : 사재의 단면적(mm^2)
f_{ca} : 허용압축응력(MPa)

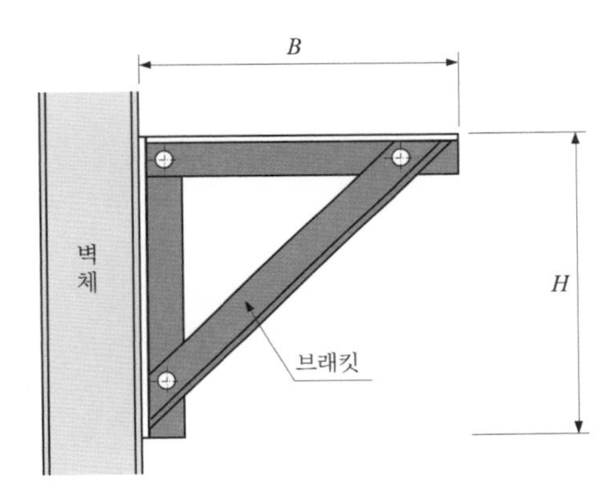

그림 3.11-14 브래킷(등변 L형강)

12. 그 외의 흙막이 구조물

(1) 이 기준에 언급되지 않은 소일네일, 록볼트, 주열식 강관벽체, 강관버팀대 등은 국내외에서 널리 쓰이는 설계법 중에서 합리적이고 안전한 설계방법을 사용한다.

가설흙막이 설계기준 (2022) 3.3.9 그 외의 흙막이 구조물

12.1 강관말뚝 벽

일반적인 흙막이에서는 강관 벽체를 사용하는 경우가 거의 없고, 주로 지하수위가 높거나 하천과 인접한 장소 또는 하천이나 바다 등과 같이 차수가 필요한 곳에 사용되고 있는데 대부분이 물막이에 한정되어 사용되고 있다.

국내에서는 강관 벽체에 대한 흙막이 또는 물막이에 대한 기준이 따로 없으므로 외국 기준을 참고로 하여 가설흙막이 강관 벽체에 대하여 해설한다. 설계 방법은 강널말뚝과 같으며, 상세한 내용은 각 항목에서 다루었으므로 여기서는 설계 흐름만 표시하므로 참조하기를 바란다.

강관 벽체는 강관말뚝에 이음을 설치한 것으로 강성이 큰 벽체를 구축할 수 있다. 높은 강도와 비틀림강도로 품질관리가 잘된 공장에서 제조된 균일한 품질로 항만시설(안벽·호안·방파제)과 물막이, 교량(강관널말뚝기초) 등 중요한 인프라에 널리 이용되고 있는데 특징은 다음과 같다.

① 큰 지지력과 휨강성 : 큰 지름의 강관을 사용함으로써 강널말뚝에서는 얻을 수 없는 큰 지지력과 휨강성을 얻을 수 있다.

② 설계의 자유도가 크다 : 외경, 판 두께의 선택지가 많으므로 경제적인 설계를 할 수 있다. 또한 강관널말뚝 벽과 기초말뚝을 겸용할 수 있다.

③ 차수벽 구축도 가능 : 이음 처리를 통해 '차수성'도 확보할 수 있다.

④ 뛰어난 시공성 : 강관널말뚝 벽의 법선이 절곡선이나 곡선이라도 이음의 설치 위치를 바꿈으로써 쉽게 대응할 수 있다

⑤ 강관말뚝의 특징을 계승 : 강관말뚝의 뛰어난 특징을 그대로 갖추고 있다.

여기서 주의할 점은 강관널말뚝의 허용응력이다. 아래의 표는 일본기준의 허용응력을 표시한 것이다. 이 표에서의 값은 50% 할증한 값이다. 따라서 신강재로 바뀌면서 기호 및 항복강도 일부가 변경되거나 추가되어 일본 기준을 기준으로 허용응력을 사용할 수 없으므로 참조만 하기 바란다.

표 3.12-1 **강관널말뚝의 허용응력(MPa)**

鐵道構造物設計標準·同解説-開削トンネル, (2001年) 해설표 4.3.2-4

구 분		일반의 경우		철도하중을 직접 지지	
강 종		SKY400 (SKK400)	SKY490 (SKK490)	SKY400 (SKK400)	SKY490 (SKK490)
항복강도		235	315	235	315
모재부	인장	210	280	185	250
	압축	210	280	175	235
	전단	120	160	105	145
용접부		공장용접은 모재와 같은 값으로 하고, 현장용접은 시공조건을 고려하여 80%로 한다.			

표 3.12-2 **할증 없는 강관널말뚝의 허용응력(MPa)**

구 분		일반의 경우		철도하중을 직접 지지	
강 종		SKY400 (SKK400)	SKY490 (SKK490)	SKY400 (SKK400)	SKY490 (SKK490)
항복강도		235	315	235	315
모재부	인장	140	190	120	160
	압축	140	190	110	150
	전단	80	100	70	100
용접부		공장용접은 모재와 같은 값으로 하고, 현장용접은 시공조건을 고려하여 80%로 한다.			

위의 표에서 강관널말뚝이 아닌 일반구조용 강관이나 기초용 강관말뚝을 사용할 때 "3.3 강재의 허용응력" 규정에 따른다. 설계 흐름은 **그림 3-12-1**과 같다.

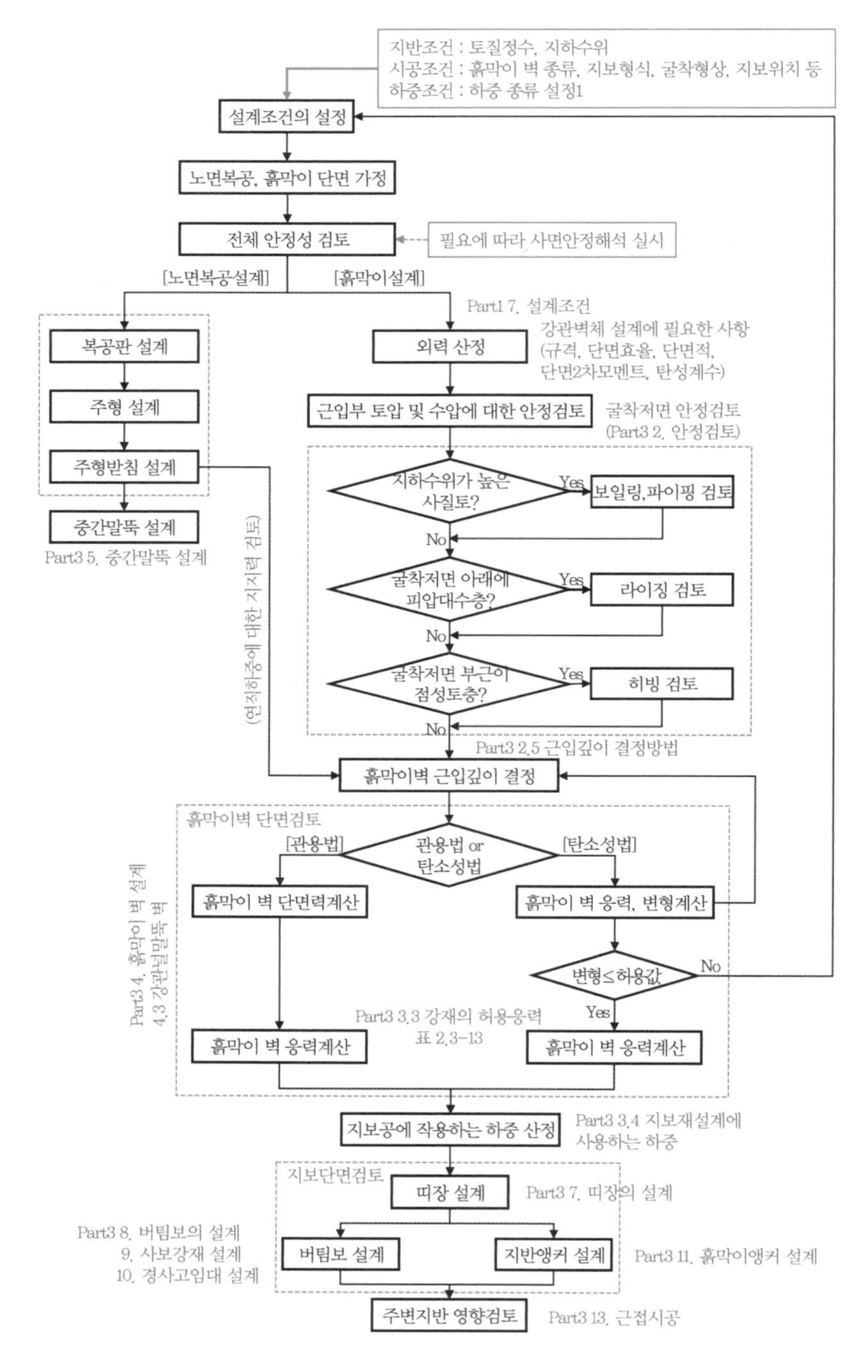

그림 3.12-1 강관말뚝 벽의 설계순서

12.2 강관버팀보

근래에는 기존의 H형강 버팀보보다 강관버팀보를 많이 적용하고 있는데, 설계기준에 규정이 없어 이에 대하여 설계상 유의점이나 설계 착안 사항에 대하여 해설한다.

12.2.1 기존공법과의 비교

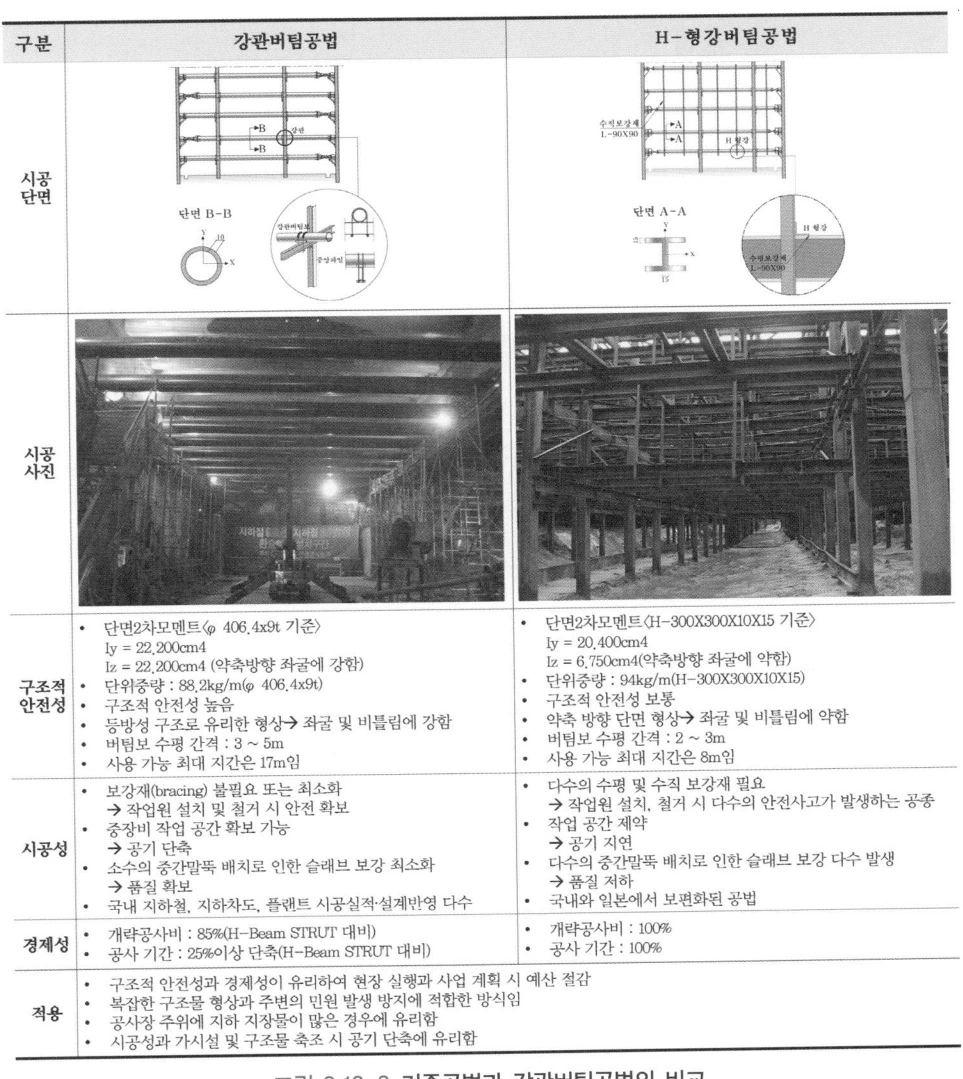

구분	강관버팀공법	H-형강버팀공법
시공 단면		
시공 사진		
구조적 안전성	• 단면2차모멘트〈φ 406.4x9t 기준〉 Iy = 22,200cm4 Iz = 22,200cm4 (약축방향 좌굴에 강함) • 단위중량 : 88.2kg/m(φ 406.4x9t) • 구조적 안전성 높음 • 등방성 구조로 유리한 형상→ 좌굴 및 비틀림에 강함 • 버팀보 수평 간격 : 3 ~ 5m • 사용 가능 최대 지간은 17m임	• 단면2차모멘트〈H-300X300X10X15 기준〉 Iy = 20,400cm4 Iz = 6,750cm4(약축방향 좌굴에 약함) • 단위중량 : 94kg/m(H-300X300X10X15) • 구조적 안전성 보통 • 약축 방향 단면 형상→ 좌굴 및 비틀림에 약함 • 버팀보 수평 간격 : 2 ~ 3m • 사용 가능 최대 지간은 8m임
시공성	• 보강재(bracing) 불필요 또는 최소화 → 작업원 설치 및 철거 시 안전 확보 • 중장비 작업 공간 확보 가능 → 공기 단축 • 소수의 중간말뚝 배치로 인한 슬래브 보강 최소화 → 품질 확보 • 국내 지하철, 지하차도, 플랜트 시공실적·설계반영 다수	• 다수의 수평 및 수직 보강재 필요 → 작업원 설치, 철거 시 다수의 안전사고가 발생하는 공종 • 작업 공간 제약 → 공기 지연 • 다수의 중간말뚝 배치로 인한 슬래브 보강 다수 발생 → 품질 저하 • 국내와 일본에서 보편화된 공법
경제성	• 개략공사비 : 85%(H-Beam STRUT 대비) • 공사 기간 : 25%이상 단축(H-Beam STRUT 대비)	• 개략공사비 : 100% • 공사 기간 : 100%
적용	• 구조적 안전성과 경제성이 유리하여 현장 실행과 사업 계획 시 예산 절감 • 복잡한 구조물 형상과 주변의 민원 발생 방지에 적합한 방식임 • 공사장 주위에 지하 지장물이 많은 경우에 유리함 • 시공성과 가시설 및 구조물 축조 시 공기 단축에 유리함	

그림 3.12-2 기존공법과 강관버팀공법의 비교

기존에 사용하던 H형강버팀보와 강관버팀보 공법을 비교하면 가장 큰 특징은 강관은 등방성구조이므로 약축이 없어 좌굴 및 비틀림에 강하기 때문에 축력과 휨모멘트를 동시에 받는 버팀보에서는 강점이 될 수 있다. 또한 버팀보 설치 간격과 지간이 길어 공간확보에 유리한 구조이므로 경제적이며 시공성이 뛰어나다.

12.2.2 강관버팀보 설계

가설흙막이 설계기준에는 강관에 대한 상세한 규정이 없어 실무에서 혼선을 초래하는 경우가 발생하고 있어 이에 대하여 해설한다.

강관버팀보의 설계는 "8. 버팀보의 설계"에 원형강관일 경우의 설계방법에 대하여 상세하게 해설하였으므로 참조하기를 바라며, 여기서는 설계에서 유의할 사항에 대하여 검토한다.

(1) 강관 지름의 허용오차에 따른 이음 방법

표 3.12-3 강관의 모양 및 치수의 허용 값

구분			허용값		적요
			상한	하한	
바깥지름 (*D*)	관 끝부		0.5 %	−0.5 %	바깥지름(*D*) = 바깥 둘레 길이 ÷π
두께 (*t*)	*t* < 16 mm	*D* < 500 mm	규정하지 않음.	−0.6 mm	−
		500 mm≤*D* < 800 mm	규정하지 않음.	−0.7 mm	
		800 mm≤*D* < 3 000 mm	규정하지 않음.	−0.8 mm	
	16 mm≤*t*	*D* < 800 mm	규정하지 않음.	−0.8 mm	
		800 mm≤*D* < 3 000 mm	규정하지 않음.	−1.0 mm	
길이(*L*)			규정하지 않음.	0	
가로 휨(*M*)			길이(*L*)의 0.1 % 이하		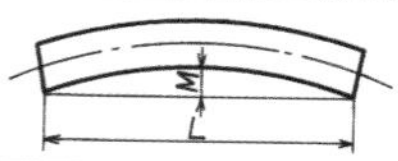
현장 용접부 끝면의 평면도(*h*)			2 mm 이하		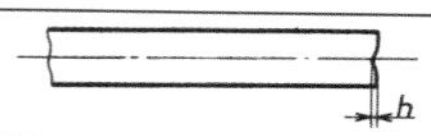
현장 용접부 끝면의 직각도(*c*)			바깥지름 0.5 % 이하 (단, 최대 4 mm)		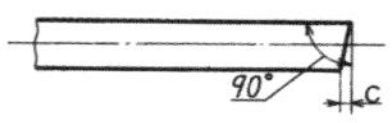

비고 $\frac{t}{D}$가 1.0 % 미만인 것은 미리 인수·인도 당사자 사이의 협의에 따른다.

표 3.12-3은 KS F4602에서 정한 강관의 모양과 허용오차인데, 여기서 주목할 사항은 바깥지름에 대한 허용값이 ±0.5~1.0%이다. 예를 들어 406.4 mm의 강관일 경우에 지름의 최대 허용은 2.03 mm이다. 그런데 강관과 강관을 이음 할 때, 두 개의 강관이 하나는 –2.03mm, 다른 하나는 +0.23mm로 가정하면 최대 4.06mm의 지름 차이가 발생하게 된다.

이렇게 발생한 오차로 커버플레이트 방식(강관과 강관을 덮어씌우는 방식)으로 강관이음을 하면, 한쪽에서는 완전하게 밀착되지 않는 현상이 발생하게 된다. 이렇게 되면 축력과 휨모멘트 작용 시 완전히 밀착되지 않아 이음부에 심각한 문제가 발생할 수 있다.

버팀보는 흙막이벽에서 작용하는 하중을 띠장을 통해 축력을 받기 때문에 축력과 휨모멘트에 의해 이음부가 왜곡되는 현상이 발생하게 되면 흙막이 전체 안전성에 문제를 초래할 수 있으므로 이음 방식에 신중해야 한다. 따라서 강관버팀보의 이음은 기존의 H-형강과 같이 볼트로 보강판을 이용한 이음 구조로 하는 것이 안전할 것이다. 다만, 강관은 원형이므로 폐합된 구조로 볼트에 의한 이음 작업이 불가능한 측면에서 다양한 방법이 고안되고 있다. 참고로 ㈜핸스에서 개발한 강관이음 방법을 소개하면 다음과 같다.

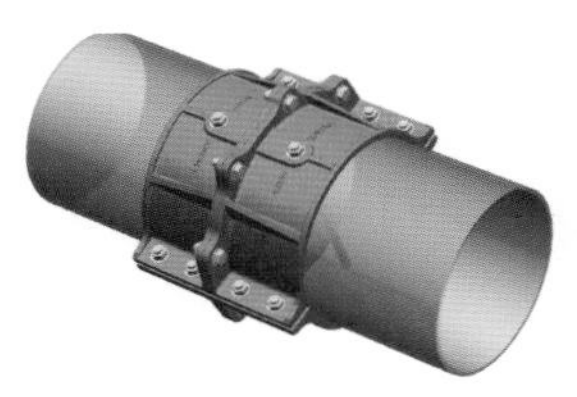

그림 3.12-3 **이음재 및 연결재(D508)**

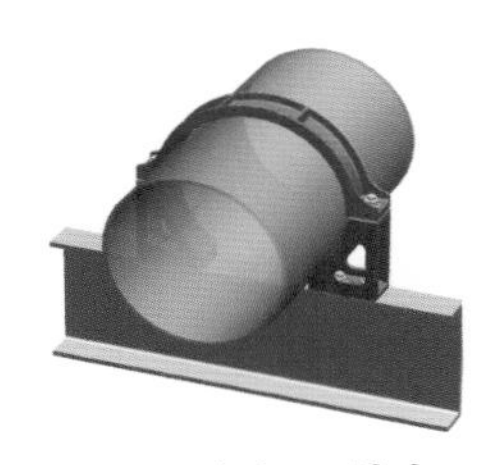

(a) 강관+ㄷ형강

(b) 강관+H형강

그림 3.12-4 **유밴드(D508)**

(a) 1열 버팀 3단 화타 (b) 2열 버팀 3단 화타

그림 3.12-5 **화타밴드(D406)**

그림 3.12-6 **이음재 및 연결재(D406)**

(강관+ㄷ형강) (강관+H형강)

(강관+강관)

그림 3.12-7 **유밴드(D406)**

그림에서 보듯이 이음 구조는 커버, 미구리 판, 이음재와 양산볼트 및 상단부의 일반볼트로 구성되는데, 이음 방식 각각의 강관에 커버를 양산볼트에 의하여 조립하고 미구리 판 이음재, 상단부의 볼트를 이용하여 체결하는 방식으로 강관 지름의 오차에 따른 문제를 간단하게 해결할 수 있어 축력과 휨모멘트에 따른 버팀보 이음부에 대한 문제점을 차단할 수 있다. 버팀보는 특히 직선성을 유지해야 한다. 강관을 볼트로 이음하기 때

문에 휘어지지 않도록 시공 시 주의가 필요하다. 휘어진 상태라면 굴착에 따른 축력 증가에 대한 변형이나 좌굴이 커져 붕괴의 위험성이 있다. 따라서 확실한 이음방법으로 좌굴이나 변형이 발생하지 않도록 하며, 특히 편토압이 작용하지 않도록 반드시 대칭으로 설치한다.

(2) 설계시 유의사항

① 버팀보는 일반적으로 압축부재로 설계되므로 압축응력 이외의 응력이 작용하지 않도록 띠장과 수직을 이루어 밀착되도록 설치해야 한다. 부득이 버팀보에 휨응력이 작용하는 시공을 하는 경우나 굴착바닥면 지반의 리바운드에 의한 중간말뚝의 변형이 예상될 때는 버팀보의 내력을 검토하여 필요에 따라 보강하여야 하는 불편함이 발생할 수 있다. 따라서 시공에서의 돌발 상황이 발생할 가능성이 있는 현장에서는 등방성의 원형강관버팀보 설치로 불확실성을 사전에 차단하여야 한다.

② 버팀보는 중간말뚝부에 버팀보 받침부재와 교차하는 버팀보와 U볼트 등으로 고정한다. 또한 수직 및 수평보강재를 사용하여 버팀보의 고정점간 거리를 작게 하여 좌굴에 대한 안전성을 확보하여야 한다. 보강재를 설치하는 것은 공간확보 측면에서 시공성에 장애가 될 수 있으므로 공간 확보가 필요할 때는 원형강관버팀보와 같이 보강재 설치가 필요 없는 공법을 선정하는 것이 필요하다.

③ 잭을 사용하는 경우는 토압에 의해 잭의 핸들이 압박을 받아 돌릴 수 없을 가능성이 있다. 이 경우는 버팀보 단부의 연결재를 절단하여 버팀보를 해체하는 경우가 많다. 따라서 잭의 단부는 HTB(고장력볼트)로 설치하는 것이 바람직하며, 해체에 쉬운 방식의 구조로 설계하여야 한다.

12.2.3 원형강관 버팀보의 허용응력

"3.3 강재의 허용응력"에서 언급하였지만, 신강재로 개정되면서 원형강관 버팀보의 허용응력도 설계기준에 규정이 없어 "3.3.8 허용응력 기본식"을 근거로 허용응력을 산정하였다. 대상이 되는 강종은 STP275S,

STP355S, STP450S, STP550S의 KS F 4602(2024년 4월 1일 개정) 버팀대용 강관 4개의 강종에 대하여 2024년 설계기준으로 작성하였다. 허용응력 산정에 대한 상세한 조건은 "3.3.8 허용응력 기본식"을 참조하기를 바란다.

표 3.12-4 강관버팀용 강재의 허용응력(2019 설계기준)(MPa)

종류		STP275	STP355	SHT460	STP550
기준항복점		275	355	460	550
축방향인장 (순단면)		165	215	275	330
축방향 압축 (총단면)		$165 : \frac{l}{r} \leq 17.4$ $165-1.03\left(\frac{l}{r}-17.4\right)$ $: 17.4 < \frac{l}{r} \leq 86.8$ $\frac{1,240,000}{5,800+\left(\frac{l}{r}\right)^2}$ $: 86.8 < \frac{l}{r}$	$215 : \frac{l}{r} \leq 15.3$ $215-1.53\left(\frac{l}{r}-15.3\right)$ $: 15.3 < \frac{l}{r} \leq 76.4$ $\frac{1,240,000}{4,500+\left(\frac{l}{r}\right)^2}$ $: 76.4 < \frac{l}{r}$	$275 : \frac{l}{r} \leq 13.4$ $275-2.24\left(\frac{l}{r}-13.4\right)$ $: 13.4 < \frac{l}{r} \leq 67.1$ $\frac{1,240,000}{3,500+\left(\frac{l}{r}\right)^2}$ $: 67.1 < \frac{l}{r}$	$330 : \frac{l}{r} \leq 12.3$ $330-2.92\left(\frac{l}{r}-12.3\right)$ $: 12.3 < \frac{l}{r} \leq 61.4$ $\frac{1,240,000}{2,900+\left(\frac{l}{r}\right)^2}$ $: 61.4 < \frac{l}{r}$
휨	인장연 (순단면)	165	215	275	330
	압축연 (총단면)	$165 : \frac{l}{b} \leq 4.3$ $165-3.1\left(\frac{l}{b}-4.3\right)$ $: 4.3 < \frac{l}{b} \leq 30$	$215 : \frac{l}{b} \leq 3.8$ $215-4.6\left(\frac{l}{b}-3.8\right)$ $: 3.8 < \frac{l}{b} \leq 27$	$275 : \frac{l}{b} \leq 3.4$ $275-6.8\left(\frac{l}{b}-3.4\right)$ $: 3.4 < \frac{l}{b} \leq 25$	$330 : \frac{l}{b} \leq 3.1$ $330-8.8\left(\frac{l}{b}-3.1\right)$ $: 3.1 < \frac{l}{b} \leq 23$
전단(총단면)		90	120	150	190
지압응력		240	320	410	490

표 3.12-5 강관버팀용 강재의 허용응력(2024 설계기준)(MPa)

종류	STP 275S	STP 355S	STP 450S	STP 550S
기준항복점	275	355	460	550
축방향인장 (순단면)	160×1.5=240	210×1.5=315	265×1.5=395	320×1.5=480

축방향 압축 (총단면)		$240 : \frac{L}{r} \le 20.0$ $240 - 1.5$ $(\frac{L}{r} - 20.0)$ $: 20.0 < \frac{L}{r} \le 90.0$ $\frac{1{,}900{,}000}{6{,}000 + \left(\frac{L}{r}\right)^2}$ $: 90.0 < \frac{L}{r}$	$315 : \frac{L}{r} \le 16.0$ $315 - 2.2$ $(\frac{L}{r} - 16.0)$ $: 16.0 < \frac{L}{r} \le 80.0$ $\frac{1{,}900{,}000}{4{,}500 + \left(\frac{L}{r}\right)^2}$ $: 80.0 < \frac{L}{r}$	$395 : \frac{L}{r} \le 14.0$ $395 - 2.9$ $(\frac{L}{r} - 14.0)$ $: 14.0 < \frac{L}{r} \le 72.0$ $\frac{1{,}900{,}000}{3{,}200 + \left(\frac{L}{r}\right)^2}$ $: 72.0 < \frac{L}{r}$	$480 : \frac{L}{r} \le 13.0$ $480 - 4.0$ $(\frac{L}{r} - 13.0)$ $: 13.0 < \frac{L}{r} \le 65.0$ $\frac{1{,}900{,}000}{2{,}800 + \left(\frac{L}{r}\right)^2}$ $: 65.0 < \frac{L}{r}$
휨	인장연 (순단면)	160×1.5=240	210×1.5=315	265×1.5=395	320×1.5=480
	압축연 (총단면)	$240 : \frac{L}{b} \le 4.5$ $240 - 2.9$ $(\frac{L}{b} - 4.5)$ $: 4.5 < \frac{L}{b} \le 30$	$315 : \frac{L}{b} \le 4.0$ $315 - 4.0$ $(\frac{L}{b} - 4.0)$ $: 4.0 < \frac{L}{b} \le 27$	$395 : \frac{L}{b} \le 3.5$ $395 - 5.5$ $(\frac{L}{b} - 3.5)$ $: 3.5 < \frac{L}{b} \le 25$	$480 : \frac{L}{b} \le 3.1$ $480 - 8.8$ $(\frac{L}{b} - 3.1)$ $: 3.1 < \frac{L}{b} \le 23$
전단(총단면)		135	180	225	275
지압응력		360	465	550	690

12.2.4 강관버팀대의 성능

흙막이 가시설에 사용하는 강재는 강관버팀대(KS F 4602)을 사용하고 있으므로 강종별 화학 성분, 기계적 성질, 탄소당량, 치수의 허용값은 다음과 같다. 이에 따라 제품을 생산하는 회사별로 조금씩 다를 수 있으므로 참고하기를 바란다.

표 3.12-6 일반 구조용 탄소강관 성능표

항목	SGT275 (일반 구조용 탄소 강관)		STP 275S, 355S, 450S, 550S (강관 버팀보)											
	기호 / 품명	적용두께 바깥지름 (mm)	화학성분 (단위 : %)											탄소당량 Ceq(%)
			C	Si	Mn	P	S	Cu	Ni	Cr	Mo	V	Nb	
화학성분	SGT275	40 이하 21.7~1,016	0.25 이하	-	-	0.040 이하	0.040 이하	-	-	-	-	-	-	-
	STP 275S	- 318.5~3,000	0.25 이하	-	-	0.040 이하	0.040 이하	-	-	-	-	-	-	0.40 이하
	STP 355S	〃	0.18 이하	0.55 이하	1.50 이하	0.040 이하	0.040 이하	-	-	-	-	-	-	0.44 이하

STP 450S	〃	0.12 이하	0.40 이하	2.00 이하	0.030 이하	0.030 이하	-	-	-	-	-	-	0.40 이하
STP 550S	〃	0.18 이하	0.40 이하	2.00 이하	0.030 이하	0.030 이하	-	-	-	-	-	-	0.47 이하

기계적 특성

기호 / 품명	적용두께 바깥지름 (mm)	기계적 성질				충격 에너지		
		인장강도 (MPa)	항복점 (MPa)	인장강도 용접부(MPa)	연신율 (5호 시험편 가로방향, %)	시험 온도	샤르피 흡수 에너지(J)	시험편
SGT275	40 이하 21.7~1,016	410 이상	275 이상	400 이상	18 이상	-	-	-

기호 / 품명	항복강도 (MPa)	인장강도 (MPa)	연신율 (12호 시험편 세로방향, %)	연신율 (5호 시험편 가로방향, %)	샤르피 흡수 에너지(J)	용접부 인장강도 (MPa)	편평성 평판 사이의 거리 H(D는 관의 바깥지름)
STP 275S	275 이상	410 이상	20 이상	18 이상	27 이상 (0°C)	410 이상	2/3D
STP 355S	355 이상	490 이상	20 이상	18 이상	27 이상 (0°C)	490 이상	3/4D
STP 450S	450 이상	590 이상	20 이상	18 이상	47 이상 (-5°C)	590 이상	3/4D
STP 550S	550 이상	690 이상	20 이상	18 이상	47 이상 (-5°C)	690 이상	3/4D

구분		
규격	KS D 3566 일반 구조용 탄소강관	KS F 4602 강관 버팀보
용접성	용접하여 사용되는 구조용 강관에는 적용하지 않음	별도의 탄소당량(Ceq)을 규정하고 있지 않음
적용범위	토목, 건축, 철탑, 발판, 지주, 그 밖의 구조물	토목, 건축 등 구조물에 사용되는 강관 버팀보
적용제한	바깥지름 318.5mm 이상의 강관 기초말뚝 및 지면 미끄럼 방지 말뚝에는 적용하지 않음	
설계기준	원칙적으로 주요 구조 부재로 사용하는 경우 용접하여 사용하지 않음 (KDS 24 14 30 강교 설계기준(허용응력설계법) 外)	

※ 제법 구분

- 항복/인장/연신율
  - SGT : 이음매 없음, 단접, 아크용접, 전기저항용접
  - STP : 아크, 전기저항용접
- 용접부 인장
  - SGT/STP : 아크용접

표 3.12-7 고강도 구조용 탄소강관 성능표

항목	SGT355 (일반 구조용 탄소 강관)	STP355 (기초용 강관말뚝)

화학성분

기호 품명	적용두께 바깥지름 (mm)	화학성분 (단위 : %)											탄소당량 Ceq(%)
		C	Si	Mn	P	S	Cu	Ni	Cr	Mo	V	Nb	
SGT355	40 이하 21.7~1,016	0.24 이하	0.40 이하	1.50 이하	0.040 이하	0.040 이하	-	-	-	-	-	-	-
STP355	- 318.5~3,000	0.18 이하	0.55 이하	1.50 이하	0.040 이하	0.040 이하	-	-	-	-	-	-	-

기계적 특성

기호 품명	적용두께 바깥지름 (mm)	기계적 성질				충격 에너지		
		인장강도 (MPa)	항복점 (MPa)	인장강도 용접부(MPa)	연신율 (5호 시험편 가로방향, %)	시험 온도	샤르피 흡수 에너지(J)	시험편
SGT355	40 이하 21.7~1,016	500 이상	355 이상	500 이상	16 이상	-	-	-
STP355	- 318.5~3,000	490 이상	355 이상	490 이상	18 이상	-	-	-

항목	SGT355 (일반 구조용 탄소 강관)	STP355 (기초용 강관말뚝)
규격	KS D 3566 일반 구조용 탄소강관	KS F 4602 기초용 강관 말뚝
용접성	용접하여 사용되는 구조용 강관에는 적용하지 않음	별도의 탄소당량(Ceq)을 규정하고 있지 않음
적용범위	토목, 건축, 철탑, 발판, 지주, 그 밖의 구조물	토목, 건축 등 구조물에 사용되는 강관 버팀보
적용제한	바깥지름 318.5mm 이상의 강관 기초말뚝 및 지면 미끄럼 방지 말뚝에는 적용하지 않음	
설계기준	원칙적으로 주요 구조 부재로 사용하는 경우 용접하여 사용하지 않음 (KDS 24 14 30 강교 설계기준(허용응력설계법) 外)	

※ 제법 구분

- 항복/인장/연신율
  - SGT : 이음매 없음, 단접, 아크용접, 전기저항용접
  - STP : 아크, 전기저항용접
- 용접부 인장
  - SGT/STP : 아크용접

13. 근접시공

가설흙막이 설계기준 (2022) 3.4 근접시공

(1) 근접시공 시에는 가설흙막이 구조물 자체의 안정과 인접구조물에 미치는 영향을 검토한다.
(2) 근접시공 시에는 지반 특성, 횡토압, 지반 진동, 지하수위 변화와 지반 손실, 굴착으로 인한 주변 영향, 대상구조물의 특성 등을 고려하여 설계한다.
(3) 근접시공으로 인한 지하수위 변화가 인접 시설물에 영향을 미치는 경우에는 차수식 벽체로 설계하는 것이 바람직하며, 이때 지하수에 의한 배면수압을 고려한다.
(4) 주변 지반 침하 예측 방법은 이론적 및 경험적 추정 방법이 있으며, 이 중 설계자가 현장 여건, 지층조 건, 굴착 방법, 흙막이 벽체와 지지체의 형식을 종합적으로 고려하여 선택한다.
(5) 굴착에 의한 배면 지반의 변위를 산정한 후, 허용 변위량을 기준으로 인접 구조물의 손상 여부를 분석하고 필요 시 대책을 강구한다.
(6) 우각부 등 구조적 취약 부위에 대해서는 3차원적인 지반거동에 대한 검토 여부를 충분히 고려하여 설계한다.
(7) 배면지반 침하와 인접구조물에 대한 영향 예측
① 흙막이 벽의 변위에 따른 주변 지반의 침하를 예측하는 방법에는 실측 또는 계산에 의하여 구한 흙막이 벽의 변위로부터 주변지반 침하를 추정하는 방법과 버팀 구조와 주변지반을 일체로 하여 구하는 유한요소법, 유한차분법 등의 수치해석방법이 있다.
② 주변 지반의 침하 예측 방법은 이론적 및 경험적 추정 방법 중에서 설계자가 현장 여건, 지층 조건, 굴착방 법, 흙막이 벽 및 지지체의 형식을 종합적으로 고려하여 선택, 적용하여야 한다.
③ 인접구조물에 대한 침하, 부등침하(각변위), 수평변형률, 경사 등에 관한 허용값은 대상 구조물에 따라 관련 설계기준과 건축기준 등을 참고로 하여 결정한다.
(8) 굴착 시 정기적으로 계측관리를 실시하여야 한다.

13.1 흙막이에 의한 주변 지반의 변형

흙막이를 시공할 때 주변 지반 및 구조물에 미치는 영향은 대단히 중요한데, 특히 흙막이가 도로나 구조물, 지하매설물에 근접하여 시공할 때는 주의를 요한다. 주변 지반 및 구조물의 변형에 대한 검토는 지반을 구성하는 흙의 성질이나 형상, 지하수위의 변화, 굴착 규모, 시공 방법, 보조공법 등과 관계가 있다. 또, 흙막이의 변형에 따른 영향이 매우 크기 때문에 설계할 때는 반드시 주변 지반의 변형에 대하여 검토를 하여야 한다.

13.1.1 굴착에 의한 변형의 종류

굴착에 따라 흙막이는 변형 발생이 불가피한데, 흙막이에 있어서 굴착에 의한 변형의 종류는 토질에 따라서 전단변형과 압밀변형이 있다.

(1) 점성토 지반

점성토 지반의 경우에는 투수계수가 작으므로 굴착 중에는 지중응력의 변화가 배수를 수반하지 않는다고 보기 때문에, 이때 발생하는 지반의 변위가 전단에 의한 변형이다. 전단변형은 굴착에 따라 일시적으로 발생하는 현상이다. 굴착 후에는 굴착측의 지반과 배면측의 지반 사이에 수압 차이가 발생하므로 흙 속에 있는 간극수의 이동이 일어나 유효응력이 변하는 경우가 있다. 이때 발생하는 변형이 압밀에 의한 변형이며, 크기는 매우 작다. 또, 압밀에 의한 변형이 종료된 후에도 장기적으로 침하가 발생하는데 이것은 2차압밀에 의한 변형이다.

(2) 사질토지반

사질토 지반을 굴착할 때에는 차수성의 흙막이를 사용하여 지하수위를 저하시키지 않고 시공하는 경우가 많다. 이 경우의 지반변형은 배수를 수반하지 않는 전단에 의한 변형이다. 또, 엄지말뚝 방식의 흙막이와 같이 개수성의 흙막이로 굴착하는 경우는 배수를 수반한 전단변형이 지반에서 일어난다. 사질토 지반의 경우는 투수성이 좋으므로 이러한 경우의 변형도 굴착과 거의 동시에 일어나는 일시적인 변형이다.

13.1.2 주변지반 영향검토 설계순서

흙막이 설계에서 주변 지반의 영향을 검토하는 순서는 **그림 3.13-1**과 같다. 이것은 어디까지나 일반적인 흙막이에 대한 순서이므로 특수한 경우에는 이 순서를 참작하여 항목을 추가한다.

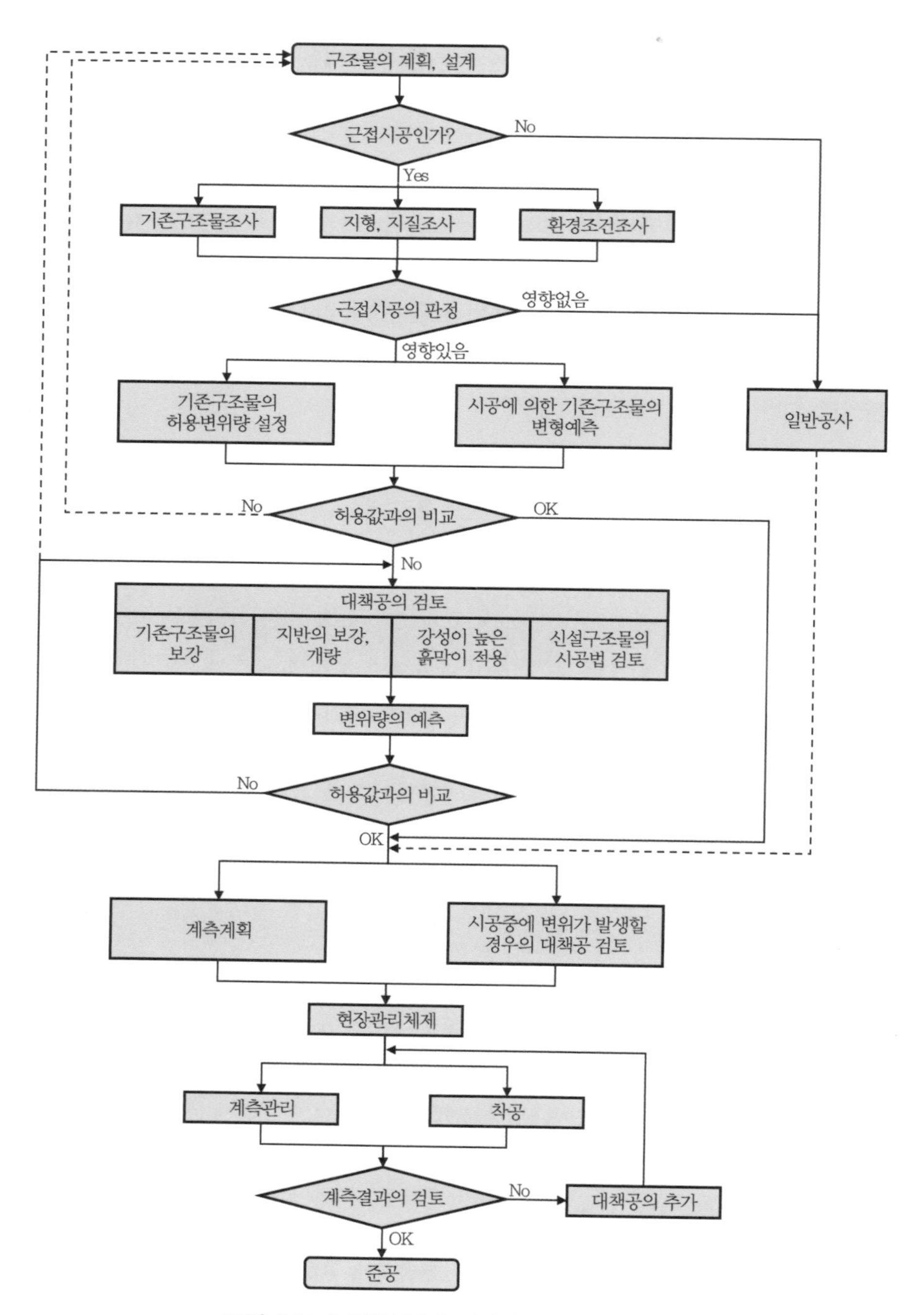

그림 3.13-1 근접시공에 있어서 영향검토의 순서

13.1.3 설계기준 분석

국내의 각 설계기준에 주변 지반의 영향검토에 관한 내용을 규정하고 있는 기준은 **표 3.13-1**과 같다. 대부분 기준에는 근접시공에 대한 검토방법 등과 같은 상세한 내용이 수록되어 있지 않고, 검토항목에 대한 일반사항만이 수록되어 있다. 구조물기초설계기준에는 비교적 상세하게 규정되어 있지만, 근접정도의 판정에 관한 사항이 규정되어 있지 않다.

표 3.13-1 **주변 지반의 영향 검토에 관한 각 기준의 내용**

기준	규정 항목
구조물기초설계기준	"7.8 근접시공"에 상세하게 수록 근접시공의 개요 주변지반의 침하예측방법 유한요소법 및 유한차분법 Peck(1969)의 방법 Caspe(1966)의 방법 Clough et al.(1990)의 방법 Fry et al.(1983)의 방법
도로설계요령	설계계획에 "지하매설물 및 주변구조물에 대한 영향검토" 수록
고속철도설계기준	"(6) 일반내용" 중에 주변구조물의 보호에 대한 항목과 허용변위 및 침하량에 대한 규정만 수록. 호남고속철도지침도 같은 내용을 수록
가설흙막이 설계기준	"3.4 근접시공" 수록

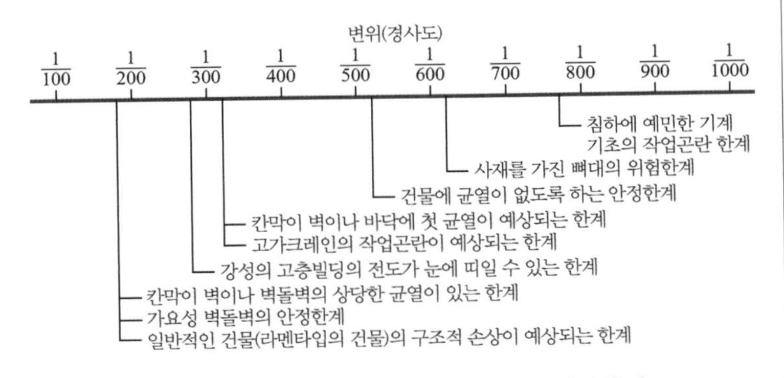

그림 3.13-2 Bjerrum(1963)이 제안한 변위의 한계

그림 3.13-2와 **표 3.13-2**는 각 기준에 공통으로 규정하고 있는 허용변위에 대한 내용인데, **그림 3.13-2**는 Bjerrum이 제시한 것으로 부등침하로 인하여 건물의 피해를 예측할 수 있는 허용기준 값으로 사용되고 있다. **표 3.13-2**는 Sower가 구조물 종류별로 허용되는 최대 허용침하량을 제안한 것이다.

표 3.13-2 **구조물의 종류에 의한 허용침하량**(Sowers, 1962)

침하상태	구조물의 종류	최대허용침하량
전체 침하	배수시설 출입구 석적 및 조적구조 뼈대구조 굴뚝, 사이로, 매트	15.0~30.0 cm 30.0~60.2 cm 2.5~5.0 cm 5.0~10.0 cm 7.5~30.0 cm
전도	탑, 굴뚝 물품적재 크레인 레일	0.004S 0.01S 0.003S
부등침하	빌딩의 벽돌벽체 철근콘크리트 뼈대구조 강 뼈대구조(연속) 강 뼈대구조(단순)	0.005S~0.02S 0.003S 0.002S 0.005S

(주) S : 기둥사이의 간격 또는 임의의 두 점사이의 거리

표 3.13-3은 흙막이 설계와 시공에 기재되어 있는 내용으로 제안자별로 인접지반의 지표침하량 및 침하영향거리를 정리한 것이다.

표 3.13-3 **굴착으로 인한 인접지반의 지표침하량 및 침하영향거리**(H : 굴착깊이)

제안자 항목	Peck (1969)	St. John (1975)	O'Rourke (1976)	Clough & O'Rourke (1990)		양구승 (1996)		오정환 (1997)	
지표 최대침하량	0.5%H	0.3%H	0.3%H	0.15%H	0.3%H	0.28%H	0.25%H	0.42%H	0.10%H
최대침하 영향거리	2.5H~ 3.0H	3.0H	2.0H	2.0H	3.0H	2.0H	2.0H	2.2H	1.2H
지반조건	느슨한 모래와 자갈	단단한 점토	단단한 점토층이 중간 중간에 끼여 있는 중간~조밀한 모래	모래	단단~매우 견고한 점토	실트질모래 와 모래	화강풍화토	실트질모래와 절리가 발달한 암반	조밀한 사질토, JSP지반보강

출처 : 흙막이 설계와 시공(오정환, 2001) (114쪽)

13.2 근접정도의 판정

흙막이에 있어서 대상구간 부근에 구조물이 있는 경우에 주변지반의 영향을 검토하기에 앞서 먼저 근접정도를 판정하여 영향이 있는지를 검토한다. 이 판정은 흙막이 구조물의 시공에 따른 주변구조물의 영향에 대한 목표를 표시하는 것이다. 이 판정에 따라 영향이 없다면 주변구조물의 영향검토는 생략하여도 좋지만, 영향이 있다면 주변구조물에 대한 영향을 검토한다. 근접정도의 판정은 흙막이의 변형에 의한 영향범위로 검토하는 것이 일반적인데, ① 사질토 지반의 영향범위, ② 점성토 지반의 영향범위, ③ 흙막이벽을 인발할 경우의 영향범위로 구분할 수 있다.

13.2.1 사질토 지반의 영향 범위

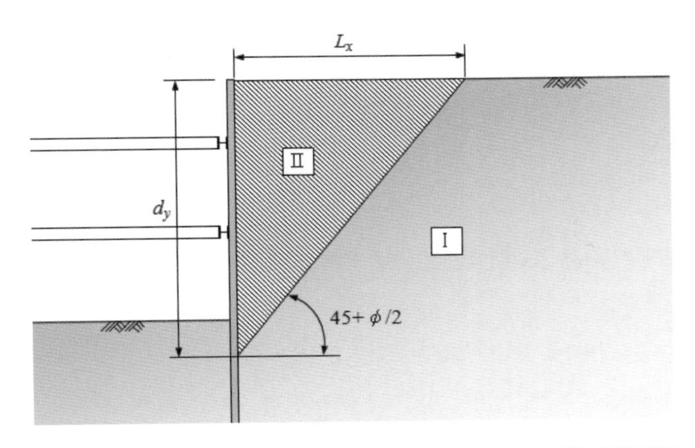

그림 3.13-3 **사질토 지반에 있어서 흙막이벽의 변형에 의한 영향범위**

사질토 지반에 있어서 주변 지반의 영향범위는 **그림 3.13-3**과 같이 흙막이벽 상단에서 가상지지점까지의 깊이에 대한 가상파괴면으로 둘러싸인 부분(영역 II)을 영향범위로 하여 (3.13-1) 식으로 구한다.

- 영역 I : 흙막이의 시공에 따라 지반에 영향이 미치지 않는다고 보는 범위
- 영역 II : 흙막이의 시공에 따라 지반에 영향이 미친다고 보는 범위

$$L_x = \frac{d_y}{\tan(45+\phi/2)} \quad (3.13\text{-}1)$$

여기서, L_x : 사질토 지반의 영향 범위(m)

d_y : 흙막이벽 가상지지 점까지의 깊이(m)

ϕ : 흙의 전단저항각(°)

13.2.2 점성토 지반의 영향범위

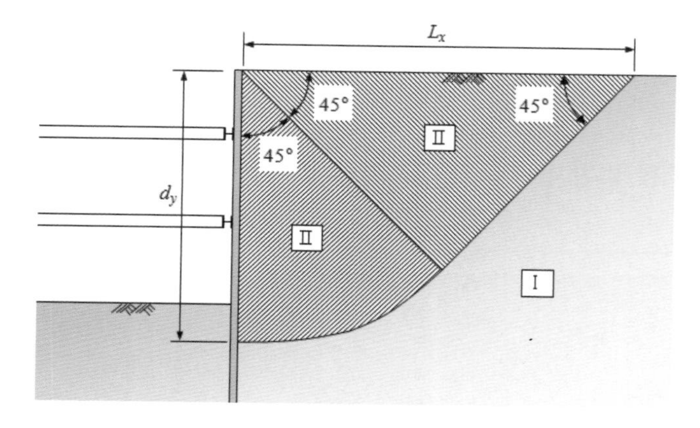

그림 3.13-4 **점성토 지반에 있어서 흙막이벽의 변형에 의한 영향 범위**

점성토 지반에 있어서 주변 지반의 영향 범위는 **그림 3.13-4**와 같이 복잡한 형상인데, (3.13-2) 식에 의하여 영향 범위 L_x를 구한다.

- 영역 I : 흙막이 시공에 따라 지반에 영향이 없다고 보는 범위
- 영역 II : 흙막이 시공에 따라 지반에 영향이 있다고 보는 범위

$$L_x = \sqrt{2} \times d_y \quad (3.13\text{-}2)$$

여기서, L_x : 점성토 지반의 영향 범위(m)

d_y : 흙막이벽 가상지지 점까지의 깊이(m)

13.2.3 흙막이벽을 인발할 경우의 영향 범위

흙막이벽을 인발할 경우에는 벽 전체 길이에 대한 가상파괴면으로 둘

러싸인 부분(영역 II)을 영향 범위로 하여 (3.13-3) 식으로 구한다.

- 영역 I : 흙막이 시공에 따라 지반에 영향이 없다고 보는 범위
- 영역 II : 흙막이 시공에 따라 지반에 영향이 있다고 보는 범위

$$L_x = \frac{L_y}{\tan(45+\phi/2)} \tag{3.13-3}$$

여기서, L_x : 사질토에 의한 영향 범위(m)

L_y : 흙막이벽 전체 길이(m)

ϕ : 흙의 전단저항각(°)

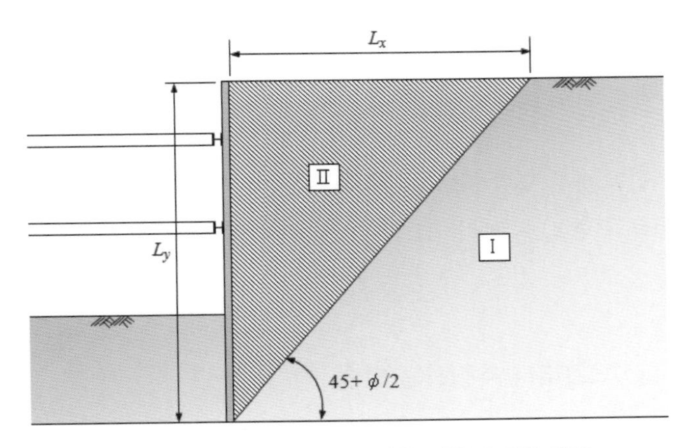

그림 3.13-5 **흙막이벽을 인발할 경우의 영향 범위**

근접정도를 판정할 때는 흙막이벽 배면에 있는 구조물이나 매설물을 여러 개 지정하여 그 영역 II에 속하는지 아닌지를 판정하는 것이 좋다. 단, 그 구조물이나 매설물이 영역 II에 포함되지 않더라도 중요한 구조물일 경우에는 주변지반의 영향을 검토하는 것이 바람직하다.

13.3 주변지반의 영향검토

굴착공사에 의한 주변 지반의 변형량을 사전에 예측하는 것은 상당히 어렵고 정확히 값을 계산하는 것은 곤란하다. 주변 지반의 지반 변형을 추정하는 방법으로서 다음을 들 수 있다.

- 흙막이벽의 변형에 의한 지반변형의 추정
- 지하수위의 저하에 의한 지반침하의 추정
- 흙막이벽의 인발에 의한 지반침하의 추정
- 응력해방에 의한 rebound의 추정

이 중에서 흙막이벽의 변형에 의한 지반변형의 추정을 가장 많이 사용하고 있는데, 흙막이벽의 변형에 의한 지반변형의 추정에는 아래와 같은 방법이 있다.

- 이론 및 과거의 실적으로부터 추정하는 방법
- 배면 지반의 파괴면을 가정한 방법
- 수치해석에 의한 방법

흙막이에 있어서 주변 지반에 대한 영향 검토를 추정하는 방법이 많은 것은 그만큼 추정이 어려우므로 현장의 상황을 잘 파악하여 적용하는 것이 중요하다.

13.3.1 이론 및 과거의 실적으로부터 추정하는 방법

(1) Peck의 방법

이 방법은 주변 침하량을 개략적으로 구하는 방법 중에서 가장 많이 사용하는 것으로, **그림 3.13-6**에 표시한 굴착 깊이에서 무차원 화한 침하량과 흙막이벽에서의 영향 거리의 관계와 굴착계수와 최대침하량의 관계를 표시한 것이다.

또한 흙막이벽의 최대변형량과 최대침하량 관계도 참고 값으로 사용되고 있다. 흙막이벽의 최대변형량과 최대침하량의 관계는 **그림 3.13-7**과 같다. 이 그림에 의하면 최대침하량은 일반적으로 최대변형량 이하가 되는 경우가 많은 것을 알 수 있다.

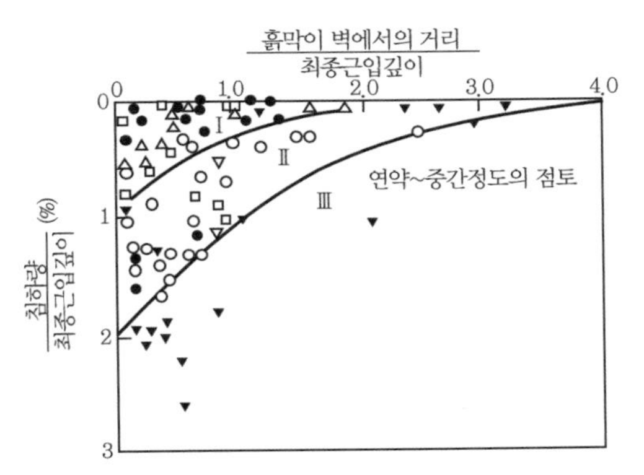

- I구역 : 모래 또는 연약~단단한 점토, 작업 능률이 보통인 정도
- II구역 : 1) 매우 연약~연약한 점토
  - (1) 점토층이 굴착바닥면보다 깊거나 굴착바닥면 부근에 존재.
  - (2) 점토층이 굴착바닥면보다 매우 깊은 곳까지 존재. 단, $N_b<N_{cb}$ 상태
  - 2) 시공시에 문제가 있어 침하가 발생
- III구역 : 매우 연약~연약한 점토층이 굴착바닥면보다 매우 깊은 곳까지 존재. 단, $N_b>N_{cb}$ 상태

구분		굴착깊이 (m)
●	시카고, 일리노이	9.5~19.2
○	오슬로, 노르웨이, 네덜란드	6.1~11.6
▼	오슬로, 노르웨이, 네덜란드	19.8~10.7
△	단단한 점토 및 점착력이 있는 모래	10.4~22.5
□	점착력이 없는 모래	11.9~14.3

그림 3.13-6 Peck의 흙막이벽 배면침하에 대한 예측

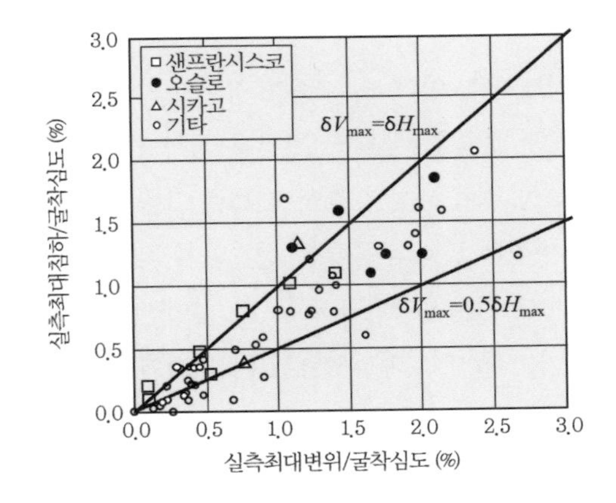

그림 3.13-7 흙막이벽 최대변형량과 최대침하량의 비교

(2) Clough 등의 방법

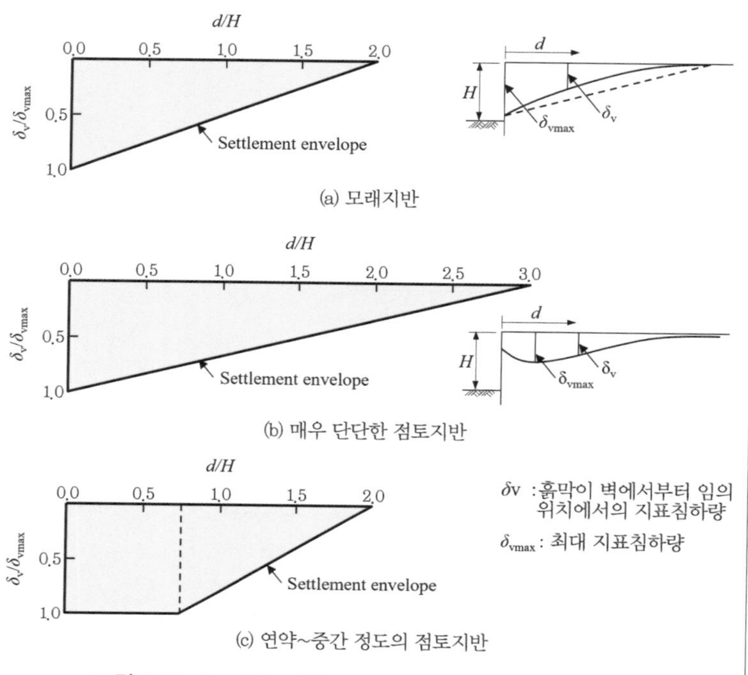

그림 3.13-8 **토질조건에 따른 거리별 침하량 (Clough 등)**

1990년 Clough & O'Rourke가 제안한 방법으로 구조물기초설계기준에 수록된 방법의 하나다.

이 방법은 모래지반, 매우 단단한 점토지반, 연약 또는 중간 정도의 점토지반에서 굴착을 하였을 때 흙막이벽 배면에서부터의 거리별 침하량을 현장에서 측정한 실측값과 유한요소법으로 해석한 해석 값으로 **그림 3.13-8**과 같이 제안한 방법이다. 이 방법은 말뚝의 종류에 상관없이 적용할 수 있다. 그림에서 H는 굴착깊이, d는 흙막이벽에서부터 떨어진 거리이다. δ_{vmax}는 최대 침하량이고 δ_v는 흙막이벽에서부터 임의 위치에서의 지표침하량이다.

(3) Fly 등의 방법

이 방법은 1983년 Fly & Rumsey가 제안한 방법으로 구조물기초설계기준에 수록되어 있다. 이 방법은 지반을 완전탄성 및 포화된 것으로 가정하여 실시한 유한요소해석 결과를 지반 조건에 따라 확장해 아래와 같은 탄성식을 제안하였다.

$$\delta_h = \frac{\gamma H^2}{E}(C_1 K_0 + C_2) \tag{3.13-4}$$

$$\delta_v = \frac{\gamma H^2}{E}(C_3 K_0 + C_4) \tag{3.13-5}$$

여기서, δ_h : 수평방향의 변위

δ_v : 수직방향의 변위

γ : 흙의 단위중량

H : 굴착깊이

E : 지반의 탄성계수

$C_1 \sim C_4$: 지표면에서 깊이에 따라 결정되는 계수 (그림 3.13-9, 3.13-10 참조)

K_0 : 정지토압계수($=1-\sin\phi$)

(4) Caspe의 방법

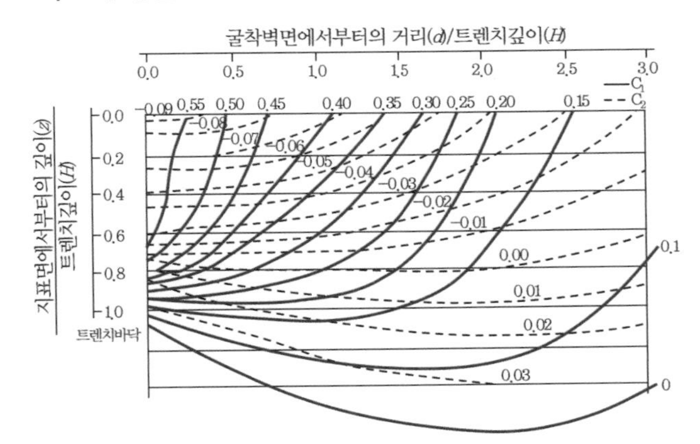

그림 3.13-9 **지반 변위의 예측 계수 (C_1, C_2)**

굴착지반에 발생하는 침하량은 흙막이벽의 수평변위에 의하여 손실되는 체적과 같다는 이론을 바탕으로 침하-거리 곡선으로 수평변위량을 구하는 방법으로 다음과 같은 단계로 침하량을 계산한다.

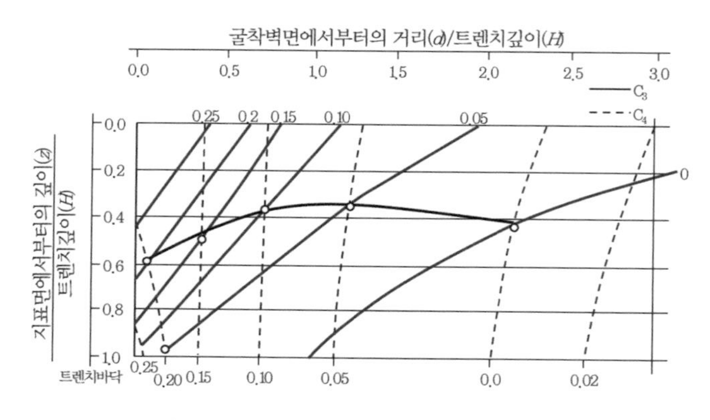

그림 3.13-10 지반변위의 예측 계수 (C_3, C_4)

① 벽체의 수평방향 변위 계산

② 벽체의 수평방향 변위를 합산하여 변위체적(V_s)을 계산

③ 침하영향권의 수평방향거리 추정. 주로 점성토에 적용

- 굴착깊이 H_w의 계산
- 굴착영향거리의 계산 : H_t

$$H_t = H_p + H_w \tag{3.13-6}$$

- 침하영향거리의 계산 : D

$$D = H_t \cdot \tan\left(45^\circ - \phi/2\right) \tag{3.13-7}$$

- 벽체에서의 표면침하량 계산 : S_w

$$S_w = \frac{2V_s}{D} \tag{3.13-8}$$

- 벽체에서 x 만큼 떨어진 거리별 침하량 계산 : S_i

$$S_i = S_w\left(\frac{x}{D}\right)^2 \tag{3.13-9}$$

(5) 일본철도기준의 방법

日本鉄道構造物等設計標準·同解説(2002년) 4.5.9 周辺構造物の変形量の推定(244쪽)

이 방법은 일본의 재단법인 철도종합기술연구소에서 발행한 “철도구조물 등 설계표준·동해설 개착터널”에 수록된 배면 지반에 대한 침하량을 추정하는 방법이다.

이 방법은 현장에서 계측한 데이터에서 구한 주변 지반의 변형에 대한 영향 요인을 평가하여 설계 계산에 사용하는 파라미터(주로 N값 및 흙막이벽의 강성)를 이용하여 굴착 시의 주변 지반변형을 간편하게 예측하기 위한 새로운 방법으로 **그림 3.13.11**과 같이 최대 침하량 δ_{ymax}, 최대 침하량 발생위치 L_{xmax}를 간단한 방법으로 구할 수 있다.

1) **최대침하량의 추정**

최대침하량은 추정 라인별로 최대침하량 추정 그림에서 계산한다.

① **추정라인**

추정라인은 근입선단지반의 강도에 의하여 다음 2가지 형태로 설정하는데, 근입선단의 지반종류는 **표 3.13-4**와 같이 분류한다.

- I : 근입선단지반강도 = 단단한 라인
- II : 근입선단지반강도 = 중·연약한 라인

② **최대침하량 추정그림**

최대침하량은 상대강성을 구하여 **그림 3.13-12**의 추정도에서 구한다.

③ **상대강성의 계산**

상대강성은 흙막이벽의 강성, 지반의 강도, 굴착 깊이, 굴착 폭, 근입깊이에 의하여 다음 식으로 계산한다.

$$\zeta = \frac{\Sigma\left(\sqrt{N_i} \cdot H_i\right)}{H} \cdot \frac{l \cdot w}{H_e^2} \cdot EI \qquad (3.13\text{-}10)$$

여기서, ζ : 상대강성 ($\times 10^6$ kN·m²/m)

N_i : 배면측 i층의 N값 (m)

H_i : 배면측 i층의 두께 (m)

H_e : 굴착깊이(단, 배면측 지표면상단에서부터 굴착바닥면까지의 깊이) (m)

H : 굴착깊이 + 근입깊이 (m)

l : 근입깊이 (m)

w : 굴착 폭 (m)

E : 흙막이벽의 변형계수 (kN/m^2)

I : 흙막이벽의 단면2차모멘트 (m^4)

표 3.13-4 근입선단지반의 분류

분류		지반	N 값
II	연약 지반	사질토	10 미만
		점성토	5 미만
	중간 정도 지반	사질토	10 이상 20 미만
		점성토	5 이상 10 미만
I	단단한 지반	사질토	20 이상
		점성토	10 이상

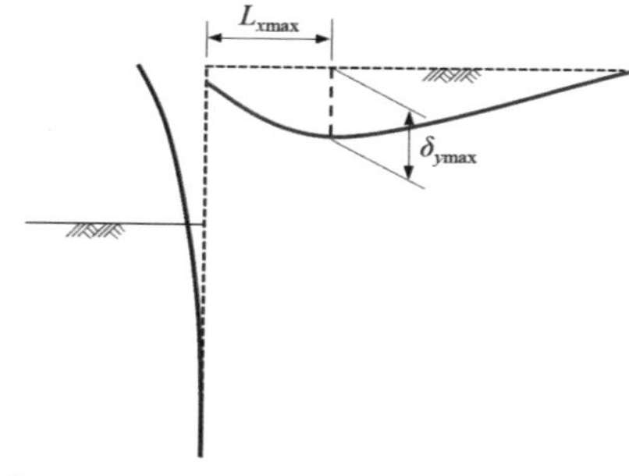

그림 3.13-11 최대침하량 및 최대침하 발생 위치

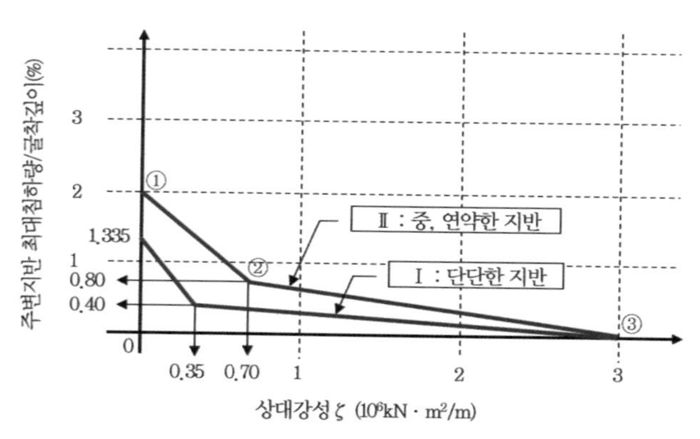

그림 3.13-12 최대침하량 추정 그림

여기서, X축 : 상대강성 $\zeta(10^6 \mathrm{kN \cdot m^2/m})$

Y축 : 주변지반 최대침하량 / 굴착깊이 (%)

2) 최대침하 발생 위치 추정

최대침하량 발생 위치는 다음과 같이 계산한다.

① 추정라인

추정라인은 굴착 폭에 의해서 다음의 2가지 형태로 설정한다.

- I : 굴착 폭이 30.0m 미만의 추정라인
- II : 굴착 폭이 30.0m 이상의 추정라인

② 최대침하량 발생 위치 추정그림

최대침하량의 발생 위치는 등가강성을 구하여 **그림 3.13-13**의 추정도에서 구한다.

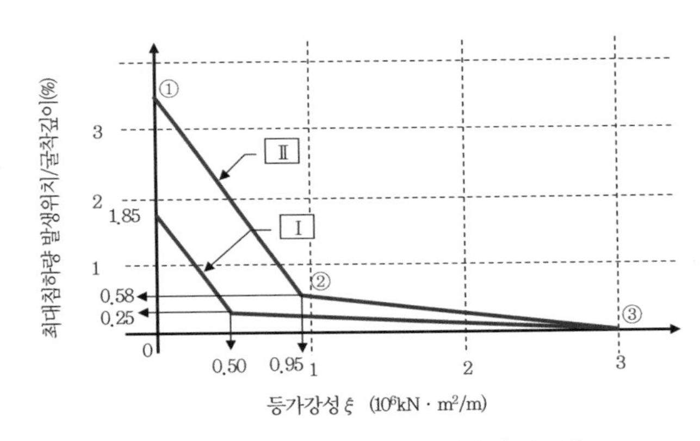

그림 3.13-13 **최대침하 발생위치 추정그림**

여기서, X축 : 등가강성 $\xi(\times 10^6 \text{kN}\cdot\text{m}^2/\text{m})$

Y축 : 주변지반 최대침하 발생 위치/굴착 깊이

③ 등가강성

등가강성은 흙막이벽의 강성, 지반의 강도에 의하여 아래 식으로 계산한다.

$$\xi = \frac{\Sigma\left(\sqrt{N_i}\cdot H_i\right)}{H}\cdot EI \qquad (3.13\text{-}11)$$

여기서, ξ : 등가강성 $(\times 10^6 \text{ kN}\cdot\text{m}^2/\text{m})$

N_i : 배면측 i층의 N값(m)

H_i : 배면측 i층의 두께(m)
H : 굴착깊이+근입깊이(m)
E : 흙막이벽의 변형계수(kN/m^2)
I : 흙막이벽의 단면2차모멘트(m^4)

(6) 일본건축기준에 의한 방법

山留め設計指針(2017), 3.2 辺地盤変狀の検討 (235쪽)

이 방법은 일본의 건축학회가 발행한 "흙막이설계시공지침"에 기재되어 있는 방식으로 흙막이벽의 변형으로 발생하는 침하량의 대략 값을 계산하는 방법이다.

1) 1차 굴착 시 (삼각형분포)

$$A_{s1} = (0.5 \sim 1.0) A_{d1} \tag{3.13-12}$$

$$S_{\max} = 2A_{s1}/L_0 \tag{3.13-13}$$

여기서, A_{s1} : 지표면의 침하면적(m^2)
A_{d1} : 흙막이벽의 변형면적(m^2)
$S_{\max}$: 최대침하량(m)
L_0 : 지표면침하의 영향범위=(1.0~2.0)H(m)
H : 흙막이벽의 변위가 0(zero)인 지점까지의 깊이(m)

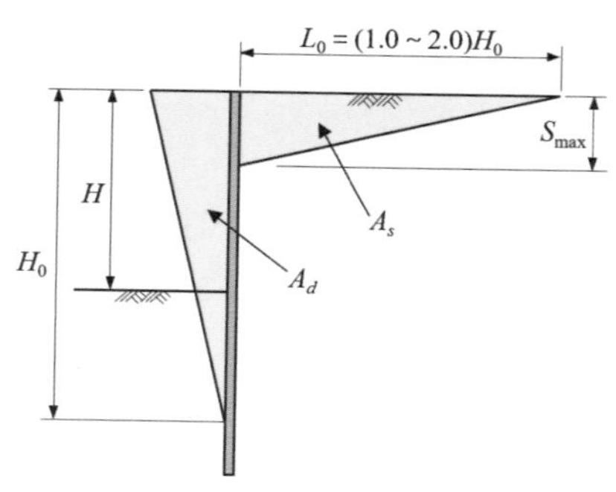

그림 3.13-14 1차 굴착 시의 지표면 침하량 모델

2) 2차 굴착 이후 (사다리꼴 분포)

$$A_{sn} = (0.5 \sim 1.0)A_{dn} \quad (3.13\text{-}14)$$

$$S_{\max} = 2A_{sn}/(L_0 + L_1) \quad (3.13\text{-}15)$$

여기서, A_{sn} : 지표면의 침하면적 (m^2)

A_{dn} : 흙막이벽의 변형면적 (m^2)

$S_{\max}$: 최대침하량 (m)

L_0 : 지표면침하의 영향범위= $(1.0\text{~}2.0)H$ (m)

L_1 : 사다리꼴 분포에서의 일정한 침하량의 범위 (m). 일반적으로 굴착깊이 H 정도.

H : 흙막이벽의 변위가 0(zero)인 지점까지의 깊이 (m)

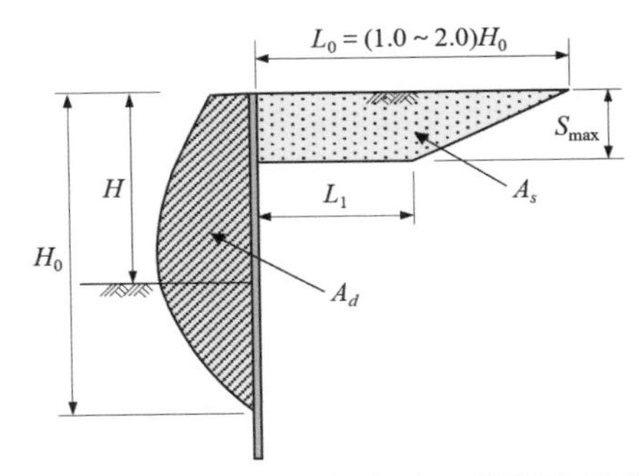

그림 3.13-15 2차 굴착 이후의 지표면침하량 모델

13.3.2 배면 지반의 파괴선을 가정한 방법

각 굴착 단계에서 흙막이벽의 변위에 따른 파괴선(활동선)을 가정하고, 그 파괴선에서의 흙막이벽의 변위에서 배면 지반의 침하를 추정하는 방법이다. 이 방법은 점성토 지반 또는 느슨한 사질토층의 경우에 흙의 전단변형에 의한 체적변화가 무시되는 경우의 배면 지반의 침하량을 구하는 것으로 다음과 같은 순서로 검토한다.

우선 설계 계산으로 산출 또는 실측된 각 굴착단계의 흙막이벽의 변형증가 모드에 따라 배면 지반에 발생하는 파괴선을 **그림 3.13-16**과 같이 가정한다.

다음에 흙은 파괴선을 따라 이동하는 것으로 가정하고, 흙막이벽의 각 굴착단계에서 증가한 변위에 따라 증가침하량을 추정한다. 이것을 누계한 것으로 배면 지반의 침하량을 구한다. 단, 이 방법에 있어서는 지하수위 저하에 의한 압밀침하량은 포함되지 않기 때문에 압밀침하량은 별도로 검토하여야 한다.

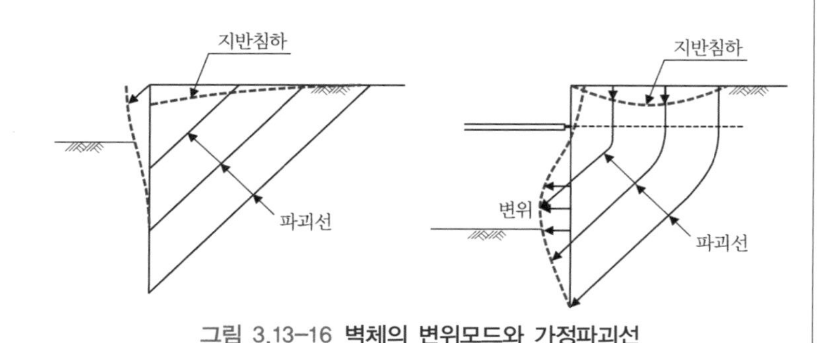

그림 3.13-16 **벽체의 변위모드와 가정파괴선**

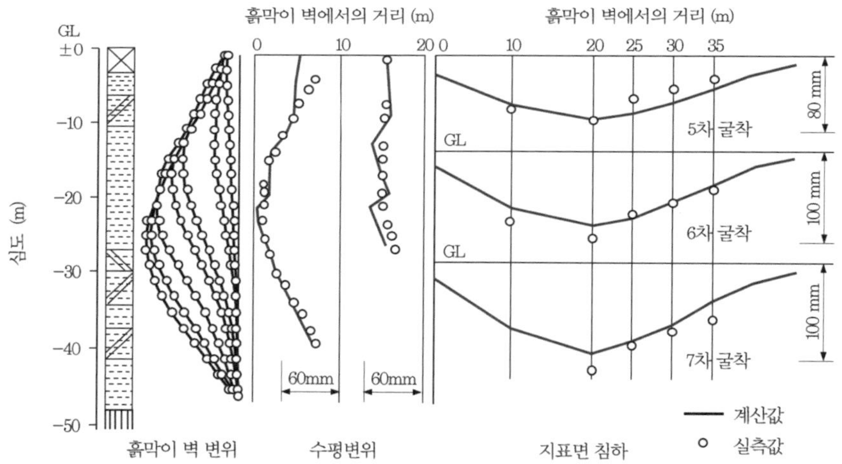

그림 3.13-17 **파괴면을 이용한 주변지반 변위의 해석값과 실측값의 비교 예**

13.3.3 수치해석에 의한 예측법

주변지반에 큰 변형이 예측되는 경우나 단면 형상, 지반 조건이 복잡하여 간편법을 적용할 수 없는 경우, 또는 주변에 도로나 철도, 건물 등 중요구조물이 근접해 있는 경우에는 유한요소법과 같은 수치해석으로 상세한 검토를 한다.

흙막이는 3차원으로 이루어진 구조물이기 때문에 상세한 검토를 할 때는 3차원으로 수치해석을 하는 것이 바람직하다. 그러나 3차원 수치해석은 복잡하고 해석에 많은 시간이 필요로 하므로 일반적으로 2차원으로 검토를 한다. 해석할 때는 지반이나 흙막이공 등의 모델화나 경계조건의 설정이 해석 값의 정밀도를 결정하는 큰 요인이 되기 때문에, 확실한 현장조건을 고려하여 결정하여야 한다.

수치해석법은 구성식이나 초기조건, 경계조건을 주는 것에 따라 다양한 해석을 할 수 있다. 일반적으로 사질토에 있어서는 비교적 간단하게 선형탄성해석에 의하여 거동을 계산하는 경우가 많다. 그러나 같은 사질토에 있어서도 흙은 전단에 따른 체적변화(Dilatancy 특성)를 표시하는 비선형인 재료이므로 때에 따라서는 흙 재료 고유의 구성모델이나 Drucker–Prager 모델, Mohr–Coulomb 모델 등을 이용한 탄소성해석, Dilatancy 특성을 무시하고 간편하게 Duncun–Chang의 쌍곡선 모델을 이용한 비선형탄소성해석을 하는 것도 있다.

점성토 지반에서는 탄소성 또는 점탄소성해석을 하는 것이 많고, 과잉간극수압의 발생, 소산(消散)의 영향을 무시할 수 없는 경우에는 간극수의 거동을 고려한 흙과 물의 연동해석을 하는 것이 요망된다. 따라서 수치해석법을 사용한 지반의 거동해석은 다음과 같은 것이 있다.

(1) 해석의 종류

1) 응력·변형해석

역학적인 균형에서 지반의 재하(載荷)나 제하(除荷)에 따른 응력, 변형상황을 구하는 것이며, 유한요소법을 사용하는 지반의 해석 중에서 비교적 좋은 해석방법의 하나이다.

개착공법의 시공에 있어서는 굴착에 따른 토괴의 제거에 의한 응력해방에 기인하는 문제의 해명에 사용한다. 해석은 2차원, 3차원이 있으며 해석목적에 따라서 사용이 나누어지지만, 일반적으로는 2차원해석을 많이 사용한다.

2) 침투류해석

흙막이공의 설치나 굴착에 따른 지하수의 거동을 추정할 때는 침투류해석을 한다. 이 침투류해석은 흙 속에 있는 물의 흐름을 파악하는 것인데, 이것으로는 지반의 변형을 직접적으로 구할 수는 없지만, 이 해석으로 구한 지반의 수위저하량 등을 이용하여 압밀 계산을 하여 지반 변위를 추측할 수 있다. 침투류해석은 2차원, 3차원 해석 외에 중간적인 방법으로 평면적인 물의 흐름으로 유사하게 깊이방향에 대한 물의 흐름을 고려한 준3차원 해석이 있다.

3) 토/수 연성연동·비연동해석

점성토 지반의 경우에 과잉간극수압의 발생, 소산(消散)의 영향을 무시할 수 없는 지반에 대해서는 응력·변형해석과 침투류해석 두 개를 연동(커플링)시켜 해석하는 것이다. 이 경우에 흙과 물의 거동을 연동시킨 해석을 토/수 연동 해석이라 한다. 이 해석은 흙의 역학적인 물성과 수리학적인 물성이 필요하다.

(2) 유한요소법의 해석방법

수치해석 방법 중에서 일반적으로 많이 사용하는 것이 유한요소법(Finite Element Method)인데, 흙막이에 있어서는 아래와 같이 유한요소법을 구분할 수 있다.

① 지반과 흙막이벽 및 지보공 전체를 모델화하여 해석하는 방법
② 지반만을 모델화하고 별도의 탄소성법 등에 의하여 계산하는 방법
③ 굴착시에 계측한 벽체변위를 입력하여 지반변형을 계산하는 방법

유한요소법은 각 굴착단계 등에서 단면력이나 변위의 증가를 계산하고, 이것을 포함한 것에서 임의 점의 단면력과 변위를 구할 수 있으므로 각종공법(버팀보 프리로드공법, 지반개량공법, 아일랜드공법 등)의 효과를 고려할 때 유효한 방법이다. 그러나 모델화 및 조건의 설정 등에 따라서 계산 결과가 크게 영향을 받을 수 있으므로 과거의 사례 등을 참고로 하여 충분히 검토하는 것이 필요하다. 유한요소법 등은 주변지반의

변형을 정밀도가 좋게 해석하는 방법이지만, 해석방법이 복잡하고 토질 파라미터의 설정에 전문적인 지식이 필요로 하므로 설계실무에 있어서 일반적인 예측 방법으로 사용되기에는 무리가 따른다.

특히 가설구조에서의 지반이나 토질조사는 제대로 이루어지고 있지 않은 현 상태에서의 유한요소법에 의한 해석은 계산결과의 검증이 확실하게 이루어져야 한다. 위에서 유한요소법을 3개의 방법으로 구분한 것은 이와 같은 이유에서인데, ②와 ③은 토질조사가 불확실한 경우라도 주변지반의 변형을 정확히 알기 위해서 탄소성법에 의한 계산 결과를 가지고 유한요소법으로 지반을 해석하여 변형 값을 구하는 방법이다. 이 방법은 전체를 모델링한 유한요소법보다 모델링이 비교적 간단하므로 현장에서 계측 결과를 토대로 빠르게 feed back할 수 있는 장점이 있다.

여기서 흙막이를 유한요소법에 따라 해석할 때 모델화에 대하여 알아본다,

1) 요소

유한요소법에 사용하고 있는 요소 특성은 상당히 많은 것이 제안되어 있다. 그중에서 아래에 표시한 3종류가 실제로 지반해석에 많이 사용되고 있다.

① 고체 요소

일반적으로 사각형이나 삼각형형상을 사용한다. 특성으로는 탄성, 탄소성, 점탄소성 등 다양한 응력-변형의 관계를 도입하는 것이 가능하다. 지반 모델은 거의 이 요소가 사용되고 있다. 2차원 해석에 있어서 사각형요소 중, 일반적인 것은 4절점 요소지만 8절점 아이소파라메트릭 요소(Isoparametric element), 9절점 아이소파라메트릭 요소가 있다(3차원에서는 8절점이 일반적이지만 20절점 아이소파라메트릭 요소 등이 있다).

② 선 요소

빔 요소나 트러스 요소로 대표되는 1차원 요소이다. 강널말뚝 등 축력과 휨에 저항하는 부재에는 빔 요소, 흙막이앵커와 같이 축력만 작용하는 부재는 트러스 요소가 사용된다.

③ 조인트 요소

유한요소법은 해석대상을 연속체로 모델화하는 것이다. 따라서 면 요소나 선 요소 만으로는 흙막이벽과 배면 지반의 침하 등, 불연속 거동을 나타내는 현상을 재현하는 것이 곤란하다. 이처럼 경계면에 있어서 불연속성을 표현하기 위하여 사용되는 것이 조인트 요소이며 수평, 연직방향의 마찰을 스프링으로 모델화하여 스프링의 강성으로 불연속의 정도를 표현한다.

2) 경계 조건

해석모델에 있어서 경계조건은 해석이나 종류에 따라 다르다. 응력.변형해석에 있어서는 응력 경계, 변위 경계가 있는데 모든 경계조건에 이와 같은 경계조건을 설정하여야 한다. 일반적으로 변위 경계를 지정하는 경우가 많은데, 해석범위의 외측(경계)을 고정, 롤러, 자유 중에서 설정한다. 또 재하중 등의 외력을 강제변위로 하여 경계 조건을 주는 경우도 있다. 일반적으로 지반과 흙막이벽 등의 구조물을 일체로 한 모델로 해석하는 것이 요망되지만, 지반만을 유한요소법으로 모델화하고 흙막이벽의 변위를 별도의 탄소성법에 의해 구하여 그 변위를 지반에 강제변위로 주어 주변 지반의 변형량을 구하는 방법이 사용되고 있다. 이 같은 경우에는 흙막이벽에 변위 경계를 설정하여야 한다.

3) MESH 분할

요소와 경계조건을 기본으로 유한요소해석을 하려는 모델(MESH)을 작성하는데, MESH의 크기나 분할 방법에 따라 해석정밀도와 시간이 정해진다. 해석 목적(예를 들면 흙막이벽 근처에서의 지반의 변형, 인접 구조물의 변형 등)에 따라 적절한 MESH 분할(해석 결과를 필요로 하는 부분을 세분화한다. 등)을 하는 것이 중요하다. 또한 경계에 따른 구속의 영향이 나타나지 않을 때 해석 목적의 대상 장소에 대하여 해석 AREA를 어느 정도 크게 하는 것이 필요하다.

Part
04

참고자료

1. 가설교량 및 노면 복공 설계기준
2. 가설흙막이 공사
3. 설계에 필요한 강재 규격
4. SP-STRUT공법 특별시방서
5. SP-STRUT공법 상세도
6. 지하안전관리에 관한 특별법
7. 지하안전평가 표준 매뉴얼
8. 복공판 시방서

참고자료

이 장에서는 가설흙막이 설계에 필요하지만, 막상 찾으려고 해도 쉽게 찾을 수 없거나, 번거로운 자료를 참고로 수록하였다.

1. **가설교량 및 노면복공 설계기준**
   KDS 21 45 00 : 2022으로 본 책에서 언급되지 않은 복공에 대하여 참고자료로 제공하기 위하여 수록하였다.
2. **가설흙막이 공사**
   KCS 21 30 00으로 : 2022으로 시공에 관한 상세한 내용이 수록되어 있으므로 설계에 참조로 하기 바란다.
3. **설계에 필요한 강재 규격**
   설계에 필요한 강관에 대하여 신강재 기준으로 규격을 수록하였다.
4. **SP-STRUT공법 특별시방서**
   설계에 참조할 수 있도록 강관버팀보공법의 특별시방서를 수록하였다.
5. **SP-STRUT공법 상세도**
   설계에 참조할 수 있도록 강관버팀보공법의 상세도면을 수록하였다.
6. **지하안전관리에 관한 특별법**
   설계에 참조할 수 있도록 법률 제18350호(일부개정 2021. 07. 27.)를 수록하였다.
7. **지하안전평가 표준 매뉴얼**
   설계에 참조할 수 있도록 2023년 7월 지하안전평가 표준 매뉴얼이 연약지반 관련 내용 연약지반 굴착공사 평가기준 자동화 계측, 적용 기준 등이 추가되어 수록하였다.
8. **복공판 시방서**
   설계에 참조할 수 있도록 복공판 시방서를 수록하였다.

1. 가설교량 및 노면복공 설계기준(KDS 21 45 00 : 2022)

KDS 21 00 00 가시설물 설계기준

KDS 21 00 00 가시설물 설계기준

KDS 21 45 00 : 2022

가설교량 및 노면 복공 설계기준

2022년 2월 23일 개정
http://www.kcsc.re.kr

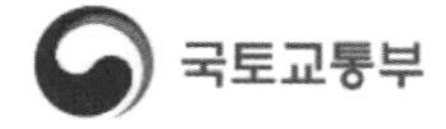

1. 일반사항

1.1 목적

(1) 이 기준은 가설교량 및 노면 복공의 안전성, 사용성 및 내구성을 확보하는 것을 목적으로 한다.

1.2 적용 범위

(1) 이 기준은 건설공사용 차량이나 건설기계 등의 통행이나 작업에 제공되는 육상 및 수상(해상 포함) 공사 전용 가설교량, 우회도로용(철도 포함) 가설교량 및 노면 복공의 설계에 대해 적용한다.

(2) 이 기준은 가설교량 및 노면 복공의 설계에 있어서 교량의 안전성을 확보하기 위해 필요한 최소한의 요구 조건을 제시한 것이다. 다만, 널리 알려진 이론이나 시험에 의해 기술적으로 증명된 사항에 대해서는 공사감독자의 승인을 얻어 관련 설계기준의 적용을 대체할 수 있다.

1.3 참고기준

1.3.1 관련 법규

내용 없음

1.3.2 관련 기준

- KS B 1010 마찰 접합용 고장력 6각 볼트·6각 너트·평와셔의 세트
- KS D 3503 일반 구조용 압연 강재
- KS D 3504 철근 콘크리트용 봉강
- KS D 3515 용접 구조용 압연 강재
- KS D 3529 용접 구조용 내후성 열간 압연 강재
- KS D 3566 일반 구조용 탄소 강관
- KS D 7004 연강용 피복 아크 용접봉
- KS D 7006 고장력 강용 피복 아크 용접봉
- KS F 4602 기초용 강관 말뚝
- KS F 4603 H형강 말뚝
- KS F 4605 강관 시트 파일

1.4 용어의 정의

내용 없음

1.5 기호의 정의

내용 없음

1.6 설계고려사항

(1) 노면 복공은 복공판, 주거더, 주거더 지지보로 구성된다.

(2) 복공면은 차량의 원활한 주행이 되도록 기존 노면과 평탄하게 하여야 한다.

(3) 복공 설치, 해체 및 재설치 시 교통통제 시간을 짧게 하여야 하므로 시공이 용이한 구조로 설계하여야 한다.

(4) 공사기간 중 상부 통행차량의 하중을 충분히 지지하여 교통안전에 지장이 없게 하여야 한다.

(5) 복공판의 표면은 통행차량의 미끄러짐을 방지하도록 계획하여야 한다.

1.7 설계하중

1.7.1 일반사항

(1) 일반적으로 가설교량에 하중을 적용할 경우에는 주하중 및 주하중에 해당하는 특수하중과 부하중 및 부하중에 해당하는 특수하중을 고려하여야 한다. 이 때 적용하는 특수하중은 실제하중을 적용한다.

(2) 가설교량에 작용하는 고정하중, 설계차량하중(충격하중 포함), 온도하중, 해당 교량의 위치에 따른 추가고려하중(토압, 수압, 파압, 풍하중, 충돌하중) 등에 대해 그 안전성을 검토하여야 한다.

(3) 가설교량이 특수한 적재물의 운반로로 이용되는 경우에는 실제 적용하는 축하중을 측정하여 이에 맞도록 설계하여야 한다.

(4) 하중에 대한 값은 기본적으로 KDS 24 12 20에 따른다.

(5) 복공판, 주거더, 주거더 지지보는 설계단면력(휨모멘트, 전단력, 축력, 비틀림 등)에 대한 소요 강도, 강성 및 사용성(처짐, 피로, 진동 등)에 대한 충분한 안전성을 확보하여야 한다.

(6) 노면 복공판은 받침부의 중심간 거리를 지간으로 하는 단순보로 취급하여 계산한다.

(7) 복공판 설계 시 활하중에 대한 충격계수는 0.3을 적용한다.

1.7.2 고정하중(D)

(1) 고정하중은 가설교량 구성부재(보강재 포함) 및 가설교량에 재하되는 기타 부속물들(난간, 펜스, 매달기 시설물 등)의 자중으로 한다.

(2) 고정하중을 산출할 때는 KDS 24 12 20 에 따른 고정하중의 크기를 적용하며 대표적인 강재의 단위중량은 **표 1.7-1**과 같다. 다만, 실질량이 명백한 것은 그 값을 사용한다.

표 1.7-1 재료의 단위중량(kN/m³)

재료	단위중량
강재, 주강, 단강	77.0
주철	71.0

1.7.3 설계차량하중(L_w)

(1) 설계차량하중, 즉 표준트럭하중(DB하중) 또는 차로하중(DL하중), 보도 등의 등분포하중이다.

① 바닥판과 바닥틀을 설계하는 경우의 활하중

가. 차도부분에는 DB하중(**표 1.7-2** 및 **그림 1.7-1**)을 재하한다. DB하중은 한 개의 교량에 대하여 종방향으로는 차로당 1대를 원칙으로 하고, 횡방향으로는 재하 가능한 대수를 재하하되 설계부재에 최대응력이 일어나도록 재하한다. 교축 직각방향으로 볼 때, DB하중의 최외측 차륜중심의 재하위치는 차도부분의 단부로부터 300 mm로 한다. 지간이 특히 긴 세로보나 슬래브교는 표준차로하중으로도 검토하여 불리한 응력을 주는 하중을 사용하여 설계한다.

표 1.7-2 DB하중

교량등급	하중등급	중량 W(kN)	총하중 1.8W(kN)	전륜하중 0.1W(kN)	후륜하중 0.4W(kN)
1등급	DB-24	240	432	24	96
2등급	DB-18	180	324	18	72
3등급	DB-13.5	135	243	13.5	54

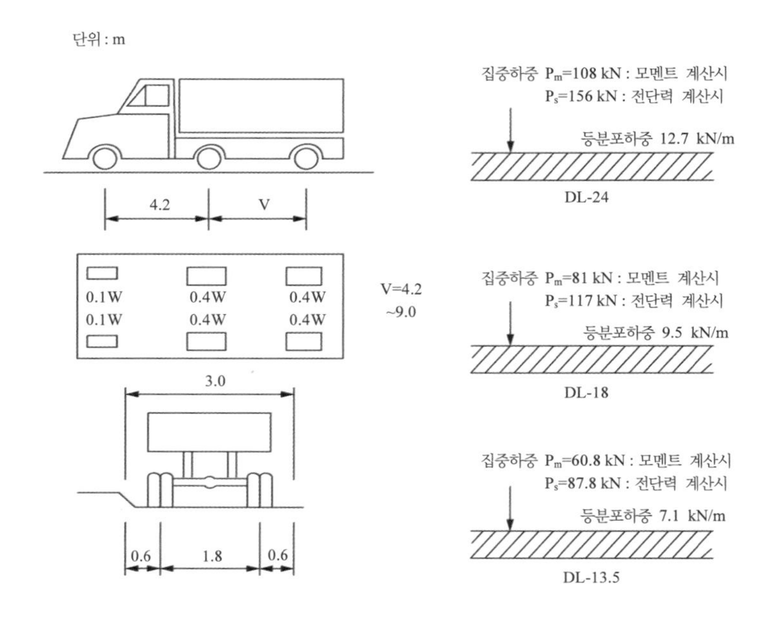

그림 1.7-1 DB 및 DL하중

1.7.4 공사차량하중(w)

(1) 공사를 위한 특수장비하중 외 상부 거더 가설, 크레인, 트레일러, 궤도형 장비하중의 적용에 해당한다.

① 가설교량 위에서 크레인 작업이 이루어질 경우

가. 하이드로 크레인 작업 시 아우트리거(outrigger) 편심하중 편심측 70 %, 반대측 30 %를 적용한다.

나. 크롤러 크레인 작업 시 편심 괘도 바퀴에 85 %, 반대측 15 %를 적용한다.

② 교량거더와 같이 특수한 적재물(중량물)을 운반할 경우 적재물의 중량을 고려한 실제 차량 축하중으로 설계하여야 한다.

1.7.5 충격하중(I)

(1) 설계차량하중은 충격을 일으키는 것으로 보며, 상부구조의 충격계수는 다음 식으로부터 산출한다.

$$I = \frac{15}{40 + L} \leq 0.3 \qquad (1.7\text{-}1)$$

여기서, L은 원칙적으로 설계차량하중이 등분포하중인 경우에 설계 부재에 최대응력이 일어나도록 재하된 지간부분의 길이(m)이다.

1.7.6 수압(F)

(1) 유수압은 유수방향에 대한 교각의 연직투영면적에 작용하는 수평하중으로 하고 식 (1.7-2)에 의해 산출한다. 작용위치는 하저면에서 0.6 H로 한다.

$$P = 10 \times K \times v^2 \times A \qquad (1.7\text{-}2)$$

여기서, P : 유수압(kN)

K : 교각의 형상에 따라 정해지는 계수

v : 최대유속(m/s)

A : 교각의 연직투영면적(m^2)

H : 수심(m)

표 1.7-3 교량의 저항 계수 K

교각의 유수방향	단부의 형상	계수
		0.07
		0.04
		0.02
	유송잡물이 집적되는 교각	0.07

1.7.7 풍하중(W)

(1) 구조물의 정적설계를 위한 단위면적 당 작용하는 풍하중은 KDS 41 10 15에 따른다.

1.7.8 온도하중(T)

(1) 가설교량의 설계를 위한 온도하중은 KDS 24 12 20에 따른다.

1.7.9 토압(H)

(1) 가설교량의 시·종점 측 흙막이 판에 주동토압이 작용할 경우, 평상시 조건의 토압이 작용하는 것으로 검토한다. 흙막이 판이 없는 형태로 시·종점 측에 말뚝만으로 계획할 경우 주동토압을 고려하지 않을 수 있다.

1.8 하중조합

(1) 가설교량 및 노면 복공에 적용하는 하중조합과 허용응력 증가계수는 KDS 21 10 00(3.3.3)에 따른다.

2. 재료

(1) 가설교량 및 노면 복공에 사용되는 강재는 KDS 14 30 00에 따른다. 일반적인 경우, 가설교량에 사용되는 강재는 구조용 강재 주거더(main girder)와 기타 부재에 모두 적용하고 있다. 접합용 강재로는 마찰이음용 고장력 볼트 또는 TS 볼트를 사용하며 제원은 **표 2-1**에 따른다.

표 2-1 표준으로 하는 강재

강재의 종류	규격	강재기호
구조용 강재	KS D 3503	SS275
	KS D 3515	SM275, SM355, SM420, SM460
	KS D 3529	SMA275, SMA355, SMA460
	KS F 4603	SHP275, SHP275W, SHP355W
강판	KS D 3566	SGT275, SGT355
	KS F 4602	STP275(S), STP355(S), STP450S
	KS F 4605	SKY400, SKY490
접합용 강재	KS B 1010	1종(F8T), 2종(F10T), 4종(F13T)
용접 재료	KS D 7004	
	KS D 7006	
봉강	KS D 3504	SD300, SD400

주1) KS D 3503 강재 적용은 비용접부재로 한정한다. 다만, 판 두께 22 mm 이하의 가설자재로 사용하는 경우나, 2차부재로서 용접구조용 강재(예 : SM재)의 입수가 곤란한 경우에는 용접 시공시험을 통해 용접성에 문제가 없음을 확인한 후 SS275 강종에 한하여 사용 가능하다.

(2) 복공판의 재료는 한국산업표준(KS)에 적합한 것으로써 반복 사용에 대한 강성을 확보하여야 하며, 특히 용접부위는 반복 하중에 견딜 수 있는 안전성을 확보하여야 한다.

3. 설계

3.1 일반사항

(1) 가설교량 및 노면 복공 설계법은 KDS 14 30 00 또는 KDS 14 20 00에 따른다.

(2) 가설교량의 설계는 전 과정에 걸쳐 구조물의 안전성, 사용목적에 대한 적합성, 시공 및 유지관리의 용이성, 경제성 등을 고려하여야 한다. 구조물의 설계 계산은 가장 불리하게 재하된 정적 하중 및 동적 하중으로 인한 가설교량의 응력, 변형, 안정 등의 제반 구조 거동을 검토하여 적정한 안전성을 확보하여야 한다.

(3) 구조물의 각 부재는 간단한 구조로 하고 제작, 운반, 가설, 해체, 검사, 도장, 배수, 청소 등에 편리하도록 설계하여야 한다.

(4) 이 기준에서 변경을 필요로 할 경우, 내용에 대한 이의가 발생한 경우 또는 기재 외의 사항으로 중요하다고 생각되는 문제가 발생된 경우에는 공사감독자와 협의하여 승인을 얻어 설계하여야 한다.

3.2 설계계산

(1) 부재 설계는 KDS 14 30 00 또는 KDS 14 20 00에 따른다.

(2) 도로의 기울기가 있는 곳은 수평하중에 의한 보의 안정을 검토하고 교차점 등에 있어서는 자동차 진행방향이 평행 또는 직각의 두 경우에 대하여 검토한다.

(3) 보의 플랜지와 복공판의 연결은 틈이 없도록 하여야 하며, 현장이음으로 플랜지에 구멍이 생길 경우에는 인장응력 계산 시 플랜지 단면을 감소시켜야 한다.

(4) 부득이한 경우에 한하여 구조검토 결과 안전 측에 미달될 경우 현지여건에 부합되도록 보강공법을 채택한다.

(5) 주거더 지지보는 주거더의 최대반력과 지지보의 자중을 하중으로 한다. 지하매설물 매달기 전용보를 설치할 경우에는 그 최대반력을 고려해야 한다.

(6) 주거더 지지보와 말뚝을 연결하는 볼트는 지지보의 최대반력으로 하여 설계한다.

(7) 주거더의 사용성 검토 시 처짐은 L/400 이하이어야 한다.

(8) 주거더의 휨좌굴을 방지하기 위하여 구조보강을 실시한 경우 처짐량을 L/300 정도까지 허용할 수 있다.

(9) 가설교량의 말뚝의 경우 전후 말뚝이 횡보강 되었을 시 말뚝의 최대반력을 1/2로 계상하여 적용할 수 있다.

(10) 가설교량의 말뚝은 환경적 요인으로 설치 후 철거하여야 하므로 주면 그라우팅을 하지 아니하고, 주면 마찰력을 고려하여 양질의 사질토로 주면의 공극을 채워 설계할 수 있다.

3.3 허용응력

3.3.1 강재

(1) 일반적 하중 조건의 경우 주하중 및 주하중에 해당하는 특수하중에 따른 부재 각 부분의 허용응력은 KDS 24 14 30(4.2)에 따른다. 또한 부하중 및 부하중에 해당하는 특수하중을 고려하는 경우의 허용응력은 KDS 24 14 30(4.2)에 따르며, 하중조합 및 허용응력할증에 대해서는 KDS 21 10 00의 표3.3-2에 따른다.

3.3.2 고장력 볼트

(1) 가설교량에 사용되는 고장력 볼트는 마찰이음용 고장력 볼트 또는 TS볼트를 사용하고, 마찰이음용 고장력 볼트의 허용응력은 KDS 24 14 30(4.2.4)에 따른다.

3.3.3 복공판

(1) 복공판에 작용하는 설계차량하중 또는 작업하중을 고려하여 구조계산을 실시하여야 한다.

(2) 복공판에 발생하는 응력은 허용응력 이하로 설계하여야 하며, 공사감독자가 인정한 구조분야 전문자격을 갖춘 기술인의 확인을 받아야 한다.

(3) 복공판의 사용성 검토 시 처짐은 L/400 이하이어야 한다.

2. 가설흙막이 공사(KCS 21 30 00 : 2022)

KCS 21 00 00 가설공사

KCS 21 00 00 가설공사

KCS 21 30 00 : 2022

가설흙막이 공사

2022년 2월 23일 개정
http://www.kcsc.re.kr

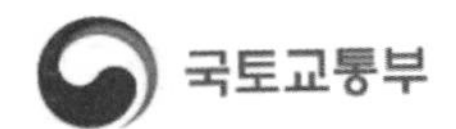

1. 일반사항

1.1 적용 범위

(1) 이 기준은 구조물기초나 지하구조물을 위한 개착 공사 시 가설흙막이 공사에 적용한다.

(2) 가설흙막이 벽체와 지지구조 형식은 다음과 같으며, 각 공법의 적용은 설계도에 따른다.

① 벽체 형식에 따른 분류

가. 엄지말뚝+흙막이 판 벽체

나. 강널말뚝(steel sheet pile) 벽체

다. 소일시멘트 벽체(soil cement wall)

라. CIP(Cast In Placed Pile)

마. 지하연속벽체

② 지지 구조형식에 따른 분류

가. 자립식

나. 버팀구조 형식

다. 지반앵커 형식

라. 네일링 형식

마. 경사고임대 형식

③ 흙막이 벽 배면의 지반보강 그라우팅

가. JSP 공법

나. LW 공법

다. SGR 공법

라. 숏크리트 공법

1.2 참고기준

1.2.1 관련 법규

내용 없음

1.2.2 관련 기준

- KCS 10 50 00 계측
- KCS 11 20 10 땅깎기(절토)
- KCS 11 20 15 터파기

- KCS 11 20 25 되메우기 및 뒤채움
- KCS 11 30 45 지반 그라우팅
- KCS 11 50 20 널말뚝
- KCS 11 60 00 앵커
- KCS 11 70 05 네일
- KCS 11 70 10 록볼트
- KCS 11 73 10 콘크리트 뿜어붙이기
- KCS 21 40 00 가설물막이, 축조도로, 가설도로, 우회도로
- KS B 1002 6각 볼트
- KS B 1012 6각 너트 및 6각 낮은너트
- KS D 3503 일반 구조용 압연 강재
- KS D 3504 철근 콘크리트용 봉강
- KS D 3515 용접 구조용 압연 강재
- KS D 7004 연강용 피복 아크 용접봉
- KS D 7006 고장력 강용 피복 아크 용접봉
- KS F 4603 H형강 말뚝
- KS F 8024 흙막이 판
- KS L 5201 포틀랜드 시멘트

1.3 용어의 정의

- CIP(Cast In Placed Pile) : 지반을 천공한 후 철근망 또는 필요시 H형강을 삽입하고 콘크리트를 타설하는 현장타설말뚝으로 주열식 현장벽체
- 강널말뚝(steel sheet pile) : 흙막이 공사에서 토압에 저항하고, 동시에 차수 목적으로 서로 맞물림 효과가 있는 수직 타입의 강재 널말뚝
- 경사버팀대(inclined/corner strut) : 흙막이 벽에 작용하는 수평력을 양측 단부 모두 흙막이 벽에 경사지게 지지하도록 설치하는 부재
- 경사고임대(레이커, raker) : 기둥이나 벽을 고임하기 위해 상하 경사로 일측 단부를 지반에 지지되도록 설치하는 부재
- 까치발(사보강재, 화타) : 버팀대, 경사버팀대 또는 경사고임대에 작용하는 하중을 띠장에 분산시킬 목적으로 이들 부재의 단부에 빗대어 설치하는 짧은 부재로서 버팀대의 지

지간격을 넓히는 용도로 설치하는 보강재

- 네일(nail) : 중력식 옹벽개념의 흙막이 벽체 형성을 위해 지반에 삽입하고 그라우팅하여 지반을 지지하는 철근
- 띠장(wale) : 흙막이 벽에 작용하는 토압에 의한 휨모멘트와 전단력에 저항하도록 설치하는 휨부재로서, 흙막이 벽체에 가해지는 토압을 버팀대에 전달하기 위해 벽면에 직접 수평 또는 경사형태로 부착하는 부재
- 록볼트(rock bolt) : 굴착 암반의 안정화를 위해 암반 중에 정착하여 일체화 또는 보강 목적의 볼트 모양의 부재
- 버팀대(strut) : 흙막이 벽에 작용하는 수평력을 굴착현장 내부에서 지지하기 위하여 수평 또는 경사로 설치하는 압축 부재
- 소단(berm) : 사면의 안정성을 높이기 위하여 사면 중간에 설치된 수평면
- 소일시멘트 벽체(soil cement wall) : 오거 형태의 굴착과 함께 원지반에 시멘트계 결합재를 혼합, 교반시키고 필요시에 H-형강 등의 응력분담재를 삽입하여 조성하는 주열식 현장 벽체
- 슬라임(slime) : 보링, 현장타설 말뚝, 지하연속벽 등에서 지반 굴착 시에 천공 바닥에 생기는 미세한 굴착 찌꺼기로서 강도와 침하에 매우 불리한 영향을 주는 물질
- 안내벽(guide wall) : 연직의 벽식 흙막이 공법의 시공 시 굴착(천공)작업에 앞서 굴착구 양측에 설치하는 가설벽으로서, 벽체형성체의 상부 지반 붕괴를 방지하고 굴착기계와 흙막이 벽체 등의 정확한 위치 유도를 목적으로 설치
- 안정액(slurry) : 액성한계 이상의 수분을 함유한 흙을 대상으로 공벽을 굴착할 경우 공벽의 붕괴 방지를 목적으로 사용하는 현탁액으로 벤토나이트(bentonite)를 사용
- 엄지말뚝(soldier pile) : 굴착 경계면을 따라 수직으로 설치되는 강재 말뚝으로서 흙막이 판과 더불어 흙막이 벽을 이루며 배면의 토압 및 수압을 직접 지지하는 수직 휨부재
- 지반앵커(ground anchor) : 선단부를 양질지반에 정착시키고, 이를 반력으로 하여 흙막이 벽 등의 구조물을 지지하기 위한 구조체로서 그라우팅으로 조성되는 앵커체, 인장부, 앵커머리로 구성되며, 사용기간별로 영구앵커와 가설(임시)앵커로 구분
- 지하연속벽(diaphragm wall) : 벤토나이트 안정액을 사용하여 지반을 굴착하고 철근망을 삽입한 후 콘크리트를 타설하여 지중에 시공된 철근 콘크리트 연속벽체로 주로 영구벽체로 사용
- 흙막이 : 지반 굴착 시 인접지반의 변위 및 붕괴 등을 방지하기 위한 행위

- 흙막이 판 : 굴착 배면의 토압과 수압을 직접 지지해주는 휨저항 부재

1.4 제출자료

1.4.1 일반사항

(1) 제출자료의 범위는 공사의 규모와 종류에 따라 공사시방서에 따른다. 다만, 공사시방서에서 특별히 정한 바가 없으면, 다음에 따른다.

1.4.2 공종별 시공계획서

(1) 시공에 앞서 설계도서 및 현장의 각종 상황(매설물, 가공물, 도로구조물, 연도건물, 지반, 노면 교통 등)을 고려한 공종별 시공계획서와 시공상세도를 준비한다.

(2) 공종별 시공계획서에는 다음 내용이 포함되어야 한다.

① 상세한 위치, 사용기계 및 공정, 지장물 처리 방법 등

② 토질 조건, 지하수위, 흙막이 구조, 굴착 규모, 굴착 방법, 지하매설물의 유무, 인접 구조물 등과의 관련을 고려하여 공정의 각 단계에서 충분한 안정성이 확보될 수 있는 흙막이 구조물 시공계획

③ 연암 등의 암반 지역과 같이 흙막이 벽 대신 굴착면이 노출되는 경우에는 굴착면의 안정성을 확보할 수 있는 시공계획

④ 널말뚝, 엄지말뚝, 지반앵커, 띠장, 버팀대 등의 부재 재질, 배치, 치수, 설치시기, 시공 순서, 시공법, 장비 계획, 지장물 철거 계획, 가배수로 및 안전시설 설치계획 등

⑤ 설계도면과 현장조건이 일치하지 않을 경우, 그 처리대책으로서 전문 기술인이 작성하고, 공사감독자가 인정하는 자격을 갖춘 기술인이 서명 날인한 수정도면, 계산서, 검토서, 시방서 등을 포함하는 설계검토 보고서

⑥ 계측계획

⑦ 흙막이 공사 중 또는 완료 후 구조물의 부상 현상에 대한 배수처리 및 부상 방지 대책

⑧ 흙막이 공사에 의한 공사 구간의 교통 처리계획, 교통안전요원의 운영 계획 및 관련 기관과 협의된 사항 등이 포함된 교통 처리계획

⑨ 공사감독자가 필요하다고 인정하여 요구하는 기타 사항

(3) 시공상세도에는 다음 내용이 포함되어야 한다.

① 흙막이공의 설치 위치 및 인접시설물과의 공간 관계

② 지장물도
③ 가설구조물도(평면도, 단면도, 전개도, 상세도 포함)
④ 구조계산서
⑤ 계측관리도
⑥ 시공 순서도
⑦ 강재의 용접, 볼트 이용, 지지방식(지반앵커, 버팀대) 등의 상세도

(3) 시공상세도의 내용에 대해 공사감독자가 인정하는 자격을 갖춘 기술인이 작성하여 서명, 날인하여야 한다.

(4) 가설흙막이 구조검토는 설계 단계 시 수행하여야 하며, 사전 설계가 부득이한 경우 시공 단계 시 현장 여건을 고려한 흙막이 가시설 안전성을 검토하여 안전성을 검증하여야 한다.

1.4.3 시험성적서 및 보고서

(1) 공사의 종류와 사용재료에 따라 필요한 다음과 같은 시험성적서 및 보고서를 제출한다.
① PC 강선 품질시험성적서
② 그라우팅 배합 설계보고서
③ 그라우팅 시험 주입보고서
④ 긴장시험 보고서
⑤ 약액주입 관리 및 결과 확인보고서
⑥ 계측 관리보고서
⑦ 강재 및 시멘트 시험성적서

1.4.4 작업 환경 조사보고서

(1) 공사의 종류와 사용재료에 따라 필요한 다음과 같은 작업 환경조사를 하여 보고서를 제출한다.
① 지하매설물과 인접 구조물의 종류, 위치 및 구조
② 천공 및 주입작업이 인접 구조물, 통행인 등에 미치는 영향의 유무 검토
③ 작업장소 및 넓이
④ 장비의 반입, 반출에 대한 조건
⑤ 공사용수

⑥ 공사용 동력원

⑦ 배수의 장소 및 조건

⑧ 기타 허가사항 처리

1.4.5 지반조사보고서

(1) 지반조사보고서에는 다음 내용이 포함되어야 한다.

① 주상도

② 흙의 함수비, 단위중량 및 입도분포

③ 투수계수

④ 흙의 전단강도, 암반의 절리 및 강도특성

⑤ 수평지반 반력계수(K_h)

⑥ 지하수위

1.4.6 지반앵커 긴장 계획서

(1) 지반앵커의 긴장 전에 다음 사항에 대한 계획서를 제출하여야 한다.

① 긴장할 지반앵커의 결정 및 긴장 순서

② 긴장력

③ 신장량의 계산에 의한 예측

④ 시험 지반앵커의 선정

1.4.7 품질인증 서류

(1) 한국산업표준(KS) 제품이 아닌 일반제품을 사용할 때는 사용자재에 대하여 사용 전에 제품자료와 공급자의 제품시방서 및 설치지침서, 품질보증서 등의 품질시험 성적서를 제출하여야 한다.

1.4.8 견본

(1) 공사감독자는 앵커머리, 쐐기, 강선, 지압판, 패커 등의 흙막이 공사에 사용되는 재료의 구조 및 특성을 파악할 수 있는 견본품 제출을 요구할 수 있다.

2. 자재

2.1 일반사항

(1) 가설흙막이는 흙막이가 소정의 형상을 유지하고 제 기능을 발휘할 수 있는 재료로 선정하여야 한다.

(2) 가설흙막이에 사용하는 재료는 부식, 변형, 균열이 없는 구조용 재료를 사용하는 것을 원칙으로 한다.

(3) 가설흙막이에 사용하는 자재는 구조, 성능, 외관 및 사용상 문제가 없다면, 재사용품을 사용할 수 있으며, 자재관리에 관한 일반적인 사항은 이 KCS 21 10 00에 따른다.

(4) 이 기준에서 규정한 재료 이외 재료 및 구조 등은 공인시험기관의 성능시험 등에 의해 사용 목적에 적합한 성능을 가진 제품을 공사감독자의 승인을 받아 사용할 수 있다.

2.2 엄지말뚝

(1) 엄지말뚝을 H형강으로 적용할 경우 KS F 4603에 적합한 제품으로, 설계도면에 명시된 흙막이 판을 걸치는 데 필요한 치수를 가진 것이어야 한다.

(2) 버팀대 및 띠장 등에 사용되는 강재는 **표 2.2-1**에 따르며, 각각의 기준에서 정하는 품질수준에 적합하여야 한다.

(3) 흙막이 판은 KS F 8024에 적합하여야 한다.

(4) 용접봉은 KS D 7004, KS D 7006에 적합한 것으로 E4301 알루미나이트계, E4316 저수소계를 사용하여야 한다.

(5) 볼트 및 너트는 KS B 1002 및 KS B 1012의 A등급에 적합한 강제 볼트 및 너트이어야 한다.

표 2.2-1 버팀대 및 띠장 등에 사용되는 강재

KS D 3503	KS D 3515	KS F 4603
SS275	SM275 SM355	SHP275(W) SHP355W

주) KS D 3503 강재 적용은 비용접부재로 한정한다. 다만, 판 두께 22 mm 이하의 가설자재로 사용하는 경우에는 용접 시공시험을 통해 용접구간에 문제가 없음을 확인한 후 사용 하여야한다.(KDS 14 31 05, 참조)

2.3 강널말뚝

(1) KCS 11 50 20 의 해당 요건에 정하는 바에 따른다.

2.4 지하연속벽

(1) 타설되는 콘크리트는 공사시방서에 따르며, 달리 명시된 것이 없는 경우에는 다음을 따른다.

① 시멘트는 KS L 5201에 적합한 포틀랜드 시멘트이어야 한다. 시멘트계 고화재 및 혼화재에 대해서는 공사시방서에 따른다.

② 골재 치수는 13~25 mm를 표준으로 한다.

③ 공기 함유율은 (4.5±1.5) %를 표준으로 한다.

④ 단위시멘트량은 350 kg/m3 이상, 물.시멘트 비는 50 % 이하로 한다.

⑤ 슬럼프값은 18~21 cm를 표준으로 한다.

⑥ 배합강도는 설계강도의 125 % 이상으로 한다.

⑦ 팽창제, AE제 또는 감수제의 배합비율은 제조자의 시방서에 따른다.

(2) 철근은 KS D 3504에 적합한 이형철근이어야 한다.

(3) 슬러리는 천연산의 분말 벤토나이트로서 입도는 90 % 이상이 0.850 mm 보다 가늘고, 0.075 mm 보다 가는 것은 10 % 미만이어야 한다.

(4) 물에 혼합된 벤토나이트 슬러리는 분말 벤토나이트가 안정된 부유 상태에 있어야 하고, 이 때 비중은 1.04~1.36 범위이어야 한다.

2.5 지반앵커, 타이로드

(1) KCS 11 60 00의 해당 요건에 정하는 바에 따르고, 그 외 사항은 이 기준을 따른다.

2.5.1 앵커재

(1) 타이로드는 힘의 작용방향, 작용효과, 시공성 등을 고려하여 선정하며 원형 또는 각형의 구조용 봉강이나 강선을 사용하도록 한다. 영구적으로 설치되는 타이로드에는 강선을 사용하여서는 안 된다.

(2) 제거식 지반앵커를 사용할 수 있다.

(3) 쐐기는 앵커용 PC강선 및 PC강연선의 긴장으로 파손되거나 미끄러지지 않고, 장기간 그 기능이 확보되는 제품이어야 한다.

(4) 패커는 주입재 공급관에 연결하는데 적합하고, 팽창되었을 때 어느 위치에서도 지층조건에 따른 압력에 누수없이 견딜 수 있도록 천공한 구멍을 밀봉할 수 있어야 한다.

2.5.2 주입재

(1) 시멘트, 물, 팽창제의 배합은 현장 토질조건 및 시험에 따라 정하며 공사감독자의 승인을 받아야 한다.
(2) 조강시멘트를 사용할 경우에는 설계강도 이상의 배합비를 확인하여야 한다.
(3) 배합비를 균일하게 유지할 수 있도록 2조식 믹서를 사용하여야 한다.
(4) 펌프는 소요 배합비의 주입재를 압송할 수 있는 제품을 사용하여야 한다.
(5) 그라우트의 블리딩률은 3시간 후 최대 2%, 24시간 후 최대 3% 이하이어야 한다.

2.6 록볼트

(1) KCS 11 70 10의 해당 요건에 정하는 바에 따른다.

2.7 네일

(1) KCS 11 70 05의 해당 요건에 정하는 바에 따른다.

2.8 지반 그라우팅

(1) KCS 11 30 45 의 해당 요건에 정하는 바에 따르고, 그 외 사항은 이 기준을 따른다.

2.8.1 일반사항

(1) 이 기준은 그라우팅 공법에 의한 차수 및 지반보강공법에 적용하는 것으로, 시공 시 이 기준 이외의 것은 각 공법들의 공사시방서 및 관련 법규 등에서 정하는 것을 따른다.
(2) 약액주입공법(LW, SGR공법 등)은 정압주입을 원칙으로 하며, 정압주입으로 할 경우의 주입률은 지층 조건에 따라 **표 2.8-1**을 참조하여 시공을 할 수 있으며, 이 때 반드시 시험시공을 실시하여 주입 효과를 확인한 후 설계조건에 합당한지 검토한 후 본 시공을 시행한다. 다만, 매립지, 유기질토 등 특수지반에서는 반드시 현장 주입 시험 결과에 의해 주입률을 결정하여야 한다.

표 2.8-1 지반 조건에 따른 추정 주입률

지반 종류	SPT-N값	간극률(n, %)	충전율(α, %)	주입률(λ, %)
점성토	0~4	65~75	35~45	주입률$(\lambda) = n \times \alpha \ (1+\beta)$ 여기서, n : 공극률 α : 충전율 β : 손실률 (5~10%)
	4~8	50~70	25~35	
	8~15	40~60	15~25	
사질토	0~10	46~50	60~90	
	10~30	40~48	55~80	
	30 이상	30~40	55~70	
사력토 (모래·자갈)	10~30	40~60	60~85	
	30~50	28~40	60~85	
	50 이상	22~30	55~65	
풍화암	-	18~22	50~80	

(3) 차수용으로 적용된 그라우팅 공법은 지하수의 유입을 방지하기 위하여 보강 후 지반의 투수계수는 k ≤1×10-5 cm/s를 확보하여야 한다.

2.8.2 시험시공

(1) 시험시공의 규모는 가능한 크게 하는 것이 바람직하고, 본 공사의 일부 구간을 이용하는 것을 원칙으로 한다.

(2) 시험시공에서는 사전에 현장의 토질 특성 파악과 주입 효과를 확인하기 위하여 **표 2.8-2**와 같은 방법을 복수로 시행하여 확인한다.

표 2.8-2 주입효과 확인법

구분 \ 항목		방법	참고사항
육안 확인법	굴착으로 확인	굴착한 시험체 확인	굴착 가능한 경우로서, 역학적 실험이 가능
	색소 판별법	미리 주입재에 색조를 혼입시켜 굴착 눈으로 확인	
투수성 확인법	현장투수시험	현장투수시험에 의한 투수계수를 구함	
	실내투수시험	샘플링한 시료에 의한 실내투수시험을 행함	자료 채집이 곤란 투수시험이 곤란
강도 확인법	표준관입시험	N값 측정	N값 30 이상의 사질토나 연약한 점성토에서는 신뢰성이 부족
	프레셔미터 시험	프레셔미터 이용 횡방향 지반반력계수 측정	비교적 고가
	실내강도 시험	샘플링하여 일축, 삼축압축 강도시험	비교적 정확
	정적관입시험	콘 삽입, 스웨덴 샘플러 등의 정적관입시험을 실시	심도가 얕고, 비교적 강도가 약할 경우 이외에는 적용이 곤란
물리탐사 및 화학적 분석법	전기비저항 탐사	지중의 비저항의 차이를 측정	그라우트(grout)의 비저항이 물에 가까울 시 적용이 곤란
	γ선밀도 탐사법	γ 선을 이용하여 주입 전·후의 밀도를 계측	그라우트의 밀도가 물에 섞여 변화하지 않을 때 적용이 곤란
	중성자수분계	중성자의 흡수력 차에 의해 효과를 조사	그라우트에 붕소를 혼입하여야 함
	화학분석	가스크로매트그래픽법 등에 의해 정성 분석을 함	

2.8.3 그라우팅 작업 시 주의사항

(1) 주입재료는 소정의 보관시설을 구비한 곳에서 보관하며, 주입량의 당일 사용량, 잔량을 명확히 기록하여야 한다.

(2) 주입기계는 연속주입작업을 할 수 있게 점검 정비를 철저히 하며, 주입종료 시에는 청소를 깨끗이 해 놓아야 한다.

(3) 주입은 해당지층에 균일하고 치밀하게 주입되어야 하며, 주입 부위의 지반 변형으로 주변 지형이나 시설물에 변위가 없도록 수시로 점검하면서 시행한다.

(4) 그라우팅은 충분한 경험을 가진 자격 기술인이 시행하도록 하며, 장비의 제원과 성능을 확인 후 시행하도록 한다.

(5) 그라우팅의 시행 간격은 장비의 성능에 따라 결정하도록 한다.

(6) 그라우팅재 배합은 공사시방서에 따르며, 조강제나 급결제 또는 혼화제를 사용하는 경우에는 공사감독자의 승인을 받은 후 시행하여야 한다.

(7) 주입작업 시 교반 장소와 주입장소가 상당히 떨어져 있을 경우 양자간의 연결을 위해 간단한 통신설비를 해 두는 것이 좋다.

(8) 그라우팅 시공에 있어서는 환경위생 보전의 입장에서 소음, 진동, 교통 장애, 누수 및 잔토 처리 등에 대하여 관련 법규에 적합한 대책을 강구한다.

2.8.4 그라우팅 장비 및 재료

(1) JSP(Jumbo Special Pattern) 장비 및 재료

① 펌프는 20 MPa 이상의 토출압력과 토출량 60 l/min 이상인 것을 사용하여야 한다.

② 젯팅 머신(jetting machine)은 저속 회전으로 자동 상승 작동기가 부착된 것을 사용하여야 한다.

③ 발전기(generator)는 220 V, 150 kWh 이상의 것을 사용하여야 한다.

④ 콤프레셔(compressor)는 10.3 m3/min(365 CFM), 100 Psi 이상의 것을 사용하여야 한다.

⑤ 시멘트 믹서(cement mixer)는 1 m3 이상의 것을 사용하여야 한다.

⑥ 보통 포틀랜드 시멘트를 사용하며, 현장조건에 따라 조기강도의 실현 등을 위해 혼화제(급결제, 팽창제)를 사용할 수 있다.

⑦ 시멘트와 물의 배합은 중량 배합비로 1 : 1을 원칙으로 한다.

(2) LW(Labiles Wasser glass) 공법 주입재

① 규정된 약액을 배합비에 맞추어 혼합하여 주입목적에 맞는 혼합액이 만들어지는가를 확인하여야 한다.

② 규산소다(물유리)는 비중이 1.38 이상인 3호를 사용하여야 한다.

③ 물은 청정수를 사용하여야 하며, 주입 시 약액의 온도는 가능한 한 20 ℃를 유지하여야 한다.

④ 염분 함량인 2 % 이상인 지하수 또는 해수와 접촉이 예상되는 지역은 벤토나이트의 성능이 저하될 수 있으므로 염수용 벤토나이트를 사용하여야 한다.

⑤ 주입재의 배합은 **표 2.8-3**을 표준으로 하되 배합 시 겔타임은 통상 60~120초가 확보되어야 하며, 현장에서 시험시공 후 재조정할 수 있다.

표 2.8-3 주입재의 배합기준(m^3당)

실(seal)재 (m^3당)			LW ($0.5m^3$당)				
			A액		B액		
시멘트 (kg)	벤토나이트 (kg)	물 (ℓ)	규산소다 (ℓ)	물 (ℓ)	시멘트 (kg)	벤토나이트 (kg)	물 (ℓ)
200	62.5	910	315	185	250	22	428

(3) SGR(Space Grouting Rocket)공법 주입재

① SGR 공법에 사용되는 현탁액형 주입재는 **표 2.8-4**와 같으며 겔타임은 급결형은 6~12초, 완결형은 60~90초가 확보되어야 한다.

표 2.8-4 주입재료

규산소다	SGR-7,9호	SGR-8,10호	시멘트	물
3호(비중1.38이상)	급결형	완결형	보통포틀랜드시멘트	청정수

② 주입재는 주입장치(rocket system)가 작동하는 데 지장이 없도록 충분한 분말도를 갖추어야 한다.

③ 주입재의 배합은 **표 2.8-5**를 표준으로 하며, 현장에서 시험시공 후 재조정할 수 있다.

표 2.8-5 주입재의 배합기준

A액 (200 L 당)		B액 (200 L 당)					
		B1액 (급결형)			B2액 (완결형)		
규산소다 (ℓ)	물 (ℓ)	SGR-7,9호 (kg)	시멘트 (kg)	물 (ℓ)	SGR-8,10호 (kg)	시멘트 (kg)	물 (ℓ)
100	100	24	60	168	23	60	169

2.9 숏크리트

(1) KCS 11 73 10 의 해당 요건에 정하는 바에 따른다.

3. 시공

3.1 일반사항

(1) 흙막이공의 시공은 설계도에 따르며, 명시된 시공 및 되메우기 순서에 따라 단계적인 설치와 해체가 될 수 있어야 한다.
(2) 흙막이 공사 진행 시 불가피하게 설계도면과 다르게 시공하여야 할 경우에는 공사를 중단하고 대체 방안을 강구한 이후에 시공하여야 한다.
(3) 지하수 유출, 지반의 이완 및 침하, 각종 부재의 변형 및 좌굴, 긴결부의 풀림 등을 수시로 점검하고, 이상이 있을 경우 즉시 보강하며, 그에 따른 안정성을 추가로 검토하여야 한다.
(4) 굴착공사 중 흙막이 벽의 이상 변위 발생 시 조기 안정성 확보를 위하여 지중 경사계 측정 결과를 즉시 공사감독자에게 보고하여야 한다.
(5) 굴착 시기가 늦어져 주변 여건이 변경된 경우는 이를 충분히 반영하여 재설계하여야 하며, 공사감독자의 승인을 받은 후 굴착 작업을 하여야 한다. 특히, 굴착 설계도서 납품일에서 6개월 이상 경과된 경우에는 주변 상황을 반드시 재검토하여야 한다.
(6) 굴토 시에는 안전한 단계굴착 높이를 정하여 각 단계별로 굴착 후 즉시 띠장, 버팀대, 지반앵커, 네일링 등으로 흙막이의 안정성을 확보한 후 다음 단계의 굴착을 시행하여야 한다. 버팀대 등이 설치되기 이전의 굴착면은 지반 특성을 고려하여 충분한 폭의 소단을 두어 안정성을 확보하여야 한다.
(7) 작용하는 측압을 무시할 수 있는 암반 구간의 경우에도 록볼트와 숏크리트 등으로 변형을 방지하여 안전을 확보하여야 한다.
(8) 흙막이 공사 완료 이후에는 주변에 배수 시설을 갖추어 흙막이 공사장 내로 지표 수가 유입되지 않도록 하여야 한다.
(9) 흙막이 벽 주변에 계획 이상의 하중이 적재되지 않도록 하여야 한다.
(10) 콘크리트 타설 후 7일 이상 양생이 되지 않은 콘크리트로부터 30 m 내에서 말뚝을 박지 않아야 한다.
(11) 소음 및 진동이 허용값 이내이어야 한다.
(12) 흙막이공사 완료 후 지하구조물 본체 공사 중 빈번히 발생하는 지하구조물 부상 현상에 대해 항시 관심을 두고 가시설 주위의 완벽한 배수시설을 갖춰 지표 수가 흙막이

공사장 내로 유입되지 않도록 충분한 대책을 세워야 한다.

(13) 말뚝을 이어서 사용할 때에는 그 이음의 위치가 동일 높이에서 시공되지 않도록 하여야 하며, 이음은 전단면 맞대기(butt)용접 또는 이음판을 연속 필렛 용접으로 하여야 한다.

3.2 시공준비

(1) 공종별 시공계획서에 따라 공사가 순조롭고 안전하게 수행될 수 있도록 기계기구, 자재 및 가설재를 준비하여야 한다.

(2) 시공 안전대책을 수립하여 안전에 만전을 기하여야 하며, 필요한 장소에 안전표지판, 차단기, 조명 및 경고신호 등을 설치하여야 한다.

(3) 주요 시설물에 대해서는 관계 법령에 따라 공사감독자에게 사전 통보하여 굴착작업 시에 입회할 수 있도록 하며, 지하수에 대한 차수공법을 고려하여야 한다. 주요시설이 훼손되거나 부분적인 누수가 발생할 경우에는 즉각 응급조치를 하고 공사감독자에게 통보하여 적절한 조치를 강구하여야 한다.

(4) 상수도관, 하수도관, 전선, 전화선 및 도시가스관 등의 지하 지장물 및 기타 시설물은 반드시 유관기관 담당자와 협의 하에 조사하여야 하고, 굴착공사에 대비하여 보호하여야 한다. 특히, 각종 관의 절곡부, 분기부, 단관부, 기타 특수 부분 및 관리자가 특별히 지시한 직관부의 이음부분은 이동 또는 탈락 방지공 등의 보강대책을 세워야 하며, 기타 특별한 사항에 대해서는 공사감독자의 지시를 받아야 한다.

(5) 지형물의 이설, 방호 및 철거 시에는 기존의 다른 작업에 해를 미치지 않도록 예방조치를 하여야 하며, 매설물은 전담 요원을 두고 항상 점검, 보수하여야 한다. 특히, 가스관, 수도관, 하수도관 등의 사고로 인하여 2차 재해의 우려가 있을 때에는 교통의 차단, 통행자와 연도 주거자의 대피 유도 및 부근의 화기엄금 등 필요한 조치를 하여야 한다.

(6) 인접 구조물 또는 건물의 벽, 지붕, 바닥, 담 등의 강성, 안정성, 균열상태, 노후 정도 등을 상세히 조사하여 기록한다. 인접 구조물의 균열 부위는 위치를 표시하고, 균열폭 및 길이를 판독할 수 있도록 사진 촬영 및 기록을 하여야 한다.

(7) 인근의 주민들이나 건물주에게 공사 진행 계획 및 안전관리 계획을 설명하고 협조를 구하며, 조사 내용은 해당 당사자에게 확인시킨다.

(8) 흙막이와 인접하여 작동되는 시공 장비에 대한 안정성을 검토하여야 하며, 필요 시에는 흙막이를 보강하거나 지반을 보강 또는 개량하여야 한다.

(9) 흙막이 공사 주변 구조물에 피해가 예상되면 주변 구조물의 기초와 구조물 하부 지반을 조사하고, 균열, 변위, 변형의 진행 여부와 하중의 증감 상황을 확인할 수 있도록 계측 장비를 부착하여 관찰, 기록한다.
(10) 시공계획에 있어서 정확한 시공법을 결정하기 위하여 사전에 작업 환경이나 지반 조건 등을 충분히 조사하여야 한다.

3.3 줄파기
(1) KCS 11 20 15의 해당 요건에 정하는 바에 따른다.

3.4 사면굴착
(1) KCS 11 20 10의 해당 요건에 정하는 바에 따른다.

3.5 널말뚝 공법
(1) KCS 11 50 20의 해당 요건에 정하는 바에 따르고, 그 외 사항은 이 기준을 따른다.

3.6 (엄지말뚝+흙막이 판)공법
3.6.1 공통사항
(1) 엄지말뚝의 간격은 1~2 m 범위로 하고, 근입깊이 및 지름 등은 설계도서에서 명시된 대로 시행하여야 한다.
(2) 인접 건물에 피해가 예상되는 곳에서는 건물경계선으로부터 충분한 작업 공간을 확보하여야 하며, 현장 여건상 충분한 작업 공간 확보가 어려울 경우에는 이에 대한 대책을 강구하여야 한다.
(3) 천공 또는 항타 위치에 지장물이 있을 경우 이를 제거하거나 안정성을 확보한 후, 공사감독자 또는 그 시설의 관리자에게 통지하여야 한다. 또한, 작업 중에는 수시로 지반의 안정성을 확인하여야 한다.
(4) 현장 지반 조건이 풍화암 이상의 암반층으로 인접 건물에 피해를 줄 우려가 있을 경우 말뚝의 직접 항타를 피하고 천공을 하여야 한다.
(5) 도심지에서 드롭해머에 의한 항타를 삼가야 하며, 부득이한 경우에는 견고한 캡으로 말뚝머리를 보호하여야 한다.
(6) 강판을 재단하여 제작하는 말뚝은 공장제작을 원칙으로 한다.

(7) 플랜지 전면에 일정 간격으로 심도를 표시하여 근입 정도를 지표면에서 확인할 수 있도록 한다.
(8) 지하수가 유출될 때에는 흙막이 판의 배면에 부직포를 대고, 지반이 약할 경우에는 소일시멘트로 뒷채움할 수 있다.

3.6.2 엄지말뚝

(1) 엄지말뚝의 연직도는 공사시방서에 따르며, 근입깊이의 1/100 이내가 되도록 한다.
(2) 말뚝의 이음은 이음위치가 동일 높이에서 시공되지 않도록 하여야 한다.
(3) 항타장비는 말뚝의 종류, 중량, 근입깊이, 타입 본수, 토질, 주위환경 등을 고려하여 현장 여건에 적합한 안전하고 경제적인 장비를 선택하여야 한다.
(4) 말뚝의 항타는 연속적으로 타입하되, 소정의 심도까지 반드시 근입하여야 한다. 토사인 경우 굴착바닥면 아래로 최소한 2 m 이상 근입하여야 한다.
(5) 천공면 상단부의 붕괴가 우려되는 경우에는 케이싱 등을 설치하여 천공면을 보호하여야 한다.
(6) 말뚝보다 천공경이 클 경우에는 타입하는 말뚝에 좌굴이 발생하지 않도록 하여야 한다.
(7) 엄지말뚝을 매입공법으로 설치하는 경우, 엄지말뚝 주위를 모래나 소일시멘트로 빈틈없이 충전시킨다.
(8) 천공작업 후 즉시 말뚝을 관입하고, 슬라임 하부 최소 1 m까지는 정착되도록 항타하여 소요 깊이까지 도달하도록 하여야 한다.
(9) 천공 작업 후 말뚝을 관입할 때 말뚝이 배면 토압을 수평으로 받을 수 있도록 비틀어짐이 없어야 한다

3.6.3 흙막이 판

(1) 흙막이 판은 굴착 후 신속히 설치하며, 인접 흙막이 판 사이에 틈새가 발생하지 않도록 한다.
(2) 흙막이 판은 엄지말뚝 내부로 40 mm 이상 걸침길이를 확보하고 끼워 넣는다.
(3) 흙막이 판은 배면 지반과 밀착 시공되어야 하며 간격이 있거나 배면지반이 느슨할 경우 양질의 토사로 채운 후 다짐을 하거나, 소일시멘트로 채워야 한다.
(4) 흙막이 판은 사전에 설치하거나, 굴착 즉시 설치하여 배면지반의 과도한 변형이나 토사 유실을 방지하여야 한다.

(5) 흙막이 판 하단은 지정된 굴착면보다 깊게 근입하여야 한다.

(6) 굴착면과 흙막이 판 사이의 뒷채움 토사의 유실이 우려되는 경우에는 배수 재료를 사용하여 유실을 막아야 한다.

(7) 흙막이 판의 두께는 토압에 충분히 견딜 수 있는 재료로 모멘트와 전단력을 모두 만족시킬 수 있도록 정한다.

(8) 흙막이 판 설치 시 굴착에 따른 흙막이 판 단락 사고를 방지하기 위하여 목재 흙막이 판은 상부에서 1.5 m ~ 2.0 m 간격으로 H-pile 플랜지 부근에 대못으로 고정한다.

(9) 목재 흙막이 판과 상·하 요(凹)철(凸) 홈이 없는 강재 흙막이 판은 배면에 부직포를 병행하여 시공하고 상·하 요(凹)철(凸) 홈이 있는 강재 흙막이 판은 부직포를 설치하지 않을 수 있으며 흙막이 판은 토압에 저항하기 위한 자재로서 배면지반 차수 그라우팅 시공 후 발생되는 토압을 견딜 수 있는 자재를 사용하여야 한다.

(10) 강재 흙막이 판 적용 시 시험성적서를 첨부하여 공사 감독관의 승인을 받아야 한다.(시험성적서 : 인장강도, 항복점, 아연부착량)

(11) 개방형 강재 흙막이 판 내부는 배면 토압에 따른 구조적인 성능 발휘와 지반 침하의 원인이 되는 토사 유입을 차단하기 위한 충전재 또는 적절한 장치가 있어야 한다.

3.7 흙막이 벽 공법

3.7.1 CIP 공법

(1) CIP 공법은 각각의 공들이 겹쳐지지 않을 수 있으므로 차수가 필요한 경우에는 주열식 벽체공과 공 사이에 별도의 차수 대책을 세워야 한다.

(2) 말뚝의 연직도는 말뚝 길이의 1/200 이하이어야 한다.

(3) 시공의 정확도와 연직도 관리를 위해 높이 1 m 이상의 안내벽을 설치하여야 하며, 안내벽은 지장물의 확인 및 제거를 위한 줄파기와 겸할 수 있다.

(4) CIP 벽체와 띠장 사이의 공간은 전체 또는 일정 간격으로 PLATE 용접쐐기 설치 또는 콘크리트 채움 등으로 채워야 한다.

(5) 천공 시 시공 깊이가 설계도면과 상이한 경우 공사감독자와 협의하여 설계 변경할 수 있다.

(6) 콘크리트 타설 전에는 반드시 슬라임 처리를 완벽하게 하여야 하며, 슬라임 처리는 에어리프터(air lifter) 또는 수중 샌드펌프에 의하거나, 공사감독자의 승인을 받아 유사장비를 사용할 수 있다.

(7) 천공 및 슬라임 제거 시에 발생하는 굴착토는 주변에 환경오염이 되지 않도록 즉시 처리하여야 한다.
(8) H형강 말뚝 및 철근망의 근입 시는 공벽이 붕괴되지 않도록 서서히 근입하여야 하며, 피복 확보를 위하여 간격재를 부착하여야 한다.
(9) 콘크리트 타설은 한 개의 공이 완료될 때까지 계속해서 타설하며, 트레미관을 이용하여 공내 하단으로부터 타설한다. 이때 트레미관의 하단은 콘크리트 속에 1 m 정도 묻힌 상태를 유지하여야 한다.
(10) 타설된 콘크리트가 경화될 때까지 강도에 영향을 주는 굴착은 피하여야 한다.
(11) H형강 말뚝이 근입되는 주열식 벽체공에서와 같이 공내에 타설이 곤란한 경우에는 공사감독자의 승인을 받아 설계강도를 만족시킬 수 있는 모르타르 주입으로 대체할 수 있다.
(12) CIP 벽체 시공이 완료되면 두부 정리를 하고, 두부 정리가 완료되면 설계도면에 따라 각 주열식 벽체공 상부가 일체화되도록 캡빔을 설치한 후, 안내벽을 제거하여야 한다.
(13) CIP 벽체 압축 강도 시험은 KS F 2413에 적합하여야 하며, 강도시험 개수는 공사시방서에 따른다.

3.7.2 SCW 공법

(1) SCW는 소정의 강도를 가진 서로 중첩된 기둥으로 일정한 벽을 형성하여 차수성, 균질성을 확보하도록 시공하여야 한다.
(2) SCW의 벽면에 강도 및 균질성에 이상이 있거나, 또는 벽면 사이의 틈새로부터 누수가 있을 경우 신속하게 보수하여야 한다.
(3) SCW 공사 착수 전에 굴착지반의 특성을 파악하기 위한 사전조사를 하여야 한다. 다만, 이미 조사된 자료가 있을 경우에는 이를 활용한다.
(4) 시멘트 밀크의 주입은 적절한 압력과 토출량을 유지하여 공내에서 균질한 소일시멘트가 될 수 있도록 하여야 한다.
(5) 시멘트 밀크 혼합 압송 장치는 충분한 성능을 보유한 것으로 시멘트, 혼화재 등의 계량관리가 가능한 설비를 보유한 것이어야 한다.
(6) 시멘트 밀크의 조합 및 주입량은 지반, 지하수의 상태를 고려하여야 한다.
(7) 시공 위치를 정확히 설정하고 이를 기준으로 높이 1 m 이상의 안내벽을 설치하여야 한다. 이때 공종별 시공계획서에 따라 소일시멘트 기둥의 시공 순서에 주의하여야 한다.

(8) 강재의 삽입은 삽입된 재료가 공벽에 손상을 주지 않도록 하고 소일시멘트 기둥 조성 직후, 신속히 수행하여야 한다.

(9) SCW 벽체와 띠장 사이의 공간은 전체 또는 일정 간격으로 PLATE 용접쐐기 설치 또는 콘크리트 채움 등으로 채워야 한다.

(10) SCW의 교반은 다음 사항을 참조한다.

① 교반속도 : 사질토(1 m/min), 점성토(0.5~1 m/min)

② 굴착완료 후 : 역회전교반

③ 벽체하단부 : 하부 2 m는 2회 교반 실시

④ 인발 : 롯드를 역회전하면서 인발

3.7.3 지하연속벽 공법

(1) 지하연속벽의 시공은 설계도면을 따르며, 특히 굴착면의 히빙, 파이핑 및 벽체의 횡방향 변위에 대비하여 최종 굴착면 아래로 충분히 벽체를 근입하여야 한다.

(2) 지하연속벽은 철근콘크리트로 시공하는 것을 원칙으로 하며, 구조적으로 안전한 것을 확인하여 공사감독자가 승인하는 경우에는 무근콘크리트로 할 수 있다.

(3) 지하연속벽의 1차 패널(primary pannel)폭은 5~7 m, 2차 패널(seconlary pannel)폭은 굴착장비의 폭으로 제한하여 시공 하는 것을 원칙으로 하고, 패널과 패널 사이는 누수방지를 위하여 누수방지공법으로 시공하여야 하며 영구 벽체임을 감안하여 패널 사이를 그라우팅으로 보강하고, 지반 침하에 민감한 시설물에 인접하여 시공하는 경우는 길이를 줄여야 한다.

(4) 지하연속벽은 굴착과 콘크리트 타설이 완료될 때까지 설계도면에 명시된 한도까지 슬러리를 채워야 한다.

(5) 슬러리 패널의 굴착은 굴착 중인 2개의 슬러리 패널 사이에 2개 패널 공간을 두고 계속하여야 한다.

(6) 굴착이 진행되면서 벽체에 누수 현상과 흙 입자의 유출이 있을 경우에는 차단시켜야 한다.

(7) 굴착 장비는 전석을 포함한 모든 것을 굴착공 내에서 제거할 수 있는 것이라야 하고, 트랜치(trench)내에서 슬러리의 수직 통과가 자유롭고 진공압의 발생을 방지할 수 있는 것으로 한다.

(8) 안정액은 다음에 적합하여야 한다.

① 소요의 안정액을 만들기 위하여 충분한 성능과 용량을 보유한 설비를 갖추고, 기계적인 교반으로 벤토나이트와 물이 안정된 부유 상태를 유지할 수 있어야 하며, 슬러리는 가설배관이나 다른 적합한 방법으로 트랜치까지 운송되어야 한다.

② 슬러리를 회수하여 사용하는 경우에는 슬러리에 섞여있는 유해 물질을 제거하여야 하며, 회수된 슬러리는 연속적으로 트랜치에 재순환시켜야 한다.

③ 슬러리는 철저한 품질관리를 통하여 분말이 부유 상태에 있도록 하여야 한다.

④ 슬러리는 운휴와 중단을 포함하는 모든 시간에 그 요건을 유지하여야 하며, 굴착과 콘크리트 타설 직전까지 순환 또는 교반을 지속하여야 한다.

⑤ 파낸 트랜치의 전 깊이에 걸쳐서 슬러리를 순환 및 교반할 수 있는 장비를 갖추어야 한다.

⑥ 슬러리를 압축공기로 교반해서는 안 된다.

⑦ 벤토나이트 등의 안정액을 쓸 때에는 굴착지반에 적합한 것을 조합하여 사용하고, 사용 중에는 품질 관리를 철저히 한다.

(9) 안내벽은 다음에 적합하여야 한다.

① 굴착 구멍은 연직으로 하고, 연직도의 허용오차는 1 % 이하이어야 한다.

② 시공 중에 인접 지반의 손상을 주지 않도록 하고, 공급된 슬러리나 파낸 토사가 지하실, 공동구, 설비시설 및 기타 시설물로 누출되지 않도록 한다.

③ 굴착 중에는 수시로 계측하여야 하며, 굴착 공벽의 붕괴에 유의한다.

④ 굴착공의 검사 장치는 승인된 시공상세도에 명시된 치수로 트랜치가 시공되었고, 슬라임이 완전히 제거되었는지를 확인할 수 있는 것이어야 한다.

⑤ 접속 부분이 정확하게 이루어지도록 주의하여야 하며, 차수능력이 있어야 한다.

(10) 철근 또는 보강재 등의 이동 방지와 피복 확보를 위하여 간격재를 부착하여야 하며, 철근망과 트랜치 측면은 80 mm 이상의 피복이 유지되어야 한다.

(11) 콘크리트 타설은 굴착이 완료된 후 12시간 이내에 시작하고, 콘크리트는 트레미관을 통해서 바닥에서부터 중단 없이 연속하여 타설한다. 트레미관은 슬러리가 관속의 콘크리트와 혼합되지 않도록 바닥에 밸브를 갖추어야 하고, 선단은 항상 콘크리트 속에 1 m 이상 묻혀 있도록 한다.

3.8 그라우팅

3.8.1 JSP(Jumbo Special Pile)공법

(1) 일반 사항

① 시공은 이 기준 2.8.1을 준수하면서 시행한다.

(2) 천공 및 주입

① 천공 및 주입의 지층별 제원은 **표 3.8-1**을 기준으로 실시한다.

표 3.8-1 지층별 제원

구분	점토층		모래층			자갈층	호박돌층
	N=0~2	N=3~5	N=0~4	N=5~15	N=16~30		
유효지름(m)	1.0	0.8	1.2	1.0	0.8	0.8	0.8
롯드인발속도(분/m)	7	8	7	8	9	9	9
단위분사량(ℓ/min)	60	60	60	60	60	60	60
분사량(ℓ/m)	462	528	462	528	594	594	594
시멘트량(kg)	351	401	351	401	451	451	451
물(ℓ)	351	401	351	401	451	451	451
굴착공 간격(m)	0.8~0.9	0.6~0.7	1.0~1.1	0.8~0.9	0.6~0.7	0.6~0.7	0.6~0.7

② 공삭공에 사용하는 공사용수는 청수 또는 이수에 관계없이 압력이 4 MPa 이하이어야 한다.

③ JSP공은 작업 전에 로드(rod)의 회전수 및 양관속도를 지반의 특성에 따라 맞춘 다음 굴진 용수를 시멘트 밀크로 바꾸어 토출압을 서서히 20 MPa까지 높인 후, 0.6~0.7 MPa 압력의 공기를 병행 공급하면서 작업을 시작한다.

④ 로드의 분해 및 조립 시에는 시멘트 밀크 주입을 중지하여야 한다.

⑤ 시멘트 밀크의 분사량은 (60±5) *l*/min를 기준으로 한다.

⑥ 고압분사 시 토출압은 (20±1) MPa로 한다.

⑦ JSP공법 적용 시 고압분사로 인한 인접지반 및 건물의 영향 여부를 사전에 검토하여야 한다.

3.8.2 LW(Labiles Wasser glass)공법

(1) 일반 사항

① 시공은 이 기준 2.8.1을 준수하면서 시행한다.

(2) 천공 및 주입

① 천공 지름은 100 mm, 주입방법은 1.5 shot 방법으로 실시하는 것을 원칙으로 한다.
② 멘젯튜브(지름 40 mm)를 300~500 mm 간격으로 구멍(지름 7.5 mm)을 뚫어 고무슬리브로 감고 케이싱 속에 삽입한다.
③ 케이싱과 멘젯튜브 사이의 공간을 실(seal)재로 채운 후 24시간 이상 경과 후에, 굴진용 케이싱을 인발한다.
④ 주입관의 상하에는 패커가 부착되어 있어야 한다.
⑤ 주입관을 멘젯튜브 속으로 삽입하여 굴삭공의 저면까지 넣고 일정 간격으로 상향으로 올리면서 그라우팅재를 주입하며, 주입압력은 0.3~2 MPa 정도로 하고, 주입 토출량은 8~16 *l*/min 범위로 하되, 원 지반을 교란시켜서는 안 된다.
⑥ 주입이 완료되면 패커 장치만 회수하고 멘젯튜브는 그대로 둔 후 다음 공으로 이동한다.

3.8.3 SGR(Space Grouting Rocket)공법

(1) 일반사항

① 시공은 이 기준 2.8.1을 준수하면서 시행한다.

(2) 천공 및 주입

① 소정의 심도까지 천공(지름 40.2 mm)한 후, 천공 선단부에 부착한 주입장치(rocket system)에 의한 유도공간(space)을 형성한 후 1단계씩 상승하면서 주입한다.
② 주입 방법은 2.0 shot 방법으로 실시하여야 한다.
③ 급결 그라우트재와 완결 그라우트재의 주입비율은 5 : 5를 기준으로 하고, 지층 조건에 따라 5 : 5~3 : 7로 조정할 수 있다.
④ 보다 이론에 합치시킨 복합 주입 방법이 되도록 순결성 그라우트재를 대상지반에 균일하게 주입하고, 계속하여 완결성 그라우트재를 주입하여야 한다.
⑤ 주입 순서는 평면상의 격번공(1,3,5,7,9..., 2,4,6,8,10...)의 순으로 하며, 개량범위에 대해서 아래쪽에서 위쪽으로 상향식 인발 주입으로 하고, 주입 1단계는 500 mm를 원칙으로 한다.
⑥ 주입압은 저압(0.3~0.5 MPa)으로 하여야 하고, 원 지반을 교란시키지 않아야 한다.
⑦ 주입 중에 이물질이 끼여 주입장치가 작동하지 않을 때에는 주입효과를 확실하게 하기 위하여 재천공하여 다시 주입하여야 한다.

3.9 띠장, 버팀대, 중간말뚝, X-브레이싱

3.9.1 공통사항

(1) 띠장, 버팀대는 설계도 및 공종별 시공계획서를 따라 각 단계마다 소정의 깊이까지 굴착 후, 신속히 설치하고 과굴착을 하여서는 안 된다.
(2) 띠장, 버팀대의 설치 간격은 설계도서에 명시한 값 이내로 하며 지장물의 유무, 구조물의 타설 계획, 재료 및 장비 투입 공간 확보 관계를 고려하여 설치 간격을 결정하여야 한다. 부득이 설계도면에 명시된 설치 간격을 초과하는 경우에는 별도의 보강대책을 수립하여 공사감독자의 확인을 받아야 한다.
(3) 띠장, 버팀대는 굴착된 공간 내에서 콘크리트 타설, 장비의 진.출입, 배수작업 등을 고려하여 설치하여야 한다.
(4) 띠장, 버팀대는 이동이 없도록 설치하여야 하며, 접합부와 이음부는 느슨하거나 강도 부족이 없도록 한다.
(5) 띠장, 버팀대 및 기타 부재의 조립에 앞서 재질, 단면손상여부, 재료의 구부러짐, 단면치수의 정도 등을 점검하여 계획서에 적합한가를 확인한다.
(6) 철근콘크리트 부재는 타설 후 소요 강도가 발휘되기 전에 하중이 가해지지 않도록 한다.
(7) 구조용 부재 사이의 접합부와 지점의 회전, 좌굴 방지가 필요한 곳에는 보강용 강판재, 앵글 또는 가새를 설치하여야 한다.
(8) 굴착 시부터 해체 시까지 부재가 느슨한 상태로 풀어져 있는가를 수시로 점검하여야 하며, 버팀대를 설치한 후에는 매 공정마다 계측관리 및 일상점검을 통하여 안전 여부를 판단하고 검사 성과를 공사 완료 시까지 기록하여 보관하여야 한다.
(9) 띠장, 버팀대 및 중간말뚝 위치에 발생하는 본 구조물의 슬래브 개구부는 보강하여야 한다.

3.9.2 띠장(wale)

(1) 띠장은 흙막이 벽의 하중을 버팀대 또는 지반앵커에 균등하게 전달할 수 있도록 흙막이 벽과 띠장 사이를 밀착되도록 하며, 간격이 있는 경우에는 모르타르 등으로 충전하거나 철판을 용접한다.
(2) 버팀대 띠장은 원칙적으로 전 구간에 걸쳐 연속 재료로 설치되어야 하며 기타의 경우에는 설계도서에 준하여 시공하여야 한다.

(3) 띠장과 버팀대 혹은 지반앵커와의 접합 부분은 국부좌굴에 대하여 안전하도록 철재를 덧대어 보강한다.
(4) 띠장의 연결보강은 도면에 명시된 대로 정확하게 시행하고 띠장의 끝부분이 캔틸레버로 되어 있는 경우에는 강재로 보강하여야 한다.
(5) 띠장에 지반앵커를 연결하는 경우에는 구조적으로 검증된 공장제작 단독 띠장이거나 2중 띠장이어야 하고, 2중 띠장은 고임쐐기로 지반앵커의 천공 각도와 맞추어야 한다.
(6) 띠장은 굴착 진행에 따라 일반토사에서 굴착면까지의 최대높이가 500 mm 이내가 되도록 설치하고 연약지반인 경우에는 반드시 정확한 해석을 실시한 후 결정한다.
(7) 우각부에 경사버팀대가 설치될 경우에는 경사버팀대 및 띠장은 측면방향력에 의한 밀림을 방지할 수 있는 구조로 설치되어야 한다.
(8) 경사고임대(raker)가 설치되는 경우에는 경사고임대와 띠장은 상향력에 의한 밀림이 방지될 수 있는 구조로 설치되어야 한다.

3.9.3 버팀대(strut), 경사버팀대 및 경사고임대(레이커, raker)

(1) 버팀대는 흙막이 벽의 하중에 의하여 좌굴되지 않도록 충분한 단면과 강성을 가져야 하며, 각 단계별 굴착에 따라 흙막이 벽과 주변 지반의 변형이 생기지 않도록 시공하여야 한다.
(2) 띠장과의 접합부는 부재축이 일치되고 수평이 유지되도록 설치하며, 수평오차가 ±30 mm 이내에 있어야 한다.
(3) 버팀대와 중간말뚝이 교차되는 부분과 버팀대를 두 개 묶어서 사용할 경우에는 버팀대의 좌굴방지를 위한 U형 볼트나 형강 등으로 결속시켜야 한다.
(4) 버팀대에 장비나 자재 등을 적재하지 않아야 한다. 설계도서에 표시되지 않은 지장물 등을 지지하는 경우에는 해당 분야 전문 기술인의 검토를 받아야 한다.
(5) 배치된 버팀대 부재의 좌굴 검토는 물론 전체구도가 좌굴에 대하여 안정되도록 가새(bracing)를 설치하여야 한다.
(6) 버팀대 수평가새의 설치 간격은 다음을 기준으로 하며, 정밀해석에 의할 경우는 별도로 적용할 수 있다.
   ① 버팀대 설치 간격이 2.5 m 이내인 경우 : 버팀대 10개 이내마다
   ② 버팀대 설치 간격이 2.5 m를 초과하는 경우 : 버팀대 9개 이내마다
(7) 버팀대의 길이는 60 m 이하이어야 하며, 길이가 길어서 온도변화의 영향을 받을 우려가

있거나 흙막이의 변위를 조절할 필요가 있는 경우에는, 유압잭 등으로 선행 하중을 가한 후 설치하거나 버팀대, 중간말뚝, 가새 등을 일체로 연결한 트러스 구조로 만들어야 한다.

(8) 가압용 잭을 사용하는 경우에는 다음 사항에 유의한다.

① 온도변화에 따른 신축을 고려한다.

② 잭의 가압은 소정의 압력으로 시행하되, 정해진 압력의 0.2배 정도의 하중을 단계적으로 가하고, 가압 중에는 부재의 변형 유무를 검사하면서 시행하여야 한다.

③ 모서리 보강이나 버팀대를 정확한 위치에 설치하여 뒤틀려지거나 이탈되지 않도록 하여야 한다.

④ 소정의 부재를 설치한 후에는 다음 공정의 시행 중에 발생할 수 있는 부재의 풀림 및 변형을 검사하여 그 안전 여부를 판단하고, 검사 결과를 공사 완료 시까지 기록하여 보관하여야 한다.

⑤ 스크류잭을 사용하는 경우에는 용량에 적합한 것을 사용하여야 한다.

⑥ 스크류잭을 설치한 후에는 나사부에 여유를 두어 온도변화에 따른 축력변화에 대비하도록 하여야 한다.

⑦ 유압잭을 사용하는 경우 버팀대와 받침보의 연결은 반드시 U-볼트를 사용하여 시공하고 잭 박스(jack box)를 설치하여 보강하여야 한다.

(9) 최상단에 설치되는 버팀대는 편토압의 우려가 있으므로 단절되지 않고 반대편 흙막이 벽까지 연장되어야 한다.

(10) 경사고임대는 이미 설치되어 있는 연결버팀대에 무리한 하중이 작용하지 않는 방법으로 시공하여야 하며, 수평면에 대해 60° 이내가 되도록 설치하여야 한다.

(11) 경사고임대의 지지체를 콘크리트 키커블록(kicker block)으로 할 경우에는 터파기한 공간 전체를 콘크리트로 채워야 하며, 콘크리트로 채움하지 않을 경우에는 수동측에는 원지반과 동일한 수준으로 충실히 다짐하여야 한다.

(12) 경사고임대의 지지체를 말뚝으로 할 경우에는 말뚝 천공경 내부를 양질토사, 소일시멘트, 골재, 콘크리트 등으로 충실히 속채움하여야 한다.

(13) 경사고임대 지지구조에 있어서 경사고임대의 축력 및 휨응력, 키커블록(kicker block) 및 지지말뚝의 변위를 측정하여 시공 중 흙막이구조체의 안정성을 확인하여야 한다.

(14) 계측기를 활용하여 경사고임대, 경사고임대 지지체 등의 부재에 작용하는 응력과 변위를 구할 수 있다.

(15) 받침, 기둥, 수평버팀대 등이 떠오르지 않게 하중 또는 인장재를 설치하고, 수평버팀대는 중앙부가 약간 처지게(경사 1/100 이하로) 설치하여야 한다.

3.9.4 중간말뚝(post pile)

(1) 버팀대가 긴 경우에는 중간말뚝과 수평보강재를 설치하여 좌굴을 방지하여야 한다.
(2) 중간말뚝의 배치는 버팀대의 교차부마다 설치하는 것을 원칙으로 하고, 그렇지 않을 경우 그 안정성을 확인하여야 한다.
(3) 수평력에 대비하여 가새를 설치하여야 한다.
(4) 노면 복공용 버팀대로 병용하는 중간말뚝에는 수평력에 대하여 가새를 반드시 설치하여야 하며, 구조검토를 통해 그 안정성을 확인하여야 한다.

3.9.5 까치발

(1) 까치발은 버팀대의 수평간격을 넓게 하거나, 모서리 띠장의 버팀 또는 띠장을 보강할 목적으로 쓰인다.
(2) 까치발의 각도가 45°를 초과하는 경우에는 유효하지 않은 것으로 본다.
(3) 까치발을 버팀대에 설치하는 경우에는 좌우대칭으로 하여 버팀대에 편심하중에 의한 휨모멘트가 생기지 않도록 하여야 한다.
(4) 까치발을 설치하는 띠장은 수평분력에 대하여 밀리지 않도록 보강하여야 한다.

3.9.6 X-브레이싱

(1) ㄱ형강은 말뚝과 버팀대의 좌굴을 방지할 목적으로 설치하는 것으로 설계도서에 명시된 대로 정확히 시공하여야 하며, 버팀대와 ㄱ형강의 교차 부위는 U-볼트를 체결하여 연결하여야 한다.
(2) 중간말뚝에 ㄷ형강 설치 시 말뚝 좌, 우측으로 교대로 설치하여야 한다.
(3) ㄱ형강을 연결하여 사용할 경우 이음 부위를 플레이트로 용접하여 강성을 유지하여야 한다.
(4) ㄱ형강을 구강재로 사용 시 볼트구멍 등으로 취약해진 부위는 플레이트로 보강하고 사용하여야 한다.
(5) 중기작업 및 자재 반출 시 파손되지 않도록 주의하고, 파손 시 즉시 보강하여야 한다.

3.9.7 잭

(1) 특별한 언급이 없는 경우에는 일반 스크류 잭을 사용하고, 벽체 변위가 클 것으로 예상되거나 프리스트레스를 가할 필요가 있을 경우에는 유압식 잭을 사용하는 것이 효과적이다.

3.10 지반앵커

(1) KCS 11 60 00 의 해당 요건에 정하는 바에 따르고, 그 외 사항은 이 기준을 따른다.

(2) 지반앵커 해체와 인장재(PC strand)의 제거

① 지반앵커의 기능이 완료되면 가설(매몰)앵커는 용접기를 이용하여 인장재를 절단한 후 띠장을 해체하고 내하체는 지중에 남기며, 제거식 앵커인 경우에는 다양한 제거 방식에 따라 인장재만을 제거한다.

② 제거 방식에는 타격, 회전, 발출 등의 방식이 있으며, 제거 방식에 따라 사용하는 기구가 다르므로 사용기구와 구조물과의 간섭 부분을 충분히 검토하여야 한다.

③ 제거 방식에 따라 기 설치한 구조물과의 간섭으로 인해 제거가 어려울 수 있으므로 구조물 시공과의 관련성을 확인하여 제거계획을 수립하여야 한다.

④ 인장재 제거 후에는 지중에 존치되는 피복 내의 그리스 등 이물질로 인한 지반오염 여부를 고려하여야 한다.

⑤ 인장재가 해체된 것을 확인한 후 인장재들을 제거, 반출 및 정리함으로써 앵커 해체를 완료하게 된다.

3.11 록볼트

(1) KCS 11 70 10 의 해당 요건에 정하는 바에 따른다.

3.12 타이로드와 케이블

(1) 모든 타이케이블에는 턴버클을 부착하여 길이 조절을 할 수 있게 하고, 케이블의 소성변위를 감안하여 설치 길이를 검토하여야 하며, 시공과정에서 인장력이 유지되도록 턴버클을 사용하여 긴장하여야 한다.

(2) PC Stand 또는 PC 강재를 사용하는 타이로드 방식은 앵커정착 방식에 따라 시공하여야 한다.

(3) 타이지지 방식으로 지지할 수 있는 흙파기 깊이는 6 m 이내이어야 한다.

(4) 타이로드를 지하수면 아래에 설치하는 경우에는 방청 처리를 하여야 한다.

(5) 타이방식은지지 능력과 부지 조건에 따라 앵커판, 경사말뚝, 강널말뚝 또는 기존 구조체에 정착시킬 수 있다. 다만, 이러한 정착 부재들은 안정된 지반에 위치하여야 한다.

(6) 설치된 타이로드는 설계도면에 명시된 시험하중까지 가하여야 하며, 하중의 5 % 이상 손실되지 않아야 한다.

(7) 인장력을 고정하기 위한 저항체(dead man)는 부지 조건과 지지 능력에 따라 단일 또는 연속으로 설치할 수 있으며, 인장력에 대응되는 충분한 억제력이 확인되어야 하므로 구조적인 안정성 검토가 수행되어야 한다.

(8) 저항체(dead man)가 위치한 수동영역은 벽체 배면의 주동영역을 침해하지 않는 위치에 있어야 한다.

(9) 저항체(dead man) 높이가 지표면에서 앵커판 하단까지 깊이의 1/2보다 크면, 이 앵커는 앵커판 하단 깊이에서 주동토압을 발생시키는 것으로 보고 주동토압을 고려하여야 한다.

3.13 네일

3.13.1 일반사항

(1) KCS 11 70 05 의 해당 요건에 정하는 바에 따르고, 그 외 사항은 이 기준을 따른다.

3.13.2 프리스트레스 도입

(1) 네일은 설치된 전 길이가 그라우트로 부착되어 있어 가상 활동면 내에서도 인발 저항하는 구조가 되므로 가상 활동면에서의 전단저항 증가 외에 인장강도의 도입이 적정한지에 대해 검토하여야 한다.

(2) 프리스트레스는 네일 별로 압력 게이지가 부착된 네일용 유압잭을 사용하여야 하며, 도입 시기 및 장력은 도면에 명기된 대로 시공을 하여야 하며, 설계 프리스트레스력의 20 %를 초과하여서는 안 된다.

(3) 지압판은 쐐기식 정착구에 설치하되 프리스트레스 도입 시 최대장력은 철근에 항복강도의 60 %를 초과할 수 없으며 도입 장력을 점검할 수 있는 압력 게이지가 부착된 유압잭에 의하여 설치한다.

(4) 임시 숏크리트 전면판은 지반의 절취면을 일시적으로 구속해 주고 지반의 노출을 방지해 주는 것으로 설계 시에는 이러한 역할 외에 자체의 강성은 고려하지 않는다.

(5) 영구 네일에서는 1차 숏크리트 이후 철망 및 띠장철근 설치가 완료된 후 소정의 프리스트레스력이 확보된 후 2차 숏크리트 타설 전에 정착시킨다. 다만, 숏크리트 마감 후 옹벽마감 혹은 PC패널을 재마감하는 경우에는 최종 숏크리트 타설 후 프리스트레스를 도입한다.

3.13.3 가설 및 제거 네일

(1) 가설 네일에서는 2차 최종 숏크리트 타설 후 28일 압축강도가 1/2 이상 도달된 후(통상 24시간 이후) 설치하며, 이 때 숏크리트와 지압판이 충분히 밀착되게 설치하여야 한다.
(2) 제거식 네일에서는 구조물이 완료되어 흙막이 판에 네일의 역할이 완료시점에 네일을 제거하고 공채움을 한다.

3.14 숏크리트

(1) KCS 11 73 10의 해당 요건에 정하는 바에 따른다.

3.15 가설물막이

(1) KCS 21 40 00 의 해당 요건에 정하는 바에 따른다.

3.16 계측관리

3.16.1 공통사항

(1) KCS 10 50 00의 해당 요건에 정하는 바에 따르고, 그 외 사항은 이 기준을 따른다.
(2) 변위 발생이 우려되는 시설물과 흙막이공에 대한 정기적인 계측관리를 시행하고, 그 결과를 공사감독자에게 서면으로 보고한 후 보관하여야 한다.
(3) 계측 결과 지반변위 속도 및 흙막이 벽 부재 응력이 갑자기 증가하는 경우에는 계측빈도를 증가시키고, 공사감독자와 협의하여 대책을 수립한다.
(4) 흙막이 및 물막이가 설치되어 있는 기간 중에는 전담 계측 요원을 선정하여 계측 관리를 하여야 한다.
(5) 굴착에 따른 인접 지반의 영향범위는 주변현 황, 토질 및 지하수위 등의 조사 결과와 흙막이 구조물의 형식에 따라 검토하여 정하도록 하며, 달리 명시된 것이 없는 경우에는 표 3.16-1을 참고할 수 있다.

표 3.16-1 **굴착에 따른 인접지반의 영향거리**

지반 구분	수평영향거리
사질토	굴착 깊이의 2배
점성토	굴착 깊이의 4배
암반	굴착 깊이의 1배 (불연속면이 있을 경우에는 2배)

(6) 굴착 깊이가 20 m 이상인 대규모 흙막이공의 계측 관리는 선행굴착 시 측정한 실측값을 활용하여 다음 굴착단계의 안전성을 예측하여 공사를 진행할 수 있는 예측관리기법(역해석기법)을 적용하여야 한다.

(7) 가설물막이가 설치되어 장기간 존치되어야 하거나 깊은 수심에 설치될 경우 계측계획을 수립하여 실시하여야 한다.

(8) 가설물막이나 가설흙막이 시공자는 흙막이 벽체의 변형 및 누수가 발생된 경우 즉시 공사감독자에게 보고하여야 하며, 공사감독자는 가설공사 현장 내부의 근로자의 철수 및 복구 등의 적합한 조치를 실시하여야 한다.

3.16.2 계측항목

(1) KCS 10 50 00의 해당 요건에 정하는 바에 따르고, 그 외 사항은 이 기준을 따른다.
① 소음과 진동
가. 중장비 가동 및 발파작업 등으로 인한 주변건물의 소음과 진동 영향을 측정한다.

3.16.3 계측 빈도

(1) 계측 빈도는 주변 현황, 토질 및 지하수위 등의 조사 결과와 흙막이 구조물의 형식에 따라 공사시방서에서 정하며, 굴착행위 단계별 계측을 수행하는 것이 원칙이어야 한다. 별도로 명시된 것이 없는 경우에는 다음을 참고할 수 있다.
① 굴착기간 동안은 각 항목별로 1주 2회 이상 측정하며, 굴착 완료 후에는 1주 1회 이상 측정하는 것을 원칙으로 한다.
② 계측 도중 흙막이 벽이나 주변 구조물에 이상이 예상되거나 측정값이 갑작스럽게 변동하면 계측빈도를 증가시켜야 한다.
③ 해체 및 철거 전·후에는 계측을 통하여 변위 발생 상태를 확인하여야 한다.

3.16.4 계측위치 선정

(1) 굴착이 우선 실시되어 굴착에 따른 지반거동을 미리 파악할 수 있는 곳
(2) 지반 조건이 충분히 파악되어 있고, 구조물의 전체를 대표할 수 있는 곳
(3) 중요구조물 등 지반에 특수한 조건이 있어서 공사에 따른 영향이 예상되는 곳
(4) 교통량이 많은 곳. 다만, 교통 흐름의 장해가 되지 않는 곳
(5) 지하수가 많고, 수위의 변화가 심한 곳
(6) 시공에 따른 계측기의 훼손이 적은 곳

3.16.5 계측자료 수집 및 분석

(1) 기본 계측 순서에 따라 측정하고 설치 목적에 맞는 정밀도로 하여야 한다.
(2) 이전의 계측 결과를 참고하여 현재 측정값의 이상 유무를 현장에서 검사하며 계측하여야 한다.
(3) 각종 계측 결과는 시공관리에 이용되고 후속 공사계획에 반영될 수 있도록 기록을 정리하여 보존하여야 한다.
(4) 구조물의 변화를 주의 깊게 관찰하고 공사 내용 및 주변상황, 굴착상태, 버팀구조 상황, 기상 조건 등을 기록하여 결과분석 시에 이들을 고려할 수 있도록 하여야 한다.
(5) 시공 전에 반드시 초기값을 얻어야 하고, 측정이 완료되면 결과 분석을 통하여 측정값의 경향을 파악하고, 이상이 발견되면 재측정하여야 한다.
(6) 측정값과 예측값의 차이가 많으면 그 원인을 규명하고, 공법 및 공정의 안정성과 적합성을 재검토한다.
(7) 최종분석은 경험과 전문지식을 가진 기술인이 종합적으로 분석 평가하여야 한다.

3.16.6 계측 결과의 활용

(1) 지표면의 침하정도와 지하굴착에 의한 흙막이 벽 배면 지반의 수평변위를 계측하여 주변 구조물에 대한 피해 가능성과 흙막이 벽의 안정성을 검토한다.
(2) 띠장, 버팀대 및 엄지말뚝에 발생하는 응력을 계측하여 흙막이 구조의 안정성을 검토한다.
(3) 계측된 지하수위를 초기 지하수위와 비교하여, 과다 지하수 유출 여부와 측압의 변동사항을 검토한다.
(4) 인접 구조물에 유해한 영향이 예상되는 경우에는 사전에 기존 균열 발생 사항을 건물주

와 상세히 조사한 후 균열측정기를 설치하여 흙막이 공사로 인한 균열의 증가 여부를 판정한다.

(5) 계측항목의 모든 결과는 시간(굴착심도)에 따른 변화량으로 경시변화를 분석하여 시공 진행 여부를 검토하여야 한다.

(6) 계측항목의 모든 결과를 종합적으로 분석하여 역해석을 실시하도록 하고, 잔여 공사 기간 동안의 안전성 여부를 예측하고, 필요 시 이 결과를 설계변경 자료로 이용한다.

3.16.7 유의사항

(1) 계측기를 지중에 매설할 경우 지하 매설물 유무 및 설치 시의 안전 문제를 고려하여야 한다.

(2) 각종 계측기기의 설치 및 초기화 작업은 굴착하기 전, 또는 부재의 변형이 발생되기 전에 완료하여야 한다.

(3) 계측 오류 또는 시공 중의 기기 파손 등으로 인한 축적된 자료 손실에 유의하여야 한다.

(4) 공사관리 중에 계측기기가 훼손되어 측정이 불가능할 경우는 동일한 종류를 설치하는 것이 원칙이나 현장 여건상 설치가 어려운 경우는 유사한 거동을 확인할 수 있는 계측기를 훼손된 계측기기의 주변에 설치하여 연속적으로 거동을 확인하도록 해야 한다.

3.17 해체 및 철거

3.17.1 공통사항

(1) 굴착 완료 후 버팀 부재의 해체.철거는 철거와 해체 과정을 단계별로 해석을 실시하여 본체 전체의 안정을 무너뜨리지 않도록 한다.

(2) 해체 및 철거는 사전에 수립된 해체 순서를 준수하며, 구조체 전체의 안정성을 무너뜨리지 않는 방법으로 하며, 시공하기에 앞서 시공 순서, 방법, 사용기계, 공정 등에 대하여 공사감독자의 승인을 받아야 한다.

(3) 해체 및 철거는 지반 침하와 본 공사에 지장이 없고 주변의 구조물 및 설비시설 등에 손상이 발생하지 않도록 하여야 한다.

(4) 흙막이 구조물의 철거는 본체 구조물의 콘크리트 강도가 소정의 강도에 도달한 이후에 시행하여야 한다.

(5) 해체 및 철거 전・후에는 계측을 통하여 변위 발생 상태를 확인하여야 한다.

(6) 철거 시에는 단계별로 안전한 해체 높이를 정하여 1단계 되메우기 후, 지반앵커, 버팀

대, 띠장 등을 해체하고, 다음 단계의 되메우기와 해체 작업을 번갈아 진행한다.

(7) 비합벽 구조의 버팀대 현장에서 단계별로 되메움이 용이하지 않을 경우는, 버팀대 해체와 병행하여 압축 강도가 확보된 축조물과의 사이 공간을 통나무 등으로 받치고, 해체 작업과 구조물을 시공한 후 띠장 해체와 되메우기를 후속적으로 시행할 수 있다.

3.17.2 매몰

(1) 철거할 경우 본체 구조물 또는 주변 건물 등에 위해를 끼칠 우려가 있을 경우에는 철거 대신에 매몰하여야 한다.
(2) 매몰현황도를 작성하여 발주청(발주자)에게 제출하여야 한다.
(3) 매몰되는 말뚝은 차후의 유지관리를 위하여 지표면에서 2 m 이하 하단까지 절단하여야 한다.

3.17.3 말뚝빼기

(1) 말뚝빼기는 다음 사항을 고려하여야 한다.
   ① 말뚝의 매몰
   ② 강재의 청소, 수리 및 반납
   ③ 인접매설물 및 가공선의 보호
   ④ 각종 지하시설물 및 지하매설물 이설 복구
(2) 말뚝빼기로 인접된 시설물에 피해가 예상될 경우에는 매몰시켜야 한다.
(3) 강말뚝을 부득이 매몰시킬 때에는 사전에 발주청(발주자)으로부터 승인을 받아야 하며 강말뚝 매몰현황도를 작성, 제출하여야 한다.
(4) 시공자는 시공하기에 앞서 시공 순서, 방법, 사용기계, 공정 등에 대하여 공사감독자의 승인을 받아야 한다.
(5) 매몰되는 강말뚝은 차후 도로 유지관리를 위하여 지표면에서 2 m 이하 하단까지 절단하여야 한다.
(6) 뽑아 낸 강말뚝은 조속히 정리하여야 한다.
(7) 말뚝과 맞물린 부재가 있는 경우에는 주변 지반과 구조물에 손상을 주지 않고 뽑아낼 수 있는 방법을 강구하여야 한다.
(8) 엄지말뚝은 최상단까지 되메우기 및 해체작업이 완료된 후에 철거하여야 한다.
(9) 인발된 말뚝으로 인하여 발생된 공극은 공동이 남지 않도록 모르타르 또는 모래로 충전

하여야 한다.

(10) 해체가 곤란하거나, 구조체에 유해한 영향을 미칠 우려가 있는 중간말뚝, 버팀대, 띠장 등은 구조체에 지장이 없는 위치에서 절단한다.

3.17.4 되메우기

(1) KCS 11 20 25의 해당 요건에 정하는 바에 따르고, 그 외 사항은 이 기준을 따른다.

(2) 버팀대(strut) 사이를 다짐하는 경우에는 다짐에 의한 충격이나 편토압의 영향을 받지 않도록 하여야 한다.

(3) 버팀대 상부에서 다져지는 흙의 영향을 받게 되는 버팀대 하부와 흙막이 벽체가 접한 부분의 다짐에 유의하여야 하며, 다짐이 충분히 되지 않을 경우에는 소일시멘트 등으로 보강하여야 한다.

(4) 지중구조물과 흙막이 벽체 사이의 공간이 협소하여 다짐이 어려운 경우에는 빈배합의 소일시멘트 등으로 되메움하여 향후 지중에 공동과 같은 공간 형성이 없도록 하여야 한다.

3.17.5 매설물 복구

(1) 시공일반

① 되메우기 전에 매설물 보호공에 대한 시공상세도를 공사감독자에게 검사를 받아야 한다.

② 매설물을 매다는 강재 지지부재 등은 매설물 저부까지 되메우기를 완료하고 매설물 및 지보공의 안전을 확인한 후 철거하여야 한다.

③ 시공자는 각종 매설물 관리기관과 협의하여 적절한 복구계획을 수립하여야 하고, 이에 따른 공사비는 합리적 적산기준에 따라 반영되어야 한다.

(2) 전신전화선 및 전력선의 관리

① 맨홀의 복구는 원칙적으로 해당 관리기관이 시공하나 관로와 맨홀의 지지공 및 복구는 계약조건에 따른다.

② 전력선, 교통신호, 화재경보기 등의 지중선의 지지공은 계약조건에 따른다.

(3) 복구 후의 관리검사

① 노면 복구 후 상수도, 하수도, 전선, 전화, 전력 등의 시설로는 원위치 시험하여 시설로별 검사를 받아야 한다.

(4) 지하 매설물의 복구가 완료되면 시공자는 지하 매설물도를 작성하여 관리기관에 제출하

여야 한다.

3.17.6 전주 및 가로등의 보호 및 복구

(1) 전선, 전화, 전력의 전주는 해당 관리기관의 입회 하에 보호 및 복구하여야 한다.

3. 설계에 필요한 강재 규격

구분	KS규격	기호	항복점(MPa)		인장강도 (MPa)	비고
			16mm 이하	16~40 이하		
강판	KS D 3503	SS400	275 이상	265 이상	410~550	
		SS490	315 이상	305 이상	490~630	
	KS D 3515	SM275A	275 이하	265 이상	410~550	
		SM275B				
		SM275C				
		SM275D				
		SM355A	325 이상	315 이상	490~630	
		SM355B				
		SM355C				
		SM355D				
형강 (말뚝, 띠장용)	KS F 4603	SHP275	275 이상	265 이상	410~550	
		SHP275W	275 이상	265 이상	410~550	
		SHP355W	355 이상	345 이상	490~630	
강관말뚝 (버팀용)	KS F 4602	STP275S	275 이상	410 이상		
		STP355S	355 이상	490 이상		
		STP450S	450 이상	590 이상		
		STP550S	550 이상	690 이상		
철탑용 (버팀용)	KS D 3777	SHT460	460 이상	590~740		
구조용 강관	KS D 3566	SGT275	275 이상	410 이상		
		SGT355	355 이상	500 이상		
		SGT550	550 이상	690 이상		

주1) 표에서 신강재는 건설용 철강재 중에 SP-STRUTTM공법을 기준으로 작성한 것임
주2) 강재의 상세한 정보는 철강회사 카탈로그를 참조

4. SP-STRUT(강관버팀보)공법 특별시방서

가. 일반사항

1) 적용 범위

가) 적용 범위

이 시방은 토목공사 중 강관버팀보 가시설공법(띠장 설치, 강관버팀보, 강관버팀 받침보, 중간말뚝)의 설계, 설치 및 철거에 관한 사항을 제시한다.

나) 참조 규격(적용 기준)

- KCS 21 30 00 가설흙막이 공사(2022)
- KDS 21 30 00 가설흙막이 설계기준(2022)
- KS F 4602 강관말뚝(강관버팀보, STP, STPS)
- KS D 3777 철탑용 고장력강 강관(SHT)
- KS D 3501 형강(H형강(SHN,SHP), ㄷ형강, ㄱ형강)
- KS D 1002 육각볼트
- KS D 1012 너트
- SPS-KFCA-D4302-5016(한국주물공업협동조합) 연결자재 화학성분, 기계적 성질

2) 공통사항 및 주요 내용

가) 공통사항

(1) 실시 설계는 가시설공사의 표준을 제시한 것으로서 착공에 앞서 시공자는 사전조사 결과를 근거로 가시설 시공계획을 수립하여야 한다.

(2) 현장 조사 결과 당초 설계대로 시공이 불가능한 경우는 그 원인과 대안을 감리자에게 제출하여 승인을 얻어야 한다.

나) 주요 내용

(1) 띠장의 설치 및 철거

(2) 강관버팀보의 설치 및 철거

(3) 강관버팀 받침보(H형강, ㄷ형강, 강관) 설치 및 철거
(4) 중간말뚝 설치 및 철거

다) 가시설공의 기준

(1) 가시설용 강재의 이음은 설계도서에 명시된 바와 같이 정확하게 이음 가공하여야 하며 부재의 축이 일치되어야 한다.
(2) 가시설 강재의 접합 또는 연결부는 전단면이 동일 평면으로 밀착되도록 시공되어야 하며, 양축 플랜지 사이에는 철판 보강재로 반드시 보강되어야 한다.
(3) 강재의 이음 및 접합을 위한 천공 작업은 어떠한 경우에도 천공기를 시용해야 하며, 전체 개수의 볼트, 너트가 균등하게 배분 지지하도록 하여 간결해야 한다.
(4) 설치 완료된 가시설 강재에 산소 용접기의 사용은 절대 금한다.

3) 강관버팀보공

(1) 강관버팀보공은 토질 조건, 토류 구조, 굴착 규모, 굴착 방법, 지하 매설물의 유무, 본구조의 시공 방법, 인접구조물 등과의 관련을 고려하여 공정의 각 단계에서 충분한 안전성이 확보될 수 있는 시공계획서를 제출하여야 한다.
(2) 강관버팀보와 체결 부재인 강관버팀 연결재, 강관버팀 이음재, 유밴드는 안전을 확보할 수 있는 제품으로 공급원 요청서를 제출하여 감리자의 승인을 받아야 한다.

나. 재료

1) 강관버팀보

(1) 강관버팀보의 자재는 강관말뚝 제품을 사용하되 사용 전에 품질 시험성적서를 제출하여야 한다.
(2) 재사용 강재의 사용 시 현저히 변형되어 있거나 부식되어 허용 응력이 감소되었을 경우에는 이에 대한 대책을 수립하여야 한다.
(3) 강관버팀보에 사용하는 잭은 설계도에 명시된 규격품 이상의 제품을 사용하여야 한다.

(4) KS 제품이 아닌 일반 제품을 사용할 때는 반입 자재에 대하여 사용 전에 품질 시험 성적서를 제출하여야 한다.

2) 강관버팀보 연결 자재

(1) 강관버팀보의 연결 자재인 연결재, 이음재, 유밴드는 GCD 450-10 규격의 주물 제품을 사용하되 품질 시험성적서를 제출하여야 한다.

다. 시 공(강관버팀보 공법)

1) 띠장

(1) 띠장은 흙막이벽으로부터의 하중을 균등히 받아 이것을 버팀보 또는 흙막이앵커에 균일하게 전달되도록 현장의 상황에 맞추어 시공하여야 한다.

(1) 띠장은 강관말뚝 면과의 접촉 부분은 틈이 생기지 않게 설치하여야 하며, 부득이 틈이 생겼을 때는 철판 또는 L형강으로 하중이 균등하게 분포할 수 있도록 틈을 메워야 한다.

(2) 말뚝 및 버팀보와 만나는 띠장의 양 플랜지(Flange) 사이에 철판으로 간격 보강재(Stiffener)를 설치하여 최대 하중에도 띠장이 변형되지 않도록 하여야 한다.

(3) 띠장 끝부분이 캔틸레버(Cantilever)로 되지 않게 버팀보를 설치해야 하며, 캔틸레버(Cantilever)로 되어 있을 경우에는 L형강 또는 강재로 사보강재를 설치하여야 한다.

(4) 띠장은 연속체로 강결되어야 한다.

(5) 우각부의 띠장은 경사버팀보에 의한 밀림 방지를 할 수 있는 구조로 설치해야 한다.

2) 강관버팀보

(1) 강관버팀보 제작 및 설치 시 양단부가 부재와 직각이 되도록 제작해야 하며, 띠장과 버팀보 연결재와 버팀보와 버팀보 이음재, 강관버팀보와 받침보 연결의 유밴드는 반드시 공장에서 제작된 구상흑연화주철품을 사용하여 시공해야 한다.

(2) 강관버팀보는 띠장으로부터의 하중을 균등하게 지지하도록 시공해야 한다. 이

때 강관버팀보의 처짐 안전율은 1/100 ~ 1/200이어야 한다.

(3) 강관버팀보 설치 시에는 띠장과 버팀보 연결재가 직각을 유지하도록 하여야 하며, 양산볼트를 X방향으로 체결하여 연결재와 버팀보가 일체가 되도록 해야 한다.

(4) 강관버팀보를 2개 이상 연결하여 사용할 경우에는 강관버팀 이음재를 사용하여 양산볼트를 X방향으로 체결하여 강관버팀 이음재와 강관버팀보가 일체가 되도록 확고하게 결속시켜야 한다. 이때, 종방향으로 동일 위치로 편중되지 않도록 반드시 3.0m 이상 넓혀 설치해야 한다.

[그림 1] **강관버팀보 연결재**

[그림 2] **강관버팀보 이음재**

(5) 강관버팀보는 유압잭(Jack)을 사용하는 것을 원칙으로 하되, 구조계산 상의 선행하중(Pre-load) 값을 가한 후 잭(Screw Jack)을 단단히 조여야 한다. 스크류잭을 사용하는 경우에는 용량이 설계도상의 것을 사용하여야 한다. 잭은 반드시 일축이어야 한다. 하중계를 잭과 연결시킬 경우 양산볼트로 체결하여 편심을 방지한다.

(6) 강관버팀보와 중간말뚝(Pile)에 설치되어 있는 버팀보 받침보(ㄷ형강, H형강, 강관버팀)와 만나는 부분은 구조상 지점 역할이므로 버팀보의 휨을 방지하기 위하여 반드시 일체가 되도록 유밴드(U-BAND)로 받침보 전체를 감싸야 하며, L형강 등으로 밀림 방지보강재를 받침보 상부에 용접 등으로 견고하게 설치하여야 한다.

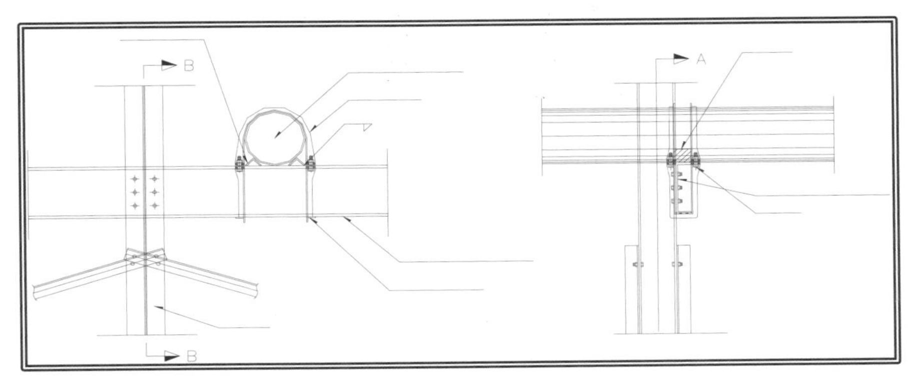

[그림 3] 강관버팀보 유밴드(IIa, IIb) : 강관버팀+ㄷ형강(H형강)받침

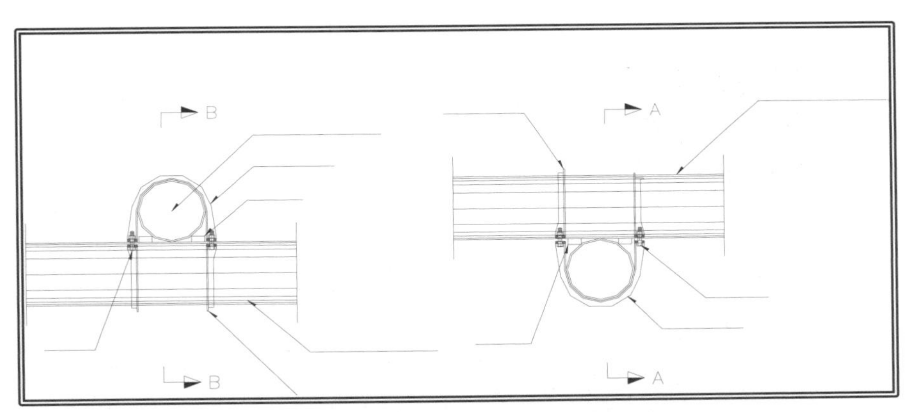

[그림 4] 강관버팀보 유밴드(IIc) : 강관버팀+강관버팀

(7) 사방향 강관버팀보 설치 시, 현장 여건에 따라 L형강 또는 ㄷ형강, 횡브레이싱 등을 수평과 수직으로 설치하여야 한다.

(8) 강관버팀보는 축방향하중 이외의 하중 전달 방지를 위하여 강관버팀보의 상부에는 자재 등을 적치하는 것을 금지하여야 한다.

(9) 사방향 강관버팀보(화타재) 가설 시, 이미 설치되어 있는 연결 강관버팀보에 사방향 보강형 쐐기로 인하여 무리한 하중이 걸리지 않는 방법으로 시공하여야 한다.

(10) 사방향 강관버팀보 화타부분의 볼트 개수가 구조계산과 일치하는지 반드시 확인한 후에 설치하여야 한다.

(11) 강관버팀보는 주변지반의 변형을 방지하도록 굴착 진행에 따라 소정의 위치에

즉시 설치되어야 하며, 최하단 버팀보에서 흙막이벽 측 굴착 저면까지의 최대 높이를 3m이내로 하며, 부득이 3m를 초과할 경우 별도의 보강 대책을 수립하여 설계서와 함께 공사 감독자의 승인을 받아야 한다.

(12) 강관버팀보의 설치 간격은 5m 이내로 해야 하며 지장물과의 저촉 관계 또는 구조물 시공 계획, 자재 및 장비 투입의 공간 확보 관계로 부득이 5m를 초과할 경우 띠장 보강 등 별도의 대책을 수립하여 설계서와 함께 공사 감독자의 승인을 받아야 한다.

(13) 강관버팀보의 설치는 흙막이벽에 정확히 직교되어야 하며 축이 일치되도록 시공하여야 한다. 강관은 전용 절단기를 이용하면 손쉽게 절단할 수 있으므로 파이프 절단기를 사용한다.

[그림 5] 강관절단기를 이용한 절단

(14) 강관버팀보는 천공 지그 공구로 표기하여 강관버팀 연결재 및 이음재, 유밴드의 볼트 체결이 용이하도록 강관버팀보를 천공기를 사용하여 정밀하게 천공한 후에 연결하여야 한다. 일반볼트의 최소 토크값은 60.0N·m이어야 한다. 허용오차는 ±10% 범위 내이어야 한다.

(15) 중앙 말뚝은 약축 방향으로 반드시 L형강 등의 보강재를 설치하여야 한다.

(16) 강관버팀보 잭(Jack)은 상호 교차하여 설치하여야 하고, 한 방향으로만 설치하는 일이 없도록 한다. 사방향 버팀보를 정확한 위치에 설치하여 뒤틀려지거나 이탈되지 않도록 하여야 한다.

(17) 잭(Jack)은 기름칠을 되어 띠장의 변형 및 온도 변화 등에 따라 조정하여 인

접 버팀보와 균형 있는 힘이 전달되도록 하여야 한다.

(18) 강관버팀보는 유압잭 또는 스크류 잭(Screw Jack)을 단단히 조여야 하며, 설치 후 나사부(Screw)의 토크 여유가 있어 온도 변화에 따른 축력 변화에 대비하도록 하여야 한다.

(19) 구조물 시공 진행에 따른 버팀보의 철거 작업은 기 타설된 콘크리트 구조물에 미치는 영향 등을 고려한 철거 순서, 방법 및 보강 대책을 수립하여 공사 감독자의 승인을 득한 후 시행하여야 한다.

(20) 대형 강관버팀보(L=10.0m 이상) 설치 시, 대형 크레인의 사용에 따른 도로 점용으로 차량의 흐름을 저해해서는 안된다.

(21) 강관버팀보를 연결할 경우 지하에서 소형 장비를 이용하여 노면의 교통 처리에 원활을 기해야 한다.

(22) 강관버팀보 시공 중 발생 가능한 버팀보의 응력 변화를 점검하여야 한다.

(23) 크레인이 해체된 강관버팀보를 들어 올릴 때나 방향 전환 시 구조물, 가시설, 해체 작업자에게 위험할 수 있으므로 강관버팀보 하단에 로프를 매달아 강관버팀보가 완전히 밖으로 빠져 나올 때까지 방향을 잡아주어야 한다.

(24) 강관버팀보 해체 시 압력을 받고 있는 상태이므로 반드시 잭을 먼저 풀고 유밴드를 해체해야 한다. 특히, 상단 1단과 2단은 설계 축력보다 많은 축력을 받고 있을 수 있으므로 작업자들이 해체 순서를 더욱 철저하게 준수하여야 한다.

(25) 굴착 시부터 해체 시까지 부재가 느슨한 상태로 풀어져 있는가를 수시로 점검하여야 하며, 강관버팀보를 설치한 후에는 매 공정마다 계측 관리 및 일상 점검을 통하여 안전 여부를 판단하고 검사 결과를 공사 완료 시까지 기록, 보관하여야 한다.

(26) 강관버팀보 시공 중 발생 가능한 계측에 의한 버팀보의 응력 변화를 점검하여야 한다. 또한, 공사 중 시공자는 토질의 예상치 못한 변동 또는 도면에 미표기된 지하 매설물을 발견하였을 때도 설계도를 검토하여 보강 대책을 수립하고 감독자의 승인 후에 후속 작업을 진행하여야 한다.

(27) 강관버팀보의 수평 및 수직 위치를 현장 여건 상 부득이 변경해야 할 경우에는 강관버팀보 위치 변화로 인하여 가시설 전체 구조계에 영향을 미치므로 구조 해석을 실시하여 복공, 벽체, 띠장, 중간말뚝, 버팀보 부재 등의 안전 여부를 확인하여야 한다.

(28) 강관버팀보의 길이가 길어서 온도 변화의 영향을 받을 우려가 있거나, 흙막이의 변위를 조절할 필요가 있을 경우에는 유압잭 등으로 선행 하중을 가한 후 설치하거나 버팀보, 중간말뚝, 가새(bracing) 등을 일체로 연결한 트러스(truss) 구조로 만들어야 한다.

(29) 최상단(1단)에 설치되는 강관버팀보는 편토압의 우려가 있으므로 단절되지 않고 반대편 흙막이벽까지 반드시 연장되어야 한다.

(30) 강관버팀보 위에는 원칙적으로 작업자가 통행할 수 없는 것으로 하나 부득이하게 통행이 필요한 경우에는 강관버팀보 위에 안전 발판 또는 안전 로프를 설치하며 안전장치를 구비한 후 통행한다.

(31) 수평면과 경사로 설치되는 강관버팀보(raker)는 기 설치되어 있는 연결 버팀보에 무리한 하중이 걸리지 않는 방법으로 시공하여야 하며, 수평면에 대해 60° 이내가 되도록 하여야 한다.

(32) 강관에 용접할 경우에는 아크 용접 또는 전기저항 용접으로 하고 신중히 하여 잔류응력이나 변형 등은 되도록 작게 하여야 한다. 용접하는 강관의 표면은 용접하기 전에 깨끗이 하여야 한다. 특히 용접면 및 그 인접 부분은 물, 녹, 도료, 슬래그(Slag) 및 먼지 등이 균열의 원인이 되므로 잘 제거하여야 한다. 비 또는 눈이 내리는 곳이나 강한 바람이 부는 곳에서 용접을 하여서는 안 된다. 또한, 전기 사용에 따른 감전 사고 예방을 위하여 관련 법규에 따라 조치하여야 한다.

(33) 강관버팀보에 작용하는 축력을 측정하기 위해서는 변형율계나 하중계를 사용하되, 변형율계를 사용하는 경우에는 단면별로 최소 2개의 게이지를 상면과 좌측 또는 우측에 설치하여야 한다.

(34) 강관버팀보 해체는 사전에 수립된 해체 순서를 준수하며, 구조체 전체의 안정을 무너뜨리지 않는 방법으로 진행하여야 하며, 시공하기에 앞서 시공 순서, 방법, 사용 기계, 공정 등에 대하여 감리원의 승인을 받아야 한다.

(35) 강관버팀보 해체는 지반 침하와 본 공사에 지장이 없고 주변의 구조물 및 설비 시설 등에 손상이 발생하지 않도록 버팀목을 설치하면서 해체하여야 한다.

(36) 흙막이 가시설의 철거는 본체 구조물의 콘크리트 강도가 소정의 강도에 도달한 이후에 시행하여야 한다.

(37) 흙막이 가시설의 해체 및 철거 전후에는 계측을 통하여 수위 변화 등을 조사

하여 변위 발생 상태를 확인하여야 한다.

(38) 흙막이 가시설의 철거 시에는 단계별로 안전한 해체 높이를 정하여 1단계 되메우기 후, 그라운드 앵커, 버팀대, 띠장 등을 해체하고, 다음 단계의 되메우기와 해체 작업을 번갈아 진행한다.

(39) 강관버팀보를 운반할 때에는 충격에 의하여 비틀림이나 변형이 생기지 않도록 취급에 주의하여야 한다.

(40) 길이 10m 이상의 강관버팀보를 나일론 슬링(nylon sling) 등으로 2점을 로프로 묶어 상 · 하차하는 것을 원칙으로 하되, 집게차를 사용할 수 있다. 또한, 현장 주변의 원활한 교통 흐름과 통행자의 안전을 위하여 반드시 담당자가 통제하여야 한다.

(41) 강관버팀보의 보관은 지반 지지력이 충분하고 표면이 평탄한 장소에 하며 용도별로 구분하여 정리하고 길이 및 단면별로 적절히 적재하며 무너지지 않도록 받침대를 설치하여 보관하여야 한다.

(42) 강관버팀보를 적재할 때에는 반드시 하부에 받침목 또는 앵글 쐐기 받침을 설치하여 강관이 움직이지 않도록 고정해야 한다.

[그림 6] 강관버팀보 적재

(43) 강관버팀보의 재질(고강도, 일반강), 규격, 두께 등이 설계도서와 일치된 제품을 작업자들이 정확히 사용할 수 있도록 강관버팀보에 표기하여야 한다.

3) 강관버팀 받침보(ㄷ형강, H형강, 강관버팀)

(1) ㄷ형강(또는 H형강)은 말뚝의 좌굴을 방지할 목적으로 설치하는 것으로 설계도서에 명시된 대로 정확히 시공하여야 하며, 버팀보와 ㄷ형강의 교차 부위는 유

밴드로 견고히 체결하여 연결되어야 하며, ㄷ형강(또는 H형강) 상부 플랜지에 앵글쐐기를 용접하여 강관버팀보의 유동을 방지하여야 한다.

(2) 중간말뚝에 ㄷ형강(또는 H형강)을 설치 시에는 말뚝 상하좌우측이 교차되도록 설치하여야 한다.

(3) ㄷ형강(또는 H형강)을 연결하여 사용할 경우, 이음 부위를 플레이트로 용접하여 강성을 유지하여야 한다.

(4) ㄷ형강(또는 H형강)을 구강재로 사용 시 감독원의 승인 후 볼트구멍 등으로 취약해진 부위는 플레이트로 보강하고 사용하여야 한다.

(5) 중기작업 및 자재 반출 시에는 파손되지 않도록 주의하고, 파손 시에는 즉시 보강하여야 한다.

4) 중간말뚝(Post Pile)

(1) 중간말뚝의 배치는 버팀보의 교차부마다 설치하는 것을 원칙으로 하고, 그렇지 않을 경우, 그 안정성을 확인하여야 한다.

(2) 중간말뚝에는 가새(보강재)를 반드시 설치하여야 한다.

(3) 중앙부 과대 굴착으로 인하여 중간말뚝의 좌굴 지간이 늘어나 말뚝 좌굴이 발생하지 않도록 하여야 한다.

5. SP-STRUT(강관버팀보)공법 상세도

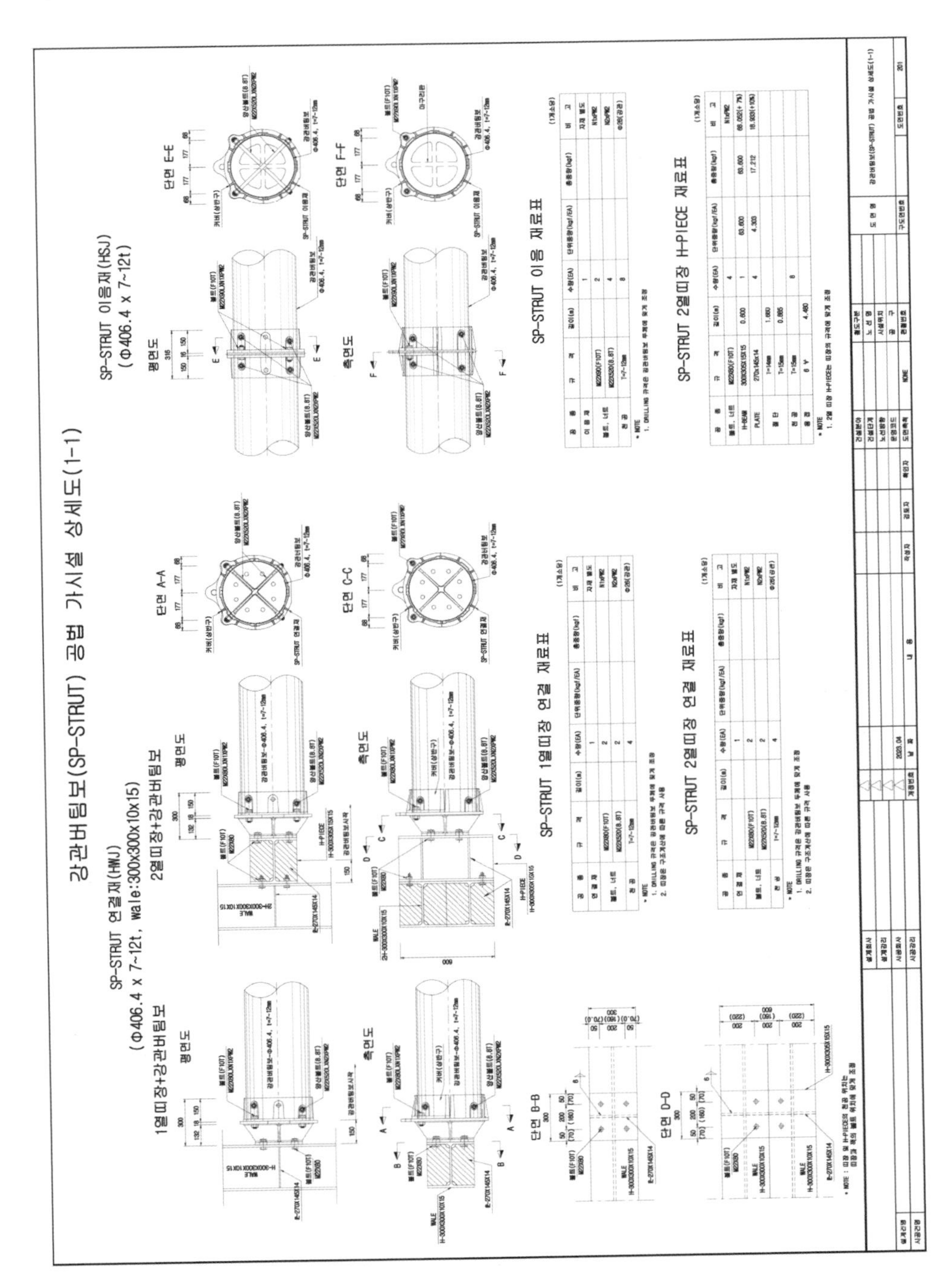

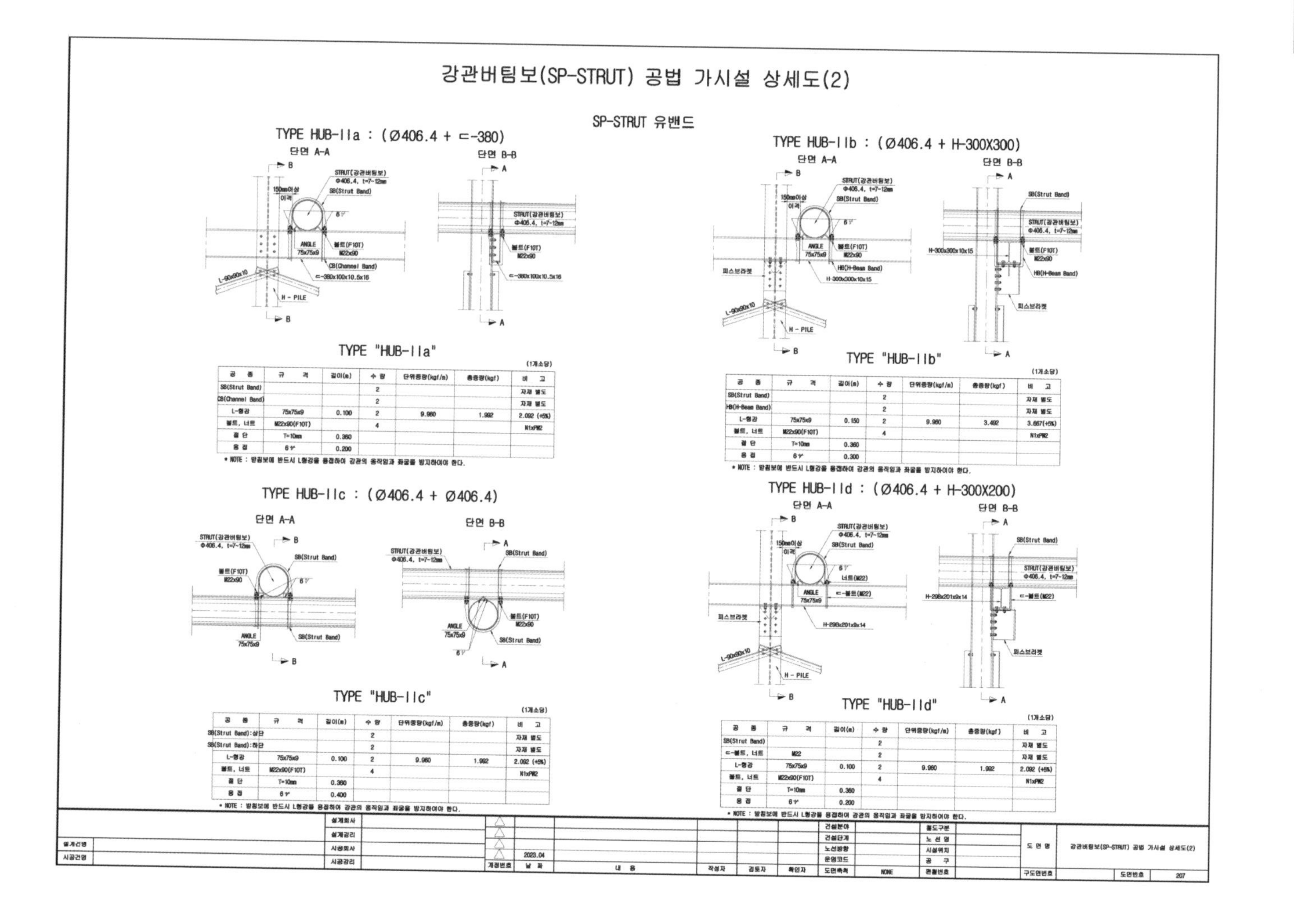

TYPE "HUB-IIa"

(1개소당)

공 종	규 격	길이(m)	수 량	단위중량(kgf/m)	총중량(kgf)	비 고
SB(Strut Band)			2			자재 별도
CB(Channel Band)			2			자재 별도
L-형강	75x75x9	0.100	2	9.960	1.992	2.092 (+5%)
볼트, 너트	M22x90(F10T)		4			N1xPW2
절 단	T=10mm	0.360				
용 접	6V	0.200				

* NOTE : 받침보에 반드시 L형강을 용접하여 강관의 움직임과 좌굴을 방지하여야 한다.

TYPE "HUB-IIb"

(1개소당)

공 종	규 격	길이(m)	수 량	단위중량(kgf/m)	총중량(kgf)	비 고
SB(Strut Band)			2			자재 별도
HB(H-Beam Band)			2			자재 별도
L-형강	75x75x9	0.150	2	9.960	3.492	3.667(+5%)
볼트, 너트	M22x90(F10T)		4			N1xPW2
절 단	T=10mm	0.360				
용 접	6V	0.300				

* NOTE : 받침보에 반드시 L형강을 용접하여 강관의 움직임과 좌굴을 방지하여야 한다.

TYPE "HUB-IIc"

(1개소당)

공 종	규 격	길이(m)	수 량	단위중량(kgf/m)	총중량(kgf)	비 고
SB(Strut Band):상단			2			자재 별도
SB(Strut Band):하단			2			자재 별도
L-형강	75x75x9	0.100	2	9.960	1.992	2.092 (+5%)
볼트, 너트	M22x90(F10T)		4			N1xPW2
절 단	T=10mm	0.360				
용 접	6V	0.400				

* NOTE : 받침보에 반드시 L형강을 용접하여 강관의 움직임과 좌굴을 방지하여야 한다.

TYPE "HUB-IId"

(1개소당)

공 종	규 격	길이(m)	수 량	단위중량(kgf/m)	총중량(kgf)	비 고
SB(Strut Band)			2			자재 별도
ㄷ-볼트, 너트	M22		2			자재 별도
L-형강	75x75x9	0.100	2	9.960	1.992	2.092 (+5%)
볼트, 너트	M22x90(F10T)		4			N1xPW2
절 단	T=10mm	0.360				
용 접	6V	0.200				

* NOTE : 받침보에 반드시 L형강을 용접하여 강관의 움직임과 좌굴을 방지하여야 한다.

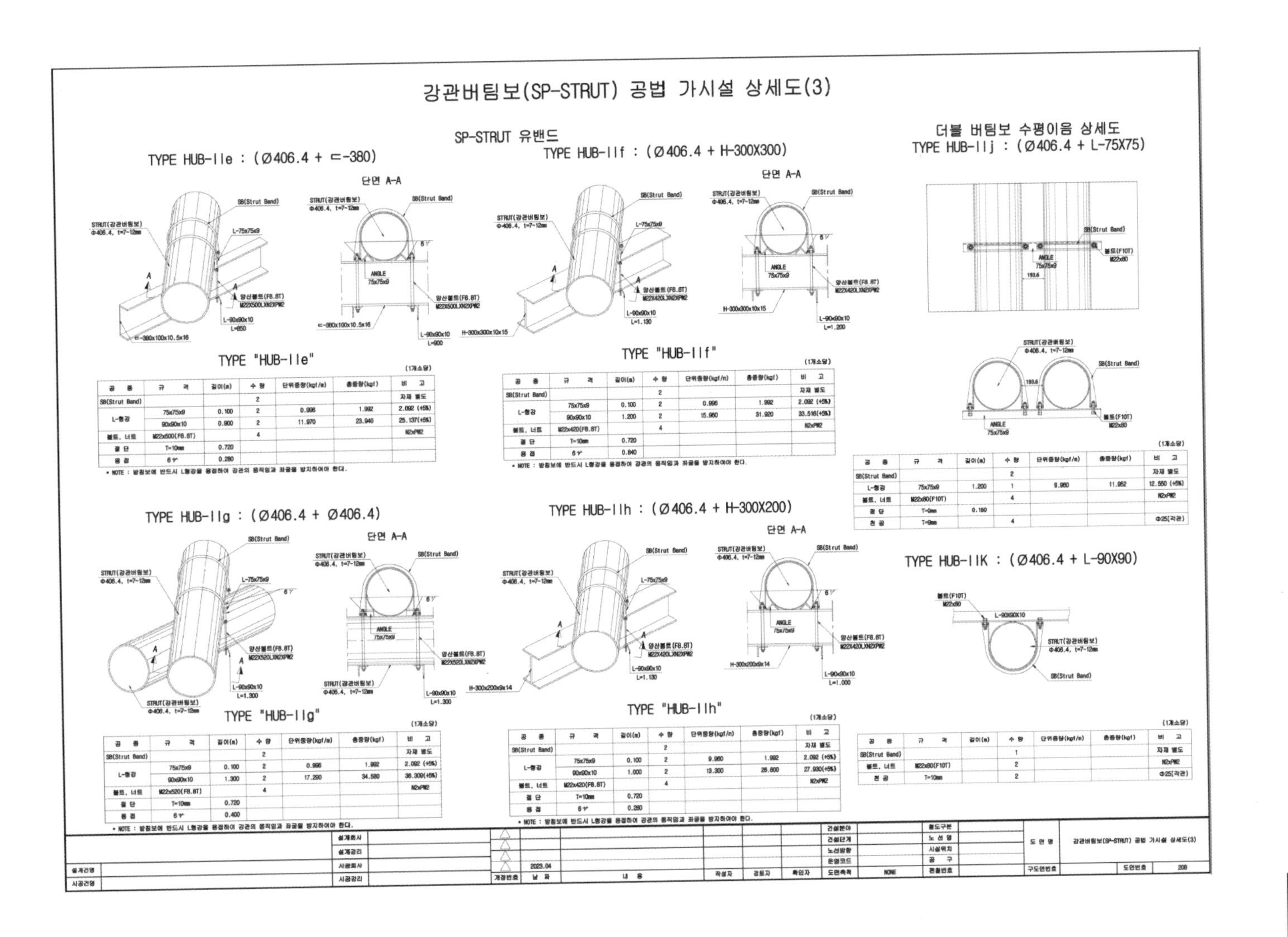

TYPE "HUB-IIe"

(1개소당)

공 종	규 격	길이(m)	수 량	단위중량(kgf/m)	총중량(kgf)	비 고
SB(Strut Band)			2			자재 별도
L-형강	75x75x9	0.100	2	0.996	1.992	2.092 (+5%)
	90x90x10	0.900	2	11.970	23.940	25.137(+5%)
볼트, 너트	M22x500(F8.8T)		4			N2xPW2
절 단	T=10mm	0.720				
용 접	6ㄱ	0.280				

• NOTE : 받침보에 반드시 L형강을 용접하여 강관의 움직임과 좌굴을 방지하여야 한다.

TYPE "HUB-IIf"

(1개소당)

공 종	규 격	길이(m)	수 량	단위중량(kgf/m)	총중량(kgf)	비 고
SB(Strut Band)			2			자재 별도
L-형강	75x75x9	0.100	2	0.996	1.992	2.092 (+5%)
	90x90x10	1.200	2	15.960	31.920	33.516(+5%)
볼트, 너트	M22x420(F8.8T)		4			N2xPW2
절 단	T=10mm	0.720				
용 접	6ㄱ	0.840				

• NOTE : 받침보에 반드시 L형강을 용접하여 강관의 움직임과 좌굴을 방지하여야 한다.

(1개소당)

공 종	규 격	길이(m)	수 량	단위중량(kgf/m)	총중량(kgf)	비 고
SB(Strut Band)			2			자재 별도
L-형강	75x75x9	1.200	1	9.960	11.952	12.550 (+5%)
볼트, 너트	M22x80(F10T)		4			N2xPW2
절 단	T=9mm	0.150				
천 공	T=9mm		4			Φ25(각관)

TYPE "HUB-IIg"

(1개소당)

공 종	규 격	길이(m)	수 량	단위중량(kgf/m)	총중량(kgf)	비 고
SB(Strut Band)			2			자재 별도
L-형강	75x75x9	0.100	2	0.996	1.992	2.092 (+5%)
	90x90x10	1.300	2	17.290	34.580	36.309(+5%)
볼트, 너트	M22x520(F8.8T)		4			N2xPW2
절 단	T=10mm	0.720				
용 접	6ㄱ	0.400				

• NOTE : 받침보에 반드시 L형강을 용접하여 강관의 움직임과 좌굴을 방지하여야 한다.

TYPE "HUB-IIh"

(1개소당)

공 종	규 격	길이(m)	수 량	단위중량(kgf/m)	총중량(kgf)	비 고
SB(Strut Band)			2			자재 별도
L-형강	75x75x9	0.100	2	9.960	1.992	2.092 (+5%)
	90x90x10	1.000	2	13.300	26.600	27.930(+5%)
볼트, 너트	M22x420(F8.8T)		4			N2xPW2
절 단	T=10mm	0.720				
용 접	6ㄱ	0.280				

• NOTE : 받침보에 반드시 L형강을 용접하여 강관의 움직임과 좌굴을 방지하여야 한다.

(1개소당)

공 종	규 격	길이(m)	수 량	단위중량(kgf/m)	총중량(kgf)	비 고
SB(Strut Band)			1			자재 별도
볼트, 너트	M22x80(F10T)		2			N2xPW2
천 공	T=10mm		2			Φ25(각관)

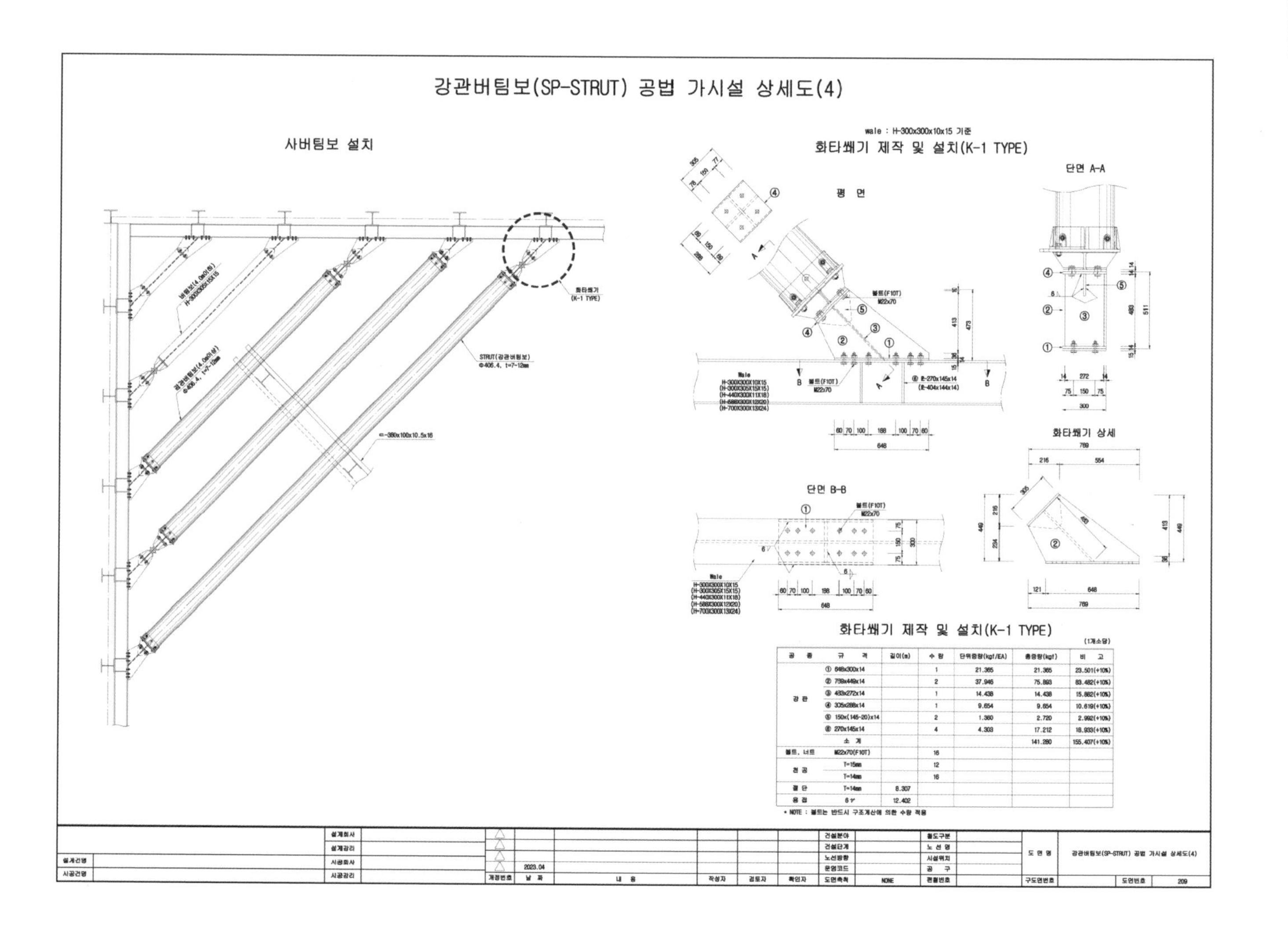
강관버팀보(SP-STRUT) 공법 가시설 상세도(4)
사버팀보 설치
STRUT(강관버팀보) Φ406.4, t=7~12mm
화타쐐기 (K-1 TYPE)
wale : H-300x300x10x15 기준
화타쐐기 제작 및 설치(K-1 TYPE)
평 면
단면 A-A
단면 B-B
화타쐐기 상세
볼트(F10T) M22x70
화타쐐기 제작 및 설치(K-1 TYPE)
(1개소당)
공 종 | 규 격 | 길이(m) | 수 량 | 단위중량(kgf/EA) | 총중량(kgf) | 비 고
강 판 | ① 648x300x14 | | 1 | 21.365 | 21.365 | 23.501(+10%)
② 759x449x14 | | 2 | 37.946 | 75.893 | 83.482(+10%)
③ 433x272x14 | | 1 | 14.438 | 14.438 | 15.882(+10%)
④ 305x288x14 | | 1 | 9.654 | 9.654 | 10.619(+10%)
⑤ 150x(145-20)x14 | | 2 | 1.360 | 2.720 | 2.992(+10%)
⑥ 270x145x14 | | 4 | 4.303 | 17.212 | 18.933(+10%)
소 계 | | | | 141.280 | 155.407(+10%)
볼트, 너트 | M22x70(F10T) | | 16
천 공 | T=15mm | | 12
T=14mm | | 16
절 단 | T=14mm | 8.307
용 접 | 6 ᵞ | 12.402
* NOTE : 볼트는 반드시 구조계산에 의한 수량 적용
도 면 명 강관버팀보(SP-STRUT) 공법 가시설 상세도(4)
2023.04
NONE
도면번호 209

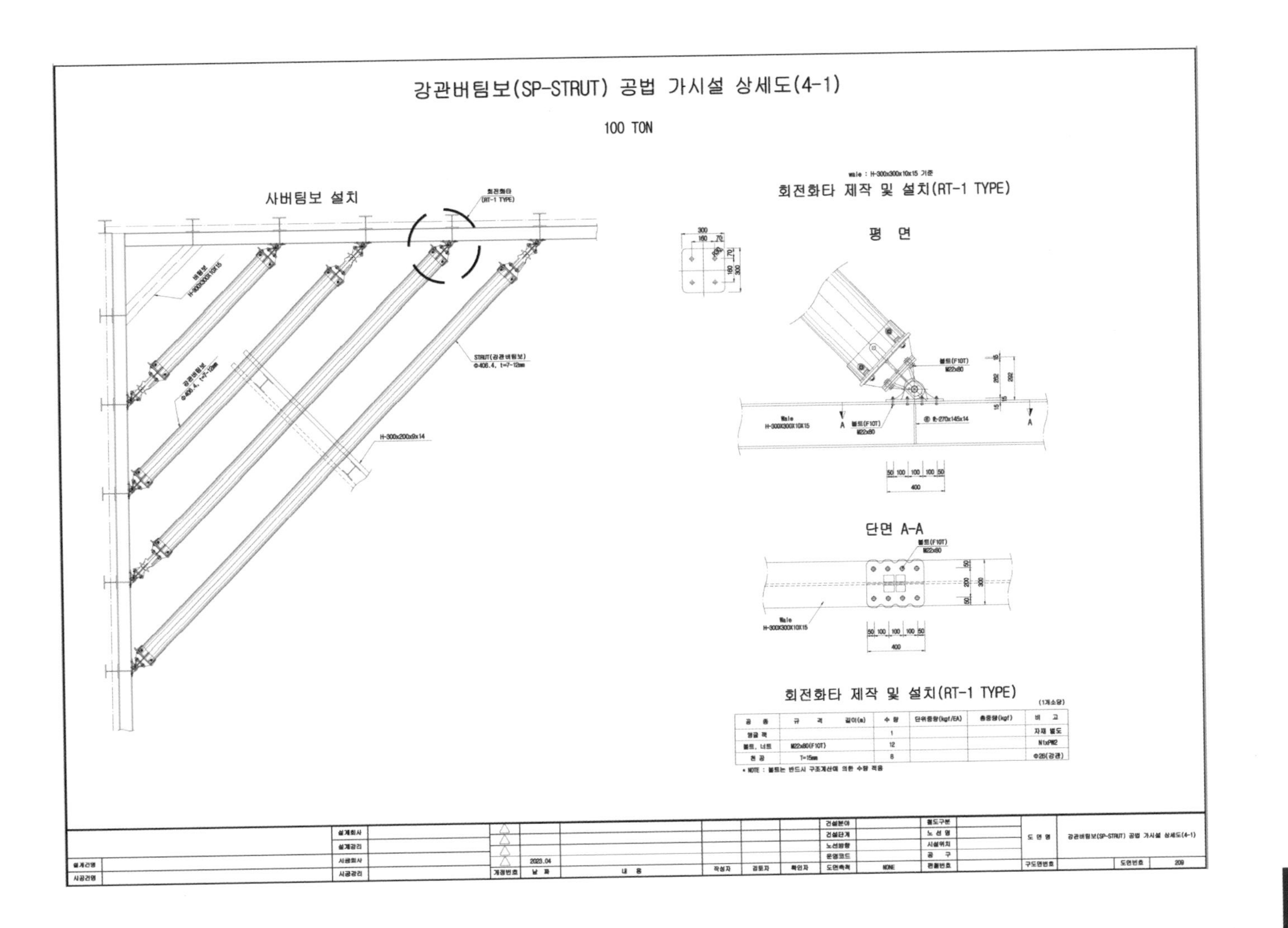
강관버팀보(SP-STRUT) 공법 가시설 상세도(4-1)
100 TON
사버팀보 설치
회전화타 제작 및 설치(RT-1 TYPE)
평 면
단면 A-A
회전화타 제작 및 설치(RT-1 TYPE)

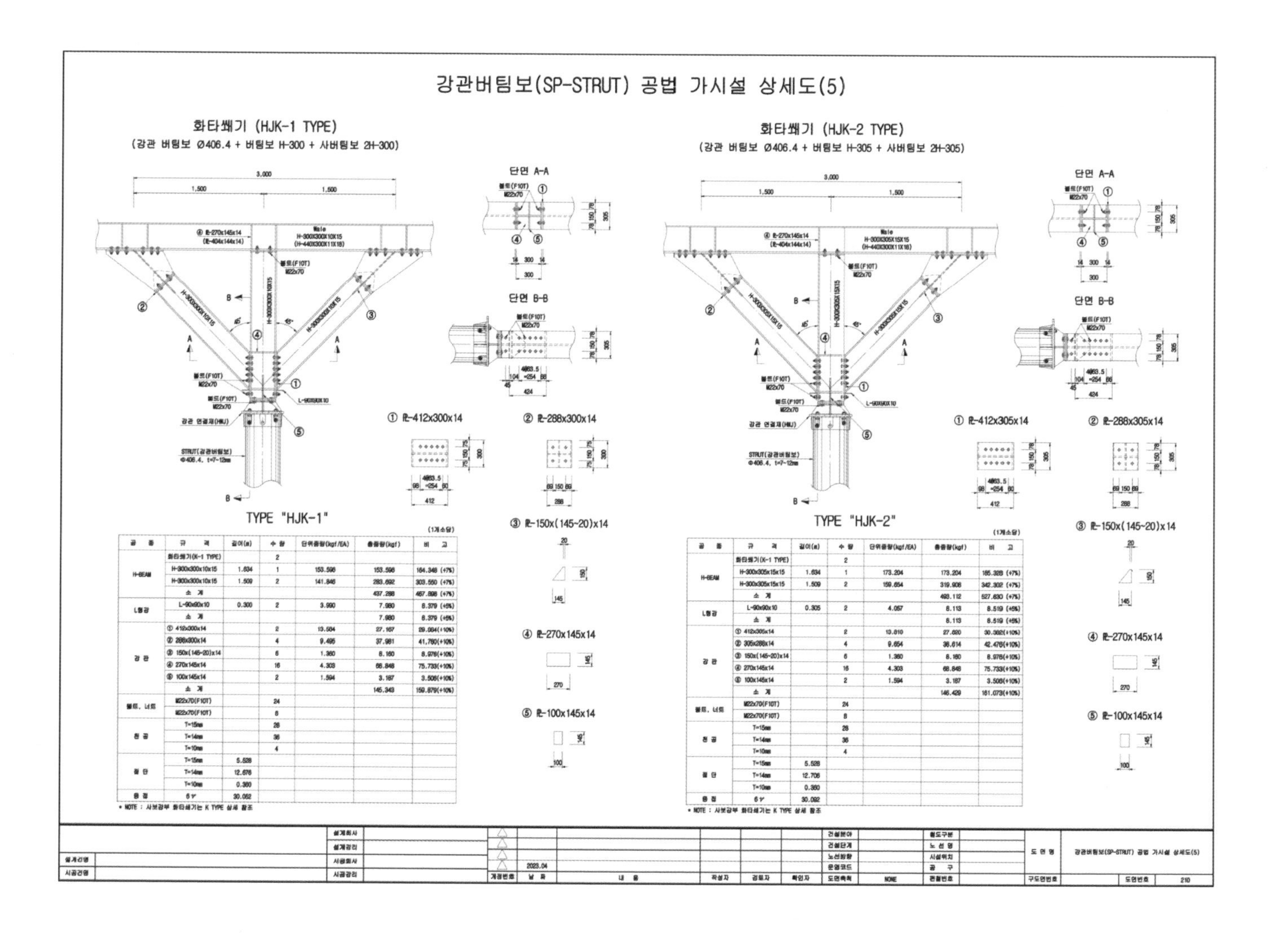

TYPE "HJK-1"

(1개소당)

공종	규격	길이(m)	수량	단위중량(kgf/EA)	총중량(kgf)	비고
H-BEAM	화타쐐기(K-1 TYPE)		2			
	H-300x300x10x15	1.634	1	153.596	153.596	164.348 (+7%)
	H-300x300x10x15	1.509	2	141.846	283.692	303.550 (+7%)
	소계				437.288	467.898 (+7%)
L형강	L-90x90x10	0.300	2	3.990	7.980	8.379 (+5%)
	소계				7.980	8.379 (+5%)
강판	① 412x300x14		2	13.584	27.167	29.884(+10%)
	② 288x300x14		4	9.495	37.981	41.780(+10%)
	③ 150x(145-20)x14		6	1.360	8.160	8.976(+10%)
	④ 270x145x14		16	4.303	68.848	75.733(+10%)
	⑤ 100x145x14		2	1.594	3.187	3.506(+10%)
	소계				145.343	159.879(+10%)
볼트, 너트	M22x70(F10T)		24			
	M22x70(F10T)		8			
천공	T=15mm		28			
	T=14mm		36			
	T=10mm		4			
절단	T=15mm	5.528				
	T=14mm	12.676				
	T=10mm	0.360				
용접	6ν	30.062				

* NOTE : 사보강부 화타쐐기는 K TYPE 상세 참조

TYPE "HJK-2"

(1개소당)

공종	규격	길이(m)	수량	단위중량(kgf/EA)	총중량(kgf)	비고
H-BEAM	화타쐐기(K-1 TYPE)		2			
	H-300x305x15x15	1.634	1	173.204	173.204	185.328 (+7%)
	H-300x305x15x15	1.509	2	159.954	319.908	342.302 (+7%)
	소계				493.112	527.630 (+7%)
L형강	L-90x90x10	0.305	2	4.057	8.113	8.519 (+5%)
	소계				8.113	8.519 (+5%)
강판	① 412x305x14		2	13.810	27.620	30.382(+10%)
	② 305x288x14		4	9.654	38.614	42.476(+10%)
	③ 150x(145-20)x14		6	1.360	8.160	8.976(+10%)
	④ 270x145x14		16	4.303	68.848	75.733(+10%)
	⑤ 100x145x14		2	1.594	3.187	3.506(+10%)
	소계				146.429	161.073(+10%)
볼트, 너트	M22x70(F10T)		24			
	M22x70(F10T)		8			
천공	T=15mm		28			
	T=14mm		36			
	T=10mm		4			
절단	T=15mm	5.528				
	T=14mm	12.706				
	T=10mm	0.360				
용접	6ν	30.092				

* NOTE : 사보강부 화타쐐기는 K TYPE 상세 참조

도면명: 강관버팀보(SP-STRUT) 공법 가시설 상세도(5) | 2023.04 | 도면축척 NONE | 도면번호 210

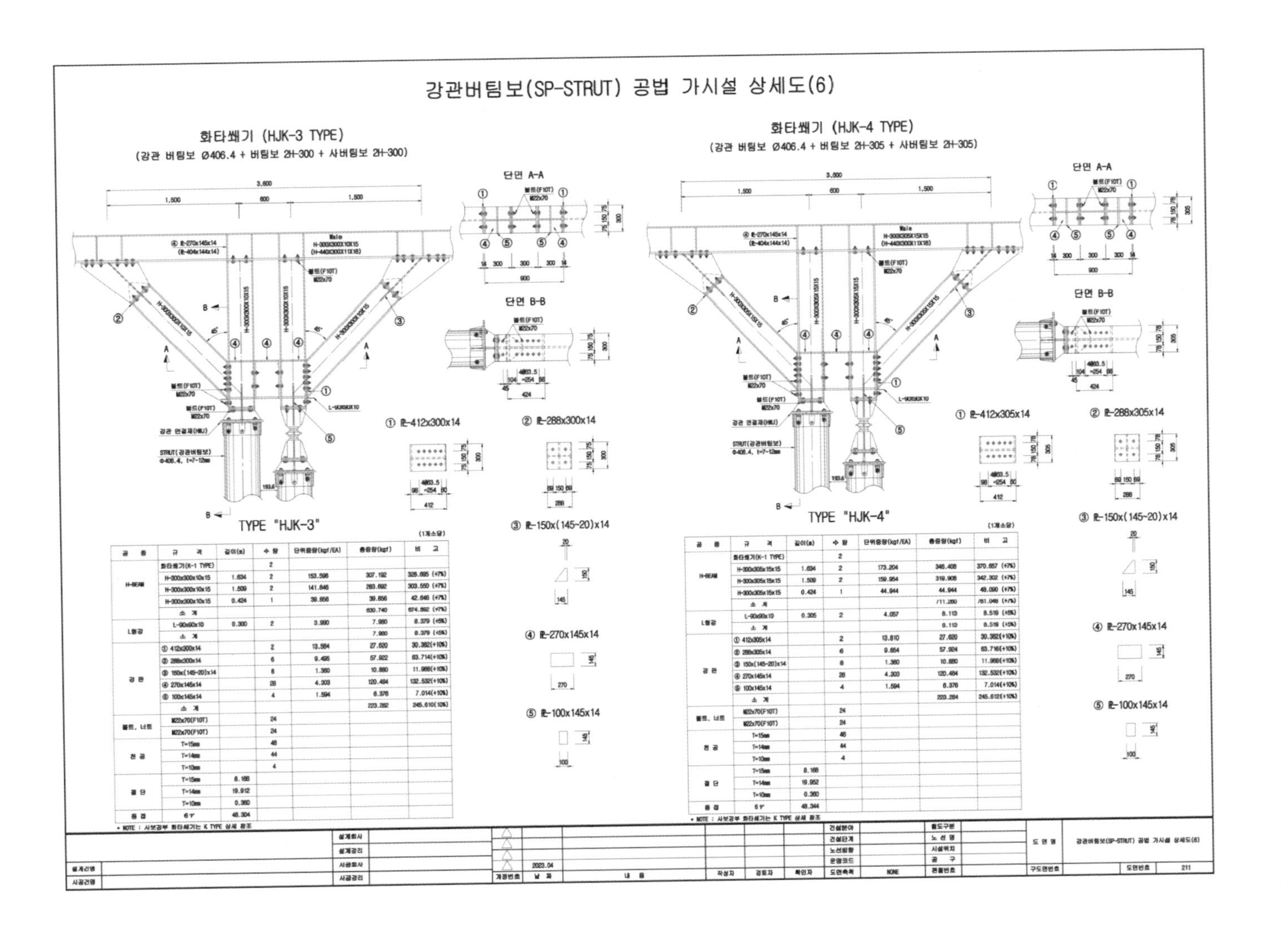
강관버팀보(SP-STRUT) 공법 가시설 상세도(6)
화타쐐기 (HJK-3 TYPE)
(강관 버팀보 Ø406.4 + 버팀보 2H-300 + 사버팀보 2H-300)
화타쐐기 (HJK-4 TYPE)
(강관 버팀보 Ø406.4 + 버팀보 2H-305 + 사버팀보 2H-305)
단면 A-A
단면 B-B
① PL-412x300x14
② PL-288x300x14
③ PL-150x(145~20)x14
④ PL-270x145x14
⑤ PL-100x145x14
TYPE "HJK-3"
① PL-412x305x14
② PL-288x305x14
③ PL-150x(145~20)x14
④ PL-270x145x14
⑤ PL-100x145x14
TYPE "HJK-4"

6. 지하안전관리에 관한 특별법

2014년 석촌지하차도 지반침하 시고 등 유사관련 사고가 거듭 발생하면서 지하안전에 대한 국민 불안이 가중되어 이을 방지하고 안전을 확보하고자 "지하안전관리에 관한 특별법"이 제정되었는데, 해당사업이 지하안전에 미치는 영향을 미리 조사·예측·평가하여 지반침하를 예방하거나 감소시킬 수 있는 방안을 마련하는데 그 목적이 있다. 이 법은 2018년 1월부터 시행되어 가설흙막이에 의한 굴착공사도 표와 같이 대상에 포함되어 시행하고 있다.

표 4.7-1 지하안전관리법 제정에 따라 도입된 평가제도

구분	지하안전 영향평가	소규모지하안전 영향평가	사후지하안전 영향평가	지반침하 위험도평가
대상	터널공사, 20m 이상 굴착공사 수반사업	10m 이상 20m 미만 굴착공사 수반사업	터널공사, 20m 이상 굴착공사 수반사업	지하시설물 및 주변지반
시기	사업계획의 인가 또는 승인 전		지하안전영향 평가에서 적시한 시기	지반침하 우려가 있는 경우
실시자	지하개발사업자			지하시설물관리자
대행자	전문기관			
평가활용	사업계획의 보정	사업계획의 보정	지하안전확보 및 재평가	중점관리대상 지정 및 해제

이 법은 2016년 1월 7일 제정되어 2018년 1월부터 시행되었으며, 5번의 개정을 통하여 현재에 이르고 있는데, 10m 이상 지하굴착 가설흙막이 공사에서는 반드시 시행해야 하는 법이므로 참고로 수록한다.

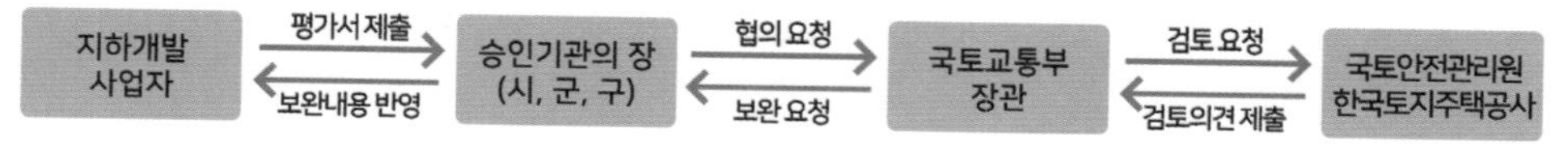

그림 4.7-1 지하안전영향평가 행정절차

지하안전관리에 관한 특별법

법률 제18350호 일부개정 2021. 07. 27.

제1장 총칙

제1조(목적)
이 법은 지하를 안전하게 개발하고 이용하기 위한 안전관리체계를 확립함으로써 지반침하로 인한 위해(危害)를 방지하고 공공의 안전을 확보함을 목적으로 한다.

제2조(정의)
이 법에서 사용하는 용어의 뜻은 다음과 같다.
1. "지하"란 개발·이용·관리의 대상이 되는 지표면 아래를 말한다.
2. "지반침하"란 지하개발 또는 지하시설물의 이용·관리 중에 주변 지반이 내려앉는 현상을 말한다.
3. "지하개발"이란 지반형태를 변형시키는 굴착, 매설, 양수(揚水) 등의 행위를 말한다.
4. "지하시설물"이란 상수도, 하수도, 전력시설물, 전기통신설비, 가스공급시설, 공동구, 지하차도, 지하철 등 지하를 개발·이용하는 시설물로서 대통령령으로 정하는 시설물을 말한다.
5. "지하안전평가"란 지하안전에 영향을 미치는 사업의 실시계획·시행계획 등의 허가·인가·승인·면허·결정 또는 수리 등(이하 "승인등"이라 한다)을 할 때에 해당 사업이 지하안전에 미치는 영향을 미리 조사·예측·평가하여 지반침하를 예방하거나 감소시킬 수 있는 방안을 마련하는 것을 말한다.
6. "소규모 지하안전평가"란 지하안전평가 대상사업에 해당하지 아니하는 소규모 사업에 대하여 실시하는 지하안전평가를 말한다.
7. "지하개발사업자"란 지하를 안전하게 개발·이용·관리하기 위하여 지하안전평가 또는 소규모 지하안전평가 대상사업을 시행하는 자를 말한다.
8. "지하시설물관리자"란 관계 법령에 따라 지하시설물의 관리자로 규정된 자나 해당 지하시설물의 소유자를 말한다. 이 경우 해당 지하시설물의 소유자와의 관리계약 등에 따라 지하시설물의 관리책임을 진 자는 지하시설물관리자로 본다.
9. "승인기관의 장"이란 지하안전평가 또는 소규모 지하안전평가 대상사업에 대하여 승인등을 하는 기관의 장을 말한다.
10. "지반침하위험도평가"란 지반침하와 관련하여 구조적·지리적 여건, 지반침하 위험요인 및 피해예상 규모, 지반침하 발생 이력 등을 분석하기 위하여 경험과 기술을 갖춘 자가 탐사장비 등으로 검사를 실시하고 정량(定量)·정성(定性)적으로 위험도를 분석·예측하는 것을 말한다.
11. "지하정보"란 「국가공간정보 기본법」 제2조제1호에 따른 공간정보 중 지반특성, 지하시설물의 위치 등 지하에 관한 정보로서 대통령령으로 정하는 정보를 말한다.

12. "지하공간통합지도"란 지하를 개발·이용·관리하기 위하여 필요한 지하정보를 통합한 지도를 말한다.
13. "지하정보관리기관"이란 「국가공간정보 기본법」 제2조제4호에 따른 관리기관으로서 지하정보를 생산하거나 관리하는 기관을 말한다.

제3조(국가 등의 책무)

① 국가 및 지방자치단체는 국민의 생명·신체 및 재산을 보호하기 위하여 지반침하 예방 및 지하안전관리에 관한 종합적인 시책을 수립·시행하여야 한다.

② 지하개발사업자 및 지하시설물관리자는 지하개발 또는 지하시설물 이용으로 인한 지반침하를 예방하고 지하안전을 확보하기 위하여 필요한 조치를 하여야 한다.

③ 국민은 국가와 지방자치단체의 지반침하 예방 및 지하안전관리를 위한 활동에 적극 협조하여야 하며, 자기가 소유하거나 이용하는 지하시설물로부터 지반침하가 발생하지 아니하도록 노력하여야 한다.

제4조(적용범위)

「광산피해의 방지 및 복구에 관한 법률」 및 「광산보안법」에서 규정한 사항에 대하여는 이 법을 적용하지 아니한다.

제5조(다른 법률과의 관계)

이 법은 지하의 개발과 이용에 필요한 안전관리에 관하여 다른 법률에 우선하여 적용한다.

제2장 지하안전관리 기본계획의 수립 등

제6조(국가지하안전관리 기본계획의 수립 등)

① 국토교통부장관은 지반침하를 예방하기 위하여 5년마다 국가의 지하안전관리에 관한 기본계획(이하 "기본계획"이라 한다)을 수립·시행하여야 한다.

② 기본계획에는 다음 각 호의 사항이 포함되어야 한다.
   1. 중장기 지하안전관리 정책의 기본목표 및 추진방향에 관한 사항
   2. 지하안전관리에 관한 법령·제도의 개선에 관한 사항
   3. 지반침하로 인한 사고를 예방하기 위한 교육·홍보에 관한 사항
   4. 지하안전관리를 위한 정책 및 기술 등의 연구·개발에 관한 사항
   5. 지하안전에 관한 정보체계의 구축·운영에 관한 사항
   6. 그 밖에 지하안전관리를 위하여 대통령령으로 정하는 사항

③ 국토교통부장관은 기본계획을 수립하거나 변경하려면 미리 관계 중앙행정기관의 장과 협의하여야 한다. 다만, 대통령령으로 정하는 경미한 사항을 변경하려는 경우에는 협의 절차를 생략할 수 있다.

④ 국토교통부장관은 기본계획을 수립하거나 변경한 경우에는 관계 중앙행정기관의 장 및 특별시장·광역시장·특별자치시장·도지사·특별자치도지사(이하 "시·도지사"라 한다)에

게 통보하고, 공고(인터넷 게재를 포함한다)하여야 한다.
⑤ 관계 중앙행정기관의 장은 기본계획에 따라 연도별 집행계획(이하 "집행계획"이라 한다)을 수립하여 국토교통부장관 및 시・도지사에게 통보하고 시행하여야 한다.
⑥ 제1항부터 제5항까지의 규정 외에 기본계획 및 집행계획의 수립 및 변경 등에 필요한 사항은 대통령령으로 정한다.

제7조(시・도 지하안전관리계획의 수립 등)
① 시・도지사는 관할 지역의 지반침하 예방을 위하여 기본계획과 집행계획에 따라 지하안전관리에 관한 계획(이하 "시・도 관리계획"이라 한다)을 수립하여야 한다. 이 경우 제12조제1항에 따른 시・도 지하안전위원회가 설치되어 있는 경우에는 해당 위원회의 심의를 거쳐 시・도 관리계획을 수립(변경하는 경우를 포함한다)하여야 한다.
② 시・도지사는 시・도 관리계획을 수립하거나 변경한 경우에는 이를 국토교통부장관 및 관할 시장・군수・구청장(자치구의 구청장을 말한다. 이하 같다)에게 통보하여야 한다.

제8조(시・군・구 지하안전관리계획의 수립 등)
① 시장・군수・구청장은 관할 지역의 지반침하 예방을 위하여 시・도 관리계획에 따라 지하안전관리에 관한 계획(이하 "시・군・구 관리계획"이라 한다)을 수립하여야 한다. 이 경우 제12조제1항에 따른 시・군・구 지하안전위원회가 설치되어 있는 경우에는 해당 위원회의 심의를 거쳐 시・군・구 관리계획을 수립(변경하는 경우를 포함한다)하여야 한다.
② 시장・군수・구청장은 시・군・구 관리계획을 수립할 때에는 제10조제1항 및 제2항에 따른 건설공사의 안전관리계획과 지하시설물 및 주변 지반에 대한 안전점검 및 유지관리규정의 내용을 고려하여야 한다.
③ 시장・군수・구청장은 시・군・구 관리계획을 수립하거나 변경한 경우에는 이를 시・도지사, 지하개발사업자 및 지하시설물관리자에게 통보하여야 한다.

제9조(자료 제출 요청 등)
국토교통부장관, 시・도지사, 시장・군수・구청장은 기본계획, 시・도 관리계획 또는 시・군・구 관리계획의 수립 또는 변경을 위하여 필요한 경우에는 관계 행정기관의 장, 「공공기관의 운영에 관한 법률」 제4조에 따른 공공기관의 장에게 관련 자료의 제출이나 협력을 요청할 수 있다. 이 경우 요청을 받은 자는 정당한 사유가 없으면 이에 따라야 한다.

제10조(지하개발사업자 및 지하시설물관리자의 안전관리) 과태료
① 지하개발사업자는 「건설기술 진흥법」에 따른 건설사업자와 주택건설등록업자로 하여금 다음 각 호의 사항이 같은 법 제62조에 따른 건설공사의 안전관리계획(이하 "건설공사 안전관리계획"이라 한다)에 반영되도록 하여야 한다. 이 경우 지하개발사업자는 이를 승인하기 전에 관할 시장・군수・구청장에게 제출하여야 한다.
1. 지하안전평가 또는 소규모 지하안전평가
2. 제16조부터 제18조까지에 따른 협의 내용(제23조제3항에 따라 준용되는 경우를 포함한다)

② 지하시설물관리자는 소관 지하시설물의 관리부실로 인한 지반침하를 예방하기 위하여 지하시설물 및 주변 지반에 대한 안전점검 및 유지관리규정(이하 "안전관리규정"이라 한다)을 정하여 관할 시장·군수·구청장에게 제출하여야 한다. 이를 변경하는 경우에도 또한 같다.
③ 시장·군수·구청장은 지반침하를 예방하기 위하여 필요하다고 인정하는 경우에는 건설공사 안전관리계획 또는 안전관리규정의 변경을 명할 수 있다. 이 경우 변경명령을 받은 자는 정당한 사유가 없으면 이에 따라야 한다.
④ 시장·군수·구청장은 제1항에 따른 건설사업자와 주택건설등록업자 또는 지하시설물관리자가 각각 안전관리계획과 안전관리규정을 준수하고 있는지의 여부를 국토교통부령으로 정하는 바에 따라 확인하여야 한다.
⑤ 건설공사 안전관리계획의 제출시기, 안전관리규정의 수립 절차 및 방법, 제출시기 등에 필요한 사항은 대통령령으로 정한다.

제11조(지하안전관리에 관한 자문)
국토교통부장관은 지하안전관리에 관한 다음 각 호의 사항에 관한 자문을 위하여 국토교통부령으로 정하는 바에 따라 관련 기관·단체 및 전문가 등으로 구성하는 자문단을 둘 수 있다.
1. 기본계획의 수립 및 변경에 관한 사항
2. 지하안전관리에 관한 법령·제도의 개선에 관한 사항
3. 지하안전 기술 및 기준의 연구·개발에 관한 사항
4. 그 밖에 지하안전관리에 관한 사항으로서 국토교통부장관이 의뢰하는 사항

제12조(지방지하안전위원회)
① 지방자치단체의 지하안전관리계획 등을 심의하기 위하여 특별시·광역시·특별자치시·도·특별자치도(이하 "시·도"라 한다) 및 시·군·구(자치구를 말한다. 이하 같다)에 각각 시·도 지하안전위원회와 시·군·구 지하안전위원회를 둘 수 있다.
② 지방지하안전위원회의 구성 및 운영 등에 필요한 사항은 대통령령으로 정하는 기준에 따라 해당 지방자치단체의 조례로 정한다.

제13조(지하안전에 관한 기술 및 기준에 관한 연구·개발사업)
① 국토교통부장관은 대통령령으로 정하는 기관 또는 단체와 협약을 체결하여 지하안전에 관한 기술 및 기준에 관한 연구·개발사업을 할 수 있다.
② 제1항에 따른 연구 · 개발사업에 필요한 경비는 정부 또는 정부 외의 자의 출연금이나 그 밖의 기업 기술개발비로 충당한다.
③ 제1항에 따른 협약의 체결방법과 제2항에 따른 출연금 등의 지급 · 사용 및 관리에 필요한 사항은 대통령령으로 정한다.

제3장 지하개발의 안전관리

제1절 지하안전평가 및 긴급안전조치 등

제14조(지하안전평가의 실시 등) 벌칙
① 다음 각 호의 어느 하나에 해당하는 사업 중 대통령령으로 정하는 규모 이상의 지하 굴착공사를 수반하는 사업(이하 “지하안전평가 대상사업”이라 한다)을 하려는 지하개발사업자는 지하안전평가를 실시하여야 한다.
  1. 도시의 개발사업
  2. 산업입지 및 산업단지의 조성사업
  3. 에너지 개발사업
  4. 항만의 건설사업
  5. 도로의 건설사업
  6. 수자원의 개발사업
  7. 철도(도시철도를 포함한다)의 건설사업
  8. 공항의 건설사업
  9. 하천의 이용 및 개발 사업
  10. 관광단지의 개발사업
  11. 특정 지역의 개발사업
  12. 체육시설의 설치사업
  13. 폐기물 처리시설의 설치사업
  14. 국방·군사 시설의 설치사업
  15. 토석·모래·자갈 등의 채취사업
  15의2. 「건축법」 제2조제1항제2호에 따른 건축물의 건축사업
  16. 지하안전에 영향을 미치는 시설로서 대통령령으로 정하는 시설의 설치사업
② 지하안전평가 대상사업의 구체적인 종류·범위 등과 지하안전평가의 평가항목·방법, 지하안전평가를 실시할 수 있는 자의 자격 등에 필요한 사항은 대통령령으로 정한다.

제15조(지하안전평가서의 작성 및 협의 요청 등)
① 승인등을 받아야 하는 지하개발사업자가 지하안전평가 대상사업에 대한 승인등을 요청할 때에는 지하안전평가에 관한 평가서(이하 “지하안전평가서”라 한다) 및 사업계획서 등 필요한 자료를 첨부하여 승인기관의 장에게 제출하여야 하고, 승인기관의 장은 승인등을 하기 전에 국토교통부장관에게 협의를 요청하여야 한다.
② 승인등을 받지 아니하여도 되는 지하개발사업자(승인기관의 장이 지하개발사업자인 경우를 말한다. 이하 같다)는 지하안전평가 대상사업의 실시계획·시행계획 등(이하 “사업계획 등”이라 한다)을 확정하기 전에 지하안전평가서 및 사업계획서 등 필요한 자료를 첨부하여 국토교통부장관에게 협의를 요청하여야 한다.
③ 제1항 및 제2항에 따른 지하안전평가서의 작성방법 및 제출방법, 협의 요청시기 등에 필요한 사항은 대통령령으로 정한다.

제16조(지하안전평가서의 검토 및 통보 등)

① 국토교통부장관은 제15조제1항 및 제2항에 따라 협의를 요청받은 경우에는 지하안전평가서를 검토하여야 한다.

② 국토교통부장관은 제1항에 따라 지하안전평가서를 검토할 때에 지하개발사업자 또는 승인기관의 장에게 관련 자료의 제출을 요청할 수 있고, 필요한 경우 다음 각 호의 자에게 검토 및 현지조사를 의뢰할 수 있다.

1. 「국토안전관리원법」에 따른 국토안전관리원
2. 「과학기술분야 정부출연연구기관 등의 설립ㆍ운영 및 육성에 관한 법률」에 따라 설립된 연구기관
3. 「특정연구기관 육성법」 제2조에 따른 특정연구기관
4. 그 밖에 대통령령으로 정하는 기관

③ 국토교통부장관은 제1항에 따라 지하안전평가서를 검토한 결과 제15조제3항에 따른 작성방법에 따라 작성되지 아니하는 등 대통령령으로 정하는 사유가 있는 경우에는 승인기관의 장 또는 승인 등을 받지 아니하여도 되는 지하개발사업자(이하 "승인기관장 등"이라 한다)에게 지하안전평가서 또는 사업계획 등의 보완·조정을 요청하거나 보완·조정을 지하개발사업자에게 요구할 것을 요청할 수 있다. 이 경우 승인기관장 등은 정당한 사유가 없으면 이에 따라야 한다.

④ 국토교통부장관은 제15조제1항 또는 제2항에 따라 협의를 요청받은 날부터 대통령령으로 정하는 기간 이내에 승인기관장 등에게 협의 내용을 통보하여야 한다.

⑤ 제4항에 따라 협의 내용을 통보받은 승인기관의 장은 이를 지체 없이 지하개발사업자에게 통보하여야 한다.

⑥ 제1항에 따른 지하안전평가서의 검토 기준·방법과 제3항에 따른 지하안전평가서 등의 보완·조정에 필요한 사항은 대통령령으로 정한다.

제17조(협의 내용의 반영 등)

① 지하개발사업자나 승인기관의 장은 제16조제4항 또는 제5항에 따라 협의 내용을 통보받았을 때에는 그 내용을 해당 사업계획 등에 반영하기 위하여 필요한 조치를 하여야 한다.

② 승인기관의 장은 사업계획 등에 대하여 승인등을 하려면 협의 내용이 사업계획 등에 반영되었는지를 확인하여야 한다. 이 경우 협의 내용이 사업계획 등에 반영되지 아니한 경우에는 이를 반영하게 하여야 한다.

③ 승인기관장등은 사업계획 등에 대하여 승인등을 하거나 사업계획 등을 확정하였을 때에는 협의 내용의 반영 결과를 국토교통부장관에게 통보하여야 한다.

④ 국토교통부장관은 제3항에 따라 통보받은 결과에 협의 내용이 반영되지 아니한 경우 승인기관장등에게 협의 내용을 반영하도록 요청할 수 있다. 이 경우 승인기관장등은 정당한 사유가 없으면 이에 따라야 한다.

제18조(협의 내용의 조정 및 사업계획 등의 변경·재협의 등)

① 지하개발사업자나 승인기관의 장은 제16조제4항 또는 제5항에 따라 통보받은 협의 내용에 이의가 있으면 국토교통부장관에게 협의 내용을 조정하여 줄 것을 요청할 수 있다.

이 경우 승인등을 받아야 하는 지하개발사업자는 승인기관의 장을 거쳐 조정을 요청하여야 한다.

② 지하개발사업자는 제15조 및 제16조에 따라 협의한 사업계획 등을 변경하는 경우에는 사업계획 등의 변경에 따른 지하안전확보방안을 마련하여 이를 변경되는 사업계획 등에 반영하여야 한다.

③ 승인등을 받아야 하는 지하개발사업자는 제2항에 따른 지하안전확보방안에 대하여 미리 승인기관의 장의 검토를 받아야 한다. 다만, 국토교통부령으로 정하는 경미한 변경사항에 대하여는 그러하지 아니하다.

④ 승인기관장등은 제2항 및 제3항에 따라 지하안전확보방안을 마련하거나 검토하는 경우로서 해당 사업계획 등의 변경된 내용이 지하안전에 영향을 줄 수 있다고 대통령령으로 정하는 사항에 해당하는 경우에는 국토교통부장관에게 재협의를 요청하여야 한다.

⑤ 제1항부터 제4항까지에 따른 협의 내용의 조정 및 사업계획 등의 변경·재협의 등에 필요한 사항은 대통령령으로 정한다.

⑥ 제2항에 따른 지하안전확보방안의 사업계획 등에 대한 반영 여부의 확인·통보에 관하여는 제17조제2항부터 제4항까지를 준용한다. 이 경우 "협의 내용"은 "지하안전확보방안"으로 본다.

제19조(사전공사의 금지 등) 벌칙

① 지하개발사업자는 제15조부터 제18조까지에 따른 협의 등의 절차가 끝나기 전에 지하안전평가 대상사업의 공사를 하여서는 아니 된다. 다만, 제15조부터 제18조까지에 따른 협의를 거쳐 승인 등을 받은 사업으로서 제18조제2항에 따른 사업계획 등의 변경 및 같은 조 제4항에 따른 재협의 대상에 포함되지 아니한 공사의 경우에는 그러하지 아니하다.

② 승인기관의 장은 제15조부터 제18조까지에 따른 협의 등의 절차가 끝나기 전에 사업계획 등에 대한 승인등을 하여서는 아니 된다.

③ 승인기관의 장은 승인등을 받아야 하는 지하개발사업자가 제1항을 위반하여 공사를 시행하였을 때에는 해당 사업의 전부 또는 일부에 대하여 공사중지를 명하여야 한다.

④ 국토교통부장관은 지하개발사업자가 제1항을 위반하여 공사를 시행하였을 때에는 승인등을 받지 아니하여도 되는 지하개발사업자에게 공사중지나 그 밖에 필요한 조치를 할 것을 명령하거나 승인기관의 장에게 공사중지나 그 밖에 필요한 조치를 명할 것을 요청할 수 있다. 이 경우 승인기관장등은 정당한 사유가 없으면 이에 따라야 한다.

제19조의2(건축물의 건축사업에 대한 승인등의 특례)

① 제19조제2항에도 불구하고 승인기관의 장은 제14조제1항제15호의2에 따른 건축물의 건축사업에 대하여는 제15조부터 제18조까지에 따른 협의 등의 절차가 끝나기 전에 「건축법」 제11조에 따른 건축허가를 하거나 같은 법 제14조에 따른 건축신고를 수리할 수 있다.

② 제1항에 따라 건축허가를 하거나 건축신고를 수리한 승인기관의 장은 「건축법」 제21조에 따른 착공신고의 수리 전까지 제15조부터 제18조까지에 따른 협의 등의 절차를 끝내야 하고, 해당 절차가 끝나기 전에 착공신고의 수리를 하여서는 아니 된다.

제20조(착공후지하안전조사) 벌칙과태료

① 지하개발사업자(지하안전평가 대상사업을 하려는 사업자를 말한다. 이하 이 조에서 같다)는 해당 지하안전평가 대상사업을 착공한 후에 그 사업이 지하안전에 미치는 영향을 조사(이하 "착공후지하안전조사"라 한다)하고, 그 결과 지하안전을 위하여 조치가 필요한 경우에는 지체 없이 필요한 조치를 하여야 한다.
② 지하개발사업자는 착공후지하안전조사에 관한 조사서(이하 "착공후지하안전조사서"라 한다)와 지하안전을 위하여 조치가 필요한 사실 및 조치 내용을 국토교통부장관 및 승인기관의 장에게 통보하여야 한다.
③ 국토교통부장관 및 승인기관의 장은 제2항에 따라 통보받은 내용을 검토하여야 하며, 필요한 경우 제16조제2항 각 호의 자에게 검토 및 현지조사를 의뢰할 수 있다.
④ 착공후지하안전조사의 조사항목·조사기간, 착공후지하안전조사를 실시할 수 있는 자의 자격, 착공후지하안전조사서의 작성방법, 제2항에 따른 통보방법 등에 필요한 사항은 대통령령으로 정한다.

제21조(협의 내용의 이행 및 관리·감독 등) 벌칙과태료

① 지하개발사업자는 사업계획 등을 시행할 때에 사업계획 등에 반영된 협의 내용을 이행하여야 한다.
② 승인기관의 장은 승인등을 받아야 하는 지하개발사업자가 협의 내용을 이행하였는지를 확인하여야 하며, 승인등을 받아야 하는 지하개발사업자가 협의 내용을 이행하지 아니하였을 때에는 그 이행에 필요한 조치를 명하여야 한다.
③ 승인기관의 장은 승인등을 받아야 하는 지하개발사업자가 제2항에 따른 조치명령을 이행하지 아니하여 해당 사업이 지하안전에 중대한 영향을 미친다고 판단하는 경우에는 그 사업의 전부 또는 일부에 대한 공사중지명령을 하여야 한다.
④ 국토교통부장관은 협의 내용의 이행을 관리하기 위하여 필요하다고 인정하는 경우에는 승인등을 받지 아니하여도 되는 지하개발사업자에게 공사중지나 그 밖에 필요한 조치를 할 것을 명령하거나, 승인기관의 장에게 공사중지명령이나 그 밖에 필요한 조치명령을 할 것을 요청할 수 있다. 이 경우 승인기관장등은 정당한 사유가 없으면 이에 따라야 한다.
⑤ 국토교통부장관 또는 승인기관의 장은 지하개발사업자에게 협의 내용의 이행에 관련된 자료를 제출하게 하거나 소속 공무원으로 하여금 사업장에 출입하여 조사하게 할 수 있다. 이 경우 조사에 관하여는 제30조제2항 및 제3항을 준용한다.

제22조(재평가) 과태료

① 국토교통부장관은 해당 사업을 착공한 후에 지하안전평가 협의 당시 예측하지 못한 사정이 발생하여 주변 지하안전에 중대한 영향을 미치는 경우로서 제20조제1항 또는 제21조에 따른 조치나 조치명령으로는 지하안전확보방안을 마련하기 곤란한 경우에는 승인기관장등과의 협의를 거쳐 제16조제2항 각 호의 자에게 재평가를 하도록 요청할 수 있다.
② 제1항에 따른 요청을 받은 자는 해당 사업계획 등에 대하여 재평가를 실시하고 그 결과를 대통령령으로 정하는 기간 이내에 국토교통부장관과 승인기관장등에게 통보하여야

한다.

③ 국토교통부장관이나 승인기관장등은 제2항에 따라 재평가 결과를 통보받았을 때에는 재평가 결과에 따라 지하안전확보를 위하여 지하개발사업자에게 필요한 조치를 하게 하거나 다른 행정기관의 장 등에게 필요한 조치명령을 하도록 요청할 수 있다.

제22조의2(지하개발 사업에 의한 지반침하 사고예방을 위한 긴급안전조치 등)

① 국토교통부장관 및 승인기관의 장은 지하개발 사업으로 인하여 지반침하가 발생하였거나 발생할 우려가 있는 때에는 대통령령으로 정하는 바에 따라 지하개발사업자에게 주변 지반에 대한 보수·보강 등의 안전조치를 명령할 수 있다.

② 제1항에 따른 안전조치명령을 받은 지하개발사업자는 이를 이행하고 그 결과를 국토교통부령으로 정하는 바에 따라 국토교통부장관(승인기관의 장으로부터 안전조치명령을 받은 경우에는 승인기관의 장을 말한다)에게 알려야 한다.

③ 국토교통부장관 및 승인기관의 장은 지하개발사업자가 제1항에 따른 안전조치명령을 이행하지 아니하는 경우 해당 사업의 전부 또는 일부에 대하여 공사중지를 명령할 수 있다.

제2절 소규모 지하안전평가

제23조(소규모 지하안전평가의 실시 등) 벌칙과태료

① 지하안전평가 대상사업에 해당하지 아니하는 사업으로서 대통령령으로 정하는 소규모 사업(이하 "소규모 지하안전평가 대상사업"이라 한다)을 하려는 지하개발사업자는 소규모 지하안전평가를 실시하고, 소규모 지하안전평가에 관한 평가서(이하 "소규모 지하안전평가서"라 한다)를 작성하여야 한다. 다만, 천재지변이나 사고로 인한 긴급복구가 필요한 경우 등 대통령령으로 정하는 사유에 해당한다고 국토교통부장관이 인정한 지하시설물 공사(이하 "긴급복구공사"라 한다)의 경우에는 그러하지 아니하다.

② 소규모 지하안전평가의 평가항목·방법, 소규모 지하안전평가를 실시할 수 있는 자의 자격, 소규모 지하안전평가서의 작성방법 등에 필요한 사항은 대통령령으로 정한다.

③ 소규모 지하안전평가에 관하여는 제15조부터 제19조까지, 제19조의2, 제20조부터 제22조까지 및 제22조의2를 준용한다. 이 경우 "지하안전평가"는 "소규모 지하안전평가"로, "지하안전평가서"는 "소규모 지하안전평가서"로 본다.

제4장 지하안전평가 등의 대행

제24조(지하안전평가 등의 대행) 문헌벌칙과태료

① 지하안전평가, 착공후지하안전조사, 소규모 지하안전평가 및 제35조제1항에 따른 지반침하위험도평가(이하 "지하안전평가등"이라 한다)를 하려는 지하개발사업자 또는 지하시설물관리자는 제25조제1항에 따라 지하안전평가 전문기관으로 등록을 한 자(이하 "지하안전평가 전문기관"이라 한다)에게 지하안전평가등을 대행하게 할 수 있다.

② 지하안전평가등을 하려는 지하개발사업자 및 지하시설물관리자는 다음 각 호의 사항을

지켜야 한다.

1. 다른 지하안전평가서, 착공후지하안전조사서, 소규모 지하안전평가서 및 제35조제1항에 따른 지반침하위험도평가서(이하 "지하안전평가서등"이라 한다)의 내용을 복제하여 지하안전평가서등을 작성하지 아니할 것
2. 지하안전평가서등과 그 작성의 기초가 되는 자료를 거짓으로 또는 부실하게 작성하지 아니할 것
3. 지하안전평가서등과 그 작성의 기초가 되는 자료를 국토교통부령으로 정하는 기간 동안 보존할 것
4. 지하안전평가 전문기관과 지하안전평가등에 관한 대행계약을 체결하는 경우에는 해당 지하안전평가등의 대상이 되는 계획이나 사업의 수립·시행과 관련되는 계약과 분리하여 체결할 것
5. 지하안전평가 전문기관과 착공후지하안전조사에 관한 대행계약을 체결하는 경우에는 해당 사업의 지하안전평가 또는 소규모 지하안전평가 계약과 분리하여 체결할 것

③ 제2항제2호에 따른 거짓 또는 부실 작성의 구체적인 판단기준은 국토교통부령으로 정한다.

제25조(지하안전평가 전문기관의 등록 등) 벌칙과태료

① 제24조제1항에 따라 지하안전평가등을 대행하려는 자는 기술인력 및 장비 등 대통령령으로 정하는 등록기준을 갖추어 시·도지사에게 지하안전평가 전문기관으로 등록을 하여야 한다.

② 시·도지사는 제1항에 따라 지하안전평가 전문기관으로 등록을 한 때에는 국토교통부장관에게 통보하고, 등록증을 발급하여야 한다.

③ 제2항에 따라 등록증을 받은 자는 대통령령으로 정하는 등록사항이 변경된 때에는 그 날부터 30일 이내에 시·도지사에게 신고하여야 한다.

④ 지하안전평가 전문기관은 제2항에 따라 받은 등록증을 잃어버리거나 못쓰게 된 때에는 다시 등록증을 교부받을 수 있다.

⑤ 지하안전평가 전문기관은 계속하여 1년 이상 휴업하거나 재개업 또는 폐업하려는 경우에는 시·도지사에게 신고하여야 한다.

⑥ 시·도지사는 제5항에 따라 폐업신고를 받은 때에는 그 등록을 말소하여야 한다.

⑦ 제1항부터 제4항까지에 따른 지하안전평가 전문기관의 등록 및 등록증 발급 절차, 등록사항의 변경신고, 등록증의 교부, 제5항에 따른 신고 등에 필요한 사항은 국토교통부령으로 정한다.

제26조(결격사유)

다음 각 호의 어느 하나에 해당하는 자는 지하안전평가 전문기관으로 등록할 수 없다.

1. 피성년후견인 또는 피한정후견인
2. 파산선고를 받고 복권되지 아니한 자
3. 제28조에 따라 등록이 취소된 날부터 2년이 지나지 아니한 자. 다만, 같은 조 제1항제6호에 해당하여 취소된 경우는 제외한다.

4. 이 법을 위반하여 금고 이상의 실형을 선고받고 그 형의 집행이 끝나거나(집행이 끝난 것으로 보는 경우를 포함한다) 집행을 받지 아니하기로 확정된 날부터 2년이 지나지 아니한 자
5. 이 법을 위반하여 금고 이상의 형의 집행유예를 선고받고 그 유예기간 중에 있는 자
6. 임원 중에 제1호부터 제5호까지의 어느 하나에 해당하는 자가 있는 법인

제27조(지하안전평가 전문기관의 준수사항) 벌칙과태료
지하안전평가등을 대행하는 자는 다음 각 호의 사항을 준수하여야 한다.
1. 다른 지하안전평가서등의 내용을 복제하여 지하안전평가서등을 작성하지 아니할 것
2. 지하안전평가서등과 그 작성의 기초가 되는 자료를 거짓으로 또는 부실하게 작성하지 아니할 것
3. 지하안전평가서등과 그 작성의 기초가 되는 자료를 국토교통부령으로 정하는 기간 동안 보존할 것
4. 자신이 도급받은 지하안전평가등의 업무를 해당 지하개발사업자 또는 지하시설물관리자의 동의 없이 하도급하지 아니할 것
5. 다른 사람에게 등록증이나 명의를 대여하지 말 것

제28조(등록의 취소 등)
① 시·도지사는 지하안전평가 전문기관이 다음 각 호의 어느 하나에 해당하면 그 등록을 취소하거나 1년 이내의 기간을 정하여 영업정지를 명할 수 있다. 다만, 제1호부터 제3호까지 또는 제6호에 해당하는 경우에는 그 등록을 취소하여야 한다.
  1. 거짓이나 그 밖의 부정한 방법으로 등록한 경우
  2. 영업정지기간 중 지하안전평가등의 대행계약을 새로 체결한 경우
  3. 최근 2년 이내에 두 번의 영업정지처분을 받고 다시 영업정지처분에 해당하는 행위를 한 경우
  4. 등록 후 2년 이내에 지하안전평가등의 대행실적이 없는 경우
  5. 제25조제1항에 따른 등록기준에 못 미치게 된 경우. 다만, 일시적으로 등록기준에 못 미치는 등 대통령령으로 정하는 경우에는 그러하지 아니하다.
  6. 제26조 각 호의 어느 하나에 해당하는 경우. 다만, 제26조제6호에 해당하는 법인이 6개월 이내에 그 임원을 바꾸어 임명한 경우에는 그러하지 아니하다.
  7. 제27조 각 호의 준수사항을 위반한 경우
  8. 최근 2년간 제31조에 따른 시정명령을 두 차례 받고 새로 시정명령에 해당하는 사유가 발생한 경우
  9. 지하안전평가등을 수행할 자격이 없는 자에게 지하안전평가등을 수행하게 한 경우
  10. 다른 행정기관으로부터 법령에 따라 영업정지 등의 요청이 있는 경우
② 제1항에 따른 행정처분의 세부적인 기준은 그 처분의 사유와 위반의 정도 등을 고려하여 대통령령으로 정한다.

제29조(행정처분 후의 업무수행) 벌칙

① 제28조에 따라 등록취소 또는 영업정지처분을 받은 지하안전평가 전문기관은 그 처분 전에 체결한 지하안전평가등의 대행계약에 한정하여 해당 업무를 계속할 수 있다. 이 경우 지하안전평가 전문기관은 그 처분받은 내용을 지체 없이 지하안전평가등의 대행계약을 체결한 지하개발사업자 또는 지하시설물관리자에게 문서로 알려야 한다.
② 지하개발사업자는 또는 지하시설물관리자는 제1항에 따른 통지를 받거나 그 사실을 안 때에는 그 날부터 30일 이내에 해당 계약을 해지할 수 있다.
③ 제1항에 따라 업무를 계속하는 자는 그 업무를 끝낼 때까지 그 업무에 관하여는 지하안전평가 전문기관으로 본다.
④ 제1항에 따라 업무를 계속하는 자는 그 처분 전에 체결한 지하안전평가등의 대행계약 외의 대행계약을 새로 체결하여서는 아니 된다.

제30조(보고·조사) 벌칙
① 국토교통부장관, 시·도지사는 지하안전평가 전문기관의 지하안전평가등의 실시현황 등 그 업무에 관한 사항을 파악하기 위하여 필요하면 지하안전평가 전문기관에게 필요한 보고를 하도록 명하거나 관련 자료를 제출하게 할 수 있으며, 소속 공무원으로 하여금 관련 서류 등을 조사하게 할 수 있다.
② 제1항에 따른 조사를 하는 경우에는 조사 7일 전까지 조사의 일시·이유 및 내용 등에 대한 조사계획을 조사 대상자에게 알려야 한다. 다만, 긴급히 처리할 필요가 있거나 사전에 알릴 경우 증거인멸 등으로 조사의 목적을 달성할 수 없다고 인정하는 경우에는 그러하지 아니하다.
③ 제1항에 따른 조사를 하는 공무원은 그 권한을 표시하는 증표를 지니고 이를 관계인에게 내보여야 한다.

제31조(시정명령)
국토교통부장관 또는 시·도지사는 지하안전평가 전문기관이 지하안전평가등을 성실하게 수행하지 아니한 경우에는 기간을 정하여 그 시정을 명할 수 있다.

제32조(지하안전평가 전문기관의 실적관리 등) 과태료
① 지하안전평가 전문기관은 매년 1월 31일까지 전년도의 지하안전평가등의 대행실적을 국토교통부령으로 정하는 바에 따라 국토교통부장관에게 보고하여야 한다.
② 국토교통부장관은 제1항에 따라 지하안전평가등의 대행실적을 보고받으면 그에 관한 기록을 유지·관리하여야 하며, 지하안전평가 전문기관이 신청을 하는 경우에는 지하안전평가등 대행실적확인서를 발급할 수 있다.
③ 시·도지사는 매년 지하안전평가 전문기관에 대한 영업정지 등 행정처분 현황을 국토교통부령으로 정하는 바에 따라 국토교통부장관에게 보고하여야 한다.

제33조(지하안전평가등 대행비용의 산정기준)
국토교통부장관은 지하안전평가등의 대행에 필요한 비용의 산정기준을 정하여 고시하여야 한다.

제5장 지하시설물 및 주변 지반의 안전관리

제34조(지하시설물 및 주변 지반에 대한 안전점검 등) 벌칙과태료

① 지하시설물관리자는 소관 지하시설물 및 주변 지반에 대하여 안전관리규정에 따른 안전점검을 국토교통부령으로 정하는 바에 따라 정기적으로 실시하고 그 결과를 시장·군수·구청장에게 통보하여야 한다.

② 시장·군수·구청장은 관할 구역에 있는 지하시설물 및 주변 지반에 대하여 연 1회 이상 안전관리 실태를 점검하여야 한다. 다만, 제1항에 따라 통보받은 안전점검 결과를 검토하여 지반침하의 우려가 없다고 판단하는 경우에는 이를 생략할 수 있다.

③ 시장·군수·구청장은 제2항에 따른 안전관리 실태점검의 효율성을 높이기 위하여 필요한 경우 관계 기관 및 전문가와 합동하여 현장조사를 실시할 수 있다.

④ 시장·군수·구청장은 제2항에 따른 안전관리 실태점검 결과 지반침하의 우려가 있다고 판단되는 경우에는 이를 해당 지하시설물관리자 및 해당 토지의 소유자·점유자에게 통보하여 안전에 필요한 조치를 취하도록 하여야 하며, 해당 지하시설물관리자에게 제35조제1항에 따른 지반침하위험도평가의 실시를 명할 수 있다.

⑤ 관계 중앙행정기관의 장은 소관 지하시설물 및 주변 지반에 대하여, 시·도지사는 관할 구역에 있는 지하시설물 및 주변 지반에 대한 안전관리 현황을 파악하기 위하여 현장조사를 할 수 있다.

제35조(지반침하위험도평가 및 중점관리대상의 지정 등) 벌칙

① 지하시설물관리자는 다음 각 호의 어느 하나에 해당하는 경우 지반침하위험도평가를 실시하여야 하고, 지반침하위험도평가에 관한 평가서(이하 "지반침하위험도평가서"라 한다)를 관할 시장·군수·구청장에게 제출하여야 한다.

1. 긴급복구공사를 완료한 경우
2. 제34조제1항에 따른 안전점검을 실시한 결과 지반침하의 우려가 있다고 인정되는 경우
3. 제34조제4항에 따라 지반침하위험도평가의 실시명령을 받은 경우

② 시장·군수·구청장은 제1항에 따라 제출받은 지반침하위험도평가서를 검토한 결과 지반침하의 위험이 확인된 경우에는 지반침하 중점관리시설 및 지역(이하 "중점관리대상"이라 한다)을 지정·고시하여야 한다. 이 경우 제12조제1항에 따른 시·군·구 지하안전위원회가 설치된 경우에는 해당 위원회의 심의를 거쳐 중점관리대상을 지정(변경을 포함한다)·고시하여야 한다.

③ 시장·군수·구청장은 제2항에 따른 중점관리대상으로 지정·고시하기 위하여 필요하다고 인정하는 경우에는 소속 직원과 지반침하 관련 전문가 등으로 구성된 현지조사단으로 하여금 현지조사를 실시하게 할 수 있다.

④ 시장·군수·구청장은 제2항에 따라 중점관리대상을 지정·고시한 때에는 그 사실을 지하시설물관리자 및 해당 토지의 소유자 또는 점유자(이하 "관계인"이라 한다)에게 알려주어야 한다. 다만, 관계인의 주소·거소가 분명하지 아니한 때에는 국토교통부령으로 정하는 바에 따라 고시로써 이를 갈음한다.

⑤ 시장·군수·구청장은 중점관리대상이 보수·보강 등 정비사업의 시행으로 지반침하 위험

이 없어진 경우에는 중점관리대상의 지정을 해제하고 그 결과를 고시하여야 한다. 이 경우 제12조제1항에 따른 시·군·구 지하안전위원회가 설치된 경우에는 해당 위원회의 심의를 거쳐 중점관리대상 지정을 해제·고시하여야 한다.

⑥ 지반침하위험도평가의 방법·절차, 지반침하위험도평가를 실시할 수 있는 자의 자격, 지반침하위험도평가서의 작성방법 등에 필요한 사항은 대통령령으로 정하고, 중점관리대상의 지정·고시 및 변경·해제 등에 필요한 사항은 국토교통부령으로 정한다.

제36조(위험표지의 설치) 과태료

① 제35조제2항에 따라 중점관리대상이 지정·고시된 때에는 해당 지하시설물관리자는 중점관리대상에 위험을 알리는 표지를 설치하여야 한다.

② 제1항에 따라 중점관리대상에 설치하는 위험표지의 크기·기재사항 등에 관한 세부사항은 국토교통부령으로 정한다.

③ 누구든지 제1항 및 제2항에 따라 위험표지를 설치한 자의 허락 없이 이를 이전하거나 훼손하여서는 아니 된다.

제37조(중점관리대상의 안전확보 등) 과태료

제35조제4항에 따라 중점관리대상의 지정을 통보받은 지하시설물관리자는 지반침하 위험을 없애기 위하여 시설물 사용 제한이나 긴급 보수 등의 필요한 조치를 취하여야 한다.

제38조(지하시설물에 의한 지반침하 사고예방을 위한 긴급안전조치 등) 벌칙과태료

① 국토교통부장관, 시·도지사 및 시장·군수·구청장은 지하시설물에 의하여 지반침하가 발생하였거나 지반침하가 발생할 우려가 있는 때에는 대통령령으로 정하는 바에 따라 관계인에게 관련 시설의 사용을 제한·금지하거나 보수·보강 또는 제거하는 등의 안전조치를 명령할 수 있다.

② 제1항의 안전조치명령을 받은 관계인이 안전조치를 이행한 때에는 국토교통부령으로 정하는 바에 따라 그 결과를 국토교통부장관(시·도지사 또는 시장·군수·구청장으로부터 안전조치명령을 받은 경우에는 시·도지사 또는 시장·군수·구청장을 말한다)에게 통보하여야 한다.

③ 국토교통부장관, 시·도지사 및 시장·군수·구청장은 제1항에 따른 안전조치명령을 받은 자가 그 명령을 이행하지 아니하는 경우에는 그에 대신하여 필요한 안전조치를 취할 수 있다. 이 경우 「행정대집행법」을 준용한다.

제39조(대피명령 등) 과태료

시장·군수·구청장은 중점관리대상에서 지반침하가 발생하거나 발생할 우려가 있는 때에 사람의 생명 또는 신체에 대한 위해를 방지하기 위하여 필요한 경우에는 해당 지역의 주민이나 위험지역에 있는 자에게 대피명령 또는 강제대피 등의 조치를 할 수 있다.

제40조(중점관리대상 정비계획의 수립 등) 과태료

① 지하시설물관리자는 중점관리대상에 대하여 대통령령으로 정하는 바에 따라 보수·보강

등 정비계획을 수립하여 시장·군수·구청장에게 제출하여야 하며, 시장·군수·구청장은 시·도지사를 거쳐 국토교통부장관에게 제출하여야 한다.

② 국토교통부장관, 시·도지사 및 시장·군수·구청장은 제1항에 따라 제출받은 정비계획에 대하여 필요하다고 인정되는 때에는 정비계획의 수정 또는 보완을 요구할 수 있고 이를 요구받은 지하시설물관리자는 정당한 사유가 없으면 이에 따라야 한다.

③ 국토교통부장관, 시·도지사 및 시장·군수·구청장은 제1항에 따른 정비계획을 성실히 이행하지 아니한 경우 이에 대한 이행 및 시정명령을 할 수 있다.

④ 제1항에 따른 정비계획을 이행한 지하시설물관리자는 그 결과를 국토교통부령으로 정하는 방법 및 절차에 따라 시장·군수·구청장에게 통보하고 중점관리대상의 해제를 요청하여야 한다.

제41조(토지 등의 시설의 일시 사용 등) 과태료

① 시장·군수·구청장은 관할 지역에서 지반침하로 인한 사고가 발생하거나 발생할 우려가 있어 응급조치를 하여야 할 사정이 있는 때에는 해당 현장에 있는 자 또는 인근에 거주하는 자에 대하여 응급조치를 하도록 하거나 대통령령으로 정하는 바에 따라 다른 사람의 토지·건축물·공작물, 그 밖의 소유물을 일시 사용할 수 있으며 장애물을 변경 또는 제거할 수 있다.

② 시장·군수·구청장은 제1항에 따른 응급조치로 손실이 발생한 때에는 「공익사업을 위한 토지 등의 취득 및 보상에 관한 법률」에 따라 보상하여야 한다.

③ 시장·군수·구청장은 제1항에 따라 응급조치에 종사한 자에 대한 치료와 보상에 대하여는 「재난 및 안전관리 기본법」 제65조를 준용한다.

제6장 지하공간통합지도의 제작 및 제공·활용

제42조(지하공간통합지도의 제작 및 전담기구의 지정·운영) 과태료

① 국토교통부장관은 지하의 개발·이용·관리에 활용할 수 있도록 지하정보를 통합한 지하공간통합지도를 대통령령으로 정하는 바에 따라 제작하여야 한다.

② 지하개발사업자 및 지하시설물관리자는 소관 지하시설물 등과 관련된 지하정보의 변동이 발생한 경우 대통령령으로 정하는 바에 따라 갱신정보를 지하정보관리기관의 장에게 제출하여야 한다.

③ 지하정보관리기관의 장은 정확한 지하정보 구축을 위하여 지하정보 개선계획 수립 등의 노력을 하여야 하며, 지하정보가 개선된 경우 그 지하정보를 소관 중앙행정기관의 장에게 제출하여야 한다.

④ 중앙행정기관의 장은 소관 지하정보관리기관의 장으로부터 지하정보를 수집·관리하여야 한다.

⑤ 중앙행정기관의 장은 소관 지하정보관리기관의 장이 실시하는 지하정보 정확도 개선사업에 필요한 기술 및 소요되는 자금의 전부 또는 일부를 지원할 수 있다.

⑥ 국토교통부장관은 제1항에 따른 지하공간통합지도의 제작과 제3항에 따른 지하정보 구

축을 지원하기 위하여 전담기구를 지정·운영할 수 있다.
⑦ 제6항에 따른 전담기구의 지정·운영에 필요한 사항은 대통령령으로 정한다.
⑧ 지하공간통합지도의 제작과 관리에 필요한 기준은 이 법에서 정하는 것을 제외하고는 「공간정보의 구축 및 관리 등에 관한 법률」을 따른다.

제43조(지하정보통합체계의 구축·운영) 과태료
① 국토교통부장관은 지하정보를 효율적으로 관리 및 활용하기 위하여 다음 각 호의 사항이 포함된 지하정보통합체계를 구축·운영하여야 한다.
  1. 지하정보
  2. 지하공간통합지도
  3. 그 밖에 대통령령으로 정하는 사항
② 국토교통부장관은 제1항에 따른 지하정보통합체계를 구축하기 위하여 지하정보관리기관의 장 또는 관계 중앙행정기관의 장에게 필요한 자료의 제공과 지하정보의 정확도 개선을 요청할 수 있다. 이 경우 요청을 받은 자는 정당한 사유가 없으면 이에 따라야 한다.
③ 국토교통부장관은 지하정보통합체계의 효율적인 구축 및 운영을 위하여 지하정보관리기관의 장, 관계 중앙행정기관의 장 등과 협의체를 구성하여 운영할 수 있다. 이 경우 협의체의 구성·운영에 필요한 사항은 대통령령으로 정한다.
④ 제1항에 따른 지하정보통합체계의 구축·운영 등에 필요한 사항은 대통령령으로 정한다.

제44조(지하정보통합체계의 지원 및 활용)
① 국토교통부장관은 제43조제1항에 따른 지하정보통합체계의 활용을 지원하기 위하여 「국가공간정보 기본법」 제9조제2항에 따른 공간정보 관련 기관, 단체 또는 법인을 지하정보활용지원센터로 지정·운영할 수 있다.
② 지방자치단체는 제43조제1항에 따른 지하정보통합체계의 활용 등을 주관하는 부서 및 담당하는 인력을 적정하게 두도록 노력하여야 한다.
③ 지하공간통합지도가 구축된 지역에서 지하개발사업자 및 지하시설물관리자가 대통령령으로 정하는 지하개발 사업을 시행할 때는 지하공간통합지도를 활용하여야 한다.
④ 국토교통부장관은 제3항에 따른 지하공간통합지도 활용을 위하여 지하개발사업자 및 지하시설물관리자로부터 지하공간통합지도 제공 요청이 있는 경우 정당한 사유가 없으면 이에 따라야 한다.
⑤ 제1항에 따른 지하정보활용지원센터의 지정·운영 등에 필요한 사항은 대통령령으로 정한다.

제45조(지하정보 목록정보의 작성 및 관리)
① 지하정보관리기관의 장은 해당 기관이 보유하고 있는 지하정보에 관한 목록정보를 작성 및 관리하여야 한다.
② 제1항에 따른 목록정보의 작성 및 관리에 관하여는 「국가공간정보 기본법」에서 정하는 바에 따른다.

제7장 보칙

제46조(사고조사 등) 과태료

① 지하개발사업자 또는 지하시설물관리자는 해당 사업 또는 소관 지하시설물과 관련하여 지반침하로 인한 사고가 발생한 경우에는 지체 없이 응급 안전조치를 하여야 하며, 대통령령으로 정하는 규모 이상의 사고가 발생한 경우에는 관할 지방자치단체의 장에게 사고발생 사실을 알려야 한다.

② 제1항에 따라 사고발생 사실을 통보받은 지방자치단체의 장은 이를 국토교통부장관에게 알려야 한다.

③ 국토교통부장관은 대통령령으로 정하는 규모 이상의 피해가 발생한 사고의 경위 및 원인 등을 조사하기 위하여 필요한 경우에는 중앙지하사고조사위원회를 구성·운영할 수 있다.

④ 지방자치단체의 장은 관할 구역에서 발생한 사고의 경위 및 원인 등을 조사하기 위하여 필요한 경우에는 지하사고조사위원회를 구성·운영할 수 있다.

⑤ 지하개발사업자 또는 지하시설물관리자는 제3항 및 제4항에 따른 중앙지하사고조사위원회 및 지하사고조사위원회의 사고조사에 필요한 현장보존, 자료제출, 관련 장비의 제공 및 관련자 의견청취 등에 적극 협조하여야 한다.

⑥ 지방자치단체의 장은 제4항에 따라 사고조사를 실시한 경우 그 결과를 지체 없이 국토교통부장관에게 통보하여야 한다.

⑦ 제3항 및 제4항에 따른 중앙지하사고조사위원회 및 지하사고조사위원회의 구성·운영과 사고조사 등에 필요한 사항은 대통령령으로 정한다.

제47조(지하안전정보체계의 구축·운영)

① 국토교통부장관은 지하안전관리에 관한 정책의 수립·평가 또는 연구·조사 등에 활용하기 위하여 다음 각 호의 사항이 포함된 지하안전정보체계를 구축·운영하여야 한다.
   1. 제6조부터 제8조까지에 따른 지하안전관리계획에 관한 사항
   2. 지하안전평가서등에 관한 사항
   3. 제25조·제28조·제32조 및 제56조에 따른 지하안전평가 전문기관의 등록, 등록사항의 변경신고, 휴업·재개업 신고, 등록말소, 등록취소, 영업정지, 대행실적 또는 과태료 등에 관한 사항
   4. 제34조에 따른 지하시설물 및 주변 지반에 대한 안전점검에 관한 사항
   5. 제35조 및 제37조에 따른 중점관리대상의 지정 및 안전확보에 관한 사항
   6. 제40조에 따른 중점관리대상의 정비계획에 관한 사항
   7. 제46조에 따른 지반침하 사고 및 피해 현황·통계에 관한 사항
   8. 그 밖에 지하안전관리를 위하여 국토교통부령으로 정하는 사항

② 국토교통부장관은 제1항에 따른 지하안전정보체계를 구축하기 위하여 관계 중앙행정기관의 장, 시·도지사 및 시장·군수·구청장, 지하안전평가 전문기관에 필요한 자료의 제출을 요청할 수 있다. 이 경우 요청을 받은 자는 정당한 사유가 없으면 이에 따라야 한다.

③ 제1항에 따른 지하안전정보체계의 구축·운영 등에 필요한 사항은 대통령령으로 정한다.

제48조(비밀유지의무) 벌칙
지하안전평가등의 수행, 지하안전평가서등의 검토 또는 제46조에 따른 중앙지하사고조사위원회 및 지하사고조사위원회의 업무에 종사하거나 종사하였던 자는 업무상 알게 된 비밀을 누설하거나 도용하여서는 아니 된다. 다만, 지하안전관리를 위하여 국토교통부장관이 필요하다고 인정할 때에는 그러하지 아니하다.

제49조(권한의 위임·위탁)
① 국토교통부장관은 이 법에 따른 권한의 일부를 대통령령으로 정하는 바에 따라 시·도지사 또는 소속 기관의 장에게 위임할 수 있다.
② 국토교통부장관, 시·도지사 및 시장·군수·구청장은 이 법에 따른 업무의 일부를 대통령령으로 정하는 바에 따라 「공공기관의 운영에 관한 법률」에 따른 공공기관 또는 지하안전과 관련된 기관·단체에 위탁할 수 있다.

제50조(벌칙 적용에서 공무원 의제)
다음 각 호의 어느 하나에 해당하는 사람은 「형법」 제129조부터 제132조까지를 적용할 때에는 공무원으로 본다.
1. 제12조에 따른 지방지하안전위원회의 위원 중 공무원이 아닌 위원
2. 지하안전평가등을 수행하는 자
3. 제22조제1항(제23조제3항에 따라 준용되는 경우를 포함한다)에 따른 재평가 업무를 수행하는 자
4. 제44조에 따른 지하정보활용지원센터의 임직원
5. 제46조에 따른 중앙지하사고조사위원회 및 지하사고조사위원회의 위원 중 공무원이 아닌 위원

제8장 벌칙

제51조(벌칙) 벌칙과태료
① 다음 각 호의 어느 하나에 해당하는 자는 10년 이하의 징역에 처한다.
  1. 제14조제1항에 따른 지하안전평가를 실시하지 아니하거나 성실하게 실시하지 아니함으로써 지반침하를 일으켜 공중의 위험을 발생하게 한 자
  2. 제19조제1항(제23조제3항에 따라 준용되는 경우를 포함한다)을 위반하여 협의 등의 절차가 끝나기 전에 공사를 시행함으로써 지반침하를 일으켜 공중의 위험을 발생하게 한 자
  3. 제19조제3항(제23조제3항에 따라 준용되는 경우를 포함한다)에 따른 공사중지명령을 이행하지 아니함으로써 지반침하를 일으켜 공중의 위험을 발생하게 한 자
  4. 제20조제1항(제23조제3항에 따라 준용되는 경우를 포함한다)에 따른 착공후지하안전조사를 실시하지 아니하거나 성실하게 실시하지 아니함으로써 지반침하를 일으켜 공중의 위험을 발생하게 한 자

5. 제21조제2항(제23조제3항에 따라 준용되는 경우를 포함한다)에 따른 조치명령을 이행하지 아니함으로써 지반침하를 일으켜 공중의 위험을 발생하게 한 자
6. 제21조제3항(제23조제3항에 따라 준용되는 경우를 포함한다)에 따른 공사중지명령을 이행하지 아니함으로써 지반침하를 일으켜 공중의 위험을 발생하게 한 자
7. 제23조제1항에 따른 소규모 지하안전평가를 실시하지 아니하거나 성실하게 실시하지 아니함으로써 지반침하를 일으켜 공중의 위험을 발생하게 한 자
8. 제34조제1항에 따른 안전점검을 실시하지 아니하거나 성실하게 실시하지 아니함으로써 지반침하를 일으켜 공중의 위험을 발생하게 한 자
9. 제35조제1항에 따른 지반침하위험도평가를 실시하지 아니하거나 성실하게 실시하지 아니함으로써 지반침하를 일으켜 공중의 위험을 발생하게 한 자

② 제1항 각 호의 죄를 범하여 사람을 사상(死傷)에 이르게 한 자는 무기 또는 3년 이상의 징역에 처한다.

제52조(벌칙)

① 업무상 과실로 제51조제1항 각 호의 죄를 범한 자는 5년 이하의 징역이나 금고 또는 5천만원 이하의 벌금에 처한다.

② 업무상 과실로 제51조제2항의 죄를 범한 자는 10년 이하의 징역이나 금고 또는 1억원 이하의 벌금에 처한다.

제53조(벌칙)

제19조제3항(제23조제3항에 따라 준용되는 경우를 포함한다) 또는 제21조제3항(제23조제3항에 따라 준용되는 경우를 포함한다)에 따른 공사중지명령을 이행하지 아니한 자는 5년 이하의 징역 또는 5천만원 이하의 벌금에 처한다.

제54조(벌칙)

① 다음 각 호의 어느 하나에 해당하는 자는 2년 이하의 징역 또는 2천만원 이하의 벌금에 처한다.
1. 제14조제1항에 따른 지하안전평가를 실시하지 아니한 자
2. 제20조제1항(제23조제3항에 따라 준용되는 경우를 포함한다)에 따른 착공후지하안전조사를 실시하지 아니한 자

2의2. 제22조의2제1항에 따른 안전조치명령을 이행하지 아니한 자

3. 제23조제1항에 따른 소규모 지하안전평가를 실시하지 아니한 자
4. 제24조제2항제1호 또는 제27조제1호를 위반하여 다른 지하안전평가서등의 내용을 복제하여 지하안전평가서등을 작성한 자
5. 제24조제2항제2호 또는 제27조제2호를 위반하여 지하안전평가서등을 거짓으로 작성한 자
6. 제25조제1항에 따른 등록을 하지 아니하고 지하안전평가등을 대행한 자
7. 제29조제4항을 위반하여 등록이 취소된 후 또는 영업정지기간 중에 새로 지하안전평가등의 대행계약을 체결한 자

8. 제35조제1항에 따른 지반침하위험도평가를 실시하지 아니한 자
9. 제38조제1항에 따른 안전조치명령을 이행하지 아니한 자

② 다음 각 호의 어느 하나에 해당하는 자는 1년 이하의 징역 또는 1천만원 이하의 벌금에 처한다.

1. 제19조제1항(제23조제3항에 따라 준용되는 경우를 포함한다)을 위반하여 협의 등의 절차가 끝나기 전에 공사를 한 자
2. 정당한 사유 없이 제21조제5항(제23조제3항에 따라 준용되는 경우를 포함한다)에 따른 자료 제출을 거부하거나 출입·조사를 방해 또는 기피한 자
3. 거짓이나 그 밖의 부정한 방법으로 제25조제1항에 따른 지하안전평가 전문기관 등록을 한 자
4. 제27조제4호를 위반하여 지하안전평가등의 업무를 하도급한 자
5. 제27조제5호를 위반하여 등록증이나 명의를 대여한 자
6. 정당한 사유 없이 제30조제1항에 따른 자료 제출 또는 보고·조사를 거부한 자
7. 제48조를 위반하여 비밀을 누설하거나 도용한 자

제55조(양벌규정)

법인의 대표자나 법인 또는 개인의 대리인, 사용인, 그 밖의 종업원이 그 법인 또는 개인의 업무에 관하여 제51조부터 제54조까지의 어느 하나에 해당하는 위반행위를 하면 그 행위자를 벌하는 외에 그 법인 또는 개인에게도 해당 조문의 벌금형을 과(科)한다. 다만, 법인 또는 개인이 그 위반행위를 방지하기 위하여 해당 업무에 관하여 상당한 주의와 감독을 게을리하지 아니한 경우에는 그러하지 아니하다.

제56조(과태료)

① 다음 각 호의 어느 하나에 해당하는 자에게는 2천만원 이하의 과태료를 부과한다.

1. 제21조제2항(제23조제3항에 따라 준용되는 경우를 포함한다) 또는 제22조제3항(제23조제3항에 따라 준용되는 경우를 포함한다)에 따른 조치명령을 이행하지 아니한 자
2. 제34조제1항에 따른 안전점검을 실시하지 아니하거나 성실하게 수행하지 아니한 자(제51조제1항제8호에 따라 형벌을 받은 자는 제외한다)
3. 제40조제3항에 따른 이행명령 또는 시정명령을 따르지 아니한 자

② 다음 각 호의 어느 하나에 해당하는 자에게는 1천만원 이하의 과태료를 부과한다.

1. 제20조제1항(제23조제3항에 따라 준용되는 경우를 포함한다)을 위반하여 필요한 조치를 하지 아니한 자
2. 제20조제2항(제23조제3항에 따라 준용되는 경우를 포함한다)을 위반하여 통보를 하지 아니한 자
3. 제24조제2항제2호 또는 제27조제2호를 위반하여 지하안전평가서등을 부실하게 작성한 자
4. 제24조제2항제4호를 위반하여 지하안전평가서등에 관한 대행계약을 해당 지하안전평가등의 대상이 되는 계획이나 사업의 수립·시행과 관련되는 계약과 분리하여 체결하지 아니한 자

5. 제24조제2항제5호를 위반하여 착공후지하안전조사에 관한 대행계약을 해당 사업의 지하안전평가 또는 소규모 지하안전평가 계약과 분리하여 체결하지 아니한 자

③ 다음 각 호의 어느 하나에 해당하는 자에게는 500만원 이하의 과태료를 부과한다.

1. 제10조제1항 또는 제2항에 따른 건설공사 안전관리계획 또는 안전관리규정을 제출하지 아니한 자
2. 제10조제3항에 따른 변경명령을 이행하지 아니한 자

2의2. 제22조의2제2항을 위반하여 안전조치명령의 이행 결과를 알리지 아니한 자

3. 제24조제2항제3호 또는 제27조제3호를 위반하여 지하안전평가서등과 그 작성의 기초가 되는 자료를 보존하지 아니한 자
4. 제25조제3항에 따른 변경신고를 하지 아니한 자
5. 제25조제5항에 따른 휴업·재개업 신고를 하지 아니한 자
6. 제32조제1항을 위반하여 지하안전향평가등의 대행실적을 보고하지 아니하거나 거짓으로 보고한 자
7. 제36조제1항을 위반하여 위험표지를 설치하지 아니한 자
8. 제36조제3항을 위반하여 위험표지를 이전하거나 훼손한 자
9. 제37조에 따른 필요한 조치를 취하지 아니한 자
10. 제38조제2항을 위반하여 안전조치 이행 결과를 통보하지 아니한 자
11. 제39조에 따른 대피 등의 명령을 거부한 자
12. 제40조제1항에 따른 정비계획을 수립하지 아니한 자
13. 제40조제4항을 위반하여 정비계획 이행 결과를 통보하지 아니한 자
14. 정당한 사유 없이 제41조제1항에 따른 토지·건축물·공작물, 그 밖의 소유물의 일시사용 또는 장애물의 변경이나 제거를 거부 또는 방해한 자
15. 제42조제2항에 따른 갱신정보를 제출하지 아니한 자
16. 정당한 사유 없이 제43조제2항에 따른 자료의 제공과 지하정보의 정확도 개선 요청에 따르지 아니한 지하정보관리기관의 장
17. 제46조에 따른 사고조사를 거부·방해 또는 기피한 자

④ 제1항부터 제3항까지에 따른 과태료는 대통령령으로 정하는 바에 따라 국토교통부장관, 시·도지사 또는 시장·군수·구청장이 부과·징수한다.

부 칙[2016.1.7 제13749호]

제1조(시행일) 이 법은 2018년 1월 1일부터 시행한다.
제2조(지하안전영향평가 및 소규모 지하안전영향평가에 관한 적용례) 제14조제1항 및 제23조제1항에 따른 지하안전영향평가 및 소규모 지하안전영향평가는 이 법 시행 후 최초로 해당 사업에 대한 승인등을 요청하는 경우부터 적용한다.

부 칙[2017.1.17 제14545호(시설물의 안전 및 유지관리에 관한 특별법)]

제1조(시행일) 이 법은 공포 후 1년이 경과한 날부터 시행한다.
제2조부터 제13조까지 생략

제14조(다른 법률의 개정) ①부터 ⑬까지 생략
⑭ 법률 제13749호 지하안전관리에 관한 특별법 일부를 다음과 같이 개정한다.
제16조제2항제1호 중 "「시설물의 안전관리에 관한 특별법」 제25조"를 "「시설물의 안전 및 유지관리에 관한 특별법」 제45조"로 한다.
⑮ 생략
제15조 생략

부 칙[2019.4.30 제16414호(건설기술 진흥법)]

제1조(시행일) 이 법은 공포 후 6개월이 경과한 날부터 시행한다.
제2조(다른 법률의 개정) ① 생략
② 지하안전관리에 관한 특별법 일부를 다음과 같이 개정한다.
제10조제1항 각 호 외의 부분 전단 및 같은 조 제4항 중 "건설업자"를 각각 "건설사업자"로 한다.
③ 생략
제3조 생략

부 칙[2020.6.9 제17447호(국토안전관리원법)]

제1조(시행일) 이 법은 공포 후 6개월이 경과한 날부터 시행한다.
제2조부터 제5조까지 생략
제6조(다른 법률의 개정) ①부터 ⑥까지 생략
⑦ 지하안전관리에 관한 특별법 일부를 다음과 같이 개정한다.
제16조제2항제1호를 다음과 같이 한다.
1. 「국토안전관리원법」에 따른 국토안전관리원
⑧ 생략
제7조 생략

부 칙[2020.6.9 제17453호(법률용어 정비를 위한 국토교통위원회 소관 78개 법률 일부개정을 위한 법률)]

이 법은 공포한 날부터 시행한다. <단서 생략>

부 칙[2020.6.9 제17456호]

제1조(시행일) 이 법은 공포 후 6개월이 경과한 날부터 시행한다.
제2조(지하공간통합지도 활용에 관한 적용례) 제44조제3항 및 제4항의 개정규정은 이 법 시행 후 시행하는 지하개발 사업부터 적용한다.
제3조(과태료 부과에 관한 적용례) 제56조제3항제16호의 개정규정은 이 법 시행 후 최초로 국토교통부장관이 지하정보관리기관의 장에게 제43조제2항에 따른 자료의 제공과 지하정보의 정확도 개선을 요청하는 경우부터 적용한다.

부 칙[2021.7.27 제18350호]

제1조(시행일) 이 법은 공포 후 6개월이 경과한 날부터 시행한다.
제2조(건축사업에 대한 승인등의 특례 적용례) 제19조의2의 개정규정은 이 법 시행 후 최초로 건축허가를 신청하거나 건축신고를 하는 경우부터 적용한다.
제3조(다른 법률의 개정) 국토안전관리원법 일부를 다음과 같이 개정한다.
제5조제3호 중 "지하안전영향평가서"를 "지하안전평가서"로, "사후지하안전영향조사서"를 "착공후지하안전조사서"로 한다.

7. 지하안전평가 표준 매뉴얼

2023년 7월 지하안전평가 표준 매뉴얼이 양양 지반침하 사고조사 결과 및 지하안전관리 강화 방안을 반영하여 연약지반 관련 내용 연약지반 굴착공사 평가기준 자동화 계측, 적용기준 등이 추가되었는데 신규대비표는 다음과 같다.

참고1 지하안전평가 표준매뉴얼 신구대비표

현 행

■ 2.2.3 굴착계획 현황

제2장 대상사업의 개요

예시

② 차수그라우팅 공법 비교

구 분	L.W 공법 (Labiles Waterglass method)	S.G.R 공법 (Space Grouting Rocket)	J.S.P 공법 (Jumbo Special Pattern)	E.G.M 공법 (Eco-friendly Grouting Method)
공법개요	○천공 후 지중에 주입관으로 Manjet Tube 설치 주입은 Seal 주입과 Double Packer(1.5 Shot)에 의한 L.W주입	○천공 후 지중에 2관 주입관 설치 특수 붕단장치에 의한 균일한 주입 및 저압주입 급결, 완결재의 복합 주입 설치	○천공 후 지중에 주입관 설치 주입 시 주입관의 회전인발 흡과 주입재의 강제치환으로 개량체 형성	○지반천공 및 지중에 이중관 주입Rod를 설치한 후, 특수한 주입선단장치(교반기)를 이용하여 대상지반 중에 기존 S.G.R공법과 같은 방법으로 저압에 의해 연속으로 주입하는 저압 침투주입공법
주재료	규산소다, 시멘트, 벤토나이트	규산소다, 시멘트	시멘트 혼화제, Soil	EF-A, 물
적용토질	사질토 및 일반토사	모든지층	N<30의 점토사질 지반	모든지층
차수효과	보통	보통	지층에 따라 양호, 보통	우수
장점	○지반 침투성이 양호 ○주입장비, 주입재료가 타공법에 비해 저렴 ○일정범위를 균일하게 보강할수 있음 ○주입후 주입효과가 불량한 위치에서 재주입 용이	○저압주입으로 지반 교란 및 인접구조물에 미치는 영향이 적음 ○Gel-Time을 자유로이 조절 가능 ○차수성 양호 ○장비가 소규모로 이동 용이	○연약 지반의 지반보강효과 양호 ○균질의 고강도 차수벽 형성 ○장기적 공사에 적용시 외력에 의한 충격 및 진동에 저항이 큼	○용탈을 2%이내이며 품질관리 향상 ○분말도가 높아 침투효과 탁월 ○지하수에 의한 희석환경에도 젤타임 유지 ○배합용수 수온에 영향받지 않음
단점	○차수 보강 영역이 좁음 ○겔 타임 조절 곤란 ○지반 보강효과는 기대하기 어려움 ○실트, 모래, 사력층에 재료 손실	○지층 및 공사목적에 따라 주입재의 선택에 유의 ○장기용출로 인한 환경오염발생이 우려됨	○그라우팅공법 중에서는 비교적 고가임 ○조밀한 자갈층 및 풍화암층에서 시공이 곤란 ○초고압 분사로 지반의 융기에 따라 인접지반에 영향	○최근 개발되어 시공실적이 적으나, 시공실적이 증가하는 추세(2018년 6건, 2019년 16건)에 있음
적용				○
적용사유	○시추조사결과 지하수위는 E.L(+) 0.3~1.1m(G.L(-) 19.6~20.3m)에 분포하여 주변 인접건물과 사업부지의 이격거리가 근접하여 위치함 ○과업부지 지층의 주요 구성성분은 자갈섞인 실트질 모래, 실트질 모래, 점토섞인 실트질 모래 등으로 구성되어 있음 ○L.W공법은 지반보강효과가 없으며, 재료손실의 가능성이 크므로 유동인구가 많은 도심지에 위치한 해당사업에는 적용이 불가능할 것으로 판단됨 ○J.S.P공법은 N<30의 점토사질 지반에만 적용할 수 있으므로 해당사업에는 적용이 불가능함 ○따라서, 모든 지층에 적용 가능하고 저압주입으로 지반교란 및 인접구조물에 미치는 영향이 적으며 차수성이 우수한 E.G.M공법 적용은 적절한 것으로 판단됨			

- 14 -

개 정(안)

■ 2.2.3 굴착계획 현황 ※ (차수그라우팅 공법 비교 수정)

제2장 대상사업의 개요

예시

② 차수그라우팅 공법 비교

구 분	L.W 공법 (Labiles Waterglass method)	S.G.R 공법 (Space Grouting Rocket)	J.S.P 공법 (Jumbo Special Pattern)
공법개요	○천공 후 지중에 주입관으로 Manjet Tube 설치 주입은 Seal 주입과 Double Packer (1.5 Shot)에 의한 L.W주입	○천공 후 지중에 2관 주입관 설치 특수 첨단장치에 의한 균일한 주입 및 저압주입 급결, 완결재의 복합 주입 설치	○천공 후 지중에 주입관 설치 주입 시 주입관의 회전인발 흡과 주입재의 강제치환으로 개량체 형성
주재료	규산소다, 시멘트, 벤토나이트	규산소다, 시멘트	시멘트 혼화제, Soil
적용토질	사질토 및 일반토사	모든지층	N<30의 점토사질 지반
차수효과	보통	보통	지층에 따라 양호, 보통
장점	○지반 침투성이 양호 ○주입장비, 주입재료가 타공법에 비해 저렴 ○일정범위를 균일하게 보강할수 있음 ○주입후 주입효과가 불량한 위치에서 재주입 용이	○저압주입으로 지반 교란 및 인접구조물에 미치는 영향이 적음 ○Gel-Time을 자유로이 조절 가능 ○차수성 양호 ○장비가 소규모로 이동 용이	○연약 지반의 지반보강효과 양호 ○균질의 고강도 차수벽 형성 ○장기적 공사에 적용시 외력에 의한 충격 및 진동에 저항이 큼
단점	○차수 보강 영역이 좁음 ○겔 타임 조절 곤란 ○지반 보강효과는 기대하기 어려움 ○실트, 모래, 사력층에 재료 손실	○지층 및 공사목적에 따라 주입재의 선택에 유의 ○장기용출로 인한 환경오염발생이 우려됨	○그라우팅공법 중에서는 비교적 고가임 ○조밀한 자갈층 및 풍화암층에서 시공이 곤란 ○초고압 분사로 지반의 융기에 따라 인접지반에 영향
적용		○	
적용사유	○시추조사결과 지하수위는 E.L(+) 0.3~1.1m(G.L(-) 19.6~20.3m)에 분포하여 주변 인접건물과 사업부지의 이격거리가 근접하여 위치함 ○과업부지 지층의 주요 구성성분은 자갈섞인 실트질 모래, 실트질 모래, 점토섞인 실트질 모래 등으로 구성되어 있음 ○L.W공법은 지반보강효과가 없으며, 재료손실의 가능성이 크므로 유동인구가 많은 도심지에 위치한 해당사업에는 적용이 불가능할 것으로 판단됨 ○J.S.P공법은 N<30의 점토사질 지반에만 적용할 수 있으므로 해당사업에는 적용이 불가능함 ○따라서, 모든 지층에 적용 가능하고 저압주입으로 지반교란 및 인접구조물에 미치는 영향이 적으며 차수성이 우수한 E.G.M공법 적용은 적절한 것으로 판단됨			

- 14 -

현 행	개 정(안)

현 행

■ 2.3.1 지하안전평가 실시 기준

제2장 대상사업의 개요

◎ 대상사업은 지상 0층, 지하 0층의 구조물로 건축물에 해당하는 시설물이며, 굴착심도는 00.0m로 「지하안전관리에 관한 특별법」 제14조 및 동법 시행령 제13조 제1항에 따라 지하안전평가 대상 사업임

예시

구 분	내 용	비 고
지하안전관리에 관한 특별법	**제14조(지하안전평가의 실시 등)** ① 다음 각 호의 어느 하나에 해당하는 사업 중 **대통령령으로 정하는 규모 이상의 지하 굴착공사를 수반하는 사업**을 하려는 지하개발사업자는 지하안전평가를 실시하여야 한다.	
지하안전관리에 관한 특별법 시행령	**제13조(지하안전평가 대상사업의 규모 등)** ① 법 제14조 제1항 각 호 외의 부분에서 "**대통령령으로 정하는 규모이상의 지하굴착공사를 수반하는 사업**"이란 다음 각 호의 사업을 말한다. 1. 굴착깊이(공사 지역 내 굴착깊이가 다른 경우에는 최대 굴착깊이를 말한다. 이하 같다)가 **20미터 이상인 굴착공사**를 수반하는 사업 ② 법 제14조 제1항 제16호에서 "대통령령으로 정하는 시설"이란 「건축법」 제2조 제1항 제2호의 건축물을 말한다.	최대 굴착심도 00.0m
건축법	**제2조(정의)** 2. "건축물"이란 토지에 정착하는 **공작물 중 지붕과 기둥 또는 벽이 있는 것과 이에 딸린 시설물**, 지하나 고가의 공작물에 설치하는 사무소·공연장·점포·차고·창고, 그 밖에 대통령령으로 정하는 것을 말한다.	

- 20 -

개 정(안)

■ 2.3.1 지하안전평가 실시 기준 ※ (관련 기준 개정)

제2장 대상사업의 개요

◎ 대상사업은 지상 0층, 지하 0층의 구조물로 건축물에 해당하는 시설물이며, 굴착깊이는 00.0m로 「지하안전관리에 관한 특별법」 제14조 및 동법 시행령 제13조 제1항에 따라 지하안전평가 대상 사업임

예시

구 분	내 용	비 고
지하안전관리에 관한 특별법	**제14조(지하안전평가의 실시 등)** ① 다음 각 호의 어느 하나에 해당하는 사업 중 **대통령령으로 정하는 규모 이상의 지하 굴착공사를 수반하는 사업**을 하려는 지하개발사업자는 지하안전평가를 실시하여야 한다.	
지하안전관리에 관한 특별법 시행령	**제13조(지하안전평가 대상사업의 규모 등)** ① 법 제14조 제1항 각 호 외의 부분에서 "**대통령령으로 정하는 규모이상의 지하굴착공사를 수반하는 사업**"이란 다음 각 호의 사업을 말한다. 1. 굴착깊이(공사 지역 내 굴착깊이가 다른 경우에는 최대 굴착깊이를 말한다. 이하 같다)가 **20미터 이상인 굴착공사**를 수반하는 사업 2. 터널[산악터널 또는 수저(水底)터널은 제외한다]공사를 수반하는 사업	최대 굴착깊이 00.0m
건축법	**제2조(정의)** 2. "건축물"이란 토지에 정착하는 **공작물 중 지붕과 기둥 또는 벽이 있는 것과 이에 딸린 시설물**, 지하나 고가의 공작물에 설치하는 사무소·공연장·점포·차고·창고, 그 밖에 대통령령으로 정하는 것을 말한다.	

- 20 -

현 행

■ 3.1.2 지반안정성 검토를 위한 대상지역 설정

주요내용 굴착

(나) 수치해석에 의한 방법

✓ 수치해석에 의한 방법은 국내지반이 복합지반인 특성을 감안하여 굴착에 따른 검토범위를 산정하며, 과업구간 현황(지반조건이 가장 취약한 구간, 최대 굴착심도 구간, 주요 인접 구조물 위치 구간 등)을 종합적으로 고려하여 가장 취약한 단면에 대해 2차원 수치해석을 수행한 결과를 반영함

✓ 검토범위 산정을 위한 해석방법은 지하수의 변화를 고려하지 않는 응력해석을 원칙으로 적용함

- 굴착에 의한 영향과 지하수 저하에 따른 영향을 함께 고려하는 침투–응력 연계해석을 적용할 경우 초기 지하수위 조건으로 건기와 우기가 반복적으로 발생하는 지반특성을 반영하지 못해 검토범위가 과다하게 산정됨

✓ 해석 모델링은 지반조건에 따른 검토범위 산정이 목적인 해석으로 인접 구조물 현황은 미고려 함

- 강성체인 인접구조물을 반영할 경우 구조물의 영향으로 침하발생이 과소하게 산정되거나, 구조물로 인해 침하경향 분석에 제약이 발생하므로 구조물 현황은 모델링에 포함하지 않음

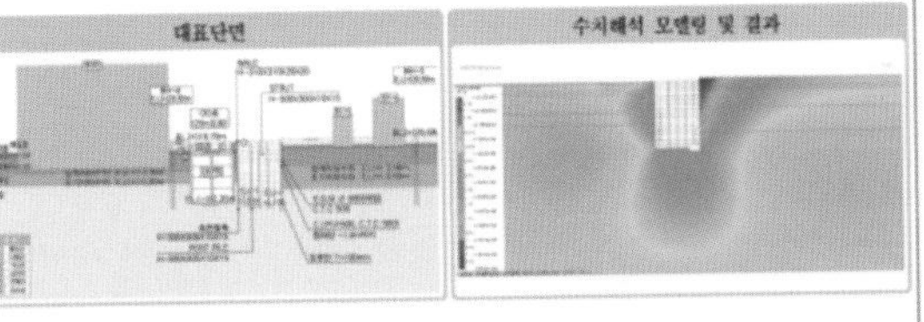

✓ 수치해석에 의한 검토범위 산정시 지표면 변위의 수렴여부를 판단하고, 수렴여부를 판단하기 어려울 경우 침하 허용기준인 25mm(도로, 인접구조물)의 10%인 2.5mm 침하지점까지를 검토범위로 산정함

✓ 수치해석을 이용한 검토범위 산정방법

① 지표면 침하곡선 작도

② 침하곡선 수렴범위 산정(수렴범위는 경계부(최대침하량) 결과의 10% 이내로 산정)

③ 침하곡선 미수렴시, 침하량 허용기준(25mm의 10%인 2.5mm)을 고려하여 검토범위 산정

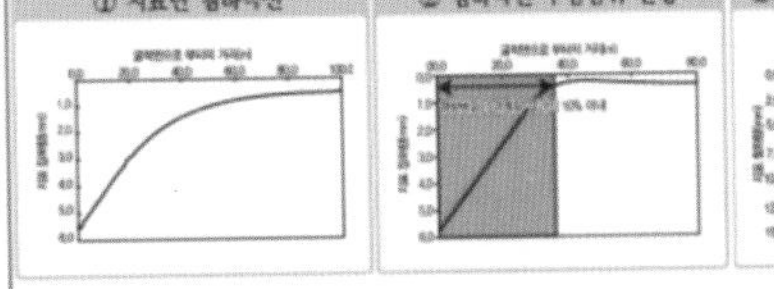

개 정(안)

■ 3.1.2 지반안정성 검토를 위한 대상지역 설정

※ (비탈면 구간의 검토범위 산정기준 추가)

주요내용 굴착

(나) 수치해석에 의한 방법

✓ 수치해석에 의한 방법은 국내지반이 복합지반인 특성을 감안하여 굴착에 따른 검토범위를 산정하며, 과업구간 현황(지반조건이 가장 취약한 구간, 최대 굴착깊이 구간, 주요 인접 구조물 위치 구간 등)을 종합적으로 고려하여 가장 취약한 단면에 대해 2차원 수치해석을 수행한 결과를 반영함

✓ 검토범위 산정을 위한 해석방법은 지하수의 변화를 고려하지 않는 응력해석을 원칙으로 적용함

- 굴착에 의한 영향과 지하수 저하에 따른 영향을 함께 고려하는 침투–응력 연계해석을 적용할 경우 초기 지하수위 조건으로 건기와 우기가 반복적으로 발생하는 지반특성을 반영하지 못해 검토범위가 과다하게 산정됨

✓ 해석 모델링은 지반조건에 따른 검토범위 산정이 목적인 해석으로 인접 구조물 현황은 미고려 함

- 강성체인 인접구조물을 반영할 경우 구조물의 영향으로 침하발생이 과소하게 산정되거나, 구조물로 인해 침하경향 분석에 제약이 발생하므로 구조물 현황은 모델링에 포함하지 않음

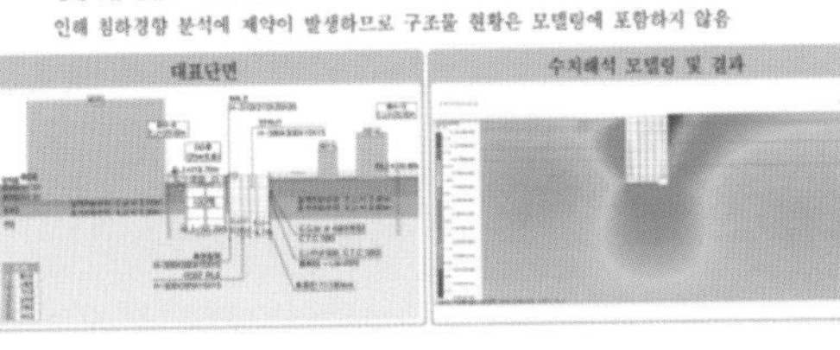

✓ 수치해석에 의한 검토범위 산정시 지표면 변위의 수렴여부를 판단하고, 수렴여부를 판단하기 어려울 경우 침하 허용기준인 25mm(도로, 인접구조물)의 10%인 2.5mm 침하지점까지를 검토범위로 산정함

✓ 수치해석을 이용한 검토범위 산정방법

① 지표면 침하곡선 작도

② 침하곡선 수렴범위 산정(수렴범위는 경계부(최대침하량) 결과의 10% 이내로 산정)

③ 침하곡선 미수렴시, 침하량 허용기준(25mm의 10%인 2.5mm)을 고려하여 검토범위 산정

① 지표면 침하곡선 | ② 침하곡선 수렴범위 산정 | ③ 침하량 허용기준에 따른 산정

(다) 비탈면 구간의 검토범위 산정 방법

✓ 비탈면 구간(하부 흙막이공법 미적용 구간)은 수치해석에 의한 방법(침하량 수렴범위)과 한계평형해석에 의한 방법(최소안전율에 해당되는 예상파괴면까지의 거리) 중 안전측으로 산정함(선정 사유 제시)

✓ 비탈면 구간의 검토범위 시점부는 비탈어깨부터 시작함

현 행

■ 4.1.1 지반조사 위치 선정

제 4 장 지반 및 지질 현황

4.1 조사현황

4.1.1 지반조사 위치 선정

작성방향	• 지하개발사업자가 제공하거나 지하안전평가 전문기관에서 수행한 시추조사 위치 및 수량이 관련 기준 및 참고자료, 현장여건 등을 고려하여 적절한 위치에 선정되었는지 확인하여 수록함

주요내용 (굴착)

✓ 시추조사 간격은 30~50m 이하를 원칙으로 하되 현장여건을 고려하여 가감은 가능 하나 시추 간격이 50m 이상일 경우에는 대상사업의 특성 및 지반조건 등을 고려한 당위성을 언급하여야 함

✓ 시추조사 수량은 대상사업 당 3공 이상을 원칙으로 함

✓ 지층변화가 심하거나 기반암의 출현 깊이가 위치별로 현저하게 차이가 나는 경우 시추조사 간격 감소 및 수량 증가가 필요함

✓ 철거되지 않은 기존 건축물이 존재하는 경우에는 과업구간과 가능한 근접위치에서 시추조사를 수행하며, 물리탐사를 통해 간접적으로 지층을 확인할 수 있도록 함(착공전 추가 지반조사 계획 수립 필요)

지반조사 위치 선정

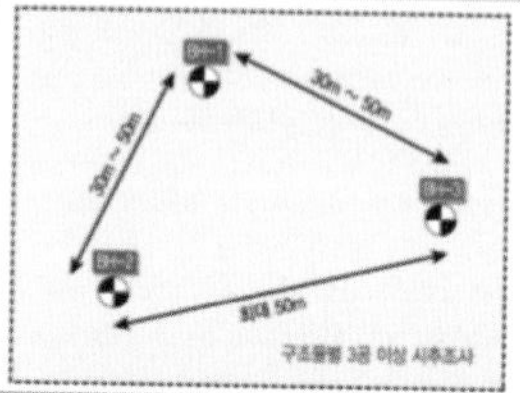

BH-1, BH-2, BH-3, 30m ~ 50m, 최대 50m, 구조물별 3공 이상 시추조사

공종별 최소 수량 및 간격

구 분		시추 간격
건 축		• 구조물 규모에 따라 30~50m 간격
개착박스		• 개소당 1공
터널	도심지(개착)	• 100m 간격 주요 구조물 • 수직구, 정거장, 집수정 환기구 등은 개소당 1공

기존 건축물이 존재할 경우

시공중 추가 시추 계획

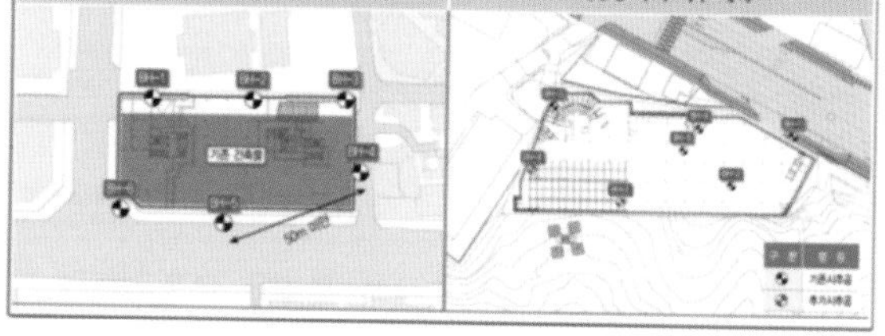

개 정(안)

■ 4.1.1 지반조사 위치 선정 ※ (시추조사 깊이 기준 추가)

제 4 장 지반 및 지질 현황

4.1 조사현황

4.1.1 지반조사 위치 선정

작성방향	• 지하개발사업자가 제공하거나 지하안전평가 전문기관에서 수행한 시추조사 위치 및 수량이 관련 기준 및 참고자료, 현장여건 등을 고려하여 적절한 위치에 선정되었는지 확인하여 수록함

주요내용 (굴착)

✓ 시추조사 간격은 30~50m 이하를 원칙으로 하되 현장여건을 고려하여 가감은 가능 하나 시추 간격이 50m 이상일 경우에는 대상사업의 특성 및 지반조건 등을 고려한 당위성을 언급하여야 함

✓ 시추조사 수량은 대상사업 당 3공 이상이며 시추 깊이는 기반암 3.0m이상(최소 1공은 굴착깊이 이상 확인) 확인을 원칙으로 하며, 기반암이 출현하지 않는 토사층(풍화암 포함)은 굴착저면 하부 1H(H:최대 굴착깊이)이상 확인하여야 함(연약지반 제외)

✓ 지층변화가 심하거나 기반암의 출현 깊이가 위치별로 현저하게 차이가 나는 경우 시추조사 간격 감소 및 수량 증가가 필요함

✓ 철거되지 않은 기존 건축물이 존재하는 경우에는 과업구간과 가능한 근접위치에서 시추조사를 수행하며, 물리탐사를 통해 간접적으로 지층을 확인할 수 있도록 함(착공전 추가 지반조사 계획 수립 필요)

지반조사 위치 선정

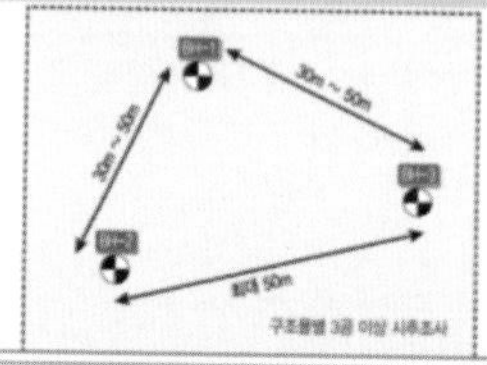

BH-1, BH-2, BH-3, 30m ~ 50m, 최대 50m, 구조물별 3공 이상 시추조사

공종별 최소 수량 및 간격

구 분		시추 간격
건 축		• 구조물 규모에 따라 30~50m 간격
개착박스		• 개소당 1공
터널	도심지(개착)	• 100m 간격 주요 구조물 • 수직구, 정거장, 집수정 환기구 등은 개소당 1공

기존 건축물이 존재할 경우

시공중 추가 시추 계획

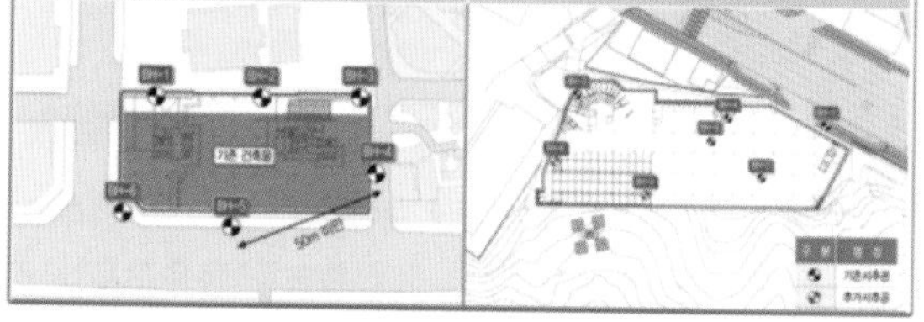

현 행	개 정(안)
■ 4.1.3 연약지반 시험	■ 4.1.3 연약지반 시험 ※ (연약지반 관련 추가)

4.1.3 연약지반 시험

작성방향	• 연약지반 굴착공사 대상에 해당되는 경우 시험항목을 수록함

주요내용 · 굴착

(가) 연약지반 굴착공사

✓ 연약지반 굴착공사는 (소규모)지하안전평가 대상사업으로 근입깊이까지의 토사층(풍화암, 발파암 제외) 중 연약지반 층두께가 연속적으로 5m이상 분포하는 굴착공사를 의미함

– 연약지반 층두께는 연약지반 판정기준에 해당되는 모든 지층의 합이 5m이상 임

✓ 연약지반 판정 기준은 국가건설기준을 준용함(KDS 11 30 05 : 2021 연약지반 설계 일반)

구분	점성토 및 이탄질지반		사질토 지반
층두께	10m미만	10m이상	–
N값	4이하	6이하	10이하
q_u^*(kN/㎡)	60이하	100이하	–
q_c^*(kN/㎡)	800이하	1,200이하	4,000이하

* q_u : 일축압축강도, q_c : 콘관입저항력

(나) 시험 항목

구 분		조사내용 및 시험시 주의사항	해당 지층	지하안전 평가	소규모 지하안전 평가	최소수량
실내 시험	일축압축시험	• 연경도, 예민비, 설계지반정수 등 산정	점성토	○	○	깊이방향' 3회이상 (최소 1공)
	삼축압축시험	• 설계지반정수 등 산정		○	○	깊이방향 3회이상 (최소 1공)
	함수비	• 자연함수상태 파악		○	○	깊이방향 3회이상 (최소 1공)
	액소성한계	• 액소성 지수 산정		○	○	깊이방향 3회이상 (최소 1공)
	입도분석	• 체가름 시험	점성토, 사질토	○	○	깊이방향 3회이상 (최소 3공)

✓ 실내시험은 동일 시추공에서 3회(상, 중, 하) 이상 수행을 의미하고, 시험방법을 상세히 수록함

✓ 삼축압축시험은 여러 시험방법 중 수행한 시험방법의 선정 사유(지반 및 흙막이차수공법 조건 고려)를 상세히 수록함

✓ 실내시험 결과로 연약지반 특성을 고려한 설계지반정수 산정

✓ 입도분석 결과는 No.100~No.200 사이의 구성비율을 확인하며, 지하안전확보 방안에 활용

– 58 –

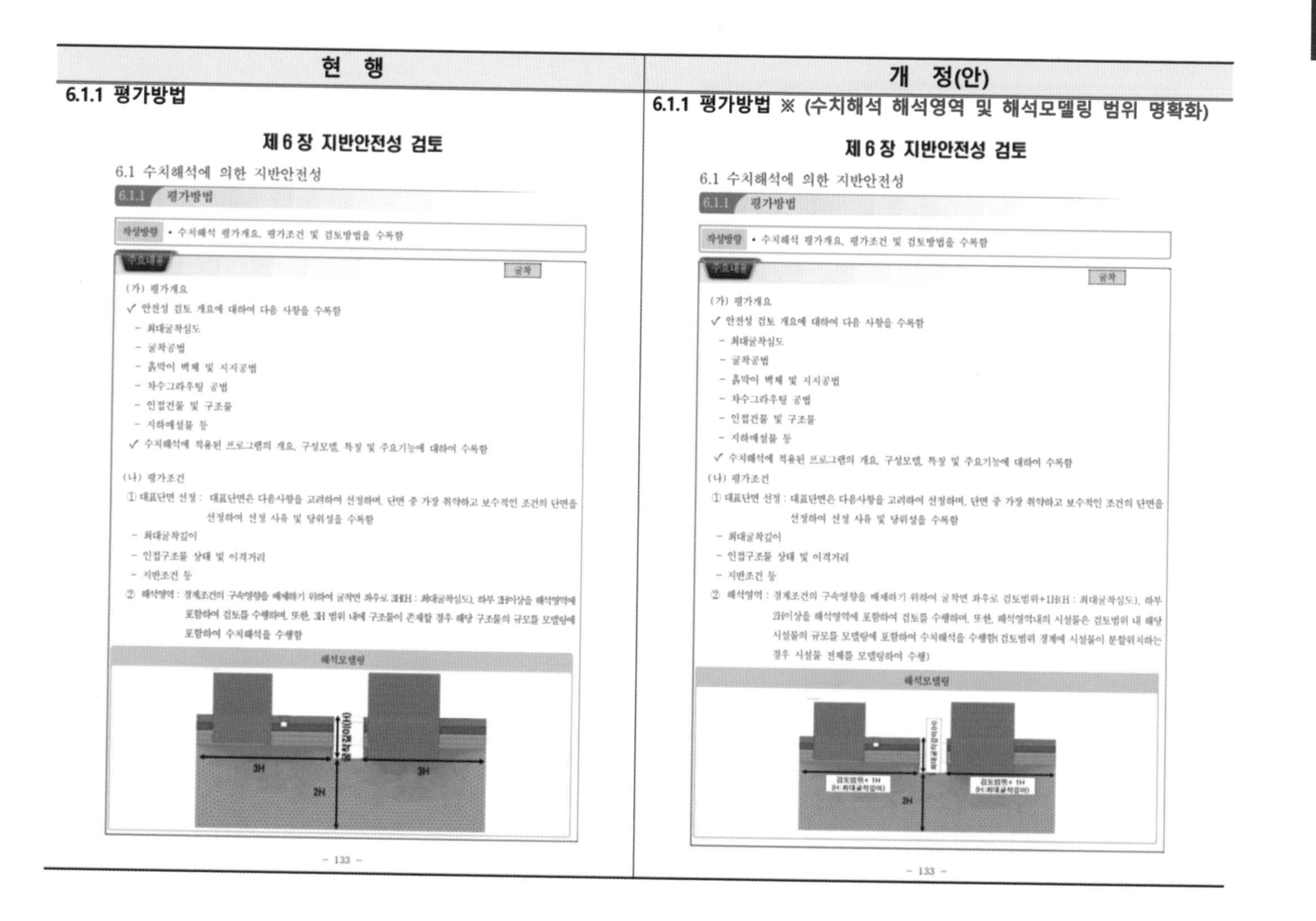

현 행

6.1.1 평가방법

제 6 장 지반안전성 검토

6.1 수치해석에 의한 지반안전성

6.1.1 평가방법

작성방향 • 수치해석 평가개요, 평가조건 및 검토방법을 수록함

주요내용 굴착

(가) 평가개요

✓ 안전성 검토 개요에 대하여 다음 사항을 수록함

- 최대굴착심도
- 굴착공법
- 흙막이 벽체 및 지지공법
- 차수그라우팅 공법
- 인접건물 및 구조물
- 지하매설물 등

✓ 수치해석에 적용된 프로그램의 개요, 구성모델, 특징 및 주요기능에 대하여 수록함

(나) 평가조건

① 대표단면 선정 : 대표단면은 다음사항을 고려하여 선정하며, 단면 중 가장 취약하고 보수적인 조건의 단면을 선정하여 선정 사유 및 당위성을 수록함

- 최대굴착깊이
- 인접구조물 상태 및 이격거리
- 지반조건 등

② 해석영역 : 경계조건의 구속영향을 배제하기 위하여 굴착면 좌우로 3H(H : 최대굴착심도), 하부 2H이상을 해석영역에 포함하여 검토를 수행하며, 또한 3H 범위 내에 구조물이 존재할 경우 해당 구조물의 규모를 모델링에 포함하여 수치해석을 수행함

해석모델링

- 133 -

개 정(안)

6.1.1 평가방법 ※ (수치해석 해석영역 및 해석모델링 범위 명확화)

제 6 장 지반안전성 검토

6.1 수치해석에 의한 지반안전성

6.1.1 평가방법

작성방향 • 수치해석 평가개요, 평가조건 및 검토방법을 수록함

주요내용 굴착

(가) 평가개요

✓ 안전성 검토 개요에 대하여 다음 사항을 수록함

- 최대굴착심도
- 굴착공법
- 흙막이 벽체 및 지지공법
- 차수그라우팅 공법
- 인접건물 및 구조물
- 지하매설물 등

✓ 수치해석에 적용된 프로그램의 개요, 구성모델, 특징 및 주요기능에 대하여 수록함

(나) 평가조건

① 대표단면 선정 : 대표단면은 다음사항을 고려하여 선정하며, 단면 중 가장 취약하고 보수적인 조건의 단면을 선정하여 선정 사유 및 당위성을 수록함

- 최대굴착깊이
- 인접구조물 상태 및 이격거리
- 지반조건 등

② 해석영역 : 경계조건의 구속영향을 배제하기 위하여 굴착면 좌우로 검토범위+1H(H : 최대굴착심도), 하부 2H이상을 해석영역에 포함하여 검토를 수행하며, 또한, 해석영역내의 시설물은 검토범위 내 해당 시설물의 규모를 모델링에 포함하여 수치해석을 수행함(검토범위 경계에 시설물이 분할위치하는 경우 시설물 전체를 모델링하여 수행)

해석모델링

- 133 -

현 행

6.1.1 평가방법

주요내용 굴착

④ 검토기준

✓ 흙막이 가시설 및 인접구조물의 안전성 검토시 흙막이벽의 수평변위, 인접구조물과 지하매설물 및 도로에 대한 변위, 침하 등의 허용기준은 다음에 제시된 기준을 적용함

✓ 인접구조물 등 해당시설물의 관리기준과 상이할 경우 해당시설물의 관기기준과 비교하여 보수적인 기준을 적용함

✓ 흙막이벽 수평변위

구 분	벽체종류	허용기준
강성 흙막이벽	t≥60 ㎝인 콘크리트 연속벽	0.002 H
보통 흙막이벽	t≒40 ㎝ 정도인 콘크리트 연속벽	0.0025 H
연성 흙막이벽	H-Pile과 흙막이판을 설치하는 흙막이벽	0.003 H

* H = 최종 굴착깊이, t = 환산면적

✓ 인접구조물

구 분	허용기준	비 고
최대침하량	25mm	
부등침하량	-	
각변위	2.00×10^{-3}(1/500)	
수평변형률	1/2,000	

✓ 지하매설물

구 분	허용기준	비 고
최대침하량	25mm	
부등침하량	-	
각변위	2.00×10^{-3}(1/500)	

✓ 인접도로

구 분	허용기준	비 고
최대침하량	25mm	

- 135 -

개 정(안)

6.1.1 평가방법 ※ (연약지반 관련 추가)

주요내용 굴착

④ 검토기준

✓ 흙막이 가시설 및 인접구조물의 안전성 검토시 흙막이벽의 수평변위, 인접구조물과 지하매설물 및 도로에 대한 변위, 침하 등의 허용기준은 다음에 제시된 기준을 적용함

✓ 인접구조물 등 해당시설물의 관리기준과 상이할 경우 해당시설물의 관기기준과 비교하여 보수적인 기준을 적용함

✓ 연약지반 굴착공사에 해당되는 경우 굴착저면에 연약지반(점성토)이 분포하면 히빙안전율은 3.0이상 확보하여야 하며, 이 경우 흙막이 수평변위관리 기준은 0.003H를 적용할 수 있음(사질토 지반의 보일링 검토는 국가건설기준 적용).

✓ 흙막이벽 수평변위

구 분	벽체종류	허용기준
강성 흙막이벽	t≥60 ㎝인 콘크리트 연속벽	0.002 H
보통 흙막이벽	t≒40 ㎝ 정도인 콘크리트 연속벽	0.0025 H
연성 흙막이벽	H-Pile과 흙막이판을 설치하는 흙막이벽	0.003 H

* H = 최종 굴착깊이, t = 환산면적

✓ 인접구조물

구 분	허용기준	비 고
최대침하량	25mm	
부등침하량	-	
각변위	2.00×10^{-3}(1/500)	
수평변형률	1/2,000	

✓ 지하매설물

구 분	허용기준	비 고
최대침하량	25mm	
부등침하량	-	
각변위	2.00×10^{-3}(1/500)	

✓ 인접도로

구 분	허용기준	비 고
최대침하량	25mm	

- 135 -

현 행	개 정(안)

현 행

6.3.2 평가결과

주요내용 / 굴착

(나) 지반앵커 안전성 검토

- ✓ 인장형 앵커의 정착장은 앵커체와 지반과의 마찰저항장과 앵커강재와 그라우트체와의 부착저항장을 비교하여 큰 값으로 함
- ✓ 지반앵커는 대상 구조물의 규모, 형상, 지반조건을 고려하여 선정하고, 설계하중에 대해서 안전율이 고려된 인발저항력을 갖는지 검토함
- ✓ 앵커의 허용인장력은 앵커의 사용기간, 강재의 극한강도 및 항복강도를 고려하여 정함
- ✓ 영구앵커는 정착지반의 장기적 안정성, 부식에 대한 안정성 및 공사 후 유지관리 방법 등을 검토하여야 함

조 건		안전율	비고
지반앵커	사용기간 2년 미만	1.5	인발저항에 대한 안전율
	사용기간 2년 이상	2.0	

예시

(가) 평가결과

◉ 정착장 산정 결과

구 분		마찰저항장 (La1, m)	부착저항장 (La2, m)	필요정착장 (m)	적용정착장 (m)	판정	비 고
A-A좌	1단	1.78	1.40	3.19	10.00	O.K	
	2단	2.20	1.73	3.94	10.00	O.K	
	3단	2.45	1.48	3.93	10.00	O.K	
	4단	2.28	1.70	3.98	10.00	O.K	
	5단	2.52	1.88	4.40	10.00	O.K	

◉ 허용인장력 검토 결과

구분	위치(m)	손실을 감안한 초기긴장력(kN)	허용인장강도 (kN)	초기긴장력 /허용인장강도	판정
Anchor-1	1.50	160.638	477.36	34%	OK
Anchor-2	3.30	236.244	477.36	49%	OK
Anchor-3	5.10	280.871	477.36	59%	OK
Anchor-4	6.90	226.388	477.36	47%	OK

- 157 -

개 정(안)

6.3.2 평가결과 ※ (예시 평가결과 표 수정)

주요내용 / 굴착

(나) 지반앵커 안전성 검토

- ✓ 인장형 앵커의 정착장은 앵커체와 지반과의 마찰저항장과 앵커강재와 그라우트체와의 부착저항장을 비교하여 큰 값으로 함
- ✓ 지반앵커는 대상 구조물의 규모, 형상, 지반조건을 고려하여 선정하고, 설계하중에 대해서 안전율이 고려된 인발저항력을 갖는지 검토함
- ✓ 앵커의 허용인장력은 앵커의 사용기간, 강재의 극한강도 및 항복강도를 고려하여 정함
- ✓ 영구앵커는 정착지반의 장기적 안정성, 부식에 대한 안정성 및 공사 후 유지관리 방법 등을 검토하여야 함

조 건		안전율	비고
지반앵커	사용기간 2년 미만	1.5	인발저항에 대한 안전율
	사용기간 2년 이상	2.5	

예시

(가) 평가결과

◉ 정착장 산정 결과

구분	마찰저항장 (La1, m)	부착저항장 (La2, m)	필요정착장 (La1&La2 MAX, m)	적용정착장 (m)	판정
1단 Anchor	2.172	1.552	2.172	6.0	OK
2단 Anchor	2.268	1.620	2.268	6.0	OK
3단 Anchor	2.181	2.077	2.181	5.0	OK
4단 Anchor	2.509	2.390	2.509	5.0	OK

◉ 허용인장력 검토 결과

구분	위치(m)	손실을 감안한 초기긴장력(kN)	허용인장강도 (kN)	초기긴장력 /허용인장강도	판정
Anchor-1	0.79	212.950	477.362	45%	OK
Anchor-2	3.19	222.119	477.362	47%	OK
Anchor-3	5.59	275.827	477.362	58%	OK
Anchor-4	8.39	313.307	477.362	66%	OK

- 157 -

현 행

6.3.2 평가결과

주요내용 | 굴착 | 터널

(다) 굴착저면 안전검토

✓ 굴착저면 안전은 최소 근입깊이의 확보여부와 히빙 및 파이핑의 발생가능성에 대하여 검토를 수행함

✓ 굴착저면 또는 흙막이 벽체가 근입된 지층이 풍화암 이상의 단단한 지반으로 구성되어 있는 경우에는 히빙과 보일링에 대한 검토를 생략할 수 있음

✓ 벽체의 근입깊이는 안전성 검토시 안전율은 1.2 이상이 되어야 하며 히빙이나 파이핑에 대하여도 안전한 깊이로 설치하여야 함

조 건			안전율	비고
근입깊이			1.2	수동 및 주동토압에 의한 모멘트 비
굴착저부의 안전	보일링	가설(단기)	1.5	사질토 대상 단기는 굴착시점을 기준으로 2년 미만임
		영구(장기)	2.0	
	히빙		1.5	점성토

① 히빙 검토

✓ 히빙 검토는 하중 지반 지지력식(Terzaghi-Peck의 방법, Bjerrum & Eide의 방법, Tschebotarioff의 방법)에 의한 방법과 모멘트 평형(일본 건축학회 수정식)에 의한 방법 중 최소한 각 한 가지 이상 검토하여 안전율이 적은 것을 채택하여 안전성을 평가함

ⓐ Terzaghi-Peck식

✓ 활동면의 형상을 아래 그림에 표시한 것과 같이 가정하면 c1,d1면에 작용하는 하중 Pr은 다음 식과 같다.

$$P_r = \gamma_t H - \frac{\sqrt{2}}{B} cH + q$$

단단한 지반이 깊은 경우 | 단단한 지반이 얕은 경우

개 정(안)

6.3.2 평가결과 ※ (연약지반 관련 추가)

주요내용 | 굴착 | 터널

(다) 굴착저면 안전검토

✓ 굴착저면 안전은 최소 근입깊이의 확보여부와 히빙 및 보일링의 발생가능성에 대하여 검토를 수행함

✓ 굴착저면 지층이 풍화암 이상의 단단한 지반으로 구성되어 있는 경우에는 히빙과 보일링에 대한 검토를 생략할 수 있음

✓ 연약지반 굴착공사에 해당되며 굴착저면이 연약지반(점토층)인 경우 히빙안전율은 3.0 이상 확보하여야 함

✓ 벽체의 근입깊이는 안전성 검토시 안전율은 1.2 이상이 되어야 하며 히빙이나 파이핑에 대하여도 안전한 깊이로 설치하여야 함

조 건			안전율	비고
근입깊이			1.2	수동 및 주동토압에 의한 모멘트 비
굴착저부의 안전	보일링	가설(단기)	1.5	사질토 대상 단기는 굴착시점을 기준으로 2년 미만임
		영구(장기)	2.0	
	히빙		1.5	점성토

① 히빙 검토

✓ 히빙 검토는 하중 지반 지지력식(Terzaghi-Peck의 방법, Bjerrum & Eide의 방법, Tschebotarioff의 방법)에 의한 방법과 모멘트 평형(일본 건축학회 수정식)에 의한 방법 중 최소한 각 한 가지 이상 검토하여 안전율이 적은 것을 채택하여 안전성을 평가함

ⓐ Terzaghi-Peck식

✓ 활동면의 형상을 아래 그림에 표시한 것과 같이 가정하면 c1,d1면에 작용하는 하중 Pr은 다음 식과 같다.

$$P_r = \gamma_t H - \frac{\sqrt{2}}{B} cH + q$$

단단한 지반이 깊은 경우 | 단단한 지반이 얕은 경우

현 행

6.3.2 평가결과

주요내용 | 굴착 | 터널

㉯ 파이핑(보일링) 검토방법

✓ 굴착깊이가 얕거나 수위차가 작은 경우(3.0m 미만)의 보일링 검토는 유선망 해석 방식을 수행하거나 Terzaghi 간편식 또는 한계동수구배를 고려한 방법을 비교 검토하여 두 방식의 조건을 만족하도록 함

✓ 굴착깊이가 깊거나 다층지반을 굴착하는 경우는 투수계수에 따라 침투수압의 변화를 고려할 수 있는 침투해석을 활용한 검토를 수행함

✓ 유선망 해석은 침투해석과 같은 개념이나 설계기준에 명시된 내용을 준용하여 유선망해석 방식을 수행함

㉰ 한계유속에 의한 파이핑 발생 가능성 검토

✓기초지반내의 침투류 유속이 어느 한계 이상이 되면 파이핑이 발생함

✓흙입자의 입경에 대한 각각의 한계유속은 다음 표와 같으며 어느 입경에 대해 한계유속 이하이면 파이핑에 대해 안전한 것으로 판단함

입경 (mm)	5.0	3.0	1.0	0.8	0.5	0.3	0.1	0.08	0.05	0.03
한계 유속 (cm/s)	22.86	17.71	10.22	9.14	7.23	5.60	3.23	2.89	2.29	1.77

㉱ Terzaghi 간편식 검토방법

✓ 보일링을 일으키려 하는 힘은 아래 그림에서 과잉간극수압 U이며, 저항하는 힘은 흙의 중량 W임

✓ 안전율 Fs = W/U이며, Terzaghi에 의하면 보일링이 일어나는 폭은 D2/2임

$W = \gamma' d_2^2 / 2$, $U = \gamma_w h_a d_2 / 2$

여기서, F_s : 보일링에 대한 안전율(1.5 이상)

d_2 : 굴착저면에서의 흙막이벽 근입깊이

γ_w : 물의 단위중량(kN/m³)

γ': 모래의 수중단위중량(kN/m³)

h_a : 보일링의 평균 과잉수두=(△h)

Terzaghi 간편식 검토방법

- 161 -

개 정(안)

6.3.2 평가결과 ※ (용어 수정)

주요내용 | 굴착 | 터널

㉯ 파이핑(보일링) 검토방법

✓ 굴착깊이가 얕거나 수위차가 작은 경우(3.0m 미만)의 보일링 검토는 유선망 해석 방식을 수행하거나 Terzaghi 간편식 또는 한계동수구배를 고려한 방법을 비교 검토하여 두 방식의 조건을 만족하도록 함

✓ 굴착깊이가 깊거나 다층지반을 굴착하는 경우는 투수계수에 따라 침투수압의 변화를 고려할 수 있는 침투해석을 활용한 검토를 수행함

✓ 유선망 해석은 침투해석과 같은 개념이나 설계기준에 명시된 내용을 준용하여 유선망해석 방식을 수행함

㉰ 한계유속에 의한 파이핑 발생 가능성 검토

✓기초지반내의 침투류 유속이 어느 한계 이상이 되면 파이핑이 발생함

✓흙입자의 입경에 대한 각각의 한계유속은 다음 표와 같으며 어느 입경에 대해 한계유속 이하이면 파이핑에 대해 안전한 것으로 판단함

입경 (mm)	5.0	3.0	1.0	0.8	0.5	0.3	0.1	0.08	0.05	0.03
한계 유속 (cm/s)	22.86	17.71	10.22	9.14	7.23	5.60	3.23	2.89	2.29	1.77

㉱ Terzaghi 간편식 검토방법

✓ 보일링을 일으키려 하는 힘은 아래 그림에서 과잉간극수압 U이며, 저항하는 힘은 흙의 중량 W임

✓ 안전율 Fs = W/U이며, Terzaghi에 의하면 보일링이 일어나는 폭은 D2/2임

$W = \gamma' d_2^2 / 2$, $U = \gamma_w h_a d_2 / 2$

여기서, F_s : 보일링에 대한 안전율(1.5 이상)

D : 굴착저면에서의 차수벽 근입깊이

γ_w : 물의 단위중량(kN/m³)

γ': 모래의 수중단위중량(kN/m³)

h_a : 보일링의 평균 과잉수두=(△h)

Terzaghi 간편식 검토방법

- 161 -

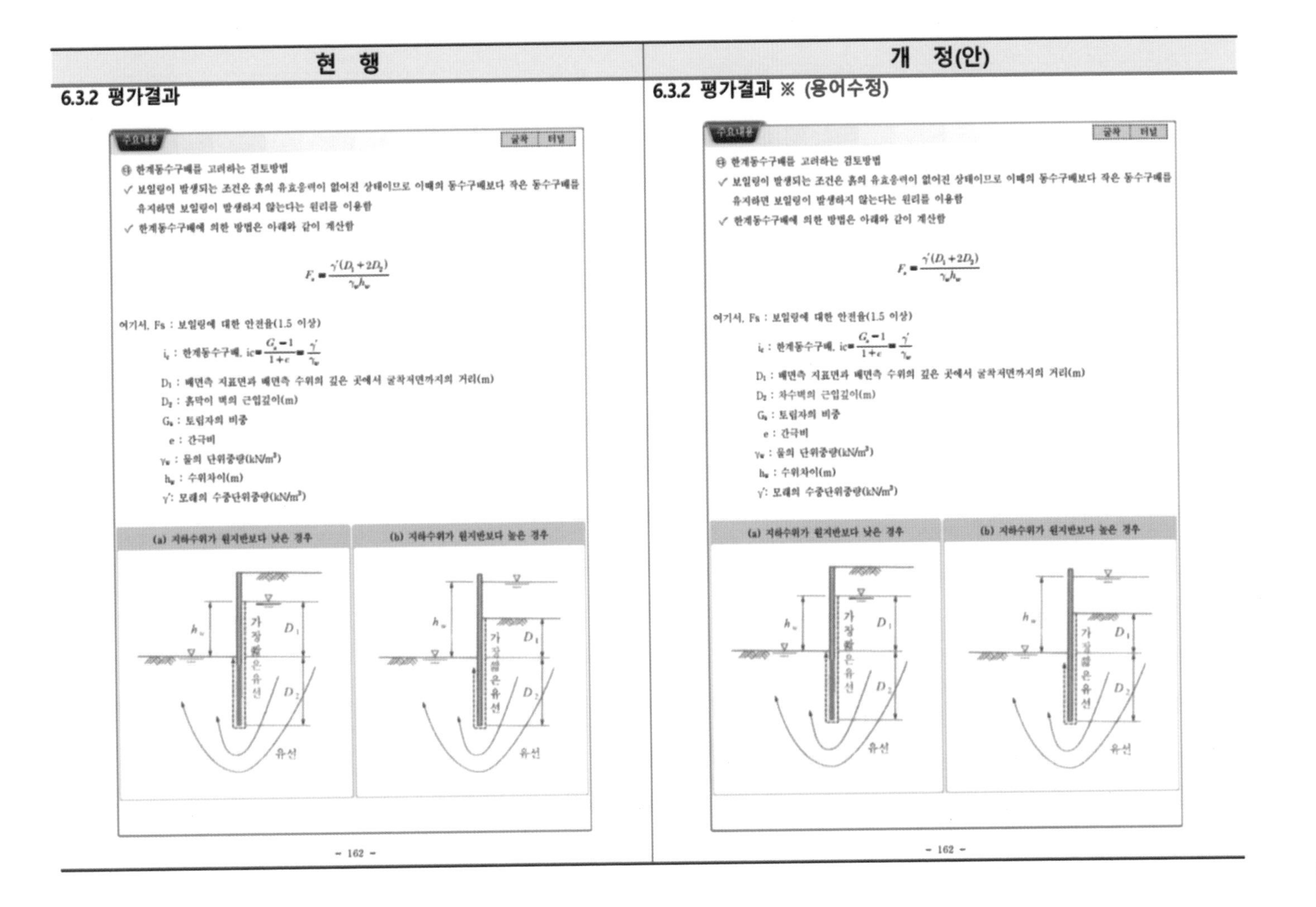

현 행	개 정(안)
6.3.2 평가결과	6.3.2 평가결과 ※ (용어수정)

현 행

6.3.2 평가결과

주요내용 | 굴착 | 터널

⑮ 한계동수구배를 고려하는 검토방법

✓ 보일링이 발생되는 조건은 흙의 유효응력이 없어진 상태이므로 이때의 동수구배보다 작은 동수구배를 유지하면 보일링이 발생하지 않는다는 원리를 이용함

✓ 한계동수구배에 의한 방법은 아래와 같이 계산함

$$F_s = \frac{\gamma'(D_1 + 2D_2)}{\gamma_w h_w}$$

여기서, Fs : 보일링에 대한 안전율(1.5 이상)

i_c : 한계동수구배, $i_c = \frac{G_s - 1}{1+e} = \frac{\gamma'}{\gamma_w}$

D_1 : 배면측 지표면과 배면측 수위의 깊은 곳에서 굴착저면까지의 거리(m)

D_2 : 흙막이 벽의 근입깊이(m)

G_s : 토립자의 비중

e : 간극비

γ_w : 물의 단위중량(kN/m³)

h_w : 수위차이(m)

γ': 모래의 수중단위중량(kN/m³)

(a) 지하수위가 원지반보다 낮은 경우 | (b) 지하수위가 원지반보다 높은 경우

- 162 -

개 정(안)

6.3.2 평가결과 ※ (용어수정)

주요내용 | 굴착 | 터널

⑮ 한계동수구배를 고려하는 검토방법

✓ 보일링이 발생되는 조건은 흙의 유효응력이 없어진 상태이므로 이때의 동수구배보다 작은 동수구배를 유지하면 보일링이 발생하지 않는다는 원리를 이용함

✓ 한계동수구배에 의한 방법은 아래와 같이 계산함

$$F_s = \frac{\gamma'(D_1 + 2D_2)}{\gamma_w h_w}$$

여기서, Fs : 보일링에 대한 안전율(1.5 이상)

i_c : 한계동수구배, $i_c = \frac{G_s - 1}{1+e} = \frac{\gamma'}{\gamma_w}$

D_1 : 배면측 지표면과 배면측 수위의 깊은 곳에서 굴착저면까지의 거리(m)

D_2 : 차수벽의 근입깊이(m)

G_s : 토립자의 비중

e : 간극비

γ_w : 물의 단위중량(kN/m³)

h_w : 수위차이(m)

γ': 모래의 수중단위중량(kN/m³)

(a) 지하수위가 원지반보다 낮은 경우 | (b) 지하수위가 원지반보다 높은 경우

- 162 -

현 행

7.1.1 계측기 설치계획

주요내용

굴착 | 터널

⑬ 터널공사

계측항목		측정빈도				설치시점	초기치측정
		-20일 (-3D)	0~15일 (0~7일) (0~2D)	15~30일 (8~14일) (2D~3D)	30일~ (15일~) (3D이상)		
일상계측	막장관찰	-	매발파 단면마다			-	-
	내공변위	-	1~2회/일	1회/2일	1회/주	막장후방 1m 이내	설치직후
	천단침하	-	1~2회/일	1회/2일	1회/주	막장후방 1m 이내	설치직후
	지표침하	1회/일	1회/일	1회/2일	1회/주	터널 상반높이(h)+토피(H)이상, 터널 굴진거리 3D 이상 중 큰값	설치직후
정밀계측	숏크리트응력	-	1회/일	1회/2일	1회/주	숏크리트 타설 이전	숏크리트 타설 1일 경과후
	지중변위	-	1회/일	1회/2일	1회/주	1차 숏크리트 타설 직후	그라우팅 양생직후
	락볼트축력	-	1회/일	1회/2일	1회/주	1차 숏크리트 타설 직후	그라우팅 양생직후
기타계측	지중경사	1회/일	1회/일	1회/2일	1회/주	터널 상반높이(h)+토피(H)이상, 터널 굴진거리 3D 이상 중 큰값	그라우팅 양생직후
	지중침하	1회/일	1회/일	1회/2일	1회/주	터널 상반높이(h)+토피(H)이상, 터널 굴진거리 3D 이상 중 큰값	그라우팅 양생직후
	강지보응력	-	1~2회/일	1회/2일	1회/주	강지보 설치 후 12시간 이내 (강지보 설치전 고정지그 설치)	숏크리트 타설 1일 경과후
	지하수위	1회/일	1회/일	1회/2일	2회/주	터널 상반높이(h)+토피(H)이상, 터널 굴진거리 3D 이상 중 큰값	지하수위 설치 1주일 후
	건물경사	1회/일	1회/일	1회/2일	1회/주	터널 상반높이(h)+토피(H)이상, 터널 굴진거리 3D 이상 중 큰값	설치 직후
	건물균열	1회/일	1회/일	1회/2일	1회/주	터널 상반높이(h)+토피(H)이상, 터널 굴진거리 3D 이상 중 큰값	설치 직후

(다) 계측관리기준

✓ 계측관리 기준은 정량적으로 설정되어 현장 적용에 적합하게 설정하며, 3차관리기준(허용치)를 중심으로 1차, 2차 관리기준을 설정함

✓ 지하수위계는 계측기 설치시기, 계절적인 변동, 지반의 불확실성으로 인해 타 계측기에 비해 지하수위 저하 및 유출량의 관리기준 값으로만 안전성을 판단하기 어려운 점이 있으므로, 3차 관리기준(위험) 초과 시 배면지반 및 인접 구조물, 지하매설물의 침하, 변위 등의 계측데이터와 현장점검 결과를 연계 분석하여 안전성 여부를 판단함

㉮ 지중경사계

구 분	1차 관리기준(안전)	2차 관리기준(주의)	3차 관리기준(위험)
최대변위	3차관리기준× 0.6	3차관리기준× 0.8	0.002~0.003H (H= 최종굴착깊이)
변위량	σ = 2mm (7일간)	σ = 4mm (7일간)	σ = 10mm (7일간)

㉯ 지하수위계

구 분	1차 관리기준(안전)	2차 관리기준(주의)	3차 관리기준(위험)	
누적 수위변화량	누적지하수위 저하량 (침투해석 예측값) × 0.8	누적지하수위 저하량 (침투해석 예측값)	누적지하수위 저하량 (침투해석 예측값) × 1.2	현장점검 등 검토결과 불안전* 판단 시
일 수위변화량(ΔH)	ΔH = 0.5m	ΔH = 0.75m	ΔH = 1.0m	

• 변위 관련 계측(지중수평변위, 지표침하 등) 값이 2차 관리기준을 초과하는 경우

- 172 -

개 정(안)

7.1.1 계측기 설치계획 ※ (계측관리기준 수정)

주요내용

굴착 | 터널

⑬ 터널공사

계측항목		측정빈도				설치시점	초기치측정
		-20일 (-3D)	0~15일 (0~7일) (0~2D)	15~30일 (8~14일) (2D~3D)	30일~ (15일~) (3D이상)		
일상계측	막장관찰	-	매발파 단면마다			-	-
	내공변위	-	1~2회/일	1회/2일	1회/주	막장후방 1m 이내	설치직후
	천단침하	-	1~2회/일	1회/2일	1회/주	막장후방 1m 이내	설치직후
	지표침하	1회/일	1회/일	1회/2일	1회/주	터널 상반높이(h)+토피(H)이상, 터널 굴진거리 3D 이상 중 큰값	설치직후
정밀계측	숏크리트응력	-	1회/일	1회/2일	1회/주	숏크리트 타설 이전	숏크리트 타설 1일 경과후
	지중변위	-	1회/일	1회/2일	1회/주	1차 숏크리트 타설 직후	그라우팅 양생직후
	락볼트축력	-	1회/일	1회/2일	1회/주	1차 숏크리트 타설 직후	그라우팅 양생직후
기타계측	지중경사	1회/일	1회/일	1회/2일	1회/주	터널 상반높이(h)+토피(H)이상, 터널 굴진거리 3D 이상 중 큰값	그라우팅 양생직후
	지중침하	1회/일	1회/일	1회/2일	1회/주	터널 상반높이(h)+토피(H)이상, 터널 굴진거리 3D 이상 중 큰값	그라우팅 양생직후
	강지보응력	-	1~2회/일	1회/2일	1회/주	강지보 설치 후 12시간 이내 (강지보 설치전 고정지그 설치)	숏크리트 타설 1일 경과후
	지하수위	1회/일	1회/일	1회/2일	2회/주	터널 상반높이(h)+토피(H)이상, 터널 굴진거리 3D 이상 중 큰값	지하수위 설치 1주일 후
	건물경사	1회/일	1회/일	1회/2일	1회/주	터널 상반높이(h)+토피(H)이상, 터널 굴진거리 3D 이상 중 큰값	설치 직후
	건물균열	1회/일	1회/일	1회/2일	1회/주	터널 상반높이(h)+토피(H)이상, 터널 굴진거리 3D 이상 중 큰값	설치 직후

(다) 계측관리기준

✓ 계측관리 기준은 정량적으로 설정되어 현장 적용에 적합하게 설정하며, 3차관리기준(허용치)를 중심으로 1차, 2차 관리기준을 설정함

✓ 지하수위계는 계측기 설치시기, 계절적인 변동, 지반의 불확실성으로 인해 타 계측기에 비해 지하수위 저하 및 유출량의 관리기준 값으로만 안전성을 판단하기 어려운 점이 있으므로, 3차 관리기준(위험) 초과 시 배면지반 및 인접 구조물, 지하매설물의 침하, 변위 등의 계측데이터와 현장점검 결과를 연계 분석하여 안전성 여부를 판단함

㉮ 지중경사계

구 분	1차 관리기준	2차 관리기준	3차 관리기준
최대변위	3차관리기준× 0.6	3차관리기준× 0.8	0.002~0.003H (H= 최종굴착깊이)
변위량	σ = 2mm (7일간)	σ = 4mm (7일간)	σ = 10mm (7일간)

㉯ 지하수위계

구 분	1차 관리기준	2차 관리기준	3차 관리기준	
누적 수위변화량	누적지하수위 저하량 (침투해석 예측값) × 0.8	누적지하수위 저하량 (침투해석 예측값)	누적지하수위 저하량 (침투해석 예측값) × 1.2	현장점검 등 검토결과 불안전* 판단 시
일 수위변화량(ΔH)	ΔH = 0.5m	ΔH = 0.75m	ΔH = 1.0m	

• 변위 관련 계측(지중수평변위, 지표침하 등) 값이 2차 관리기준을 초과하는 경우

- 172 -

현 행

7.1.1 계측기 설치계획

주요내용 | 굴착 | 터널

지표침하계

구 분	1차 관리기준(안전)	2차 관리기준(주의)	3차 관리기준(위험)
최대변위	15mm	20mm	25mm(허용치)

응력계

구 분	1차 관리기준(안전)	2차 관리기준(주의)	3차 관리기준(위험)
최대변위	3차 관리기준 × 0.6	3차 관리기준 × 0.8	허용치

균열계

구 분	1차 관리기준(안전)	2차 관리기준(주의)	3차 관리기준(위험)
최대변위	0.2mm	0.38mm	0.5mm

건물경사

구 분	1차 관리기준(안전)	2차 관리기준(주의)	3차 관리기준(위험)
각변위	1/1,000	1/850	1/500

발파진동

구 분	가축유동	유적, 문화재, 컴퓨터시설물	재래주택 (조적식,목재)	주택, 아파트(R.C조)	상업용 건축물	철골콘크리트 건물 및 공장
발파진동	0.1cm/s	0.2cm/s	0.3cm/s	0.5cm/s	1.0cm/s	5.0cm/s

천단 및 내공변위

구 분	천단침하(mm)						내공변위(mm)					
	단선			복선			단선			복선		
	1차	2차	3차	1차	2차	3차	1차	2차	3차	1차	2차	3차
풍화암	15	20	25	30	40	50	15	20	25	30	40	50
연 암	15	16	20	18	24	30	15	16	20	18	24	30
경 암	6	8	10	6	8	10	6	8	10	6	8	10

구 분	1차 관리기준(안전)	2차 관리기준(주의)	3차 관리기준(위험)
변위속도	•변위 속도가 5mm/일 이상	•변위 속도가 막장부 근처에서 10mm/일 이상이고 후방에서 5mm/일 이상	•변위가 가속
상 태	•숏크리트에 부분적으로 균열 발생 •지하수가 침투한다.	•숏크리트에 전체적으로 균열이 발생 •지하수가 침투	•균열이나 지하수침투가 레벨 2의 경우를 초과

록볼트 축력 및 숏크리트 응력

구 분	1차 관리기준(안전)	2차 관리기준(주의)	3차 관리기준(위험)
록볼트 축력(kN)	3차 관리기준 × 0.6	3차 관리기준 × 0.8	허용치
숏크리트 응력(MPa)	3차 관리기준 × 0.6	3차 관리기준 × 0.8	허용치

유량계

구 분	1차 관리기준(안전)	2차 관리기준(주의)	3차 관리기준(위험)	
지하수 유출량	지하수 유출량 (침투해석 예측값) × 0.8	지하수 유출량 (침투해석 예측값)	지하수 유출량 (침투해석 예측값) × 1.2	현장점검 등 검토결과 불안전* 판단 시

• 변위 관련 계측(지중수평변위, 지표침하 등) 값이 2차 관리기준을 초과하는 경우

✓ 본 매뉴얼에서 제시하는 기준은 최소 기준으로 참고자료로 활용하고 계측관리 기준은 현장 여건(지반조건, 적용공법, 시공방법 등) 및 인접 구조물의 중요도, 과거의 유사한 시공실적 등을 참조하여 정하여야 함.

- 173 -

개 정(안)

7.1.1 계측기 설치계획 ※ (계측관리기준 수정)

주요내용 | 굴착 | 터널

지표침하계

구 분	1차 관리기준	2차 관리기준	3차 관리기준
최대변위	15mm	20mm	25mm(허용치)

응력계

구 분	1차 관리기준	2차 관리기준	3차 관리기준
최대변위	3차 관리기준 × 0.6	3차 관리기준 × 0.8	허용치

균열계

구 분	1차 관리기준	2차 관리기준	3차 관리기준
최대변위	0.2mm	0.38mm	0.5mm

건물경사

구 분	1차 관리기준	2차 관리기준	3차 관리기준
각변위	1/1,000	1/850	1/500

발파진동

구 분	가축유동	유적, 문화재, 컴퓨터시설물	재래주택 (조적식,목재)	주택, 아파트(R.C조)	상업용 건축물	철골콘크리트 건물 및 공장
발파진동	0.1cm/s	0.2cm/s	0.3cm/s	0.5cm/s	1.0cm/s	5.0cm/s

천단 및 내공변위

구 분	천단침하(mm)						내공변위(mm)					
	단선			복선			단선			복선		
	1차	2차	3차	1차	2차	3차	1차	2차	3차	1차	2차	3차
풍화암	15	20	25	30	40	50	15	20	25	30	40	50
연 암	15	16	20	18	24	30	15	16	20	18	24	30
경 암	6	8	10	6	8	10	6	8	10	6	8	10

구 분	1차 관리기준	2차 관리기준	3차 관리기준
변위속도	•변위 속도가 5mm/일 이상	•변위 속도가 막장부 근처에서 10mm/일 이상이고 후방에서 5mm/일 이상	•변위가 가속
상 태	•숏크리트에 부분적으로 균열 발생 •지하수가 침투한다.	•숏크리트에 전체적으로 균열이 발생 •지하수가 침투	•균열이나 지하수침투가 레벨 2의 경우를 초과

록볼트 축력 및 숏크리트 응력

구 분	1차 관리기준	2차 관리기준	3차 관리기준
록볼트 축력(kN)	3차 관리기준 × 0.6	3차 관리기준 × 0.8	허용치
숏크리트 응력(MPa)	3차 관리기준 × 0.6	3차 관리기준 × 0.8	허용치

유량계

구 분	1차 관리기준	2차 관리기준	3차 관리기준	
지하수 유출량	지하수 유출량 (침투해석 예측값) × 0.8	지하수 유출량 (침투해석 예측값)	지하수 유출량 (침투해석 예측값) × 1.2	현장점검 등 검토결과 불안전* 판단 시

• 변위 관련 계측(지중수평변위, 지표침하 등) 값이 2차 관리기준을 초과하는 경우

✓ 본 매뉴얼에서 제시하는 기준은 최소 기준으로 참고자료로 활용하고 계측관리 기준은 현장 여건(지반조건, 적용공법, 시공방법 등) 및 인접 구조물의 중요도, 과거의 유사한 시공실적 등을 참조하여 정하여야 함.

- 173 -

현 행	개 정(안)

현 행

7.1.1 계측기 설치계획

주요내용 | 터널

(라) 도심지 터널공사 시 위험지역 자동화계측 계획

㉮ 적용대상

✓ 지하안전평가 대상 사업 중 도심지 터널 공사를 대상으로 하되 도심지라 함은 [국토의 계획 및 이용에 관한 법률] 제6조에서 제시하는 도심지역을 의미하며, 이는 인구와 산업이 밀집되어 있거나 밀집이 예상되어 그 지역에 대하여 체계적인 개발·정비·관리·보전 등이 필요한 지역으로 정의함

㉯ 적용위치

✓ 터널 굴착방식(비개착공법 포함)이 적용되는 지반침하 취약구간(완전 풍화된 토사, 점토지반, 단층 파쇄대 존재 구간 등) 또는 지반침하사고 발생 시 대규모 인적·물적 피해가 예상되는 구간(아파트 등 주거시설 및 공공이용시설물이 밀집된 지역). 상기에서 언급되지 않은 구간이라 할지라도 지반침하 발생으로 인해 주변지반의 이상거동이 우려되는 구간은 책임기술자의 판단에 따라 추가로 포함할 수 있음. 각각의 지반침하 취약구간이 의미하는 내용은 다음과 같음

㉰ 계측항목

✓ 지반침하 취약구간의 주변지반 이상거동을 합리적으로 분석할 수 있도록 침하계(지표, 지중), 지중경사계 및 지하수위계를 필수항목으로 적용하고 필수항목 이외의 계측항목은 현장여건 등을 고려하여 책임기술자의 판단에 따라 조정 가능함. 상기에 언급한 자동화계측 필수항목과 주요 분석내용은 다음과 같음

구 분	자동화계측 항목	분 석 내 용
일상계측	지표침하계	•대상사업의 굴착외측 도로 등 지표면의 침하량(연직변위) 측정
정밀계측	지중침하계	•대상사업의 굴착외측 지반의 지중 침하량(연직변위) 측정
기타계측	지중경사계 지하수위계	•대상사업의 굴착외측 지반의 지중 변형량(수평변위) 측정 •대상사업의 굴착외측 지반의 지하수위 변화량 측정

㉱ 배치계획

✓ 취약구간 영향범위 내에 설치되는 자동화계측 항목은 계측결과의 상호 비교분석이 가능하도록 계측기 설치위치는 가능한 한 인접구간에 설치하는 것을 원칙으로 함.

✓ 지반침하 취약구간 자동화계측기의 배치계획은 시공에 따른 주변지반의 이완특성을 파악하고 이상 징후를 사전에 신속하게 예측하기 위함이 주요한 목적이므로 안전성 측면이 가장 우선적으로 고려되어야 하며, 시공성 및 경제성을 종합적으로 고려하여 책임기술자의 판단에 따라 최적의 배치계획이 반영된 평면계획도를 수록하여야 함

㉲ 측정기간

✓ 지반침하 취약구간 자동화계측기의 측정기간은 굴착에 따른 주변지반의 이완으로 인해 초기치의 영향을 받지 않는 위치에 설치하여 측정을 시작하는 시기부터 계측값이 수렴되는 시기를 고려하여 터널 막장면 전방 3D(D : 터널 폭) 부터 터널 막장면이 통과한 3D 후방까지의 시기를 측정기간의 표준으로 함

✓ 다만 지반특성 등의 현장여건에 따라 계측기의 수렴기간이 달라질 수 있으므로 상기에서 언급한 측정기간 내에 계측값이 수렴하거나 수렴되지 않을 경우 책임기술자의 판단에 따라 측정기간을 조정할 수 있음

✓ 지반침하 취약구간 자동화계측기의 배치계획 및 측정기간의 개요도는 다음과 같음

- 174 -

개 정(안)

7.1.1 계측기 설치계획 ※ (자동화 계측의 적용기준 추가)

주요내용 | 굴착 | 터널

(라) 굴착공사시 자동화 계측계획

㉮ 적용대상

✓ 지하안전평가 대상 사업(굴착깊이 20m이상, 수직구 및 추진/도달기지 포함)

㉯ 적용위치

✓ 지반침하 취약구간 및 3차원 수치해석 대상(우각부 뒷면의 시설물위치 구간) 중에 불리한 단면 최소 1개소 이상(철도, 지하철 별도)

㉰ 계측항목

✓ 자동화 계측항목은 지중경사계, 지하수위계, 지표침하계, 하중계(축력계), 건물경사계 등이며, 자동화 계측이 적용 불가한 항목은 상세한 사유를 제시함

(마) 도심지 터널공사 시 위험지역 자동화계측 계획

㉮ 적용대상

✓ 지하안전평가 대상 사업 중 도심지 터널 공사를 대상으로 하되 도심지라 함은 [국토의 계획 및 이용에 관한 법률] 제6조에서 제시하는 도심지역을 의미하며, 이는 인구와 산업이 밀집되어 있거나 밀집이 예상되어 그 지역에 대하여 체계적인 개발·정비·관리·보전 등이 필요한 지역으로 정의함

㉯ 적용위치

✓ 터널 굴착방식(비개착공법 포함)이 적용되는 지반침하 취약구간(완전 풍화된 토사, 점토지반, 단층 파쇄대 존재 구간 등) 또는 지반침하사고 발생 시 대규모 인적·물적 피해가 예상되는 구간(아파트 등 주거시설 및 공공이용시설물이 밀집된 지역). 상기에서 언급되지 않은 구간이라 할지라도 지반침하 발생으로 인해 주변지반의 이상거동이 우려되는 구간은 책임기술자의 판단에 따라 추가로 포함할 수 있음

㉰ 계측항목

✓ 지반침하 취약구간의 주변지반 이상거동을 합리적으로 분석할 수 있도록 침하계(지표, 지중), 지중경사계 및 지하수위계를 필수항목으로 적용하고 필수항목 이외의 계측항목은 현장여건 등을 고려하여 책임기술자의 판단에 따라 조정 가능함. 상기에 언급한 자동화계측 필수항목과 주요 분석내용은 다음과 같음

구 분	자동화계측 항목	분 석 내 용
일상계측	지표침하계	•대상사업의 굴착외측 도로 등 지표면의 침하량(연직변위) 측정
정밀계측	지중침하계	•대상사업의 굴착외측 지반의 지중 침하량(연직변위) 측정
기타계측	지중경사계 지하수위계	•대상사업의 굴착외측 지반의 지중 변형량(수평변위) 측정 •대상사업의 굴착외측 지반의 지하수위 변화량 측정

㉱ 배치계획

✓ 취약구간 영향범위 내에 설치되는 자동화계측 항목은 계측결과의 상호 비교분석이 가능하도록 계측기 설치위치는 가능한 한 인접구간에 설치하는 것을 원칙으로 함.

✓ 지반침하 취약구간 자동화계측기의 배치계획은 시공에 따른 주변지반의 이완특성을 파악하고 이상 징후를 사전에 신속하게 예측하기 위함이 주요한 목적이므로 안전성 측면이 가장 우선적으로 고려되어야 하며, 시공성 및 경제성을 종합적으로 고려하여 책임기술자의 판단에 따라 최적의 배치계획이 반영된 평면계획도를 수록하여야 함

- 174 -

현 행

7.1.1 계측기 설치계획

예시

다. 계측관리 기준 선정

- 지중수평변위, 지표침하 등에 대한 계측관리 기준은 다음과 같음

구 분			1차 관리기준(안전)	2차 관리기준(주의)	3차 관리기준(위험)
지중 경사계	변위량	토사	σ = 2mm (7일간)	σ = 4mm (7일간)	σ = 10mm (7일간)
		암반	σ = 1mm (1일간)	δ ≤ 2mm (1일간)	σ = 4mm (1일간)
	최대변위량		3차관리기준× 0.6	3차관리기준× 0.8	0.002~0.003H (H= 최대굴착깊이)
지하 수위계	일 수위변화량(ΔH)		ΔH = 0.5m	ΔH = 0.75m	ΔH = 1.0m
	누적지하수위 저하량		누적지하수위 저하량 (침투해석 예측값) × 0.8	누적지하수위 저하량 (침투해석 예측값)	누적지하수위 저하량 (침투해석 예측값) × 1.2 and 변위 관련 계측 2차 관리기준 초과 시
유량계	지하수 유출량		지하수 유출량 (침투해석 예측값) × 0.8	지하수 유출량 (침투해석 예측값)	지하수 유출량 (침투해석 예측값) × 1.2 and 변위 관련 계측 2차 관리기준 초과 시
지표침하계	최대변위량		3차 관리기준 × 0.6	3차 관리기준 × 0.8	25mm(허용치)
응력계	최대변위량		3차 관리기준 × 0.6	3차 관리기준 × 0.8	허용치
균열계	최대변위량		0.2	0.38	0.5
건물경사계	각변위		1/1,000	1/850	1/500
천단침하계	연암조건, 복선터널단면		18mm	24mm	30mm
내공변위계	연암조건, 복선터널단면		18mm	24mm	30mm
천단침하 및 내공변위 속도	-		5mm이상/일	막장부 근처 10mm/일 이상, 후방 5mm/일 이상	변위의 가속
록볼트 축력 (kN)	D25-SD350		53.0 (3차관리기준× 0.6)	70.9 (3차관리기준× 0.8)	88.7(허용응력)
숏크리트응력 (MPa)	일반		5.0 (3차관리기준× 0.6)	6.7 (3차관리기준× 0.8)	8.4(허용응력)

- 진동에 대한 관리치는 다음과 같이 적용함

구 분	가축류등	유적,문화재, 컴퓨터시설물	재래주택 (조적식,목재)	주택, 아파트(R.C조)	상업용 건축물	철골콘크리트 건물 및 공장
허용치	0.1cm/s	0.2cm/s	0.3cm/s	0.5cm/s	1.0cm/s	5.0cm/s

- 178 -

개 정(안)

7.1.1 계측기 설치계획 ※ (계측관리기준 수정)

예시

다. 계측관리 기준 선정

- 지중수평변위, 지표침하 등에 대한 계측관리 기준은 다음과 같음

구 분			1차 관리기준	2차 관리기준	3차 관리기준
지중 경사계	변위량	토사	σ = 2mm (7일간)	σ = 4mm (7일간)	σ = 10mm (7일간)
		암반	σ = 1mm (1일간)	δ ≤ 2mm (1일간)	σ = 4mm (1일간)
	최대변위량		3차관리기준× 0.6	3차관리기준× 0.8	0.002~0.003H (H= 최대굴착깊이)
지하 수위계	일 수위변화량(ΔH)		ΔH = 0.5m	ΔH = 0.75m	ΔH = 1.0m
	누적지하수위 저하량		누적지하수위 저하량 (침투해석 예측값) × 0.8	누적지하수위 저하량 (침투해석 예측값)	누적지하수위 저하량 (침투해석 예측값) × 1.2 and 변위 관련 계측 2차 관리기준 초과 시
유량계	지하수 유출량		지하수 유출량 (침투해석 예측값) × 0.8	지하수 유출량 (침투해석 예측값)	지하수 유출량 (침투해석 예측값) × 1.2 and 변위 관련 계측 2차 관리기준 초과 시
지표침하계	최대변위량		3차 관리기준 × 0.6	3차 관리기준 × 0.8	25mm(허용치)
응력계	최대변위량		3차 관리기준 × 0.6	3차 관리기준 × 0.8	허용치
균열계	최대변위량		0.2	0.38	0.5
건물경사계	각변위		1/1,000	1/850	1/500
천단침하계	연암조건, 복선터널단면		18mm	24mm	30mm
내공변위계	연암조건, 복선터널단면		18mm	24mm	30mm
천단침하 및 내공변위 속도	-		5mm이상/일	막장부 근처 10mm/일 이상, 후방 5mm/일 이상	변위의 가속
록볼트 축력 (kN)	D25-SD350		53.0 (3차관리기준× 0.6)	70.9 (3차관리기준× 0.8)	88.7(허용응력)
숏크리트응력 (MPa)	일반		5.0 (3차관리기준× 0.6)	6.7 (3차관리기준× 0.8)	8.4(허용응력)

- 진동에 대한 관리치는 다음과 같이 적용함

구 분	가축류등	유적,문화재, 컴퓨터시설물	재래주택 (조적식,목재)	주택, 아파트(R.C조)	상업용 건축물	철골콘크리트 건물 및 공장
허용치	0.1cm/s	0.2cm/s	0.3cm/s	0.5cm/s	1.0cm/s	5.0cm/s

- 178 -

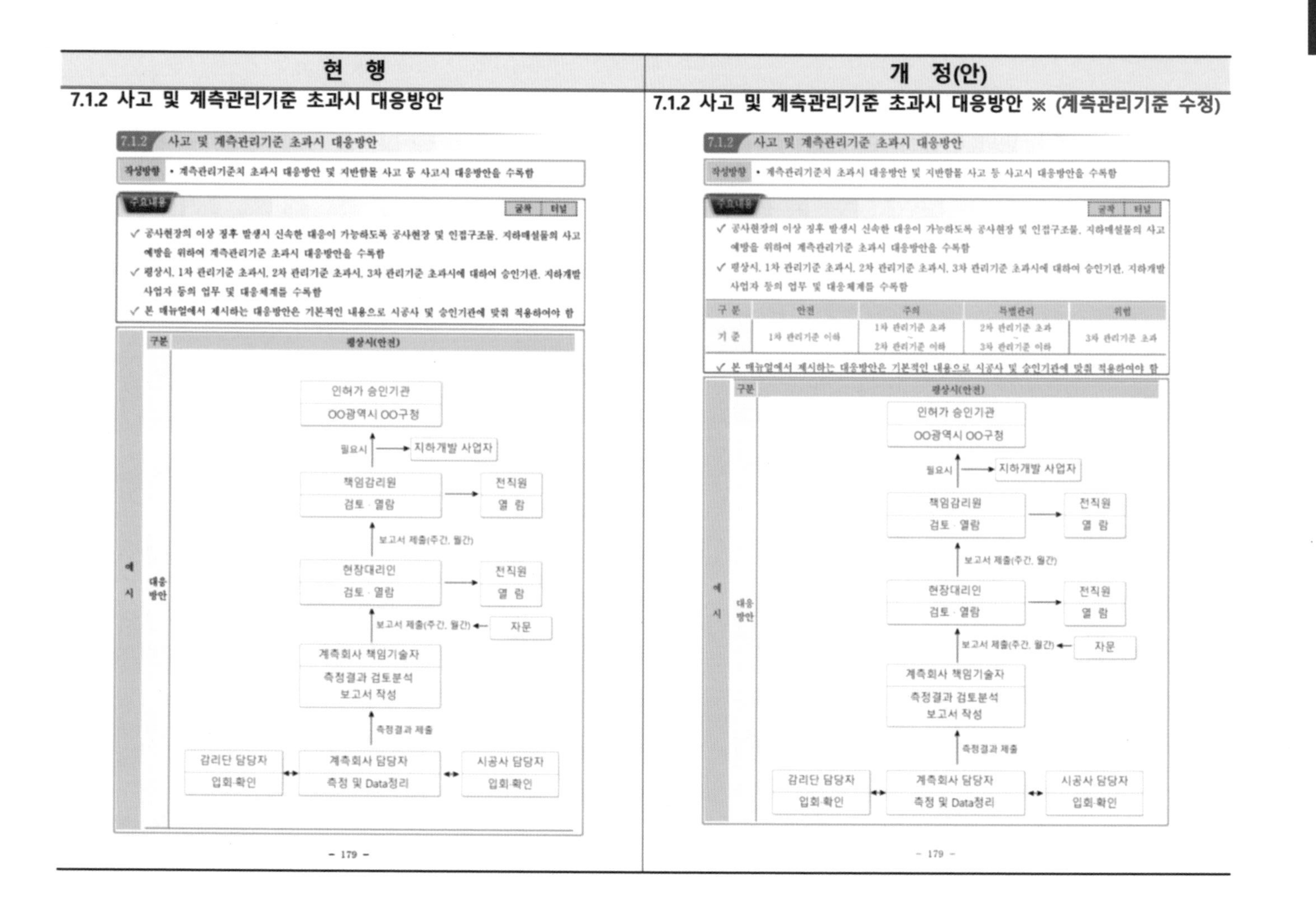

현 행

7.1.2 사고 및 계측관리기준 초과시 대응방안

7.1.2 사고 및 계측관리기준 초과시 대응방안

작성방향 • 계측관리기준치 초과시 대응방안 및 지반함몰 사고 등 사고시 대응방안을 수록함

주요내용 (굴착 | 터널)

✓ 공사현장의 이상 징후 발생시 신속한 대응이 가능하도록 공사현장 및 인접구조물, 지하매설물의 사고 예방을 위하여 계측관리기준 초과시 대응방안을 수록함

✓ 평상시, 1차 관리기준 초과시, 2차 관리기준 초과시, 3차 관리기준 초과시에 대하여 승인기관, 지하개발 사업자 등의 업무 및 대응체계를 수록함

✓ 본 매뉴얼에서 제시하는 대응방안은 기본적인 내용으로 시공사 및 승인기관에 맞춰 적용하여야 함

예시 – 구분: 대응방안 – 평상시(안전)

- 179 -

개 정(안)

7.1.2 사고 및 계측관리기준 초과시 대응방안 ※ (계측관리기준 수정)

7.1.2 사고 및 계측관리기준 초과시 대응방안

작성방향 • 계측관리기준치 초과시 대응방안 및 지반함몰 사고 등 사고시 대응방안을 수록함

주요내용 (굴착 | 터널)

✓ 공사현장의 이상 징후 발생시 신속한 대응이 가능하도록 공사현장 및 인접구조물, 지하매설물의 사고 예방을 위하여 계측관리기준 초과시 대응방안을 수록함

✓ 평상시, 1차 관리기준 초과시, 2차 관리기준 초과시, 3차 관리기준 초과시에 대하여 승인기관, 지하개발 사업자 등의 업무 및 대응체계를 수록함

구 분	안전	주의	특별관리	위험
기 준	1차 관리기준 이하	1차 관리기준 초과 ~ 2차 관리기준 이하	2차 관리기준 초과 ~ 3차 관리기준 이하	3차 관리기준 초과

✓ 본 매뉴얼에서 제시하는 대응방안은 기본적인 내용으로 시공사 및 승인기관에 맞춰 적용하여야 함

예시 – 구분: 대응방안 – 평상시(안전)

- 179 -

현 행

7.2.2 보강 및 차수방안

예시

- 차수그라우팅은 착공전 시험시공을 통해 적정 차수성 확보 여부 및 지하수변화에 의한 영향 검토시 적용된 투수계수 확인을 하여야 함
- 차수그라우팅 시험시공은 주입공 250개당 1회를 기준으로 하며, 당 현장 차수그라우팅은 약 180개공으로 시험시공은 총 1회 시행하며, 시험시공 위치는 아래 그림에 표시된 위치 또는 책임감리원(감독원)이 지정하는 장소에 시행하되 원칙적으로는 계획 주입공의 일부를 이용하여야 함

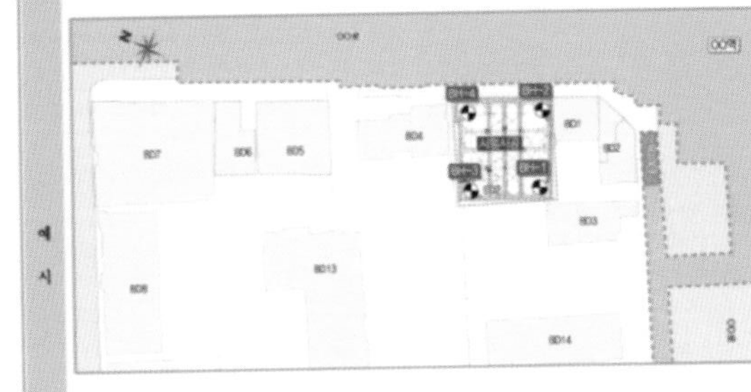

- 2중관 Rod 공법으로 혼합방식이 적용되는 E.G.M 에서는 2.0 Shot 방식을 기본으로 하며 초기 급결 및 완결 주입에서는 A, B액을 교대로 주입하여 1:1 비율로 주입하는 것을 원칙으로 하나 지층상태에 따라서 주입재의 혼합비율을 조정하여 주입함
- 그라우팅은 저압주입 방식으로 10 kgf/cm² 이하를 요구하며 주입량 12 L/min~20 L/min를 기준으로함
- 또한, 그라우팅 시공 후 투수계수의 기대치는 $K=1.0\times10^{-5}$cm/sec이하임
- 시험시공시 시험 항목, 주입효과 판정 및 E.G.M 그라우팅의 자세한 사항은 [신축공사 가시설 도면] 특기시방서 4~5(C-006~007) 및 [가설흙막이 설계보고서] II.흙막이 시방서 7.그라우팅공에 자세히 수록하여 현장시공자가 구체적으로 확인할 수 있도록 하였음

- 186 -

개 정(안)

7.2.2 보강 및 차수방안 ※ (연약지반 관련 추가)

주요내용 | 굴착 | 터널

(다) 연약지반 굴착공사의 차수방안 고려사항

✓ 입도분석 결과 입자크기 No.100~No.200 사이 구성비율이 25%이상이면 해당 지층에 차수강화공법(2열 차수그라우팅 등) 적용을 제안함

예시

- 차수그라우팅은 착공전 시험시공을 통해 적정 차수성 확보 여부 및 지하수변화에 의한 영향 검토시 적용된 투수계수 확인을 하여야 함
- 차수그라우팅 시험시공은 주입공 250개당 1회를 기준으로 하며, 당 현장 차수그라우팅은 약 180개공으로 시험시공은 총 1회 시행하며, 시험시공 위치는 아래 그림에 표시된 위치 또는 책임감리원(감독원)이 지정하는 장소에 시행하되 원칙적으로는 계획 주입공의 일부를 이용하여야 함

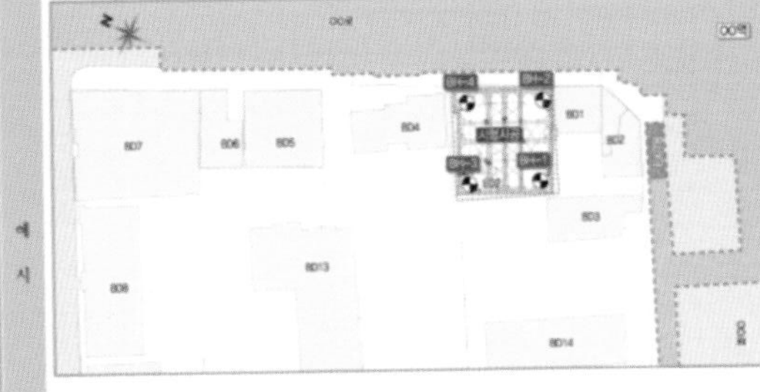

- 2중관 Rod 공법으로 혼합방식이 적용되는 E.G.M 에서는 2.0 Shot 방식을 기본으로 하며 초기 급결 및 완결 주입에서는 A, B액을 교대로 주입하여 1:1 비율로 주입하는 것을 원칙으로 하나 지층상태에 따라서 주입재의 혼합비율을 조정하여 주입함
- 그라우팅은 저압주입 방식으로 10 kgf/cm² 이하를 요구하며 주입량 12 L/min~20 L/min를 기준으로함
- 또한, 그라우팅 시공 후 투수계수의 기대치는 $K=1.0\times10^{-5}$cm/sec이하임
- 시험시공시 시험 항목, 주입효과 판정 및 E.G.M 그라우팅의 자세한 사항은 [신축공사 가시설 도면] 특기시방서 4~5(C-006~007) 및 [가설흙막이 설계보고서] II.흙막이 시방서 7.그라우팅공에 자세히 수록하여 현장시공자가 구체적으로 확인할 수 있도록 하였음

- 186 -

현 행

9.3 조사시기

9.3 조사 시기

작성방향 • 굴착공사기간을 포함한 전체 공정계획을 바탕으로 지하안전에 영향을 미칠 것으로 판단하는 주요시기를 선정함

주요내용 굴착 | 터널

✓ 착공후지하안전조사는 굴착시부터 지하골조공사완료시까지 조사를 수행함

✓ 착공후지하안전조사서의 제출 시기는 지하안전관리에 관한 특별법 시행령 개정안의 시행(2020.07.01.)에 따라 시행 이전과 이후 제출시기를 구분함

✓ 지하안전관리에 관한 특별법 시행령 개정안 시행 이전(2020년 7월 1일) 착공후지하안전조사 시행 사업

구 분	제출시기
착공후지하안전조사	• 착공후지하안전조사가 끝난 날부터 **60일 이내**에 전자문서의 형태로 국토교통부장관 및 승인기관의 장에게 제출

✓ 지하안전관리에 관한 특별법 시행령 개정안 시행 이후(2020년 7월 1일) 착공후지하안전조사 시행 사업

구 분	제출시기
매달 말일을 기준으로 착공후지하안전조사가 실시중인 경우	• 그 **다음 달 10일까지** 지난달의 착공후지하안전조사 내용. 다만, 착공후지하안전조사의 실시기간이 30일 이내인 경우는 제외한다.
착공후지하안전조사가 종료된 경우	• **종료일부터 15일 이내** 착공후지하안전조사서와 지하안전을 위하여 조치가 필요한 사실 및 조치내용

✓ 착공후지하안전조사서는 월간(최초보고서, 월간보고서, 최종보고서)으로 시기마다 제출하며, 착공시 지하안전평가서 및 협의내용 반영여부를 포함하여 최초보고서를 제출하고, 매월 시공현황 및 계측결과를 분석하여 월간보고서를 제출하며, 지하공사 완료 후 전체 조사된 내용을 포함하여 최종보고서를 제출함

구 분	최초보고서	월간보고서	최종보고서
1. 요약문			○
2. 대상사업의 개요	○ (시공현황 분석)	○ (시공현황 분석)	○
3. 대상지역의 설정	○		○
4. 지반 및 지질현황	○		○
5. 지하수 변화에 의한 영향 검토	○	○	○
6. 지반안전성 검토	○	○	○
7. 지하안전확보방안 적정성 및 이행여부 검토	○	○	○
8. 종합평가 및 결론	○		○
9. 부록	○ (대행 계약서, 참여기술자, 교육수료증, 전문기관 등록증)		○

개 정(안)

9.3 조사시기 ※ (착공후지하안전조사 조사시기 수정 및 용어정리)

9.3 조사 시기

작성방향 • 굴착공사기간을 포함한 전체 공정계획을 바탕으로 지하안전에 영향을 미칠 것으로 판단하는 주요시기를 선정함

주요내용 굴착 | 터널

✓ 착공후지하안전조사는 착공시기(천공, 굴착시기 등)와 계측기 설치시기 중 빠른 시기부터 지하골조공사완료시(되메우기)까지 조사를 수행함

✓ 착공후지하안전 조사시기의 굴착은 터널, 건물의 기초나 지하공간 등을 만들기 위해 소정의 모양으로 지반을 파내는 것(항기, 천공, 발파 포함)을 의미함

✓ 착공후지하안전조사서의 제출 시기는 지하안전관리에 관한 특별법 시행령 개정안의 시행(2020.07.01.)에 따라 시행 이전과 이후 제출시기를 구분함

✓ 지하안전관리에 관한 특별법 시행령 개정안 시행 이전(2020년 7월 1일) 착공후지하안전조사 시행 사업

구 분	제출시기
착공후지하안전조사	• 착공후지하안전조사가 끝난 날부터 **60일 이내**에 전자문서의 형태로 국토교통부장관 및 승인기관의 장에게 제출

✓ 지하안전관리에 관한 특별법 시행령 개정안 시행 이후(2020년 7월 1일) 착공후지하안전조사 시행 사업

구 분	제출시기
매달 말일을 기준으로 착공후지하안전조사가 실시중인 경우	• 그 **다음 달 10일까지** 지난달의 착공후지하안전조사 내용. 다만, 착공후지하안전조사의 실시기간이 30일 이내인 경우는 제외한다.
착공후지하안전조사가 종료된 경우	• **종료일부터 15일 이내** 착공후지하안전조사서와 지하안전을 위하여 조치가 필요한 사실 및 조치내용

✓ 착공후지하안전조사서는 월간(최초보고서, 월간보고서, 최종보고서)으로 시기마다 제출하며, 착공시 지하안전평가서 및 협의내용 반영여부를 포함하여 최초보고서를 제출하고, 매월 시공현황 및 계측결과를 분석하여 월간보고서를 제출하며, 지하공사 완료 후 전체 조사된 내용을 포함하여 최종보고서를 제출함

구 분	최초보고서	월간보고서	최종보고서
1. 요약문			○
2. 대상사업의 개요	○ (시공현황 분석)	○ (시공현황 분석)	○
3. 대상지역의 설정	○		○
4. 지반 및 지질현황	○		○
5. 지하수 변화에 의한 영향 검토	○	○	○
6. 지반안전성 검토	○	○	○
7. 지하안전확보방안 적정성 및 이행여부 검토	○	○	○
8. 종합평가 및 결론	○		○
9. 부록	○ (대행 계약서, 참여기술자, 교육수료증, 전문기관 등록증)		○

참고 2 착공후지하안전조사 표준매뉴얼 신구대비표

현 행

3.1.2 지반안전성 평가를 위한 대상지역 설정

주요내용 | 굴착 | 터널

(나) 수치해석에 의한 방법

✓ 수치해석에 의한 방법은 국내 지반이 복합지반인 특성을 감안하여 굴착에 따른 검토범위를 산정하며, 작업구간 현황(지반조건이 가장 취약한 구간, 최대 굴착심도 구간, 주요 인접 구조물 위치 구간 등)을 종합적으로 고려하여 가장 취약한 단면에 대해 2차원 수치해석을 수행결과를 반영함

✓ 검토범위 산정을 위한 해석방법은 지하수의 변화를 고려하지 않는 응력해석을 원칙으로 적용함

- 굴착에 의한 영향과 지하수 저하에 따른 영향을 함께 고려하는 침투–응력 연계해석을 적용할 경우 초기 지하수위 조건으로 건기와 우기가 반복적으로 발생하는 지반특성을 반영하지 못해 검토범위가 과다하게 산정됨

✓ 해석 모델링은 지반조건에 따른 검토범위 산정이 목적인 해석으로 인접 구조물 현황은 미고려 함

- 강성체인 인접구조물을 반영할 경우 구조물의 영향으로 침하발생이 과소하게 산정되거나, 구조물로 인해 침하경향 분석에 제약이 발생하므로 구조물 현황은 모델링에 포함하지 않음

대표단면 | 수치해석 모델링 및 결과

✓ 수치해석에 의한 검토범위 산정시 지표면 변위의 수렴여부를 판단하고, 수렴여부를 판단하기 어려울 경우 침하 허용기준인 25mm(도로, 인접구조물)의 10%인 2.5mm 침하지점까지를 검토범위로 산정함

✓ 수치해석을 이용한 검토범위 산정방법

① 지표면 침하곡선 작도

② 침하곡선 수렴범위 산정(수렴범위는 경계부(최대침하량) 결과의 10% 이내로 산정)

③ 침하곡선 미수렴시, 침하량 허용기준(25mm의 10%인 2.5mm)을 고려하여 검토범위 산정

① 지표면 침하곡선 | ② 침하곡선 수렴범위 산정 | ③ 침하량 허용기준에 따른 산정

개 정(안)

3.1.2 지반안전성 평가를 위한 대상지역 설정

※ (비탈면 구간의 검토범위 산정기준 추가)

주요내용 | 굴착 | 터널

(나) 수치해석에 의한 방법

✓ 수치해석에 의한 방법은 국내지반이 복합지반인 특성을 감안하여 굴착에 따른 검토범위를 산정하며, 작업구간 현황(지반조건이 가장 취약한 구간, 최대 굴착심도 구간, 주요 인접 구조물 위치 구간 등)을 종합적으로 고려하여 가장 취약한 단면에 대해 2차원 수치해석을 수행한 결과를 반영함

✓ 검토범위 산정을 위한 해석방법은 지하수의 변화를 고려하지 않는 응력해석을 원칙으로 적용함

- 굴착에 의한 영향과 지하수 저하에 따른 영향을 함께 고려하는 침투–응력 연계해석을 적용할 경우 초기 지하수위 조건으로 건기와 우기가 반복적으로 발생하는 지반특성을 반영하지 못해 검토범위가 과다하게 산정됨

✓ 해석 모델링은 지반조건에 따른 검토범위 산정이 목적인 해석으로 인접 구조물 현황은 미고려 함

- 강성체인 인접구조물을 반영할 경우 구조물의 영향으로 침하발생이 과소하게 산정되거나, 구조물로 인해 침하경향 분석에 제약이 발생하므로 구조물 현황은 모델링에 포함하지 않음

대표단면 | 수치해석 모델링 및 결과

✓ 수치해석에 의한 검토범위 산정시 지표면 변위의 수렴여부를 판단하고, 수렴여부를 판단하기 어려울 경우 침하 허용기준인 25mm(도로, 인접구조물)의 10%인 2.5mm 침하지점까지를 검토범위로 산정함

✓ 수치해석을 이용한 검토범위 산정방법

① 지표면 침하곡선 작도

② 침하곡선 수렴범위 산정(수렴범위는 경계부(최대침하량) 결과의 10% 이내로 산정)

③ 침하곡선 미수렴시, 침하량 허용기준(25mm의 10%인 2.5mm)을 고려하여 검토범위 산정

① 지표면 침하곡선 | ② 침하곡선 수렴범위 산정 | ③ 침하량 허용기준에 따른 산정

(다) 비탈면 구간의 검토범위 산정 방법

✓ 비탈면 구간(하부 흙막이공법 미적용 구간)은 수치해석에 의한 방법(침하량 수렴범위)과 한계평형해석에 의한 방법(최소안전율에 해당되는 예상파괴면까지의 거리) 중 안전측으로 산정함

✓ 비탈면 구간의 검토범위 시점부는 비탈어깨부터 시작함

현 행

7.1.1 계측기 설치 적정성

예시

다. 계측관리 기준

- 착공후지하안전조사 시 계측항목별 계측관리 기준을 아래와 같이 선정함
- 계측관리는 변위속도와 누적변위로 검토하였으며, 지중경사계의 누적변위에 대한 관리기준은 현장여건을 고려하여 최대변위량을 기준으로 선정함(0.002H, H:굴착심도)
- 지표침하계 계측관리기준은 1차 25mm×0.6, 2차 관리기준 25mm×0.8, 3차 관리기준은 최대 허용변위 25mm를 적용함
- 변형률계는 계측관리 보고서를 반영하여 관리기준을 선정함
- 건물경사계, 균열측정계는 지하안전평가서 및 계측관리 보고서를 참고하여 선정함
- 00선, 00주차장, 00지하차도구간은 계측관리 보고서를 반영하여 관리기준을 선정함

구분		지하안전평가			착공후지하안전조사		
		1차	2차	3차	1차	2차	3차
수평변위계(mm)		1/700	1/500	1/250	2mm/7일	4mm/7일	10mm/7일
					1/700	1/500	1/250
지표침하계(mm)		설계 예상치	1.25•설계 예상치	25.0	2mm/7일	4mm/7일	10mm/7일
					15.0	20.0	25.0
SLAB 응력계(kg/cm²)		설계예상치	1.25•설계 예상치	부재허용치	58.73	78.31	97.89
건물경사계(mm)		1/1,000	1/850	1/500	1/1,000	1/850	1/500
균열측정계(mm)		±0.20	±0.38	±0.50	±0.20	±0.38	±0.50
00선	EL BEAM(mm)	-	-	-	±0.20	±0.26	±0.33
	균열측정계(mm)	-	-	-	±0.20	±0.40	±0.50
	진동측정계(kine)	-	-	-	0.30	0.30	0.30
00 주차장	EL BEAM(mm)	-	-	-	±0.20	±0.26	±0.33
	균열측정계(mm)	-	-	-	±0.20	±0.40	±0.50
00 지하차도	EL BEAM(mm)	-	-	-	±0.36	±0.48	±0.60
	균열측정계(mm)	-	-	-	±0.20	±0.40	±0.50
	진동측정계(kine)	-	-	-	0.30	0.30	0.30

개 정(안)

7.1.1 계측기 설치 적정성 ※ (계측관리기준 수정)

예시

다. 계측관리 기준

- 착공후지하안전조사 시 계측항목별 계측관리 기준을 아래와 같이 선정함
- 계측관리는 변위속도와 누적변위로 검토하였으며, 지중경사계의 누적변위에 대한 관리기준은 현장여건을 고려하여 최대변위량을 기준으로 선정함(0.002H, H:굴착심도)
- 지표침하계 계측관리기준은 1차 25mm×0.6, 2차 관리기준 25mm×0.8, 3차 관리기준은 최대 허용변위 25mm를 적용함
- 변형률계는 계측관리 보고서를 반영하여 관리기준을 선정함
- 건물경사계, 균열측정계는 지하안전평가서 및 계측관리 보고서를 참고하여 선정함
- 사고 및 계측관리 기준 초과시에 대한 기준은 다음과 같음

구 분	안전	주의	특별관리	위험
기 준	1차 관리기준 이하	1차 관리기준 초과 ~ 2차 관리기준 이하	2차 관리기준 초과 ~ 3차 관리기준 이하	3차 관리기준 초과

- 00선, 00주차장, 00지하차도구간은 계측관리 보고서를 반영하여 관리기준을 선정함

구분		지하안전평가			착공후지하안전조사		
		1차	2차	3차	1차	2차	3차
수평변위계(mm)		1/700	1/500	1/250	2mm/7일	4mm/7일	10mm/7일
					1/700	1/500	1/250
지표침하계(mm)		설계 예상치	1.25•설계 예상치	25.0	2mm/7일	4mm/7일	10mm/7일
					15.0	20.0	25.0
SLAB 응력계(kg/cm²)		설계예상치	1.25•설계 예상치	부재허용치	58.73	78.31	97.89
건물경사계(mm)		1/1,000	1/850	1/500	1/1,000	1/850	1/500
균열측정계(mm)		±0.20	±0.38	±0.50	±0.20	±0.38	±0.50
00선	EL BEAM(mm)	-	-	-	±0.20	±0.26	±0.33
	균열측정계(mm)	-	-	-	±0.20	±0.40	±0.50
	진동측정계(kine)	-	-	-	0.30	0.30	0.30
00 주차장	EL BEAM(mm)	-	-	-	±0.20	±0.26	±0.33
	균열측정계(mm)	-	-	-	±0.20	±0.40	±0.50
00 지하차도	EL BEAM(mm)	-	-	-	±0.36	±0.48	±0.60
	균열측정계(mm)	-	-	-	±0.20	±0.40	±0.50
	진동측정계(kine)	-	-	-	0.30	0.30	0.30

8. 복공판 시방서

1. 일반사항

1.1 공통사항

(1) 계약상대자는 설계도 및 노면복공시공 계획에 의하여 당일 시공할 수 있는 작업구간에 소요되는 강재(복공판, 주형보, 주형받침보, Piece Bracket 등)를 가공 및 제작하여 작업개시 전까지 시공계획을 수립하여야 한다.

(2) 노면복공은 설계도서를 확인하고 시방서를 참고하여 시방서에 명시된 바와 같이 정확히 시공하여야 한다.

(3) 복공판은 공장제작품을 사용하는 것을 원칙으로 하되 현장 조립의 특수 복공판을 사용하고자 할 때에는 감독자의 서면 승인을 받아야 한다.

(4) 도로의 종단구배가 급할 때에는 주형보에 전도 방지용 시설을 설치하여야 한다.

(5) 주형보는 단일본을 사용하는 것을 원칙으로 하며, 다만 현장여건상 이음 사용이 불가피할 경우에는 감독자의 승인을 받아야 한다.

(6) 노면복공 및 그 접속부는 항시 점검, 보수하여 교통에 지장이 없도록 관리 하여야 한다.

(7) 복공판 제품은 소음 및 진동이 적도록 보완된 제품이어야 하며, KL 510(DB-24)하중에 안전하여야 한다.

(8) 복공과 노면과의 접속부는 침하 등이 발생하지 않도록 다짐을 하여 아스팔트 포장을 하여야 한다.

(9) 임시개구부는 추락방지시설 등 안전시설을 설치하여 안전사고가 발생하지 않도록 하여야 한다.

(10) 개구부는 낙하물 방지시설을 설치하여 개구부 아래 작업시 안전사고가 발생하지 않도록 하여야하며, 특히 차로에 접한 개구부의 난간은 차량충돌에 견딜 수 있도록 견고하게 설치하여야 한다.

1.2. 재료

(1) 재료는 KS D 3515 또는 KS F 4803의 용접 구조용 압연 강재(SM275, SHP275(W), SM355, SHP355(W))에 적합한 품질과 동등 이상의 재료이어야 한다.

(2) H-형강의 모양·치수·무게에 대해서는 한국산업규격(KS) D 3502 규정에 적합한 품질과 동등 이상의 재료이어야 한다.

(3) 원재료는 무늬H형강을 사용하여야 한다.

(4) 용접봉은 AWS A5.18 ER70S-6(고장력 용접봉)에 적합한 것이어야 한다.

2. 규격

2.1 설계하중 및 허용응력

(1) 설계하중

도로교 설계기준 KL 510(DB-24) 하중에서 충격과 피로하중의 내하력을 충족하여야 한다.

(2) 허용응력(MPa)

강종	허용휨인장응력	허용휨압축응력	허용전단응력	허용지압응력
SM 275 SHP275(W)	240	240	135	360
SM 355 SHP355(W)	315	315	180	465

2.2 복공판의 규격

(1) 복공판의 규격은 다음과 같다.

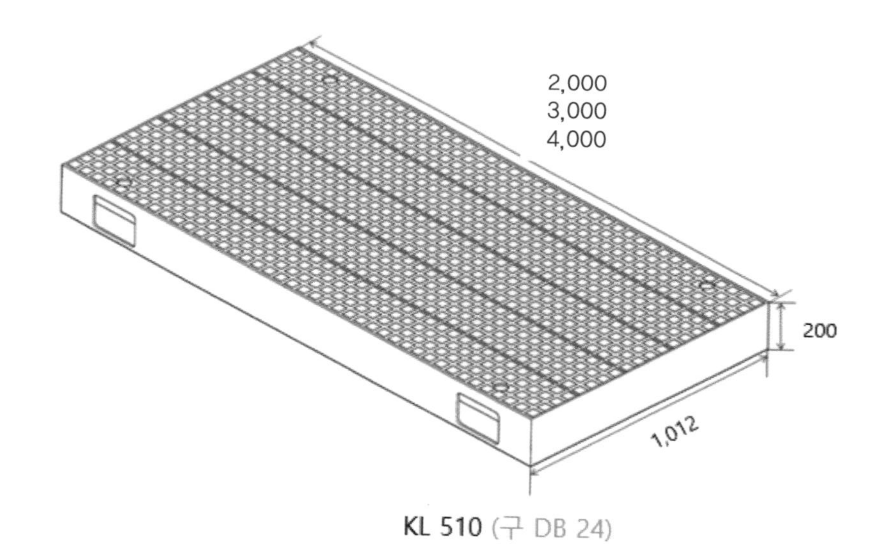

KL 510 (구 DB 24)

복공판의 개념도

구분	치수			사용 형강치수 (mm)	개당 중량 (kg)	단면적 (mm^2)	단면 2차모멘트 (mm^4)	단면계수 (mm^3)
	폭	길이	높이					
KL 510	1.002	2,000	200	H-192*198*6*8	430	$2.6054*10^4$	$1.7843*10^8$	$1.838*10^6$
KL 510	1.002	3,000	200	H-192*198*6*8	638	$2.6054*10^4$	$1.7843*10^8$	$1.838*10^6$
KL 510	1.002	4,000	200	H-192*198*6*8	886	$2.6054*10^4$	$1.7843*10^8$	$1.838*10^6$

주) 1. 복공판 폭(W)은 현장 여건에 따라 조정할 수 있다.
2. 길이(L)은 본 시방에 준하여 연장될 수 있다.

(2) 무늬 H-Beam의 단면제원은 다음과 같다.

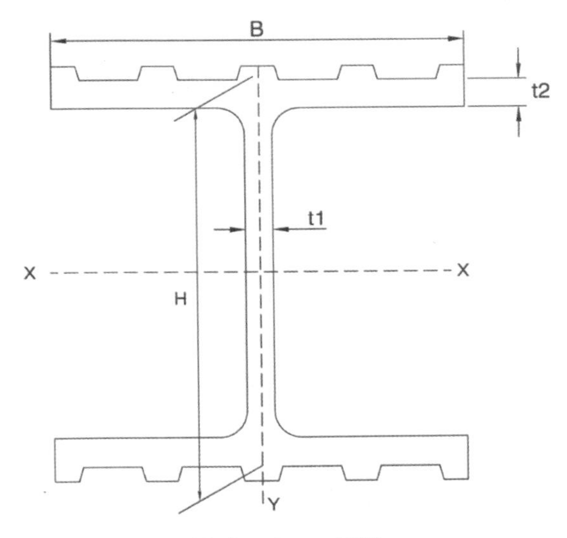

무늬 H-Beam 단면

무늬 H-Beam	치수(mm)			단면적	총 중량	단면계수
	H×B	t1	t2	cm^2	kg	cm^3
	192×198	6	8	47.50	37.2	353

(3) 사용강재의 재질은 다음과 같아야한다.

종류의 기호	C		Si	Mn	P	S	Cu	탄소당량 (%)		비 고
	50 mm 이하	50 mm 초과						50 mm 이하	50 mm 초과	
SHP275W	0.23 이하		-	2.5×C 이상	0.04 이하	0.04 이하	0.20~ 0.50	0.36 이하		※1. SHP 강종의 경우 ①탄소당량(CEQ)과 ②구리(Cu) 성분규정이 있어 ①용접성과 ②내식성이 향상됨 2. 동일 항복강도의 경우 SHP재가 SM재 대비 탄소당량 규정값이 작아 용접성에 다소 유리함
SM275A	0.23 이하	0.25 이하	-	2.5×C 이상	0.035 이하	0.035 이하	-	0.42 이하	0.44 이하	
SHP355W	0.20 이하		0.55 이하	1.50 이하	0.04 이하	0.04 이하	0.20~ 0.50	0.45 이하		
SM355A	0.20 이하	0.22 이하	-	-	0.035 이하	0.035 이하	-	0.47 이하	0.49 이하	

종류의 기호	항복점 또는 항복 강도 (N/mm²) 강재의 두께(mm)		인장 강도 N/mm²	시험온도 (℃)	샤르피 흡수 에너지(J)	비 고
	16 이하	16 초과[1)]				
SHP275W	275 이상	265 이상	410~550	0°C	27	※注1) SS,SM재의 경우 40 mm 초과 時강도감소 필요 注2) SM재의 경우 주문자가 지정한 경우에만 적용
SM275A	275 이상	265 이상	410~550	20°C[2)]	27[2)]	
SHP355W	355 이상	345 이상	490~630	0°C	27	
SM355A	355 이상	345 이상	490~630	20°C[2)]	27[2)]	

(4) 복공판 규격 및 중량 허용치(KS D 3502)

구 분	길 이	폭	중 량	비 틀 림	요철높이	평 탄 도
기 준	± 5 mm	± 10 mm	± 5%/EA	± 2 mm	+ 2 mm	최대 ± 0.2 mm

3. 제작

(1) 한국산업규격(KS) D 3502 규정된 KS D 3515 또는 KS F 4803의 용접 구조용 압연강재(SM275, SHP275(W), SM355, SHP355(W))에 적합한 품질과 동등 이상의 재료를 사용하여 제작하여야 한다.

(2) 복공판 제작시 용접작업 용접된 부분이 2,3M 복공판(5 mm), 4M 복공판(8 mm) 이상 용입되어야 하며 용접작업이 중지하였거나 다시 시작하는 경우에는 먼저 용접된 부분을 제거하고 다시 용접을 하여야 한다. 용접 부분을 제거하지 않고 다시 용접을 재개할 시

재개한 연결 용접부분이 차량통행으로 인한 충격으로 인한 파단현상이 나타나 안전에 중대한 위협이 되므로 용접작업시 용접을 중지하지 않고 한번에 용접을 마치도록 하여야 한다.

(3) 주자재 단부의 절단면이 깨끗해야 하며, 복공판 상, 하면이 평탄하여야 한다.
(4) 복공판 앞, 측면을 개방시 개방된 국부(끝)부분에 대한 충격에 의한 파손, 처짐을 방지하는 대책을 마련하여야 한다.
(5) 도색재료는 KSM 5311 RED LAD 방청재로 1회 도색하며 도장 전 표면처리 시녹, 기름, 습기를 완전히 제거해야한다.
(6) 상면(차량접지면)은 도색하지 않는 것을 원칙으로 하되 수요자의 요구가 있을 때는 도색하여야 한다.
(7) 용접부위 즉 용접비드 표면의 요철은 비드길이 범위내의 고저차로 나타내고 3 mm를 넘는 요철이 있어서는 안된다. 언더컷(under cut)의 깊이는 0.3 mm가 초과해서는 안된다.
(8) 복공판 제작은 생산공장보유 업체가 생산하는 것이 원칙이고 국토교통부 건설기준코드에 요구한 최소한의 생산기술인력이 제작한 복공판이어야 한다.

4. 시공

4.1 일반사항

(1) 노면복공은 설계도를 기준으로 시공되지만 현장의 각종 현황을 정확히 고려하여 시공계획을 세워야 한다.
(2) 주형보 받침용 강재는 설계도면에 따라 복공판이 평탄하게 연결되도록 정확히 측정하여 설치하고 주형보가 변형되지 않도록 하여야 한다.
(3) 시공 중에 발생된 절단 및 이음위치는 보강하여야 한다.
(4) 볼트 구멍은 반드시 드릴로 정확한 위치에 천공하여야 한다.
(5) 복공판 표면의 단차는 20 mm 이내이고, 이음매에는 틈이 없도록 설치 및 유지하여야 한다.
(6) 복공판 도로와 일반 도로의 경사는 3° 미만으로 한다.
(7) 일반 복공판은 매우 미끄러워 정지거리가 40% 이상 더 길어지기 때문에 횡단보도나 교차로에서는 미끄럼방지용 복공판을 사용하여야 한다.
(8) 복공판의 파손 시 침하 및 이동 시 대비한 조치가 되어 있어야 한다.
(9) 복공판 출입구에는 난간대 또는 울타리를 설치하고, 확인조명 및 채색을 하여야 한다.
(10) 복공판의 일부 제거 시에는 이동용 울타리를 설치하거나 감시원을 배치하여야 한다.

(11) 장기공사의 경우에는 차선 및 진행방향, 진행방면을 나타내는 노면표지를 도색의 방법으로 설치한다.
(12) 단기공사 또는 긴급공사의 경우에는 임시테이프를 설치하거나 도류화 시설물을 설치한다.

3.2 복공판

(1) 복공판에 작용하는 하중이 주형보에 의하여 강말뚝에 정확히 전달되도록 하여야 한다.
(2) 기존 도로면에 시공할 경우에는 원칙적으로 작업구를 제외한 전구간을 복공하여야 한다.
(3) 복공판은 틈새 및 단차가 없이 평탄하게 설치하여야 한다.
(4) 교차부의 복공판은 엇갈림이 생기지 않도록 주의하여야 한다.
(5) 평면곡선부, 가각부 등 특수한 형상의 복공은 승인을 받아 시공하여야 한다.
(6) 복공판의 표고는 도로중심이 아닌 도로면을 기준으로 하여야 한다.
(7) 도로의 경사가 심한 구간은 미끄럼 방지용 복공판을 설치하여야 한다.

3.3 재래노면과의 접속

(1) 복공부와 재래노면의 접속부는 노면의 우수유입을 막기 위해 필요한 높이의 단차를 설치하고 1 : 20 이상의 경사를 두어야 하며, 그 접속부분은 종방향, 횡방향 모두 아스팔트나 콘크리트 등으로 가포장하여야 한다.
(2) 접속부는 침하가 생기지 않도록 다짐을 하거나 쏘일 시멘트 등으로 보강하여야 한다.
(3) 종방향의 가포장이 상당히 길게 연장되는 경우에는 설계도에 따라 본 포장을 하여야 한다.

3.4 복공 유지관리

(1) 노면복공의 접속부 및 안전시설 등은 전담직원을 두어 점검하여야 하며, 교통에 지장이 없도록 유지관리 하여야 한다.
(2) 공사용 재료의 반입을 위하여 개구부를 둘 때에는 그 위치, 개구시기, 보안설비, 보안책임자 등에 대하여 감독자의 사전 승인을 받아야 하며, 작업이 완료된 후 조속히 폐쇄 복구를 하여야 한다.
(3) 복공판 위에 유류 등이 누출되었거나, 강우 및 폭설로 인하여 쌓인 토사나 눈 등은 즉시 제거하여야 한다.
(4) 복공판 지지고무패드는 소정의 위치에 정착되도록 하고 충격에 의한 유실이 되지 않도록 하여야 한다.

참고문헌

1. 구조물기초설계기준·해설(2014), 사단법인 한국지반공학회, 구미서관
2. 호남고속철도 설계지침(노반편)(2007), 한국철도시설공단
3. 가설공사표준시방서(2014), 사단법인 한국건설가설협회, 이엔지·북
4. 서울지하철3호선 설계기준(2006), 서울시지하철건본부
5. 시설물 설계, 시공 및 유지관리 편람(옹벽 및 흙막이공)(2001), 서울특별시
6. 고속철도설계기준(노반편)(2005), 한국철도시설공단
7. 철도설계기준(노반편)(2004), 사단법인 대한토목학회, 노해출판사
8. 제3권 도로설계요령 교량(2001), 한국도로공사
9. 실무자를 위한 가설구조의 설계(2010), 황승현, 씨아이알
10. 흙막이굴착(2020), 홍원표, 씨아이알
11. 토목건축 가설구조물의 해설(1986), 김상곤 이민우, 건설문화사
12. 土木用語辭典(1998), 사단법인 대한토목학회, 技文堂
13. SUNEX 매뉴얼 v6.82, ㈜지오그룹이엔지
14. TempoRW 프로그램 매뉴얼(2007), (주)베이시스소프트
15. トンネル標準示方書 [開削工法]·同解説(2006), 社団法人 土木学会, 丸善(株)
16. 仮設構造物の計画と施工(2010), 公益社団法人 土木学会, 丸善出版株式会社
17. 仮設構造物設計要領(2003), 首都高速道路公団
18. 山留め設計施工指針(2002), 一般社団法人 日本建築学会, 株式会社技報堂
19. 山留め設計施工指針(2017), 一般社団法人 日本建築学会, 丸善出版株式会社
20. 道路土工−仮設構造物工指針(2001), 社団法人 日本道路協会, 丸善株式会社出版事業部
21. 鉄道構造物設計標準·同解説−開削トンネル(2001), 財団法人 鉄道綜合技術研究所, 丸善株式会社
22. 最新斜面·土留め技術總覧編集委員会(1991), 最新斜面·土留め技術總覽, (株)産業技術サービスセンター
23. 仮設構造物(2020), 鹿島建設土木設計本部, 鹿島出版会
24. 建築仮設の構造計算 第2版(2021), 建築仮設構造研究会, 株式会社エクスナレッジ

찾아보기

ㅂ

ㅅ

ㅇ

ㅈ

개정판

가설흙막이 설계기준 가이드

초 판 발 행 2022년 10월 5일
제 2 판 발 행 2024년 6월 20일

저 자 ㈜핸스
감 수 이철주
펴 낸 이 김성배
펴 낸 곳 ㈜에이퍼브프레스

디 자 인 송성용, 추다영
제 작 책 임 김문갑

등 록 번 호 제25100-2021-000115호
등 록 일 2021년 9월 3일
주 소 (04626) 서울특별시 중구 필동로8길 43(예장동 1-151)
전 화 번 호 02-2274-3666(출판부 내선번호 7005)
팩 스 번 호 02-2274-4666
홈 페 이 지 www.apub.kr

I S B N 979-11-986997-4-9 93530
정 가 30,000원